海洋油气集输

徐雪松 编

上海交通大学出版社
SHANGHAI JIAO TONG UNIVERSITY PRESS

内容提要

本书在介绍海洋石油工程重要知识的基础上,详细阐述了油气采集、油气分离、油气水处理、油气外输、海洋环境保护等海洋油气集输中的一系列工艺过程以及相关的技术方法。本书可作为船舶海洋工程、海洋运输工程等相关专业学生学习海洋石油工程知识的主要教材,也可以作为从事海洋油气集输研究、设计、施工和生产等方面的技术和管理人员的参考书籍。

图书在版编目(CIP)数据

海洋油气集输 / 徐雪松编. —上海:上海交通大学出版社,2021.11
ISBN 978 - 7 - 313 - 24079 - 8

Ⅰ.①海… Ⅱ.①徐… Ⅲ.①海上油气田−油气集输
Ⅳ.①TE83

中国版本图书馆 CIP 数据核字(2021)第 201923 号

海洋油气集输
HAIYANG YOUQI JISHU

编　　者:徐雪松
出版发行:上海交通大学出版社　　　　　　　　地　　址:上海市番禺路 951 号
邮政编码:200030　　　　　　　　　　　　　电　　话:021 - 64071208
印　　制:上海万卷印刷股份有限公司　　　　　经　　销:全国新华书店
开　　本:787 mm×1092 mm　1/16　　　　　　印　　张:20
字　　数:496 千字
版　　次:2021 年 11 月第 1 版　　　　　　　　印　　次:2021 年 11 月第 1 次印刷
书　　号:ISBN 978 - 7 - 313 - 24079 - 8
定　　价:58.00 元

前　　言

　　海洋油气资源是目前海洋矿产资源中开采最多的一类矿产资源。我国周边海域油气资源储量丰富,加快海洋石油与天然气的开发既是我国国民经济高速发展的需要,也是国家能源安全及发展战略的需要。海洋油气集输是海洋石油工程的一个重要组成部分,包括从油井采集石油/天然气、分离、稳定、外输等一系列过程,它关系到海洋石油或天然气工程的最终采收效率、产品质量和工程效益。相较于陆地上油气资源的开采,海洋环境的特殊性使得其水面水下装备和油气开采工艺与陆地油气开发的装备和工艺存在显著区别,这些区别在油气开采方式、油气分离过程、油气外输方式等方面均能体现出来。

　　本书适用于非石油工程专业的学生学习使用。该类学生对石油工程方面的基础知识较欠缺,因此针对这类学生的专业特点,在介绍海洋油气集输之前,本书第1章对海洋油气工程的基础知识进行了介绍:第2章介绍了油气资源的形成、分布和勘探;第3章介绍了海洋油气开发设计和钻井工程。在此基础上,本书进一步介绍了油气采集、油气分离、油气水处理、油气外输等海洋油气集输的整个过程。本书在撰写的过程中得到了上海交通大学船舶海洋与建筑工程学院和中国海洋石油工程界多位同行的关心与支持,在此一并表示衷心感谢。

　　本书既可作为船舶与海洋工程、海洋运输工程等相关非石油工程专业的本科生教材,也可以作为海洋油气集输理论研究、设计、施工、生产、教学等相关技术和管理人员的参考书籍。由于许多海洋油气集输装备涉及相关公司的核心专利,目前能获得的国内有关海洋油气集输方面的文献较有限,加之编者的水平和经验有限,错误与不当之处在所难免,恳请读者予以批评指正。

编　者

目　　录

第1章 绪 论

海洋约覆盖了地球表面面积的 70.8%,它蕴藏着丰富的油气资源,大部分石油资源储存在毗邻陆地的大陆架或者"曾经的大陆架"内。据估计,目前全世界可开采的海洋石油储量约为 $3×10^{11}$ t,其中现有大陆架内储量约为 $1.35×10^{11}$ t。世界最著名的海上产油区有亚洲的波斯湾、南美洲的马拉开波湖、北美洲的墨西哥湾和欧洲的北海,它们并称为"四大海洋石油区"。世界主要油气产区包括波斯湾、北海、墨西哥湾、马拉开波湖、里海、西非(几内亚湾)、巴西海域、地中海、印度尼西亚海域、澳洲海域以及我国渤海、黄海、南海等。

石油作为一种战略物资,在国民经济发展中占有举足轻重的地位。石油约占全世界能源消费总量的 40%,是中国、美国、日本等经济大国及欧洲地区的经济命脉。目前全球有一百多个国家正在积极进行着海洋石油的勘探与开采工作。可以预见,随着陆地油气资源的枯竭,未来几十年间,各国在海洋油气资源的勘探、开采之间的竞争将更加激烈。

1.1 海洋油气开发的流程

海洋油气开发是一个相当复杂的过程。针对不同的油气藏及海洋条件,油气开发所采用的平台设备和开发模式各不相同,但整个开发流程可大致分为以下几个阶段(见图 1-1)。

1.1.1 油气勘探阶段

(1)采用海上地球物理勘探方法了解地下岩层的起伏状况,寻找储油结构和可能的油气藏位置。最常见的海上地球物理勘探方法是地震勘探法:采用人工方法向水下岩层发射地震波,地震波沿着地层向下传播,当遇到岩性不同的地层分界面时会发生反射;勘探人员在地面以上用精密的仪器和大量曲线将来自地层分界面的反射波记录下来,随后对其进行整理、对比和计算,从而得到反映岩层起伏的地震剖面图;根据地震剖面图,勘探人员可以了解地层分布情况和地下地质构造。

(2)直接观察分析露头岩层,了解勘探地区的地层、构造、油气显示、水文地质、自然地理等情况,查明其有利于油气生成和聚集的条件,并结合物理勘探的结果,初步确定油气藏可能存在的位置。

(3)在油气藏最有可能存在的位置开发初探井。开发初探井是油气田勘探工作中最直接的"找油方法"。通过开发初探井可以进一步了解水下地层、地质、构造、油气藏性质等直观信息,对地球物理勘探和地质研究的结果做进一步的核实与校正。

(4)采用各种方法对初探井进行评测,评测方法包括电法测井、声波测井、放射性测井等。通过评测初探井可以探测出地层的主要矿物成分、裂缝、孔隙度、油气饱和度、构造特征、沉积环境与砂岩体的分布等参数,预测油井的产能和产油指数,在此基础上对该处油气藏的开采价值进行评价。对于前景好、价值大的油气藏可以着手进行开采。

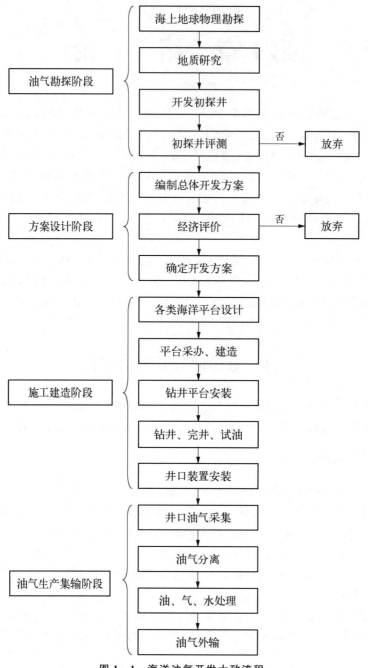

图 1－1　海洋油气开发大致流程

1.1.2　方案设计阶段

（1）编制海上油气总体开发方案。对油气田的位置、水文地理条件、地质特征、油气储量等信息进行概括，选择油气集输方式，确定油气工程开发步骤，选定钻井、完井和采油工艺，设计油气生成外输流程，并制订好项目管理制度和生产作业流程等。

（2）列出项目设备清单以及工程量总表，依据相关行业的工程定额、设备材料的询价资料或过往工程的采办价格等资料,收集国家及有关部门颁布的法律、法规和标准,对开发方案进行投资估算,并对项目开发进行经济评价,确定项目基本评价指标(内部收益率、净现值、投资回收期和桶油成本)和幅值指标(如投资利润率和投资利税率)。对多套项目开发方案进行比较,从中选出在现有政治、经济和技术条件下较合理的开发方案。

1.1.3　施工建造阶段

(1) 根据确定的总体开发方案,确定好油气钻采平台的种类和数量,设计建造或采办相应的海洋油气钻采平台;而后将钻井平台安装在井口位置,并安装钻井井口装置,开始钻井固井作业;直至钻井到达目标的油气储集层,进一步进行完井和试油作业。在条件允许的情况下,需考虑海上钻井平台的重复利用,如采用移动式钻井平台进行钻井作业,可以减少钻采成本。

(2) 钻井作业完毕后,安装井口装置和采油树。如果现有的钻井平台可直接利用,则可直接将其作为油气生产平台,以减少建设周期和成本。如需新的油气生产平台,可在钻井作业的同时建造新的油气生产平台,这样也可以减少油气生产的建设周期。

1.1.4　油气生产集输阶段

通过采油树和油管道将井口油气采集到生产平台上,在生产平台上对油气水进行三相分离,对分离后的油气进行进一步处理后得到合格的外输油气,污水经处理后排出。成品原油可以通过管道外输,或者将原油暂时储存在海上油罐中,通过单点系泊设施系泊油轮进行原油装载外输。

外输油气在陆上石油化工企业中被进一步分离、化工处理,可以得到人类生产和生活所需的各种石油化工产品,如汽油、柴油、煤油、石蜡、沥青等。

1.2　海洋油气集输的任务与生产流程

从海底被开采出来的原油和天然气,经过采集、初步加工处理、短期储存,再经单点系泊等设施装船外运或经海底管道外输,这一全套或部分在海洋平台上完成的工艺流程,通常称为海洋油气集输。海洋油气集输是海洋油气工程中的一个重要步骤,井口采集到的流体是油气水混合物,它不能被直接外输,而必须经过油气集输工艺流程后转化为成品原油和天然气才能被外输。

1.2.1　海洋油气集输的任务

海洋油气集输的任务包括以下几项:

(1) 采油、采气。从油井采出原油、天然气(有时还含有游离水),经采油树及管汇送往处理装置。

(2) 油、气、水处理。在平台上进行油井计量;对油、气及游离水进行三相分离;分离出的原油进行脱水、稳定、计量后送往油罐或油轮暂时储存;分离出的天然气经脱水后部分供平台用作燃料使用,其余天然气外输或送至火炬燃烧;分离后的污水一般经处理后排放。

(3) 原油储运。储存的原油经加压、计量后,通过管道或经运输油轮送往用户。

（4）二次采油工艺。二次采油的目的是提高原油采收率，主要方法有注水和注气。海洋油田的注水工艺往往与油气集输工艺一起设计和施工。注水工艺主要有取水、水质处理、注水等。

海洋油气集输是油气田开发的一个重要环节。我国陆上油田（如大庆、胜利、长庆、克拉玛依等）经过几十年的生产实践，已初步形成了一套与油田生产相适应的油气集输工艺技术，现年采出、处理和外输1.9亿余吨原油。

海洋油气集输工程的基本工艺流程与陆上相似。但由于海洋平台空间的限制，要求设备安装更加紧凑，对安全和自动化技术的要求更高，相应的投资成本也更大。

1.2.2 海洋油气集输的生产流程

海洋油气集输的处理工艺比较集中，仪表自控系统比较复杂。通常，一座采油平台上会布满各种管道、阀门、容器、泵和仪表。

图1-2是英国北海某油田实际使用的海洋油气集输流程图（process flow diagram），这里将此图作为典型的海洋油气集输流程示意来进行分析。

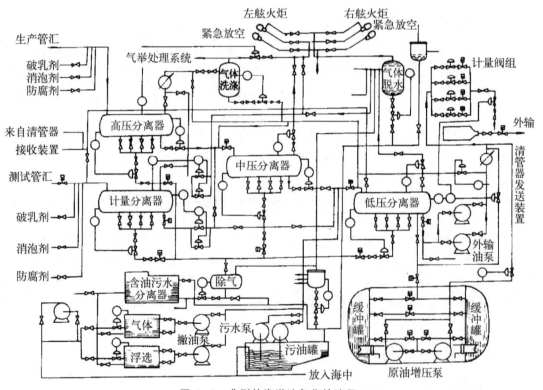

图 1-2 典型的海洋油气集输流程

井口来的油、气、水混合物，由阀组进行切换，切换方式可手动或自动（遥控）。

在使用水下采油树或井口平台的情况下，由于井口到生产管汇距离较远，管道输送温度较低，因此往往需要使用清管器接收装置来接收从油井井口发送过来用于清除管道结蜡的清管器。

每口单井采集的油、气、水混合流体按规定的时间间隔要求，轮流经测试管汇输送至计量分离器进行计量测试。在计量分离器中进行气、液两相分离,液相中的油和水也部分分离。在分离器出口管道中装有计量仪表,分别对油、气、水三相进行计量。因为油中还含有部分乳化水,所以在管道中还需使用含水分析仪检测油中的含水量,之后将其计算到水量中去。三相计量通常由控制盘控制,并由电脑自动计算和打印报表。

其余各井的混合流体,包括单井计量之后又混合的流体,通过生产管汇先后进入高压、中压和低压生产分离器进行三级油气分离。采用三级分离的目的是提高分离效果,并起到稳定原油的作用。

分离出来的原油由于还含有乳化水,往往需要再进入脱水器进一步破乳、脱水(图 1-2 中未体现此流程),这样才能使处理后的原油达到合格的外输要求。此外,原油还须经缓冲罐或油罐暂时储存,缓冲罐比油罐的容积小得多,因此不会占用很大的平台空间,经济上较为合理,但容积小意味着缓冲量小,如果外输方式采用通过管道将油泵送至岸上的方法,因管道工作稳定,对储存量无严格要求,则可使用缓冲罐;但如果采用油轮外输原油的方式,因受到天气气候等因素的干扰,油轮很可能不能按计划到达或开航,为了保证正常生产和不频繁开、关井,则要求必须有 7~15 天的安全储存容积,这样就要求海上必须装备用于储存的油轮或油罐。

用于从海上平台输送原油至岸上的长距离输油管线应当使用清管器,它不仅能起到清除积蜡的作用,还能清除施工期间留下的脏物、管道低凹处的积水等。对长距离输气管线来说,使用清管器清除积液也是十分重要的。

所有分离器中都要配有液位控制装置及测温、测压仪表。

根据油温和油品凝固点和黏度的情况,系统中有时需要增设加热设备。系统中压力还需要增设增压泵。为了消泡、破乳、防腐蚀和防止石蜡沉积等,系统中往往还需要注入不同的化学药剂。由高、中压分离器分离出来的天然气经脱水后,一部分可供平台上的燃气轮机和加热炉等用作燃料,另一部分经三级加压后可供注气或气举使用。注气是一种提高原油采收率的方法,而气举是一种采油手段。多余的天然气会送至平台左右两舷伸出的火炬燃烧臂中烧尽。低压分离器分出的气体因压力不足,往往只能用于密封用气或直接送至火炬燃烧臂烧尽。火炬燃烧臂处有时还有两个紧急放空头,以防突然停止用气时,天然气因无出路造成系统压力升高而引起危险。

如果油田产气量较大,又不打算用注气方法回注到油层时,还可以考虑另铺设一条管线将天然气送往岸上(图 1-2 中未体现此流程)。这样,为输送天然气需要设有处理装置,例如采用三甘醇脱水等方法来降低露点,以防管道中产生水化物而堵塞管道。

由分离器和脱水器分离出来的含油污水,经除气后进行二级污水处理。第 1 级污水处理采用重力进行分离;第 2 级污水处理采用气体浮选的办法。二级分离后的污水如果含油量减少到符合国家规定的排放标准,则可排放到海中;如果达不到标准,则需要重复处理。在水质条件较差或要求较高的场合,往往还需要进行过滤处理(图 1-2 中未体现此流程)。过滤后的水可外排,也可重新回注到油层之中。注水和注气一样,也是提高原油采收率的一种方法。二级污水处理中浮上的污油,可自流或用泵打到污油罐,经进一步沉降后,面上浮油可由泵送至低压分离器重新处理。污水处理过程中往往需要加入絮凝剂、浮选剂等化学药品。

准备注水的油田虽可用处理后的污水回注,但从经济角度考虑,在实际生产中使用较多的方法是直接抽取海水,经过滤、脱氧、杀菌等处理后,用高压注水泵注入油层。

以上简要介绍了海洋采油平台油气集输处理的主要流程,详细的工艺、原理、计算等将在后续章节中逐一介绍。

1.2.3 海洋油气集输工程的特点

海洋油气集输工程是在海洋平台或其他海上生产设施上进行的,相较于陆上油气集输工程,它具有以下特点:

1. 适应恶劣海况与海洋环境的要求

海上生产设施要经受各种恶劣气候和风浪流的袭击,经受海水的腐蚀,甚至经受地震的危害。为了确保海上生产设施的安全可靠,其设计和建造要求更加严格。

2. 满足安全生产的要求

由于海上开采出的油气属于易燃易爆危险品,在集输、储存、增压等工艺中存在"跑、冒、漏、滴"等事故的可能性。同时,受到海洋平台空间的限制,油气处理设备、电气设备与人员住所可能集中在同一平台上,这对平台的安全生产提出了极为严格的要求:必须保证操作人员的安全,保证生产设备的正常运行和维护。安全系统包括火气探测与报警、紧急关断、消防、救生与逃生等系统。海上生产设施的安全系统要求以自动为主,手动为辅。

3. 满足海洋环境保护的要求

油气生产过程对海洋的污染:一是正常作业情况下产生的油气田生产水以及其他污水;二是各种海洋石油生产作业事故造成的原油泄漏。因此,海上油气生产设施应设置污水处理设备,使之达标排放,还应备有原油泄漏时的应急处理装备。

4. 设备更紧凑、自动化程度更高

由于平台规模的大小决定了投资成本的多少,因此要求平台上的设备尺寸小、效率高、布局紧凑。对于某些浮式生产系统上的设备来说,还要考虑船体的摇摆对油气处理设备的影响。另外考虑到平台上的操作人员应尽量少,因而设备的自动化程度要求高,一般都设置中央控制系统来对海上油气集输和公用设施运行进行集中监控。

5. 配套可靠、完善的生产生活供应系统

海洋平台通常都远离陆地,距陆地从几十千米到上百千米不等,因此必须建立一套完善的供应系统,以满足海洋平台的生产和生活需求。

一般情况下,陆上要建立服务海上设施的供应基地,供应基地的大小与海上生产设施的规模有关。供应方式一般有两种:一是供应船向海洋平台提供供给;二是直升机向平台运送物资和人员。供应船向平台提供生产作业所用物资、生产生活用水、燃料油、备品、备件以及操作人员等。直升机主要向平台运送人员以及少量急需的物资,并为平台人员提供紧急救助服务。

为了接收和储备生产物资与生活用品,海上生产设施要配备以下相关的设备和装置:起吊物资和人员用的吊机、供应船靠船件、供直升机起降用的停机坪、储备及输送燃料油和淡水的储罐与输送泵、储藏备品备件的库房等。

一般情况下,海上生产辅助设施应有 7～10 天的自持能力,以保证正常的生产运行和人员生活。

6. 设置独立的发电、配电系统

海上生活设施的电气系统不同于陆上油田所采用的电网供电方式,海上油田一般采用平台自发电集中供电的形式。

一般情况下,海洋平台利用燃气轮机驱动或通过原油、柴油机驱动发电机,并通过配电盘将电源输送到各个用电场所,平台群中平台间的供电是通过海底电缆实现的。

发电机组应具有冗余设计和配备,以保证其中任何一台发电机损坏或停止工作时,仍能保持对生产作业和生活使用的电气设备供电。除主发电机外,有些平台还应设置应急发电机,以满足连续生产的需要。

为确保生产和生活的安全,平台上应设有独立的应急电源,应急电源包括蓄电池组和交流不间断电源(UPS)。

7. 确保有可靠的通信系统

通信系统对于海上安全生产生活来说是必不可少的,它的主要任务是在油田生产过程中保证平台与平台之间、平台与外界及平台内部能够有效可靠地进行通信联系,使海上生产安全有效地运行。同时,为避免过往船只对平台的碰撞,平台上应设置雾笛导航系统,当海上有雾时,雾笛鸣响;当夜晚降临时,航行灯向周围海域平射出光束,表示出平台的位置和大小。

1.3 海洋油气集输的方式

1.3.1 三种海洋油气集输的方式

海洋油气集输的方式是按完成油气集输工程任务可利用的环境位置来区分的。一般可以分为全陆式、半海半陆式和全海式,如图 1-3 所示。因油气集输方式的不同,所采用的海洋平台、工艺装备以及油气外输方式会有很大的不同。

1. 全陆式油气集输方式

全陆式是指原油从井口采出后直接由海底管线送到陆地,油气分离、处理和储存全在陆地上进行。这种集输方式需要的海上作业工程量少,因而投资少、投产时间短。但这种集输方式因受到井口压力的限制,不适用于距离陆地远的油田,并且因集输管线是油、气、水三相混输,管内摩擦阻力大,故要求的管径也较大。该方式一般适用于离陆地近、油层压力大的浅水油田。我国的滩海油田多采用这种方式。

全陆式油气集输方式的海上工程设施一般包括如下几种:

(1) 井口保护架(平台)通过管线将油气混合物输送上岸。

(2) 井口保护架(平台)通过栈桥与陆地相连。

(3) 人工岛通过路堤与陆地相连。

全陆式集输方式的优点是:在海上只设置井口保护架(平台)和出油管线,大大减少了海上作业工程量,便于生产管理。陆上生产费用较低,并且受气候影响小,与同等生产规模的海上生产系统相比,其经济效益更好。

2. 半海半陆式油气集输方式

半海半陆式指油气集输系统的部分工艺设置在海上,部分设置在陆上。设置在海上的工艺一般是采集、分离、计量、脱水等,经过这些工艺后,原油经海底管线输送到陆上进行稳定、储存、中转等。

该油气集输方式适用于离陆地不远、油田面积大、产量高、海底适合铺设管道以及陆地上有可利用的油气生产基地或满足输油码头条件的油田,尤其适合于气田的集输。该方式必须

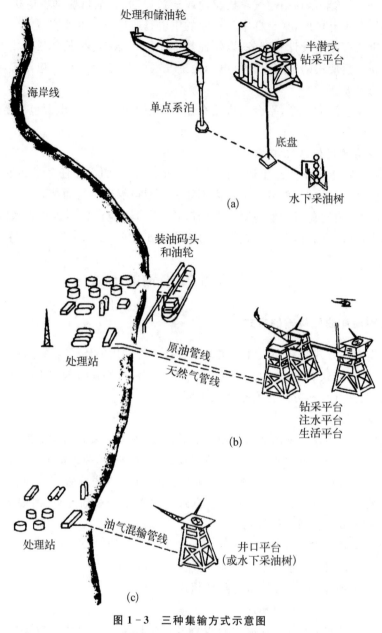

图 1-3 三种集输方式示意图

(a) 全海式;(b) 半海半陆式;(c) 全陆式

铺设海底管线,对海底地形复杂或原油性质不适合管道运输的情况,不宜采用这种方式。

3. 全海式集输方式

全海式指原油从采出一直到外输的所有集输过程全在海上进行,包括固定式和浮动式;井口生产系统可以设置在水上,也可以设置在水下。这种集输方式既适用于小油田和边际油田,又适用于大油田;既适用于油田的常规开发,又适用于油田的早期开发。该方式一般多采用可重复使用的浮式设施,工程建设总费用一般较低。全海式集输方式是当今世界适应性最强、应用最广的一种海洋油气集输方式。

1.3.2 选择油气集输方式的原则

如何选择油气集输方式是海上油田开发研究的第一步，影响因素有很多，因而必须在掌握大量资料的基础上进行综合技术和经济分析比较，才能得到合理的选择方案，主要的影响因素如下：

（1）油气藏情况，包括油田面积、可采储量、开采方法、油气井生产能力、开采年限、油气性质等。

（2）油田位置，油田离陆地距离、陆上码头情况或建港条件、油田附近有无岛屿等。

（3）环境条件，油田水深、海底地形、海水和土壤性质、气象、海况、地震资料等。

（4）油气销售方向，原油内销还是出口、距原油消费中心的距离、输送路线是水路还是陆路等。

（5）海上施工技术，承担建造海上结构的工厂及海上施工、运输、铺管等技术水平和设备条件等。

（6）其他条件，包括原油价格、材料价格、临时设备重复利用的可能性、投资、操作费用、经济评价后的盈利情况等。

如果有好几个生产平台或油井较分散，通常要通过海底集油管线将各井产物汇集到一处进行处理。离陆地近的油田，可用海底输油管线输送到陆地上处理；离陆地远的油田，通常在海上的集油处理平台上集中处理。

有些油田的产物中有大量凝析油，需要用庞大的多级脱气或液化设备进行处理。当海上不具备这类设备时，容易将凝析油损失掉，故应在海上进行脱水、计量后，将油气通过海底管线输送到陆地上进行处理。

铺设海底输油管线是海洋石油开发的一项重要基本建设，它在海洋石油生产中起着重要的作用。建造海底管线的工程规模大，投资多，耗用的钢材、使用的船舶设备等也较多，必须预先进行慎重周密的分析研究。由于海底管线建成后，可以连续输油，且几乎不受水深、气候、地形等条件的影响，输油效率高、能力大，管线铺设的工期短、投产快，所以铺设海底管线在海上油气集输中得到广泛应用。但因这种管线埋在海底以下一定深度，检修和保养较为困难。

由于全陆式集输方式中的工艺（油气分离、外输等）均在陆地上进行，故与陆上油气生产几乎没有差别，这里不做详细介绍，下面主要介绍半海半陆式和全海式油气集输方式。

1.3.3 半海半陆式油气集输方式

在半海半陆式油气集输方式中，采油、部分（或几乎全部）原油生产处理在海上平台进行，经处理后的油气经海底管线或陆桥管线输送至陆上终端，在陆上终端进一步处理后进入储罐储存或直接进入储罐储存，然后通过陆地原油管网或原油外输码头（或外输单点）外输。下面介绍几种常见的半海半陆式开发方式。

（1）井口平台＋中心平台＋海底管线＋陆上终端。这是最常见的半海半陆式开发方式，如图 1-4 所示。"锦州 20-2 凝析"气田、"绥中 36-1"油田、"旅大 10-1/旅大 5-2/旅大 4-2"油田、平湖油气田、春晓气田、"崖 13-1"气田、"东方 11-1"气田等均采用这种方式。

（2）生产平台＋中心平台＋水下井口＋海底管线＋陆上终端，例如"乐东 22-1/15-1"气田（见图 1-5）。

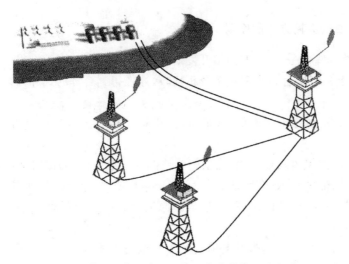

图 1-4　井口平台＋中心平台＋海底管线＋陆上终端

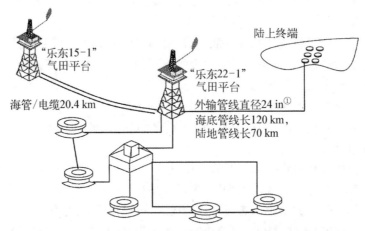

图 1-5　生产平台＋中心平台＋水下井口＋海底管线＋陆上终端

（3）井口/中心平台（填海堆积式）＋陆桥管线＋陆上终端。这种方式一般用于浅海和滩海地区（见图 1-6）。目前中国海洋石油集团有限公司所属海上油田尚没有这种开发模式,而胜利油田、辽河油田有采用这种开发模式。

1.3.4　全海式油气集输方式

在全海式油气集输方式中,油气水的生产处理、储存和外输均在海上完成。海洋平台设有供电站、供热站、生产和消防

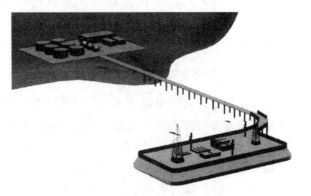

图 1-6　井口/中心平台（填海堆积式）＋
陆桥管线＋陆上终端

———————————
①　1 in＝2.54 cm。

等生产生活设施。在距离海上油田适当位置的港口上租用或建设生产运营支持基地,负责海上钻完井期间、建造安装期间和生产运营期间的生产物资、建设材料和生活必需品的供应。下面介绍几种常见的全海式开发方式。

(1) 井口平台+FPSO(浮式生产储油系统)。这是最常见的全海式开发方式(见图1-7)。"渤中28-1"油田、"渤中25-1"油田、"秦皇岛32-6"油田、"西江23-1"油田、"文昌13-1/13-2"油田、"番禺4-2/5-1"油田等采用该方式。

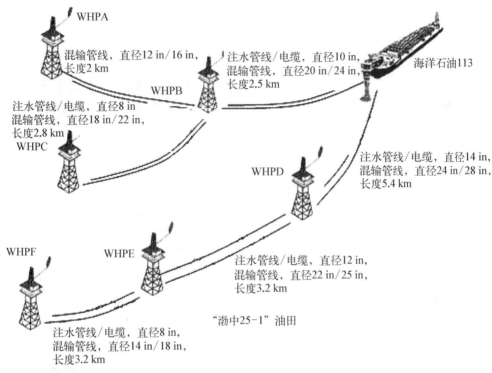

图1-7 井口平台+FPSO

(2) 井口中心平台(或井口平台+中心平台)+FSO(浮式储油外输系统)。例如"陆丰13-1"油田(见图1-8),位于我国南海珠江口盆地,于1993年10月8日建成投产,1994年2月22日进入商业性生产,油田设施主要包括"陆丰13-1"生产平台和"南海盛开"号FSO。

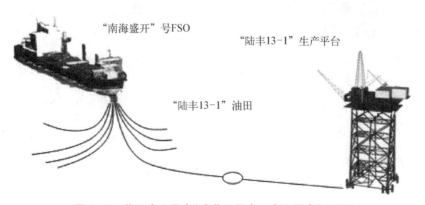

图1-8 井口中心平台(或井口平台+中心平台)+FSO

（3）水下生产系统＋FPSO。水下生产系统越来越广泛地运用于全海式油田的开发,例如"陆丰 22 - 1"油田(见图 1 - 9)。"陆丰 22 - 1"油田位于中国南海珠江口盆地,作业水深 330 m。油田采用水下井口方式生产,共有 5 口生产井,油田设施包括水下生产系统和"睦宁"号 FPSO。

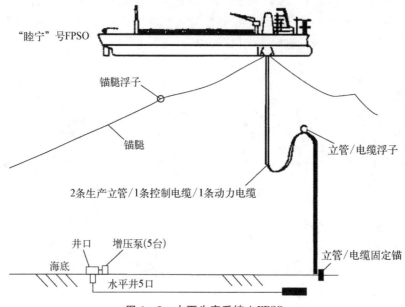

图 1 - 9　水下生产系统＋FPSO

（4）水下生产系统＋FPS(浮式生产系统)＋FPSO。例如"流花 11 - 1"油田(见图 1 - 10),位于我国南海珠江口盆地,发现于 1987 年 2 月,是我国南海发现的一个大型油田,平均水深

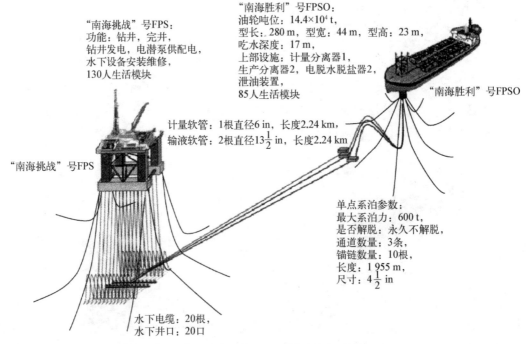

图 1 - 10　水下生产系统＋FPS(浮式生产系统)＋FPSO

300 m，由1座半潜式浮式生产系统、1座浮式生产/储油装置（FPSO）、单点系泊塔井和水下井口系统构成。

（5）水下生产系统回接到固定平台。例如"惠州 32－5"油田、"惠州 26－1N"油田（见图 1－11）。惠州油田群位于我国南海珠江口盆地，其所在海域水深 117 m，主要生产设施包括 8 座油气生产平台、2 个水下井口以及浮式生产储油装置"南海发现"号 FPSO。

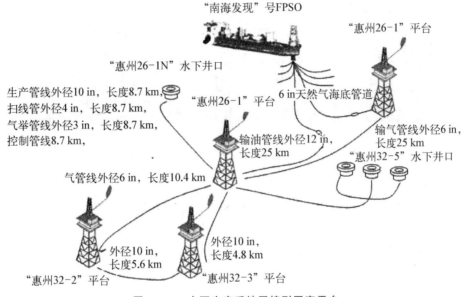

图 1－11 水下生产系统回接到固定平台

（6）井口平台＋处理平台＋水上储罐平台＋外输系统。例如"埕北"油田，这种模式适于水上储罐储量小的油田，造价高，已不再适应现代海上油田的开发需要。在中国海域仅"埕北"油田一处使用该种方式，如图 1－12 所示。

图 1－12 井口平台＋处理平台＋水上储罐平台＋外输系统

（7）井口平台＋水下储罐处理平台＋外输系统，例如"锦州9-3"油田，如图1-13所示。

注：图片源于文献[2]

图1-13　井口平台＋水下储罐平台＋外输系统

1.4　海洋油气田开发的案例介绍

1.4.1　春晓油气田群(0～300 m水深型油气田)

1. 概况

春晓油气田群位于距离上海市东南方向450 km的东海西湖凹陷南部的苏堤构造带南段，由4个油气田组成，总面积2.2×10⁴ km²，包括春晓、天外天、断桥和残雪等气田，水深90～110 m。天外天气田距已投产的平湖气田约60 km，距浙江宁波三山岛约350 km。春晓油气田于2005年10月建成，天然气处理能力为910×10⁴ m³/d。

2. 油气田主要工程设施

春晓油气田群采用导管架固定平台结合海底管线的方式进行开发。春晓油气田群一期工程主要设施如下：在天外天气田设1座气田群中心处理平台及1座井口平台(见图1-14)；春

注：图片源于文献[18]

图1-14　春晓油气田群中的天外天气田中心平台及井口平台

晓、残雪、断桥气田各设 1 座井口平台;3 根气田间集输管线分别为断桥井口平台至天外天中心平台海底管线(直径 304.8 mm,长 20 km)、残雪井口平台至天外天中心平台海底管线(直径 304.8 mm,长 25 km)、春晓井口平台至天外天中心平台海底管线(直径 406.4 mm,长 19 km); 1 根天外天中心平台至平湖油气田综合平台的海底输油管线(直径 203.2 mm,长 62.6 km); 1 根天外天中心平台至宁波三山岛陆上气体处理终端的海底输气管线(直径 711.2 mm,长 346.5 km);天外天中心平台分别至春晓、断桥、残雪井口平台的平台间动力/光纤复合海底电缆;1 台坐落在宁波三山岛的陆上气体处理终端,气体处理能力 760×10^4 m³/d;1 根陆上气体处理终端至上海漕泾门站间的干气分输管线(直径 609.6 mm,长 139 km)。

春晓油气田工程中的生活模块包括设置在天外天气田中心平台 90 人固定式生活模块,置于天外天气田中心平台并可吊装至另外 3 个井口平台的 72 人活动式生活模块,分别置于春晓、残雪和断桥井口平台上的 8 人固定式生活模块。

天外天、春晓、残雪和断桥 4 座井口平台均需满足钻井、修井、采油等生产方面的要求。井口平台上均设有平台钻机模块、生活楼和直升机坪等,部分钻机设备和可搬迁的生活模块随钻井作业搬迁。4 座井口平台位置处水深及井槽数如表 1-1 所示。

表 1-1　春晓油气田群 4 座井口平台的水深及井槽数

平 台 名 称	水深/m	井槽数/个
春晓井口平台	105	15
天外天井口平台	95	12
残雪井口平台	100	9
断桥井口平台	100	12

春晓油气田群各井口平台只是各自井槽数不同,而工艺流程、供电及钻完井方式等完全相同,均采用四腿钢质导管架固定平台。

1.4.2　Norne 油气田(300～500 m 水深型油气田)

1. 概况

Norne 油气田位于距离挪威西海岸约 200 km 的地方,距 Heidrun 油田以北 85 km,覆盖了北海 6608/10 及 6608/11 两个区块,水深 370～390 m。Norne 油气田原油可采储量 5.1×10^8 bbl[①],天然气可采储量 150×10^8 m³。该油气田作业者为 Statoil 公司,1997 年建成投产,高峰期日产原油 22×10^4 bbl。

2. 油气田的主要工程设施

Norne 油气田采用水下井口系统+FPSO 的开发方式进行生产。FPSO 总长 260 m,型宽 41 m,型深 25 m,载重量 10×10^4 t,储油能力 72×10^4 bbl,采用内转塔单点系泊方式,系泊单点通过 12 根锚链固定在海底。FPSO 甲板上布置的主要工艺设施包括油水分离与处理设施、气体分离与压缩设施、动力设施、注水及注化学药剂设施、计量设施等,FPSO 上设有 120 人的生活设施。

---

① bbl 为石油桶,1 bbl=42 gal(美)=0.158 98 m³。

图 1-15　Norne 油气田工程设施

Norne 油气田水下井口系统包括 5 个水下基盘，其中 3 个用于生产，1 个用于注水，1 个用于注气和水混合物。每个水下井口基盘设有 4 个井口槽并能根据需要回接额外的井口。这些水下基盘分南北两组进行水下安装，相距 4 km（见图 1-15）。北侧包括 1 个生产基盘和 1 个注水基盘，并通过 2 根直径 9 in 生产立管、1 根直径 9 in 注水立管及 1 根控制脐带缆与 FPSO 相接。南侧包括 2 个生产基盘和 1 个注水/注气基盘，相应的生产及注水/注气立管及控制脐带缆。

Norne 油气田生产的原油通过穿梭油轮外运，生产的天然气通过一条长 126 km、直径 16 in 的海底管线接入挪威的 Asgard 输气管线输送出去。

1.4.3　Neptune 油气田（500～1 000 m 水深型油气田）

1. 概况

Neptune 油气田位于墨西哥湾距离新奥尔良东南约 217 km 的海域，油气田位置水深约 588 m，最早发现于 1987 年，1994 年进行开发建设，1997 年投入生产，该油气田作业者为 Anadarko 公司，共包括 Viosca Knoll 825、526、569、5704 4 个区块，储量约 0.75×10^8 bbl。

该油气田是世界上首次采用单柱浮筒式平台（Spar 平台）结合海底外输管线进行开发的深水油田。油气田海工建设项目自签署设计合同到平台正式产油，一共只花费了 27 个月的时间。从 1997 年 3 月 10 日至 1998 年 9 月，Neptune 油气田的日产量从 4×10^3 bbl 原油＋8.5×10^4 m^3 天然气增至 2.2×10^4 bbl 原油＋4.8×10^5 m^3 天然气。在此期间，平台工作稳定，仅因为台风经过停产 1 天半。1998 年 4—6 月，Neptune Spar 平台曾侧移 76.2 m，以便让一座半潜式平台在原平台位置处新增 3 口新水下井回接到该平台。在打井期间，Neptune Spar 平台仍在继续生产，几乎未受到任何影响，只因安装新设备而停产过 10 天。1999 年 1 月中旬 Neptune 油气田日产量增至 2.9×10^4 bbl 原油和 8.5×10^5 m^3 天然气，凭借其优良表现该油田获得 2000 年国际海洋油气技术大会（Offshore Technology Conference，OTC）颁发的年度杰出团体奖，由于该油气田首次成功使用了单柱浮筒式平台（Spar 平台），大大提升了研究者和业主对 Spar 平台技术的信心，标志着 Spar 平台从此正式登上了深水油气田开发的舞台。

2. 油气田的主要工程设施

Neptune 油气田采用的 Spar 平台为世界上第一座标准型 Spar 平台，平台主体部分为一大尺度的钢质圆柱体结构，圆柱体长 215 m，直径 21.9 m，设计吃水 198 m，干舷高度 17 m。圆柱体上部浮舱长 84 m，底部浮舱长 30 m，用 4 层呈放射状分布的垂直水密隔壁及数层水平方向的水密隔壁将浮舱分割成一个个较小的水密舱，该圆柱体主体结构总重约 11 698 t。

井口区呈矩形布置在圆柱体中央部位，井口区设有 16 个井口槽，按 4×4 方式排列，井口间距 2.4 m。该平台共设 16 口生产井,其中 13 口为干式井口,3 口为湿式井口。平台上部甲板共 3 层,顶层为修井甲板,长 40 m,宽 25 m,其下为两层生产甲板,长 41 m,宽 31 m,3 层甲板距设计水面的距离分别为 35 m、28 m 和 22 m。修井甲板上可以按需要临时安装 1 台 1 000 hp[①] 的轻便型修井机进行完井和修井作业。平台的动力由 3 台 SOLAR‑Saturn 发电机提供,每台的功率为 1 000 kW,同时备用 1 台 300 kW 的柴油发电机。平台上设有共 66 人的生活设施(其中正常生产期间 18 人,临时性人员 48 人)。平台上部甲板通过 4 根直径 1.524 m 的立柱框架结构与下部主体圆柱体结构相连,立柱直接连接到圆柱体结构的垂直防水壁上,并深入主体一定距离以便更好地传递荷载。整个 Spar 主体的设计载重量[②]为 6 500 t,而上体轻载重量仅 2 994 t。

平台圆柱体通过 6 条系泊索固定于海底锚固桩上,每条系泊索的长度约为 1 120 m,采用"链‑缆‑链"结构,下端为长 67 m 的锚链,中间为 733 m 的钢缆,上端是 320 m 的锚链,锚链和钢缆的直径都是 12 cm。海底锚固桩基每根长 54 m,直径为 2 134 mm。平台日处理能力:原油 3.5×10^4 bbl,天然气 60×10^6 ft³[③],产出水 1×10^4 bbl。平台外输能力:原油经 6 台输出泵和直径为 8 in 海底管线外输,日外输能力 4.0×10^4 bbl,外输管线长 28 km。天然气经 2 台气体压缩机和直径 8 in 海底管线外输,日外输能力 70×10^6 ft³,外输管线长 28 km。

1.4.4　Marlim 油气田(1 000～1 500 m 水深型油气田)

Marlim 油气田位于巴西坎波斯盆地东北海域,距离里约热内卢的海岸线约 110 km,水深 650～1 050 m,该油气田发现于 1985 年 1 月,总面积 130 km²,图 1‑16 为该油气田开发示意图。

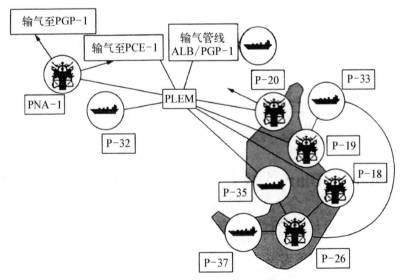

图 1‑16　Marlim 油气田开发示意图

---

① hp,英制马力,功率单位,1 hp=745.7 W。

② 行业内所称的载重量实指质量,单位为吨(t)。

③ 1 ft³=0.028 3 m³。

该油气田分两期 5 个区块进行开发,一期工程于 1990 年开始建设,包括区块 1 和区块 2,采用 2 座半潜式平台(P-18 和 P-19)和 1 艘 FPSO(P-32)结合水下井口进行开发;二期工程于 1995 年开始建设,包括区块 3、区块 4、区块 5,采用 1 座半潜式平台(P-26)和 3 艘 FPSO(P-33、P-35、P-37)结合水下井口进行开发。Marlim 油气田的 5 个区块共有生产井 83 口、注水井 46 口,总投资 50 亿美元。

1.4.5 Red hawk 油气田(1 500~3 000 m 水深型油气田)

Red hawk 油气田位于墨西哥湾深水区的 Garden Banks 877 区块,油气田水深 1 615 m,天然气储量为 70.75×10^{10} m³,日产量峰值达 3.39×10^8 m³,基本参数如表 1-2 所示。

表 1-2　Red hawk 油气田基本参数

油气田名称	Red hawk 油气田
油气田位置	墨西哥湾深水区的 Garden Banks 877 区块
开发方式	第三代 Spar 平台＋海底管线
油气田水深	1 615 m
井 口 数	2 个
储 量	70.75×10^{10} m³ 天然气
天然气输出	直径 16 in 钢质悬索立管
原油输出	直径 10 in 钢质悬索立管

该油气田采用 1 座第三代多柱体 Spar 平台进行开发,该 Spar 平台柱体长 170.69 m,其中 15.24 m 露于水上,包括一个三层甲板的上部模块,主(上)甲板和生产甲板均为 34.14 m× 40.54 m,浮筒甲板为 22.86 m×27.74 m;柱体重 7 200 t,足够承受上部模块的初始有效荷载 3 600 t。柱体浮筒由 6 根圆筒围绕中心口筒组成,每根圆筒直径为 6.10 m,这些圆筒是中空的,用以提供平台必需的浮力,另外还有可变的压载箱和独立的舱室,在圆筒周围有螺旋状外板用以减轻由涡流引起的摇摆,柱体中间的圆筒和另外的两根加长圆筒将浮筒和压载箱紧密地联结在一起,柱体还设计了水平的升沉板。柱体结构的几个模块由 Technip 公司的 Gulf Marine Fabricators 在 Ingleside 建造,另外,Gulf Marine Fabricators 还负责上部模块的运送安装、柱体、锚泊系统的海上安装以及海上流体管和脐带管的安装、SCR 立管的安装,其中流体管由 Technip Spoolbase 制造,脐带管由 Duco Facility 制造。平台由锚索固定,设 6 个吸力锚,直径为 5.49 m,长为 23.77 m。

思 考 题

1. 请简述海洋油气开发的基本流程。

2. 查阅资料,简要介绍我国海洋油气开发的现状。

3. 简述海洋油气集输工程的主要任务和工艺流程。

4. 海洋油气集输的方式有哪些?分别简要介绍这些方式。

5. 对各种海洋油气集输方式的使用范围进行比较。

6. 列举全海式油气集输方式。

第2章 海洋油气资源与勘探

大陆架是陆地向海洋延伸、平坦宽广的区域,由海岸逐渐延伸到海洋中间约 200 m 水深处。从大陆架到深海之间还有一段很陡的斜坡,称为大陆坡。大陆架和大陆坡都紧连大陆,在几千万年甚至上亿年以前,有些时期的气候比现在温暖湿润,在海湾和河口地区,海水中的氧气和光照都十分充足,加上江河带入大量的营养物和有机质,为生物的生长和繁殖提供了丰富的"粮食",生活在海面附近的藻类得以大量繁殖。同时,海洋中的鱼类、浮游生物、软体动物和各种菌类也迅速繁殖。据科学家们计算,在全球海洋中位于最上层水深 100 m 的水层中,仅细小的浮游生物遗体每年就能产生 600×10^8 t 的有机碳,这些有机碳就是"制造"石油和天然气的宝贵"原料"。

但是,想要让这些生物遗体产生有机碳,就需要迅速将其保存起来,否则它们将很快在大海中溶解成微小颗粒,悬浮在海水中而永远不能变成石油和天然气。在江河入海的河口地区,大陆架上会积聚大量泥沙。这些泥沙日积月累地将大量生物遗体掩埋起来。倘若这个地区不断下沉,生物层和泥沙层就会越积越多,生物遗体也越埋越厚。埋在泥沙下面的生物遗体逐渐分解,经历千百万年的地质时期,形成了当今的石油和天然气。

但是,这些石油和天然气分散在砂岩中,难以采集。在一层层沉积的泥沙中,那些颗粒较粗的泥沙形成了砂岩、砾岩,这种岩层孔隙比较大,生成的石油和天然气能够被"挤压"进去,从而形成含油构造;那些细颗粒的泥沙被压成页岩、泥岩,而且孔隙很小,油和气"钻"不进去。假如细密的页岩岩层正好处在含油的砂岩层的顶部和底部,那就好比为这些宝贵的石油和天然气装进一只大锅又加上一只锅盖,将它们牢牢地保存起来。石油储集在砂岩孔隙中,就好像在海绵里充满水一样,不致流失而又长期缓慢地沉降在大陆架浅海区中。那些沉降幅度大、沉降地层厚的盆地,往往是形成石油最有利的地区。在这些大型沉积盆地中,因受挤压而突出的一些构造,又往往是储积石油最多的地方。因此,在海上找石油,就要找那些既有生油地层和储油地层,又有很好的盖层保护的储油构造的地区。

2.1 油气藏的形成和结构

石油和天然气的生成、运移和聚集是油气藏形成过程中密切相关的 3 个阶段。生油层的出现、储集层形成、圈闭构造和油气的运移是油气藏形成不可或缺的条件。本节将分别介绍生油层、储集层、油气的运移、圈闭以及油气藏的类型。

2.1.1 生油层

生成油气的有机物质是海洋中的生物遗体,其中以水生的浮游生物(如鱼类、藻类)和各种微生物(有孔虫、介形虫)等富含脂肪、蛋白质、碳水化合物的有机质为主。这些遗体中的大部分要么成为他种生物的食料,要么变为二氧化碳游离于大气之中,只有很少一部分会随着细小的沉积物沉积于海洋中的低洼地带。但由于海洋生物种类繁多且繁殖速度都较快,尽管只有小部分生物遗体会沉积,它们最终形成的有机质在数量上是能够满足大量油气生成的。这些沉积的有机质在缺氧的环境下得以保存。随着环境还原程度的不断加强,有机质在一定物理、生物化学作用下进行分解,完成"去氧加氢、富集碳"的过程,形成分散的碳氢化合物——石油和天然气。

能够生成石油和天然气的岩层称为生油气岩或生油气母岩、生油气源岩(简称生油岩)。由生油气岩组成的地层称为生油气层(简称生油层),这是自然界生成石油和天然气的实际场所。沉积岩中的泥岩、页岩、砂质泥岩、泥质粉砂岩、碳酸盐岩等细粒均可组成良好的生油层。根据岩性不同,生油岩分为两大类:① 泥质生油岩,是一种由泥巴及黏土固化而成的沉积岩,其成分和构造与页岩相似但较不易碎;② 碳酸盐岩生油岩,指由沉积形成的碳酸盐矿物组成的岩石的总称,主要为石灰岩和白云岩两类。这些细粒的生油岩是在较宁静的水体中沉积下来的。这种环境也适合生物的大量繁殖。另外,有机质沉降到海底后被细粒岩石埋藏,有利于保存下来。

生油岩的颜色以褐、灰褐、深灰、黑色等暗色为主,灰色、灰绿色次之。这里所讲的颜色不是指沉积岩的继承色或次生色,而是指能反映当时沉积环境和有机质丰度的原生色。暗色常反映沉积时的还原环境,这使大量有机质得到保存,使铁元素处于低价状态;红色常反映氧化环境,它使有机质遭受氧化,破坏殆尽。

生油层的分布受岩相古地理条件所控制。生油层皆是有规律地出现,并与一定的岩相带有关。对于湖相来说,较深湖相与深湖相是主要的生油相带。对于海相来说,浅海相或潮间低能相带、潮下低能带的碳酸盐岩层和泥质岩层具备良好的生油条件。这些区域深度不大、水体宁静、阳光充足、生物茂盛,岩石富含生物化石和有机质。

2.1.2　储集层

大量油气勘探及开发实践纠正了人们最初以为地下有"油湖""油河"之类的错误认识,而逐渐认识到石油和天然气储存在那些具有相互连通的孔隙、裂隙的岩层内,好比水充满于海绵里一样。我们将具有一定孔隙度和渗透性,能够储存油气等流体,并可在其中流动的岩层称为储集层。储集层具备2个基本特性:孔隙度和渗透性。

1. 储集层岩石的孔隙度和渗透性

1) 孔隙度

储集层岩石是由大小不一的岩石颗粒、矿物颗粒胶结而成的。被胶结的颗粒之间存在着微细的孔隙,如同我们常见的建筑工程中所使用的砖一样,假如我们把一块 3 kg 重的砖放在水中浸泡以后再称重,它的重量可能变成 3.5 kg,其中增加的 0.5 kg 是因为水浸入了砖的孔隙中。同理,油气储存在油层岩石的孔隙中。通常,我们用孔隙度来衡量储集层岩石中孔隙总体积的大小,并表示岩石中孔隙的发育程度。

储集层岩石中孔隙的总体积占岩石总体积的比值称为孔隙度,用百分数表示,即

$$\phi = \frac{V_p}{V_r} \times 100\% \qquad\qquad (2-1)$$

式中,ϕ 表示孔隙度(%);V_p 表示岩石中孔隙总体积,单位为 m^3;V_r 表示岩石总体积,单位为 m^3。

　　储集层岩石的孔隙度可以用实验方法求得。孔隙度大,则岩石颗粒之间的容积大,储存流体的空间大;孔隙度小,则岩石颗粒之间的容积小,储存流体的场所小。

　　若储集层为油层,那是否表示油层孔隙里都盛满了油呢?答案是否定的。一般来说,孔隙里含有油、气和水。油层孔隙中,含油体积与孔隙体积的比值称为油层的含油饱和度,表示为

$$S_o = \frac{V_o}{V_p} \times 100\% \tag{2-2}$$

式中, S_o 表示含油饱和度(%); V_o 表示岩石中原油的体积,单位为 m^3 。

　　可以通过直接钻井取心,再由实验求得油层的含油饱和度。含油饱和度越高,孔隙中的含油量越大。这个参数也是计算油田储量的重要数据。用 S_w 表示含水饱和度,即油层孔隙中含水体积与孔隙体积的比值。

　　2)渗透率

　　渗透率是岩石允许流体通过能力的一种度量。严格地讲,自然界的一切岩石在足够大的压力差下都具有一定的渗透性。通常我们所讲的渗透性岩石与非渗透性岩石,是指在地层压力条件下流体能否通过岩石。在一般情况下,砂岩、砾岩、多孔的石灰岩、白云岩等储集层属于渗透性岩层,而泥岩、石膏、硬石膏等属于非渗透性岩层。岩石渗透性的好坏在石油工业中常用渗透率来衡量。

　　实验表明,流体通过岩心时,若岩心两端的压差不大,则单位时间内流体通过岩心的体积与岩心两端的压差及岩心的横截面积成正比,而与流体的黏度及岩心长度成反比,即

$$Q = \frac{KA\Delta P}{\mu L} \tag{2-3}$$

式中, K 表示岩石的绝对渗透率,单位为 μm^2 ; Q 表示液体流量,单位为 cm^3/s ; A 表示岩心横截面积,单位为 cm^2 ; L 表示岩心长度,单位为 cm ; ΔP 表示岩心两端的压差,单位为 10^5 Pa ; μ 表示液体黏度,单位为 $mPa \cdot s$ 。

　　式(2-3)称为达西直线渗流定律,这是在假定岩石孔隙中只有一种液体流动,而且这种液体不与岩石发生任何物理、化学反应的条件下得出的。当流体的流动符合达西直线渗流定律时,所求得的 K 值称为岩石的绝对渗透率。但在实际油层内,流体的渗流情况要复杂得多。地层中常为两相(油-气、油-水、气-水)、甚至三相(油-气-水)流体并存。因此,当油层内存在多种流体时,必须对绝对渗透率的概念进行修正。如果一块岩心被 25% 的束缚水和 75% 的原油所饱和,那么由此测得的油渗透率将比用 100% 原油饱和时所测得的渗透率要低。当某一相的饱和度降低时,此相的渗透率也要降低。此处某一相流体的饱和度是指储层岩石孔隙中该相流体所占的体积百分数。多相流体共存时,岩石对其中每种流体的渗透率称为该相的有效渗透率或相渗透率,用符号 K_o 、 K_g 、 K_w 分别表示油、气、水的有效渗透率。

　　有效渗透率不仅与岩石的性质相关,也与其中流体的性质及数量比例有关。在实际应用中,也经常采用相对渗透率的概念,即有效渗透率与绝对渗透率之比值。在特定的含油(气/水)饱和度条件下,油、气、水的相对渗透率可通过下列各式计算,即

$$K_{ro} = \frac{K_o}{K} \tag{2-4}$$

$$K_{rg} = \frac{K_g}{K} \qquad\qquad (2-5)$$

$$K_{rw} = \frac{K_w}{K} \qquad\qquad (2-6)$$

式中，K_{ro} 表示油的相对渗透率；K_{rg} 表示气的相对渗透率；K_{rw} 表示水的相对渗透率。

通常，岩石对每相的有效渗透率总是小于该岩石的绝对渗透率。各相有效渗透率的总和也总是低于绝对渗透率，或者说各相的相对渗透率之和小于 1.0。

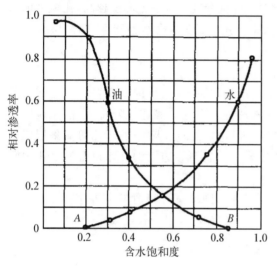

图 2-1 油水两相相对渗透率随含水饱和度的变化曲线

图 2-1 为某一储集层在油水两相渗流时，油相和水相的相对渗透率随含水饱和度的变化曲线。相对渗透率曲线可采用岩心实验方法确定，也可以根据储集层岩石的润湿性、岩性以及一些基础参数采用相关经验公式进行计算得出。

2. 储集层的分类

目前世界上绝大部分的油气储量集中在沉积岩储集层中，沉积岩储集层中又以碎屑岩储集层和碳酸盐岩储集层为主。只有少量油气储集在岩浆岩和变质岩中。石油地质学按岩石类型将储集层分为 3 类：碎屑岩储集层、碳酸盐岩储集层及其他岩石类储集层。

1) 碎屑岩储集层

碎屑岩储集层是世界上各主要含油气区的重要储集层之一，如俄罗斯的西西伯利亚盆地区域的各大油田、科威特的布尔干油田、委内瑞拉的玻利瓦尔湖岸油田、美国的普拉德霍湾油田和我国的大庆油田等许多特大型油田，它们的储集层都是碎屑岩储集层。

碎屑岩储集层的岩石类型有砾岩、砂砾岩、粗砂岩、中砂岩、细砂岩和粉砂岩。目前，我国发现的碎屑岩油气藏以中、细砂岩为主。碎屑岩储集层的孔隙类型以原生的粒间孔隙为主（见图 2-2），孔隙度一般为 5%～40%。此外还有次生的溶蚀孔隙、胶结物重结晶而出现的晶间孔隙、矿物的解理缝、层理缝和层间缝等，其储油物性除受沉积环境、岩石成分和结构构造控制外，在漫长的成岩历史中，地下温度、压力、孔隙水成分等的变化，都对储集层孔隙有着重要的影响，这些因素主要包括压实作用、溶解作用和胶结作用等。

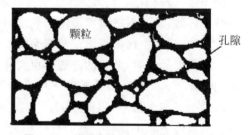

图 2-2 碎屑岩储集层中颗粒和孔隙分布

砂岩体是碎屑岩储集层的主体，是指在某一沉积环境下形成的，具有一定形态、岩性和分布特征，并以砂质岩为主的沉积岩体。与油气有关的砂岩体主要包括冲积扇砂岩体、三角洲砂岩体、海岸砂岩体、河流砂岩体、浊积砂岩体和湖泊砂岩体等。

在含油砂岩中,渗透性好、含油饱和度高并能产出工业油流的砂岩体称为油砂体。它是油层中最小的含油单元,也是注水开发油田控制油水运动相对独立的单元。油砂体是陆相碎屑岩油层最显著的特点之一,因此在编制油田开发方案、进行开发动态分析和开发调整时,必须研究油砂体的性质、形态、分布状况等。油砂体常以两种形式出现:一种是在单层内部呈不连续分布的透镜状油砂体;另一种是各个砂体互相连通而形成复合的油砂体,称为连通体。连通体可以由几个甚至十几个油砂体组成,形成统一的油水运动系统,主要的油气储量都分布在这种连通体内,也是开发的主要对象。

2）碳酸盐岩储集层

碳酸盐岩储集层单位体积内的储集空间小,但厚度大。以石灰岩、白云岩为主的碳酸盐岩储集层,其连通孔隙度一般为 1%～3%,个别储集层可达到 10%。

碳酸盐岩储集层一般都是浅海相沉积。岩性比较稳定,分布面积广,厚度大,如四川盆地震旦系白云岩的厚度达 500～1 200 m,任丘油田元古界白云岩的厚度达 2 140 m。因此,尽管单位体积内的储集空间小,但因厚度大,整个储集层内的储集空间还是很大的。

碳酸盐岩储集层中,缝洞分布具有不均匀性,同时又具有组系性和方向性(见图 2-3)。缝洞在碳酸盐岩储集岩内随处可见,而且类型多、大小悬殊。大洞、大缝的渗透率极高,产量高;小洞、小缝和周围岩石的渗透率极低,产量也低。

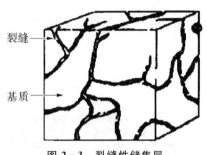

图 2-3　裂缝性储集层

3）其他岩石类储集层

除碎屑岩和碳酸盐岩以外的各类储集层,如岩浆岩、变质岩、黏土岩等储集层都归为其他岩石类储集层。尽管这类储集层的岩石类型很多,但在其中储存的油气量在世界油气总储量中只占很小的比例,其意义远不如碎屑岩和碳酸盐岩储集层。国内外都在这类储集层中获得了一定量的油气,这也拓展了研究油气储集层的领域。到目前为止,我国已在火山岩、结晶岩、黏土岩里获得了工业性油气流,并具有一定的生产能力。

2.1.3　盖层

对于任何一个区域,要形成油气藏只具有生油层和储集层是不够的。要使生油层中生成的油气运移至储集层而不发生逸散,还必须具备不渗透的盖层。盖层是指位于储集层之上能够封隔储集层、避免其中的油气向上逸散的保护层。盖层的好坏直接影响着油气在储集层中的聚集和保存。

在自然界中,任何盖层对气态和液态的烃类都只有相对的隔绝性。在地层条件下的烃类聚集都具有大小不同的天然能量,能驱使烃类向周围逸散。因而必须有良好的盖层封闭才能阻止烃类散失,使其聚集起来形成油气藏。

盖层之所以具有封隔作用,是由于岩性致密、无裂缝、渗透性差,并且岩石具有较高的排替压力。排替压力是指某一岩样中的润湿相流体被非润湿相流体开始驱替所需要的最低压力。由于沉积岩多被水相润湿,油气想要通过它进行运移,就必须首先驱走其中的水,才能进入其中。如果驱使石油运移的动力未达到进入盖层所需的排替压力,石油就被挡在盖层之下。岩石排替压力的大小与孔隙和喉道尺寸有直接关系,孔隙和喉道越小,其值越大。

常见盖层岩石有页岩、泥岩、盐岩、石膏和无水石膏等。页岩、泥岩盖层常与碎屑岩储集层并存;盐岩、石膏盖层大多发育在碳酸盐岩剖面中。在构造变动微弱的地区,裂缝不发育,致密的泥灰岩及石灰岩也可充当盖层。

2.1.4 圈闭

圈闭是指能够阻止油气继续运移,并储集遮挡油气使其聚集的场所。圈闭由储集层、盖层和遮挡物3部分组成。圈闭的基本功能就是能够聚集油气。在具备充足油源的前提下,圈闭的存在是形成油气藏的必要条件。因此,研究圈闭的形成、类型及其与油气聚集的关系是很重要的。

根据控制圈闭形成的地质因素,可将圈闭分为3类:构造圈闭、地层圈闭和岩性圈闭。

1. 构造圈闭

构造运动使地层发生变形或变位,即褶皱或断裂。在条件具备时,这些褶皱和断裂就可以形成构造圈闭,如背斜圈闭和断层圈闭等(见图2-4和图2-5)。

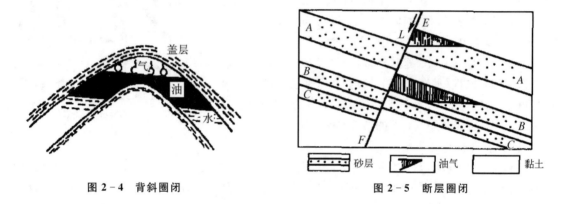

图2-4 背斜圈闭

图2-5 断层圈闭

2. 地层圈闭

上、下两套岩层呈连续沉积和无沉积间断,这种接触关系称为整合,它反映了地壳较稳定的沉降,不断接受沉积。

如果地壳上升使老地层露出水面,遭受风化剥蚀、造成沉积间断,之后再下降、继续接受沉积,就会形成新地层与下伏老地层之间不连续接触的不整合地层圈闭。在那里,相继沉积下来的岩石部分被剥蚀掉,然后被不渗透的岩帽所覆盖。如图2-6所示,若新、老地层成角度接触称为角度不整合,反映了地壳在新地层沉积之前发生过褶皱运动。在角度不整合中,不整合上部的新岩层覆盖了褶皱剥蚀边缘或下部的倾斜层,形成圈闭;若新、老地层之间虽有沉积间断,但仍呈平行接触的称为平行不整合,亦称为假整合。平行不整合反映了地壳呈均衡上升或下

(a)　　　　　　　　　　　　(b)

图2-6 不整合示意图

(a) 角度不整合;(b) 平行不整合

降,所以新、老地层的产状基本一致。

3. 岩性圈闭

在沉积盆地中,由于沉积条件的差异而造成储集层在横向上发生岩性变化,并被不渗透岩层遮挡时,即形成岩性圈闭,如岩性尖灭和岩性透镜体等(见图 2-7)。这种变化是由地层沉积时非寻常的砂和黏土分布所致,如河流三角洲的砂坝。

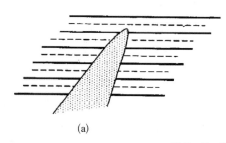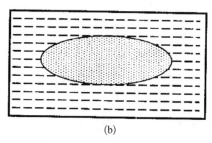

（a）　　　　　　　　　　　　　　　　　　　（b）

图 2-7　岩性圈闭示意图

（a）岩性尖灭圈闭；（b）岩性透镜体圈闭

上述是 3 种基本的圈闭类型,此外还有许多圈闭是由褶皱、断层、孔隙性变化及其他情况组合而形成的复合圈闭。

2.1.5　油气运移与聚集

1. 油气运移

油气在生油层形成后呈分散状态,在各种外力的作用下,运移到附近的圈闭中聚集起来,与圈闭构成统一的整体,形成油气藏。由此可见,油气运移是形成油气藏的不可缺少的阶段。油气在地层内的任何移动都称为油气运移。生油层中生成的油气向储集层内的运移称为初次运移。油气进入储集层以后的一切运移都称为二次运移,包括油气在储集层内部的运移,也包括油气沿断层面、裂缝的运移(见图 2-8)。

尽管油气是能够流动的流体,但要促使油气沿着各种通道流动,必须要有动力。动力来源主要有压实作用力、构造运动力、水动力、浮力和毛管压力等。它们在油气运移的两个阶段中起着不同的作用。其中压实作用力对油气的初次运移起主导作用,其他动力对油气的二次运移起主要作用。

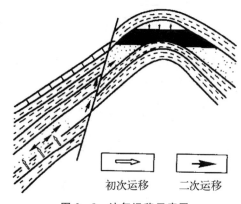

图 2-8　油气运移示意图

2. 油气聚集

油气在圈闭中聚集,形成油气藏的过程称为油气聚集。它是油气生成、运移以及储集层和圈闭构造等多种因素有机配合的结果。充足的油气来源是盆地形成储量丰富的油气藏的物质基础。良好的储集层是油气运移、聚集的基本条件。但要形成油气藏还必须具有通向生油层的输导层和良好的封盖层,也就是要具有良好的“生、储、盖”组合,即生油层中生成的油气能够及时地运移到储集层中,同时盖层的质量和厚度又能保证运移到储集构造中的油气不会逸散。

2.1.6 油气藏

油气藏是指在单一圈闭中具有相同压力系统的油气的基本聚集。若圈闭中只聚集了油，则称为油藏；若只聚集了天然气，则称为气藏；若同时聚集了油和游离的天然气，则称为油气藏（见图2-9）。在目前的技术和经济条件下，具有开采价值的油气藏为工业性油气藏，欧美国家称为商业性油气藏。但这个概念是随着国家的需要和技术条件的不同而变化的。当国家急需油气的时候，不具有工业价值的油气藏也需要开采，此时对商业性的考虑就处于次要地位了。

图2-9 油气藏示意图

据有关资料记载，世界上已经发现的油气藏有数万个，类型多种多样。为了更有效地指导勘探和开发油气资源，有必要对已发现的油气藏进行科学分类。目前国内外使用的油气藏分类方法很多，归纳起来有4种。

（1）根据日产量大小可分为高产油气藏、中产油气藏、低产油气藏和非工业性油气藏。

（2）根据油气藏形态可分为层状油气藏（如背斜油气藏）、块状油气藏（如古潜山油气藏）和不规则油气藏。不规则油气藏中油气分布无一定形态，如断层油气藏、地层油气藏和岩性油气藏等。

（3）根据烃类组成可分为油藏、油气藏、气藏和凝析气藏。若圈闭中烃类只以液态形式存在，则称为油藏；若圈闭中烃类既有液态的油，又有游离的天然气，则称为油气藏；若圈闭中只有天然气存在，则称为气藏；在高温高压的地层条件下，烃类以气态存在，开采时随着温度和压力的降低，到达地面后成为凝析油，这种气藏称为凝析（油）气藏。

（4）根据圈闭成因可分为构造油气藏、地层油气藏和岩性油气藏。油气聚集在由于构造运动而使地层发生变形或变位所形成的圈闭中，称为构造油气藏；油气聚集在由于地层超覆或不整合覆盖而形成的圈闭中，称为地层油气藏；油气聚集在由于沉积条件的改变导致储集层岩性发生横向变化而形成的圈闭中，称为岩性油气藏。

为了有利于勘探和开发，对油气藏的分类应遵循两条基本原则：第一，分类要有科学性，即分类要反映圈闭的成因类型和形成条件以便于寻求规律性；第二，分类要有实用性，能更有效地指导油气的勘探和开发工作。

2.2 海洋油气资源的分布

海洋蕴藏着丰富的矿产资源、化学资源、生物资源和动力资源，石油和天然气是目前在海洋中开采最多的一种矿产资源。海底的油气资源相当丰富，据估计，仅近海海底的石油地质储量就有大约 $2\,500\times10^{8}$ t，约占全世界油气总储量的45%。目前全世界已经找到的石油储量有 $1\,600\times10^{8}$ t，海上石油的勘探程度远远没有陆上充分，海上石油工程有着极其广阔的前景。

2.2.1 世界海洋石油资源的分布

虽然世界海洋蕴藏着丰富的油气资源，但油气资源分布极不均衡，主要集中在三湾、两海和两湖区域。"三湾"即波斯湾、墨西哥湾和几内亚湾,"两海"即北海和南海,"两湖"即里海和马拉开波湖。其中,波斯湾海域的石油和天然气含量最丰富,占全世界总储量的一半左右。储量排第 2 位的是委内瑞拉的马拉开波湖,第 3 位是北海海域,第 4 位是墨西哥湾海域。此外,远东地区和西非等海域也蕴藏着丰富的油气。在这些海域中,就油气勘探开发国家而言,波斯湾以沙特、卡塔尔和阿联酋为主,里海沿岸以哈萨克斯坦、阿塞拜疆和伊朗为主,北海沿岸以英国、挪威、美国、墨西哥、委内瑞拉、尼日利亚等为主,这些国家都是世界重要的海上油气勘探开发国。

据统计,全球石油探明储量为 $1\,757\times10^8$ t,天然气的探明储量为 173×10^{12} m^3。全球海洋石油资源量约为 $1\,350\times10^8$ t,探明储量约为 380×10^8 t;海洋天然气资源约为 140×10^{12} m^3,探明储量约为 40×10^{12} m^3。海底可划分为大陆架、大陆坡、大陆基和深海平原,海洋油气资源主要分布在大陆架上,约占全球海洋油气资源的 60%,其面积仅占整个海底面积的 7.49%。在全球海洋油气探明储量中,目前浅海的油气储量仍占主导地位,但随着石油勘探技术的进步,油气开发将逐渐向深海进军。

2.2.2 我国海洋油气资源的分布

我国海域大陆架宽广,也蕴藏着丰富的油气资源。目前我国油气资源开采较多的区域是渤海湾地区和南海北部海区。下面简要介绍我国具体的油气资源分布。

1. 渤海湾地区

渤海湾地区已发现 7 个亿吨级油田,探明储量达 6×10^8 t,仅次于大庆油田。2010 年渤海海上油田的产量达到 $5\,550\times10^4$ t 油当量,成为中国油气增长的主体。

渤海油田与辽河油田、大港油田、胜利油田、华北油田、中原油田属于同一盆地构造,包括辽东、石臼沱、渤西、渤南、蓬莱 5 个构造带,油气总资源量为 120×10^8 m^3 左右,其地质油藏特点是构造破碎、断裂发育、油藏复杂,储层以河流相、三角洲、古潜山为主,油质较稠,稠油储量占 65% 以上。

2. 黄海海域

黄海海域的石油资源分布在南黄海和北黄海两个盆地。南黄海盆地远景资源量为 4.44×10^8 t,地质资源量为 2.98×10^8 t,可采资源量为 0.72×10^8 t;北黄海盆地远景资源量为 8.02×10^8 t,地质资源量为 4.24×10^8 t,可采资源量为 0.85×10^8。黄海海域的天然气资源全部分布在南黄海盆地,盆地天然气远景资源量为 4.16×10^{11} m^3,地质资源量为 1.85×10^{11} m^3,可采资源量为 1.07×10^{11} m^3。

3. 东海海域

东海油气田资源丰富,估计蕴含石油 2.50×10^{10} t,天然气 8×10^{12} m^3。东海海域探明天然气储量达 7.00×10^{10} m^3 以上,由中国海洋石油集团有限公司和中国石油化工集团有限公司投资建设。目前,东海海域主要油气田有春晓、平湖、残雪、断桥和天外天等。其中,春晓油气田群是在东海陆架盆地西湖凹陷中开发的一个大型油气田,称为"东海西湖凹陷区域"。东海大陆架可能是世界上最丰富的油气区之一,可能成为"第二个中东地区"。

4. 南海海域

南海海域很大,又可分为南海北部和南海南部。

1) 南海北部

南海北部海域石油剩余技术可采储量为 1.02×10^8 t(占全国的 3.54%),居全国第 9 位,储采比为 7:1,低于全国平均水平(14:1);待探明地质资源量较大,有较大的勘探潜力。

南海北部海域的石油资源主要分布在珠江口盆地,其次是北部湾盆地,其地质和可采资源量分别占南海北部海域的 68.23% 和 69.65%,北部湾盆地的石油地质和可采资源量分别占南海北部海域的 22.80% 和 17.67%,琼东南盆地的石油地质和可采资源量分别占南海北部海域的 8.47% 和 8.38%。

南海北部海域天然气远景资源量为 5.68×10^{12} m³,地质资源量为 3.41×10^{12} m³(占全国的 7.77%),可采资源量为 2.17×10^{12} m³(占全国的 7.89%)。天然气探明地质储量为 3.56×10^{12} m³,其中探明气层气地质资源量为 3.29×10^{12} m³,待探明气层气地质资源量为 3.08×10^{12} m³,占南海北部海域总地质资源量的 90.34%。天然气探明技术可采储量为 2.37×10^{11} m³,其中探明的气层气可采资源量为 2.28×10^{11} m³,待探明气层气的可采资源量为 1.94×10^{12} m³,占南海北部海域总可采资源量的 89.48%。

2) 南海南部

南海南部海域具有非常大的油气储量,有资料显示,仅在南海的曾母盆地、沙巴盆地、万安盆地等的石油总储量就超过 1.00×10^{10} t,是世界上尚待开发的大型油藏。经初步估计,整个南海的石油地质储量在 $(2.30 \sim 3.00) \times 10^{10}$ t 之间,其中有一半以上的储量分布在我国九段线内海域,约占中国总油气资源量的三分之一,属于世界四大海洋油气聚集中心之一,有"第二个波斯湾"之称。

2.3 海洋油气资源勘探

海洋油气资源的勘探开发可以看作是陆地石油勘探开发的延续,经历了一个由浅水到深海、由简易到复杂的发展过程。1887 年,美国加利福尼亚海岸数米深的海域钻探了世界上第一口海洋探井,就此拉开了海洋油气资源勘探的序幕。一个多世纪来,海洋油气资源勘探发展迅猛,海洋石油产量一直稳步增长。特别是目前陆地面临"边、老、低、难"的状况时,深水区域以其丰富的资源潜力吸引着众多石油公司;然而,深水区油气资源的勘探开发受恶劣复杂的环境、储藏特性与经济开采的限制,使其具有"四高"的特点,即高风险、高新技术、高投入、高回报。

21 世纪以来,中国经济一直呈现高速增长的态势,对石油天然气的需求强劲,因此开发海洋石油天然气资源、更好地服务于国民经济发展已经成为国家石油公司的重要责任。但与此同时,技术生产要素的缺乏在一定程度上制约了国家石油公司进军海洋油气资源领域的步伐。尽管中国海洋油气资源勘探开发技术已经取得了较快的发展,但与美国、英国、法国、俄罗斯、荷兰、挪威等海洋科技发达的国家相比,仅有部分技术达到国际水平,整体水平仍有较大差距。例如,就钻井装置而言,全世界用于移动式钻井平台的钻井装备几乎被少数几家装备生产厂商所垄断,中国的钻井设备目前仍较适用于固定钻井平台,而应用于移动式钻井平台仍有一定困难。随着中国海洋石油首艘最大作业水深达 3 000 m 的深水钻井作业装置——海洋石油 981 深水半潜式钻井平台的研发和建设成功,加快了中国深水油气资源勘探的步伐。

2.3.1 勘探阶段

根据主要任务的不同,我们通常将整个油气田的勘探过程分为区域勘探和工业勘探两大阶段。

1. 区域勘探

区域勘探是以整个含油气盆地为勘探对象进行整体调查,主要勘探方法有地面地质法、地球物理勘探法、参数井法等。区域勘探阶段又可分为普查和详查两个阶段。

普查是区域勘探的主体,具有战略性。其主要任务是了解区域的地质概况,划分构造单元,查明生、储、盖组合情况,特别是生油和储集条件,评价区域含油气远景,指出有利于油气聚集的二级构造带,为进一步开展详查工作找出有利地区,并估算"推测资源量"。

详查是在普查评价所划定的有利地区内进一步开展的调查工作。其主要任务是在查明区域地质和生、储油条件的基础上,进一步查明控制油气聚集的二级构造带以及局部构造的地质情况。为工业勘探指出可供钻探、有利于含油的局部构造,并估算"潜在资源量"。

2. 工业勘探

工业勘探也称为油气田勘探,它是在区域勘探的基础上寻找并弄清油气藏,为油气田开发方案的编制取全参数、算准储量,为油田的全面开发做准备。其主要勘探方法有地震法、钻井法等。在勘探程序上,工业勘探又分为构造预探和油田详探两个阶段。

构造预探简称为预探,它是在详查所划定的有利于含油构造上进行钻探的工作,其主要任务是发现油气田,确定含油气层位及其工业价值,并初步圈定含油气边界,计算三级概算储量。

油田详探简称为详探,它是在预探提供的含油面积上进行加密钻探。其主要任务是查明油气田,即查明油气藏的特征及含油气边界、圈定含油气面积、提交二级探明储量,为制订合理的油气田开发方案提供全部地质基础资料。

2.3.2　勘探方法

随着科学技术的发展、人类的不断实践和总结,寻找石油的方法越来越多,归纳起来主要有地面地质法、地球物理勘探法、地球化学勘探法和钻井勘探法等。陆地与滩海大多采用地球物理勘探法结合地面地质法和地球化学勘探法进行前期地层评价,再利用钻井勘探法进行确认,而近海与深海的勘探大多仅使用地球物理勘探法进行前期评价,再利用钻井勘探法进行确认。

在勘探方法上,尽管陆地的油气勘探方法与技术大部分在海洋油气勘探中都是适用的,但是在受到恶劣的海洋自然地理环境和海水物理化学性质的影响以及各种更严格的法律与环保制度的要求下,加上海洋作业装备的能力与高昂费用等,许多勘探方法与技术受到了限制,不得不进行变更与改造。比如在钻井工程上,海洋钻井工程设备的结构要复杂得多,海洋钻井必须使用钻井平台。由于受海洋自然地理环境的影响,海洋钻井工程要考虑风浪、潮汐、海流、海冰、海啸、风暴潮、海岸泥沙运动的影响,要考虑海洋的水深、海洋搬迁拖航等因素的影响,而陆地钻井工程则不需要考虑这些因素。因此,海洋钻井装备从技术上讲与陆地装备类似,但在系统配制、可靠性、自动化程度等方面都比陆地钻井装备要求更严格。因此,海洋油气勘探的投资大幅增加,勘探投资主要体现在钻井设备的租赁、钻井设备的搬迁拖航风险、地层评价技术与方法的投入、钻井施工过程中的后勤补给、海洋人员的数量控制、待遇与保险等方面,这些勘探投资都要比陆地大得多。此外,海洋油气勘探也具有一些优势,由于交通便利和使用的特殊仪器设备,海洋油气勘探具有极高的工作效率。在海洋地震勘探中,地震船沿测线边前进边进行测量施工作业,施工作业效率比陆地地震工作效率高,因此技术是海洋油气勘探首先要过的第一道关。以下就具体勘探方法进行介绍。

1. 地面地质法

地面地质法是寻找石油最基本的工作方法,其研究内容十分丰富。石油勘探工作者运用地质知识,携带罗盘、铁锤、放大镜等简单工具,在野外直接观察天然露头和人工露头,了解勘探地区的地层、构造、油气显示、水文地质、自然地理等情况,查明有利于油气生成和聚集的条件,从而达到找油、找气的目的。

2. 地球物理勘探法

地球物理勘探法是利用物理原理和技术来解决地质问题的方法。根据地下岩石不同的密度、磁性、电性以及弹性等物理性质,在地面上利用精密仪器进行测量,以了解地下岩层的起伏状况,寻找储油构造,达到寻找油气藏的目的。常见的地球物理勘探法有重力勘探、磁法勘探、电法勘探和地震勘探等,它们利用飞机、物探作业船、海底调查船以及水下航测装置进行勘探。

1) 重力勘探

重力勘探是用重力仪在地面上测量由地下岩石密度的差异而引起的重力变化,主要是利用重力加速度的变化来研究地质构造和寻找地下矿产。

用重力仪可测量出地壳上某一位置的重力加速度,并将其校正到对应海平面上的值。若校正后的重力加速度值与理论正常值不一致,则称为重力异常。如果校正值大于理论值,则称为正异常;反之,则称为负异常。重力异常反映出地壳内不同物质的组成和分布状况。研究区域重力异常可以了解地壳的内部结构,研究局部重力异常可以探矿。地下埋藏着密度较小的物质,如石油、煤、盐等非金属矿的地区常显示出重力负异常,而埋藏密度较大的物质,如铁、铜、锌等金属矿的地区常显示出重力正异常。

2) 磁法勘探

用磁力仪在地面或空中测量地下岩石的磁性变化来探明地下地质构造和寻找某些矿产的方法称为磁法勘探。

通过设在各地的地磁台测得地磁要素数据,经校正并消除地磁短期和局部变化等影响所获得的全球基本地磁场数值称为正常值。在实际测定时,若发现实测地磁要素数值与正常值不一致,则称为地磁异常。地磁异常是地下磁性物质发生局部变化的标志,据此可勘测出地下的磁性岩体和矿体,如磁铁矿、镍矿、超基性岩等是强磁性的矿物和岩石,反映出地磁异常为正异常;金矿、铜矿、盐矿、石油等是弱磁性或无磁性的物质,反映出地磁异常为负异常。

3) 电法勘探

地壳的岩石存在导电性差异,观测和研究人工电流场或大地电流的分布规律可以了解地下地质构造,寻找原油、天然气和其他矿产。在固定的观测站进行连续观测,所获得的大量数据经过校正可得到正常的电场值。在实际测量时,实测值与正常值不一致称为地电异常,地电异常反映可能有矿体或地质构造存在。

4) 地震勘探

地震勘探法主要是利用地壳岩石的弹性差异,以物理学的波动理论为依据,研究地震波的传播规律,从而了解地下的地质构造,寻找油气藏。陆地上采用装备特殊的仪器车进行,海洋中根据作业要求的不同采用物探作业船、海底调查船以及水下航测装置进行。地震勘探的基本原理是在地面用人工方法产生地震波,产生地震波的常用方法是先钻一口井,再将一定量的炸药放入井中,使其爆炸(见图 2-10)。

地震波向地下传播遇到岩性不同的地层分界面就会发生反射。在地面上用精密仪器(检波器)把来自地层分界面的反射波用大量曲线记录下来,之后进行对比、整理和计算,就可得到反映岩层界面起伏变化的剖面图。根据地震剖面图,可以了解地层分布情况和地下地质构造。

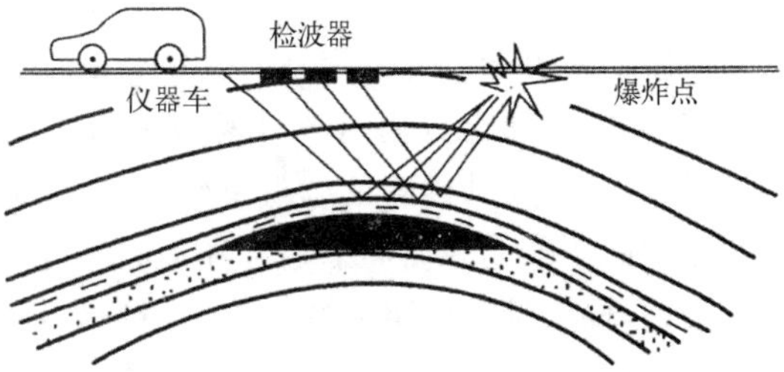

图 2-10 地震勘探示意图

3. 地球化学勘探法

地球化学勘探简称为化探,该方法是对地表岩石、土壤、气体和水中的各种成分进行化学分析。因此,通过检测地下油气向地表扩散的烃类物质以及油气在运移过程中与周围物质发生各种物理化学变化的产物,就可以研究地下油气的分布。地球化学勘探法主要包括气测法、细菌法、土壤盐法等。

4. 钻井勘探法

钻井勘探法是油气田勘探工作中直接的找油方法。通过所钻井眼可以直观地判断油气是否存在并且确定油气产能的大小,还能以井筒为通道把油气开采出来。但是,由于钻井的速度很慢,费用也很高,因此,必须在上述间接方法确定的有利含油构造上进行钻井。

2.3.3 地球物理测井

地球物理测井简称为测井,是在勘探和开采石油、煤及金属矿体的过程中,利用各种仪器测量井下岩层的物理参数及井的技术状况,分析所记录的资料,进行地质和工程方面的研究。测井已广泛应用于石油地质勘探和油气田开发过程中。应用测井方法可以划分井筒地层剖面、确定岩层厚度和埋藏深度、进行区域地层对比,还可以探测和研究地层的主要矿物成分、裂缝、孔隙度、渗透率、油气饱和度、倾向、倾角、断层、构造特征、沉积环境与砂岩体的分布等参数,对于评价地层的储集能力、检测油气藏的开采情况、精细分析和研究油气层等具有重要的意义。目前,常用的测井方法主要有电法测井、声波测井和放射性测井等。

1. 电法测井

不同岩石的导电性不同,岩石孔隙中所含各种流体的导电性也不同。利用该特点认识岩石性质的测井方法称为电法测井。电法测井包括自然电位测井、电阻率测井和感应测井等。

自然电位测井是依靠油井中存在扩散吸附电位来进行的。在打井钻穿岩层时,地层岩石孔隙中含有地层水。地层水中所含的一定浓度的盐类要向井筒内含盐量很低的钻井液中扩散。地层水所含的盐分以氯化钠为主,钠离子带正电,氯离子带负电。由于氯离子移动得快,大量进入井筒内的钻井液使得井内正对着渗透层的那段钻井液带负电位,形成扩散电位。这种电位差的大小与岩层的渗透性密切相关:若地层渗透性好,则进入钻井液里的氯离子较多,所形成的负电位较高;若地层渗透性差,则进入钻井液里的氯离子较少,所形成的负电位较低。因此,油层在自然电位曲线上表现为负值,而不渗透的泥岩层等则表现为正值(见图 2-11)。

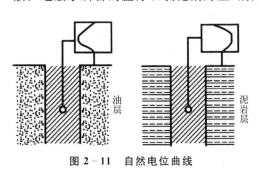

图 2-11 自然电位曲线

电阻率测井是通过测量电阻率的方法判断井下油层和岩石的性质。各种物质的导电性可以用电阻率来表示。电阻率小的物质导电性好,电阻率大的物质导电性差。地下各种岩石的电阻率不同,即使岩石相同,若其孔隙中所含的流体不同以及所含油、水、气的比例不同,则其电阻率也不同,含油砂岩的电阻率较高,含水砂岩的电阻率较低。在实际测井时,电极放入充满钻井液的井中。井筒周围是各种不同厚度、不同电阻率的地层。对于渗透性地层,还会有钻井液侵入,侵入带的电阻率往往不同于原地层的电阻率。在这种情况下,电流的分布很复杂,要想从理论上得出电阻率的计算公式是很困难的。因此,我们从实测曲线上求出的地层电阻率有所失真(是近似值),称为视电阻率。一般说来,地层真电阻率越大,其视电阻率也越大。因而井内测得的视电阻率曲线能反映井剖面的地层电阻率的相对变化,可用于研究井剖面的地质情况。

电阻率测井方法只适用于钻井液导电性能较好的情况,而在油田勘探的过程中,个别井需要使用油基钻井液。这种情况下井内没有导电介质,不能使用直流电进行电阻率测井方法测井,这时可以采用感应测井方法。感应测井是利用电磁感应的原理来了解地层的导电性能的。测量出的视电导率随井眼深度的变化曲线称为感应测井曲线。感应测井曲线的主要用途与电阻率测井曲线的主要用途相似。

2. 声波测井

声波测井是指一种利用声波在不同岩石中传播时速度、幅度及频率的变化等声学特性的不相同来研究钻井的地质剖面和判断固井质量的测井方法。声波通过灰岩的速度快,通过砂岩的速度中等,而通过泥岩的速度小。岩石越致密,声波通过的速度就越大。因此,储集层的孔隙度越大,声速越小;反之亦然。在储集层岩性和孔隙度相同的情况下,声速与储集层所含流体的性质有关,尤其是含气层,其声速明显降低。此外,声速还与岩石结构有关,裂缝发育的岩石会造成声速明显降低。

3. 放射性测井

放射性测井是根据岩石和介质的核物理性质研究钻井地质剖面、寻找油气藏以及研究油井工程问题的地球物理方法。根据探测射线的类型,放射性测井可分为两类,即伽马测井和中子测井。

伽马测井包括自然伽马测井、伽马-伽马测井和放射性同位素测井等方法。其中,自然伽马测井是一种通过测量岩层自然伽马射线的强度来认识岩层的放射性测井方法。不同岩石中放射性元素的种类和含量不同。一般来说,在三大岩类中火成岩的放射性最强,其次是变质岩,最弱的是沉积岩。由于泥质颗粒细,具有较大的比表面,使得它吸附放射性元素的能力较大,所以泥质、黏土的放射性较高。在油气田勘探和开发中,自然伽马测井曲线主要用于划分岩性、确定储集层的泥质含量以及进行地层对比。

中子测井的方法是以中子源轰击岩石的测井方法的统称。根据记录信息,可划分为中子伽马测井、热中子测井、超热中子测井、脉冲中子测井、脉冲中子伽马能谱测井等。下面以中子伽马测井为例介绍中子测井的基本原理。

中子伽马测井是用仪器在井中测定热中子被组成岩石的原子核俘获后放出的伽马射线的强度。测井时用电缆把仪器放到井底,在向上提升仪器的同时进行测量。装在下井仪器下部的中子源向周围地层发射快中子。记录中子伽马射线的装置距离中子源 $50\sim60$ cm(称为源距),两者用铅屏蔽隔开。记录的射线强度转变成电脉冲后由电缆送到地面仪器。地面仪器把脉冲信号转变成与计数率成正比的电位差,再由照相记录仪记录成随深度变化的测井曲线。

中子伽马探测器在单位时间内测得的伽马射线数与地层中热中子的密度成正比。快中子与氢的原子核碰撞时,损失的能量最多。当地层中氢含量大时,中子源发射出的快中子在中子源附近很快就变成了热中子,迅速被地层吸收。只有很少一部分能达到探测器,因此中子伽马测井计数率低;当地层中氢含量小时,快中子能量衰减慢,在离中子源比较远的地方(即探测器附近),多数中子才变成热中子,因此被俘获后放出的伽马射线多,则中子伽马测井计数率高。因此,中子伽马测井能够反映出地层的含氢量。如果储集层岩石的骨架不含氢,地层岩石的含氢量则为孔隙空间的含氢量。若地层的孔隙空间饱含水或油,那么水或油的体积就是地层的孔隙体积,岩石的含氢量只取决于孔隙度。因此,可以用中子伽马测井曲线来计算孔隙度。

4. 测井资料的综合解释

要正确应用测井数据、曲线等资料解决地质问题,必须对其进行综合解释。一方面要对各种测井方法本身进行综合解释,这是因为每一种测井方法都是从某一种物理性质上间接反映地层的情况,而地层情况是千变万化的。因此,为了全面了解油气层的性质,人们通常在同一口井中用几种甚至几十种不同的方法进行测量和综合分析。图 2-12 所示为应用 4 种测井方法测得的曲线来划分油层、气层、水层。

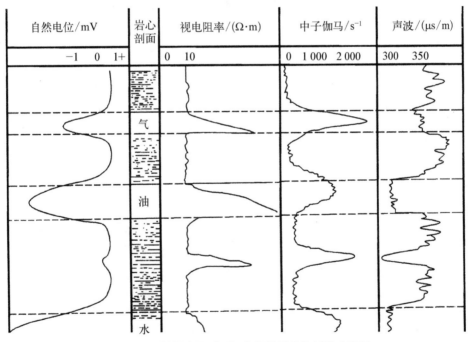

图 2-12 判断油层、气层、水层的测井资料综合解释

自然电位曲线反映的油层、气层、水层的幅度值都较其他岩层高,据此可首先找到油层、气层、水层。但是哪一层是油层、哪一层是水层、哪一层是气层呢?由于油层、气层、水层的自然电位接近,因此只根据自然电位曲线不能分析和判别出来。然而在声波和中子伽马曲线上,气层的值比油层、水层的值都高,据此即可把气层和油层、水层分开,再利用油层比水层视电阻率高的性质,通过视电阻率测井曲线把油层和水层分开。

另一方面还要对测井以外的资料(如该井的钻井、地质和工程资料等)进行综合分析和解释,搞清楚油层、气层和水层的岩性、储油物性(孔隙度和渗透率)、含油性(含油饱和度、含气饱和度或含水饱和度)等。

思 考 题

1. 简述海洋油气的形成过程。

2. 何谓生油层? 生油层有哪些种类?

3. 什么是油气储集层和盖层? 储集层有哪些分类?

4. 什么是岩石的孔隙度? 什么是含油饱和度?

5. 什么是岩石渗透率? 什么是有效渗透率和相对渗透率?

6. 什么是油气运移和油气聚集? 什么是油气藏?

7. 圈闭是什么? 可分为哪三类?

8. 根据圈闭成因,油气藏可分为哪几类?

9. 世界海洋石油资源主要分布在哪些海域?

10. 谈谈中国海洋石油资源的分布情况。

11. 地球物理勘探方法有哪些? 在海洋中经常使用什么装备进行地球物理勘探作业?

12. 地球物理测井主要包括哪些方法?

第3章 海洋油气开发设计与钻井工程

3.1 海洋油气田开发设计

所谓油气田开发,是指依据详探成果和必要的生产性开发试验,从油气田的实际情况和生产规律出发,在综合研究的基础上对具有工业价值的油气田制订合理的开发方案,并对油气田进行建设和投产,使油气田按预定的生产能力和经济效果长期生产,直至开发结束。油气田开发是一项综合应用多学科的巨大工程,它一般需要在油藏地质模型和工程模型的基础上,研究有效的驱油机制及驱动方式,划分合理的开发层系,设计适配的注采井网系统,并预测未来动态,提出改善开发效果的方法和技术,逐步提高采收率。

3.1.1 油气田开发中的一些基本概念

1. 油藏驱动

在油气田开发以前,整个油藏处于相对平衡状态,储油层中油、气、水的分布与油层的岩石性质、流体性质有关。在一个油藏内,油、气、水是按密度大小分布的。气体最轻,占据圈闭构造顶部的孔隙,称为气顶。原油则聚集在气顶以下或构造翼部。水的密度最大,位于原油的下部,占据构造端部的,称为边水;当油层平缓时,地层水位于原油的正下方,把原油承托起来,称为底水。气顶与含油区之间、含油区与边、底水之间都存在过渡带,分别称为油气过渡带和油水过渡带,如图 3-1 所示。

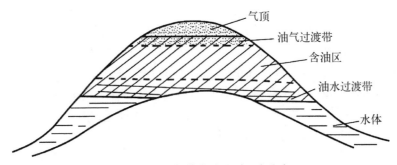

图 3-1 油气藏中的油、气、水分布

当油井投入生产以后,石油就会从油层中流至井底,并在井筒中上升到一定高度,甚至可以沿井筒上升到地面。这是因为处于原始状态下的油藏,其内部具有潜在的能量,这些能量在开采时成为驱动油层中流体流动的动力来源。在天然条件下,油藏的驱油开发能量主要包括油藏岩石和流体的弹性能量、溶解气能量、油藏边水能量、底水能量、气顶能量和重力能量。当油田天然能量不足时,需依靠人工注水、注气的方式来增加油层驱油能量。驱动石油流动的能量可以是几种能量的综合作用。

油田开发过程中主要依靠某一种能量来驱油,称为油藏的驱动开发类型(或方式)。油藏的驱动开发主要有以下类型。

1) 弹性驱动开发

依靠油层岩石和流体的弹性膨胀能量将油驱向井底的方式是弹性驱动开发。在该种驱动方式下,油藏无边水(底水或注入水),或油藏有边水但不活跃,油藏压力始终高于饱和压力。油藏开始时,随着压力的降低,地层将不断释放弹性能量来将油驱向井底。

2) 溶解气驱动开发

当油层压力下降到低于饱和压力时,随着压力的降低,溶解状态的气体从原油中分离出来形成气泡,气泡膨胀而将原油推向井底。形成溶解气驱的油藏无边水(底水或注入水)、无气顶,或有边水但不活跃,地层压力应低于饱和压力。由于地层压力急剧下降,井底附近严重脱气,油层孔隙中便很快形成两相流动,随着压力的降低,逸出的气量增加,相应的含油饱和度和相对渗透率则不断减少,这使得油的流动更加困难;同时,原油中的溶解气逸出后,使原油的黏度增加,因而油井产量开始以较快的速度下降。开发初期压降较小时,气油比急剧增加,地层能量大大消耗,最后枯竭,因此气油比开始上升很快,然后又以很快的速度下降。

3) 边水驱动开发

当油藏存在边水或底水时,会形成水压驱动。如果油藏面积较小,且边底水活跃,油层与水层之间连通性好,其水侵量能够完全补偿油田采液量,注采比等于1,则地层压力保持稳定,生产压差和生产气油比不变,生产气油比等于原始溶解气油比。随着水侵量的增加,油田平均含水饱和度升高,油田见水后含水率逐渐上升;同时,采液指数逐渐增大,采液量增加。但是,采液量增加使产油量提高的幅度弥补不了因含水率升高而导致产油量下降的幅度,油田的产油量逐渐下降。

在大多数情况下,由于油藏面积较大,或者边水不活跃,或者边水区与油区的连通性和渗透性差等原因,其水侵量不能够补偿油田采液量,则地层压力逐渐下降,生产压差减小,产液量降低,若地层压力下降到低于饱和压力,则生产气油比逐渐上升。

4) 气顶驱动开发

当油藏存在气顶时,气顶中的压缩气为驱油的主要能量,该种由气体压力驱动的方式称为气顶驱动。在气顶驱动开发时,由于没有其他外来能量的补充,随着采油量的不断增加,地层压力逐渐下降,气体不断膨胀,其膨胀的体积相当于采出原油的体积。虽然在原油采出过程中,由于压力下降,一部分溶解气要从油中分离出来,这部分气体将补充到气顶中去,但总的来说其影响较小,所以地层能量还是会不断消耗,即使减少采液量甚至停产,也不会使地层压力恢复到原始状态。由于地层压力的不断下降,使得产油量不断下降,同时气体的饱和度和相对渗透率却不断提高,因此气油比也就不断上升。

5) 重力驱动开发

靠原油自身的重力将油驱向井底的方式称为重力驱油。一般在油藏开发过程中,重力驱油往往是与其他能量同时存在的,但在多数情况下其所起到的作用不大。以重力为主要驱动能量的驱动方式多发生在油田开发后期或其他能量已枯竭的情况下,同时还要求油层具备倾角大、厚度大、渗透性好等条件。开采时,含油边缘逐渐向下移动,地层压力(油柱的静水压头)随时间而减小,油井产量在上部含油边缘到达油井之前是不变的。

6) 注水驱动开发

采用人工注水补充能量的方式称为注水驱动。在油藏条件下,如果注入水量/地下体积与采出液量/地下体积相等,即注采比等于 1,则地层压力保持稳定;如果注入水量小于采出液量,即注采比小于 1,则油层亏空,地层压力下降;如果注入水量大于采出液量,即注采比大于1,油层盈余,则地层压力会逐渐上升。

7) 注气驱动开发

采用人工注气补充能量的方式称为注气驱动。如果注入气体的地下体积与采出流体(油+水+气)的地下体积相等,即注采比等于 1,则地层压力保持稳定,开始时的产油量与气油比基本保持不变,当油气前缘推移至油井之后,油井开始气侵,气油比增加,产油量降低;如果注入气体的地下体积小于采出流体的地下体积,即注采比小于 1,则地层压力逐渐降低,产油量下降,当油气前缘推移到油井之后,油井开始气侵,气油比增加,开采特征曲线与气顶驱动基本相同;如果注入气体的地下体积大于采出流体的地下体积,即注采比大于 1,则地层压力逐渐升高,开始时产油量升高,当油气前缘推移到油井之后,油井开始气侵,气油比增加,产油量逐渐降低。

由于油层地质条件和油气性质上的差异,对于不同油田,甚至同一油田的不同油藏,其驱动开发方式是不相同的。驱动开发方式不同,开发过程中油田的产量、压力、气油比等就有着不同的变化特征,因此在油田开发初期就需要根据地质勘探成果、高压物性资料以及开发之后所表现出来的开采特点来确定油藏属于何种驱动开发方式。另外,当一个油田投入开发之后,其原来的驱动开发方式会因开发条件的改变而改变,因此需要掌握不同类型的驱动开发方式之间的动态变化规律,以便制订合理的油田开发方案。

2. 开发层系与注采井网系统

一个油田往往由多个油藏组成,而组成油田的各个油藏在油层性质、圈闭条件、驱动类型、油水分布、压力系统、埋藏深度等方面都各不相同,有时甚至差别很大。因此在制订开发方案时,需要将油田的各层进行划分和组合,以此缓解层间差异。

1) 开发层系划分

根据国内外油田开发的经验,在开发非均质多油层油田时,由于各油层的储层特征差异较大,不能把它们放在同一口井中合采,而是把特征相近的油层合理地组合在一起,用一套生产井网单独进行开采,即多套开发层系对应多套开发井网。

划分开发层系的原则包括以下几项:

(1) 若多油层油田具有以下地质特征时,原则上不能合并到同一开发层系中:① 储油层岩石和物性差异较大;② 油、气、水的物理化学性质不同;③ 油层压力系统和驱动类型不同;④ 油层层数太多,含油井段的深度差别过大。

(2) 每套层系应具有一定厚度和储量以保证每口井都具有一定产能,并达到较好的经济指标。

(3) 各开发层系间必须具有良好的隔层,以此确保注水开发过程中层系间不发生串通和干扰。

(4) 在同一开发层系内,各油层的构造形态、油水边界、压力系统和原油物性应比较接近。由于地表环境的限制并考虑投资回收等因素,海洋油田大多采用一套开发层系,对多油层进行组合开采。实际上,对于非均质多油层油田,即使划分开发层系后,同一套开发层系中仍然包括几个到十几个油层。虽然划分开发层系是按性质相近的原则进行的,但在同一开发层系中,层间差异仍是不可避免的。为进一步改善油田开发效果,对它们实施分层注水和分层采油工艺,以缓解层间矛盾。

2) 注采井网系统

油田注水井和生产井的部署包括井数、井距、油水井的分布形式等,通常称为注采井网系统。

人工注水是保持和控制油田平均压力的主要手段,压力的控制界限与油田能量的合理利用关系密切。注水时机的选择分为早期注水和晚期注水。早期注水是指在地层压力下降到泡点压力之前或附近时开始注水;晚期注水是指在溶解气驱动生产阶段结束后开始注水。曾有美国学者在 20 世纪 60 年代研究发现,注水时机不是早期,而是相对早期,注水后的平均地层压力可以保持在饱和压力附近,有利于让原油黏度保持在原始值附近。地层中原油的少量脱气会减小水相的相对渗透率,这使得水油比降低,从而减少高渗透层的产水量;地层中的强烈脱气会使得原油黏度上升 2~3 倍,导致最终采收率下降。因此,选择合适的注水时机对于充分利用天然能量、提高注水开发效果具有重要意义。

注水方式是指注水井在油藏上所处的部位及注水井与生产井之间的相互排列关系。常规注采井网系统包括边缘注水、边内切割注水和面积注水。除常规注采井网系统外还有水平井注采井网系统。

水平井初期主要应用于较高开发程度油藏的剩余储量挖潜,由于这些油藏早期已经采用直井开发,水平井数量较少,特别是复杂结构井型的出现,无论与直井组合还是水平井间很难形成规则的井网形式。随着低渗透油藏、超薄层油藏、稠油和超稠油油藏及复杂地表环境下的海洋油气田的投入开发,这些油藏开采初期即采用水平井,并形成较完整的直井+水平井或水平井井网形式,其井网形式大多沿用直井井网的定义和称呼。

3. 开发指标概算

在油田实际开采或模拟开采过程中,油藏的油气储量、油气水分布、油层压力等都会发生变化,油藏动态的变化表现为油井生产能力的变化。通常采用开发指标来评价油藏动态变化的程度。在油田开发过程中,能够表征油田开发状况的数据统称为开发指标,包括产能、综合含水、采油速度、采出程度、注采比、生产压差、含水上升率等。

开发指标计算是以地质研究为基础的,但在开发初期,所有资料主要源于详探井,这些资料很难准确而全面地反映油层内部的真实状况,因此需要对油藏进行简化。例如,对切割注水和线性注水井网,可以把油井和注水井排简化成排油坑道和注水水线,通过地下流体渗流规律,概算出主要开发指标。

自 20 世纪 50 年代末以来,人们成功地把计算数学应用于油藏动态的研究和开发指标预测,计算机技术的进步也大大促进了油藏数值方法的应用,通过数学方程模拟地层流体在多孔介质中的流动规律,研究各种复杂条件下的油藏动态特征和开发指标预测,为选择最优化油田开发方案提供决策依据。

3.1.2　海洋油气田总体开发方案

海洋石油工程所处的客观环境与陆地石油工程相比有相当大的差异。它除了与陆地一样承受天气的影响外,还要承受海洋环境的特殊影响,诸如海浪、海流、海冰以及台风、季风等综合作用,自然条件恶劣。在如此恶劣的自然条件下,海洋石油工程中的工程结构物如钻井平台、采油平台、浮动生产平台、生产储油轮、单点系泊装置以及海底管线和管缆等,无论是在施工过程中还是在服役期间,都要经受来自海洋环境的风、波浪、海流、海冰,甚至于地震、海啸等载荷的作用。这些海洋环境载荷有时会产生巨大的破坏力,甚至影响海洋石油工程的海上正常作业和海洋油气田的正常生产。

除了以上自然条件外,海洋油气开发的特点还包括以下几个主要方面:① 海洋油气平台工作空间有限;② 油气田建设装备工具复杂、科技含量高;③ 投资大、管理难度大且未知领域多,因此具有高风险性;④ 人员素质要求高;⑤ 油气田寿命周期短;⑥ 后勤保障与陆地不同,其要求更高,涉及方面更多、更复杂。由于海洋石油工程具有这样的开发特点,应针对具体情况认真研究,以便对海洋开发的各种状况做到及时合理应对。

正因为受到这些自然条件和海洋平台设备自身特点的限制,海洋油气田开发往往需要与周边油气田联合开发,并结合国内外海洋油气田先进的开发技术,高速、高效地开发油气田。海洋油气田开发的原则是:①"少井高产";② 一套井网开采多套油层,减少生产井数;③ 人工举升增大生产压差,提高采油速度;④ 充分合理利用天然能量,节省投资;⑤ 油气田的联合群体开发;⑥ 尽可能留有油气田调整余地和作业条件。

油气田开发方案是油气田开发的基础。对于海洋油气田,一个好的开发方案首先应当考虑如何将地下资源尽量多地开采出来,其次要考虑如何为节省投资创造条件。海洋油藏方案历来着重研究如何在井数较少的情况下获得高产。井数少可使钻井投资少、平台结构规模小、采油设施装备少,从而减少工程建设投资,降低油气田投产后的操作费用;追求初期产量高可以提高投资回收率,缩短投资回收期,有效缩短开发年限。油气田总体开发方案主要包括 7 部分内容。

1. 总论

使用精练的语言和表达结论的图表,对该油气田的位置、地质特征、储量、已选定的开发方案、采用的钻完井和采油工艺、开发工程设施的总体情况、生产组织的要点、安全保障及环境保护措施、预计工作进度、投资与效益等方面进行简述,明确评价该油气田的开发效益。

2. 油藏地质和油藏工程

研究内容与可行性研究基本一致,继续方案优化及敏感性分析,进一步研究风险和潜力,制订合理的开发实施要求,结合各专业开发要点,调整完善地质油藏研究内容。

3. 钻井、完井和采油工艺

1) 编制依据及基础资料

(1) 应收集编制所涉及的相关法律、法规、标准、相关文件和资料的名称、发文或编制单位、文档编号及完成日期,上级确定的技术、经济、生产建设方面的相关要求。必要时可将上述资料全文或部分摘录作为附件。

(2) 收集基础资料包括油气田地质研究报告、油气田开发的其他前期研究报告和开发方案、钻完井工程和采油工艺的可行性研究资料及环境影响资料。

2) 钻井工程设计

(1) 钻前准备,根据油气田所在地区的地理环境和自然条件、国家及地区环境保护要求,结合油气田钻井工程特点,编写油气田钻前准备方案。

(2) 井身结构方案及套管设计。

(3) 钻具,包括不同井段相应的钻头、钻铤、钻杆以及其他钻具尺寸及类型。

(4) 定向钻井设计,包括定向井井眼轨迹计算、典型定向井的垂直和水平投影图、丛式井轨迹俯视示意图。

（5）钻机，包括钻机类型、钻井井口及井控设备、标明钻井井口和井控等设备的型号及压力等级。

（6）钻井液设计，包括各井段钻井液的选择，选择的钻井液类型及性能要求，钻井液的排放、回收或处理的措施及要求。

（7）固井设计，包括对各层套管的固井方式、主要井段封固要求、采用的水泥浆类型及性能。

（8）钻井的其他要求，包括取心、测试、录井、测井项目及要求。

（9）进度要求，分区块、分井型提出钻机动、复员时间及钻井各工序所需工日，计算合计工日、平均单井工日。

（10）钻井费用，以单井、井型、区块或整体油藏为单元，按要求分项估算钻前准备工程费用，钻井工程费用，钻井工具、设备租赁费用，钻井材料费用，间接费用，钻井总费用。

3）完井设计

（1）选用的完井方式说明及完井设计。设计要求包括选用割缝衬管完井时，应说明其悬挂深度及悬挂方式；当选用防砂完井方式时，应说明防砂工艺方法及主要技术要求；对特殊井选用特殊完井工艺时，应说明特殊完井工艺方法的名称、内容特点及选取依据；应有管柱示意图，标明工具、型号、规格和深度。

（2）射孔液类型和性能。分层射孔各项参数及其选择依据和效果预测，说明射孔方式及射孔工艺。

（3）各类井型的生产管柱及井下工具。

（4）完井设备及地面设备，即井下工具、防喷器组、防砂设备、井下抽油设备、诱喷设备、钢丝作业设备、射孔设备、油管四通和采油树等。

（5）完井工期，包括动复员时间、各工序所需工日、合计工日和平均单井工日。

（6）费用，以单井、区块或整体油藏为单元，计算单井和合计的完井费用。

4）采油工艺

（1）开采方式选择。按油藏配产、井底流压、井下温度、原油性质、油管管径，计算井口温度和压力，确定选择自喷采油（计算自喷期）或气举采油或深井泵采油，深井泵采油要进行泵的选型。

（2）采油管柱设计。按分采、合采、转注、分注、将来调层等需要，动态监测要求，防冲蚀（气井）、防腐要求，安全受力分析结果等设计井下管串（封隔器、滑套、伸缩节、井下阀等），选择尺寸、材质、壁厚及连接螺纹类型等。

（3）平台配套要求。考虑井口类型（压力等级、气井防冲蚀、特殊穿越要求等）、用电负荷、电压等级，注入井要考虑多次增注要求以及其他特殊要求。

（4）修井，包括常规维护性作业、增产增注措施性作业等。

（5）其他采油工艺，包括油井清蜡、防蜡、防腐、防垢，注水井配注与调剖设计，其他工艺等。

（6）费用，包括材料、安装、调试等各项采油工艺费用估算。钻机开始装车到运输至新作业区域的时间为动员时间，开始装车运输至待命区域的时间为复员时间。

5）储层保护

根据油层岩性、物性、黏土矿物分析结果，提出钻井过程中的油层保护措施和技术方案；根据对油层可能的伤害，对固井采取防漏和防窜等保护油层措施，提出完井作业时对油层的保护措施。

4. 油田开发工程

1) 编制依据及基础资料

编制委托单位的委托书或项目任务书,已完成的前期研究报告,油气藏开发方案、钻完井及采油方案,油气田规划、环境影响研究(或评价)及审批文件等相关文件与资料,编制方案需遵循的法律、法规、标准以及相关规定的名称、编号及版本。油气田开发数据包括油气田概况、开发基础数据等。

2) 地理位置及环境条件

地理位置说明油气田位置、行政归属、经纬度和平面坐标;自然环境列出影响开发工程投资、工程建设、安全环境保护的自然条件,如水深、气象及海洋风、浪、流,是否地处交通繁忙区、渔区以及地貌(包括海底地貌)、工程地质、地壳稳定状态(发生自然地震预计)等。

3) 建设规模和总体布局

开发方案要点:油气储量、油气田的基本情况、油气藏开发方案、分年度的油气水生产预测、流体性质、井口压力和温度变化、井网部署等涉及开发工程建设的主要技术参数。建设规模:油气的生产、处理、储存和外输能力,污水和注水的处理能力,以及设计寿命。整体布局:自成系统或与相邻油气田开发系统,总体方案组成、中心平台、井口平台、海底管道、总体布局图(或示意图)、平面布置和立面布置方案,以及设备表。

4) 生产平台

生产平台包括导管架(腿、桩数目和尺寸)、桩的贯入深度、导管架主结构立面图和平面图、导管架重量、上部甲板、甲板层间高度和各层甲板尺寸、平台各层甲板构架平面图和立面图。

5) 油气集输系统

集输规模:预测原油、天然气、轻烃等产品分年度的产量、累计产量和生产年限。

集输工艺:包括油、气、水计量,分离、稳定、清管、处理媒质(如防腐剂、脱水剂等)的加注与再生。

6) 油气储运系统

原油储存:储存条件、存油量、储存提油周期、提油设施与提油计量。

海底管道:管道尺寸、压力等级、材质、防腐及通管设施。

单点系泊装置:系泊方式、通道。

浮式(生产)储油装置:吨位、作业条件、性能参数、解脱方案等。

气田:伴产油储存外运、天然气加压输送、陆上终端、售气计量等。

7) 污水处理系统

污水处理系统的内容包括污水分类、含油污水处理规模及排放标准、油气田含油污水处理工艺、污水处理工艺流程图、生活污水处理及排放标准。

8) 注入系统

注水:水源、取水、过滤、脱氧杀菌、加压、配水、计量、流程清洗、污水回注等。

注气:气源、压缩机、配气管网等。

9) 其他辅助系统

发电、配电系统:发电机、备用电动机、应急电动机。

仪表风系统:空气压缩机、压缩气罐等。

供排水系统:储水设施、淡水制造、生活污水处理排放等。

调运系统：平台吊机。

通信系统：有线和无线通信、数据采集处理。

消防系统：消防泵和应急消防泵、自动喷淋。

控制系统：生产控制系统、应急控制系统。

安全系统：应急报警、应急关断、防控措施、火炬、守护船。

生活区：生活（卧室、厨房、食堂、洗衣房、卫生间）、医疗、娱乐（活动室、电视、录像播放、图书）。

逃生系统：逃生通道、救生衣、救生艇。

按照开发方案的要求，提出需要的其他增产措施（如注汽、注气等）的规模、工艺、设备、平面布局、工程量和实施方案等要求。

10）修井系统

修井系统包括修井机型号、主要性能数据、自重、安放位置。

11）交通运输

包括人员往来、货物运送、直升机坪、工作船停靠。

12）费用估算

费用估算的内容包括费用估算的项目、方法以及主要指标，对费用估算结果按单项工程和综合费用汇总列表进行说明。

5. 项目组织管理和生产作业

根据生产需要和工艺特点设置生产组织和管理机构，编制组织机构体系图；从油气田实际出发制订企业管理体制；管理的组织形式原则上由管理、技术、操作各层次组成；根据岗位分工的实际情况和国家劳动制度规定，安排企业的工作制度。

项目组织管理和生产作业的内容包括定员人数、重要岗位的名称及职责范围、生产技术的要点、项目实施阶段划分、整个项目进度计划安排。

6. 职业卫生、安全与环境保护

1）职业卫生

职业卫生的内容：与职业卫生有关的油气田开发基本情况；对职业卫生的一般要求和特殊要求；依据相关的法律、法规、标准和规范，分析生产过程中可能产生的职业病危害因素的种类、部位及危害因素的浓度或强度以及应采取的主要卫生防护措施，提出应在设计阶段考虑的注意事项，预测采取措施后达到国家卫生标准的结果。

2）安全保障

安全保障的内容：油气田开发和周边环境中需关注的与安全有关的基本情况和可能的安全隐患，说明对安全的一般要求和特殊要求，概括性地说明主要危险、有害因素和有害物料，以及主要防护措施和安全保障结论。

3）环境保护

环境保护的内容：作业区的基本状况，作业区内的自然环境、生态环境；国家或当地对环境保护的要求，列出相关的法律、法规和标准。研究内容包括污染源评价、污染治理设施、环境影响预测、防治对策、管理对策和环境保护可行性结论及能效水平分析等。

7. 投资估算与经济评价

1）投资估算

投资估算的依据：国家及有关部门颁布的法律、法规和标准；企业或相关行业的工程定额及相关规定；设备、材料的询价资料或以往工程的采办价格资料；设备清单及工程量表；工程项目实施的进度计划；费用估算的原则、假定的条件及编制的方法。

2）经济评价

采用国家有关部门的规定或油气田开发合同规定的模式，坚持以经济效益为核心，费用与效益计算口径相一致的原则，遵照国家有关部门颁布的经济评价方法，结合油气田开发的特点，选用合理的经济评价参数进行经济评价。

经济评价指标包括基本评价指标（内部收益率、净现值、投资回收期和桶油成本）和辅助指标（如投资利润率、投资利税率）。经济评价指标分析包括敏感性分析和临界值分析。

由于开发海洋油气田的风险较大，加上油气田寿命长短不一以及海洋环境恶劣等因素，海洋油气田开发方案的目标十分清楚：① 开发投资尽可能少；② 开发周期尽可能短。关于这两个目标，第一，对于任何开发工程都是不言而喻的，但对于有商业风险的海洋油气田开发更加重要。第二，由经济评价的折扣现金流动方法可知，正现金流动越高，投资的回收率越好。因此，油气田开发方案要依据油气田的具体情况进行制订。

3.2　海洋钻井井口装置

海洋钻井平台与海底之间隔着一层厚厚的海水。钻柱必须穿过海水才能从平台到达海底，然后向海底以下的地层钻进。由于海水的存在，使得海上钻井过程中出现了许多特殊问题，需要一些特殊工艺技术去解决。

钻井井口装置的主要功能是安装防喷器，控制井口，实现防喷、放喷和压井，这是所有钻井井口装置的共性。对于海洋钻井井口装置，除此主要功能外，还会将平台井口和海底井口连接起来，引导钻具进入井眼，并隔绝海水，在钻柱外形成环形空间，以便于在钻进时钻井液的循环。

海洋钻井井口装置分海面钻井井口装置和海底钻井井口装置两种类型。图 3-2（b）和

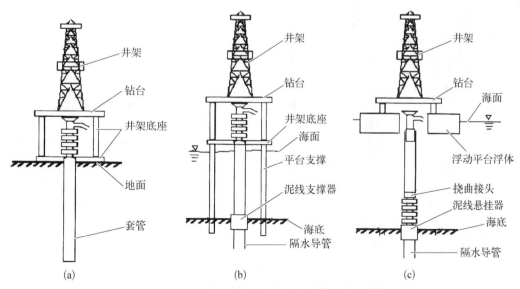

图 3-2　陆地钻井井口装置与海洋钻井井口装置

（a）陆地钻井井口装置；（b）海面钻井井口装置；（c）海底钻井井口装置

（c）分别为海面钻井井口装置和海底钻井井口装置，它们之间最大的区别是防喷器的位置。海面钻井井口装置的防喷器处在海面以上，而海底钻井井口装置的防喷器则处在海底位置上。图3-2所示为海洋钻井井口装置与陆上钻井井口装置的比较。海面钻井井口装置其实与陆地钻井井口装置［见图3-2(a)］较为相似，但海面钻井井口装置必须有隔水管，以区隔海水和钻井液。

3.2.1　海面钻井井口装置

在使用固定式平台、坐底式平台和桩脚式平台等所有底撑式平台钻井时，均可使用海面钻井井口装置。海面钻井井口装置与陆地钻井井口装置类似，相当于将陆地井口装置的防喷器组安装在海面以上的平台上，再用隔水管将防喷器组与海底井口连接起来。这样，防喷器系统的操作、更换和维修均可在钻井平台上进行，这点与陆地装置没有很大区别。

海面钻井井口装置与陆地钻井井口装置的主要区别在于海面钻井井口装置有一个长长的隔水管，可穿过整个海水层。该隔水管也称为隔水导管，既起到隔绝海水的作用，又起到引导钻具入井的作用。因此，在一口井进行钻井之前，先要进行导管井段的施工，以便安置隔水管。相较于此，陆地的导管仅仅起到引导钻柱入井的作用。

海洋钻井井口装置有一个泥线支撑器或泥线悬挂器，而陆地装置却没有。所谓"泥线"就是海水与海底交界之处，即海底的表层处，此处是一层淤泥，所以称为泥线。在固定平台钻井时，通常使用泥线支撑器，其结构如图3-3所示。泥线支撑器的作用是将各层套管的重量悬挂于泥线处，这样可以大大减轻固定平台的承重。每层套管下入时，利用套管挂悬挂在上一层套管的座环上，泥线支撑器以上的套管延长到平台上。

在浮式平台钻井时要使用泥线悬挂器，泥线悬挂器的作用是悬挂各层套管柱的重量。当每层套管下入时，应当利用套管挂悬挂在上一层套管的座环上。悬挂器通过一个下入工具与钻柱连接，钻柱延长至平台上。在注水泥固井之后，可将钻柱倒转直至与悬挂器脱离并取出，这样在泥线悬挂器之上是没有套管的。当钻井结束后，平台可以被移走，则泥线以上的海水中没有套管。在之后该井要进行开采时，需安装采油平台，再从泥线悬挂器上将套管回接到采油平台上。所以这种套管挂的上端有两组螺纹，一组是送入螺纹，为左旋螺纹；另一组是回接螺纹，为右旋螺纹。

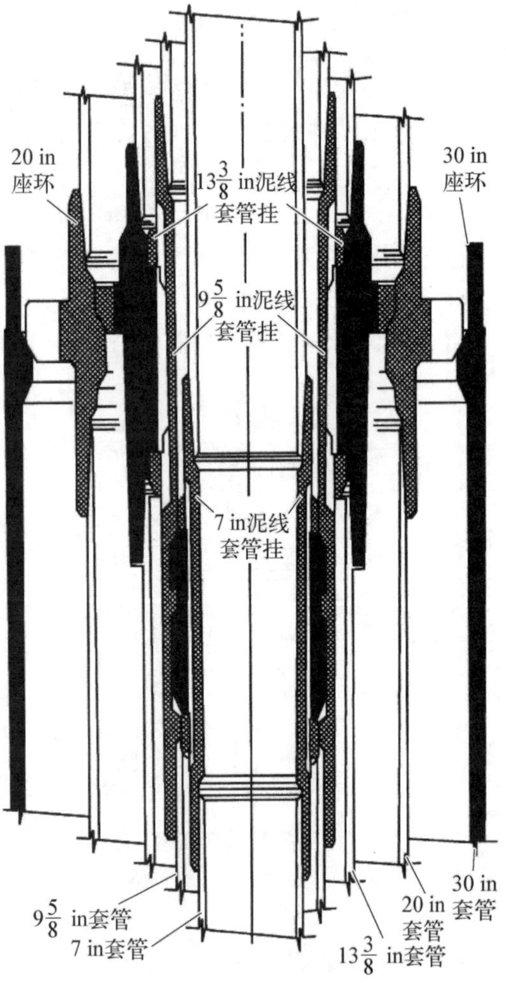

图3-3　泥线支撑器

泥线支撑器与泥线悬挂器的区别是：泥线支撑器用于底撑式钻井平台,而泥线悬挂器用于浮式钻井平台;泥线支撑器的套管挂之间仅存在悬挂关系,即内层套管悬挂于外层套管的座环上,两层套管之间的密封在平台上的套管头处,而泥线悬挂器的套管挂之间不但存在悬挂关系,而且两层套管之间的密封也在悬挂器处。

显然,海洋钻井井口装置由于需要有泥线支撑器或泥线悬挂器,因而在下套管和注水泥过程中有许多特殊的复杂作业。

3.2.2　海底钻井井口装置

在使用浮动钻井平台钻井时,需要使用海底钻井井口装置(见图 3-4)。海底钻井井口装置比海面钻井井口装置要复杂得多。由于浮动钻井平台随着海水的运动有 6 个自由度的运动,要求井口装置也要能够补偿这 6 个自由度的运动,因此海底钻井井口装置应有补偿升沉运动的伸缩部件以及有补偿平移和摇摆运动的弯曲部件(挠性接头或球接头)。显然,伸缩部件和弯曲部件存在密封问题,只能承受低压,而不可承受很高的压力。因为在防喷器关闭时防喷器以下都是高压,所以防喷器系统必须放置在这些部件的下面。这就是海底钻井井口装置之所以要把防喷器放到靠近海底处的原因。

海底钻井井口装置的结构复杂,为了减小安装、更换和拆卸的难度以及在海上施工的工作量,通常是在地面上预制成 3 个模块：导引系统、防喷器系统和隔水管系统。在海上作业时,用快速连接器将各模块连接起来,图 3-4 是海底钻井井口装置示意图。

由于防喷器系统和快速连接器都在水下,所以人在平台上不能直接进行操作,这就需要有一套远程遥控操作系统,必要时还需要使用潜水作业装置或水下机器人进行操作和维修。

1. 海底钻井井口装置的导引系统

导引系统包括井口盘、导引架、导引绳和张紧装置。导引系统是整个海底钻井井口装置的基础。井口盘是第一个被安放在海底的部件,其结构、形状和送入工具如图 3-5 所示。井口盘是一个巨大的具有很大重量的圆饼形部件,一般由钢骨水泥做成,中心开孔,孔内有可与送入工具配合的 J 形槽。井口盘上一般有 4 条临时导引绳。在平台上,将井口盘与其送入工具连接,送入工具上接钻柱,不断接长钻柱就可将井口盘下放到海底,倒转钻柱可退出送入工具,并起出钻柱。井口盘依靠巨大的重量固定在海底,这就确定了海底井口的位置。

导引架结构如图 3-6 所示,它有 4 个导引柱,每根柱上有一根永久导引绳。有的导引架上还固定有水下摄影系统。导引架固定在导管上,并随导管一起下入。下入时,依靠井口盘上的临时导引绳准确进入井口盘的内孔,并将导引架坐在井口盘上。作业完毕后,将井口盘上的临时导引绳割断。井口盘和导引架固定后,就成为一口井的永久组成部分。

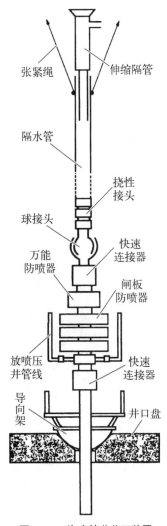

图 3-4　海底钻井井口装置

张紧绳
伸缩隔管
隔水管
挠性接头
球接头
万能防喷器
快速连接器
闸板防喷器
放喷压井管线
快速连接器
导向架
井口盘

井口盘

图 3-5　井口盘及其送入工具

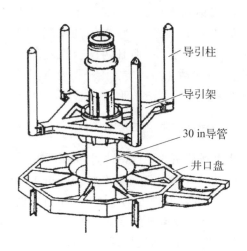

图 3-6　导引架结构

　　临时导引绳和永久导引绳都需要张紧。导引绳的一端固定在导引柱上,另一端固定在平台上。由于平台随海水运动有上下升沉运动,所以导引绳会忽紧忽松。导引绳松弛时起不到导引作用,张力太大又有可能将张紧绳拉断,所以需要有恒张力装置来张紧导引绳。导引绳的张紧系统如图 3-7 所示,利用气液弹簧提供恒定张力。导引绳通过复滑轮系统缩短气液弹簧的液缸活塞行程。

　　2. 防喷器系统

　　防喷器系统是海底钻井井口装置的核心部分,包括万能防喷器、剪切闸板防喷器、半封闸板防喷器、全封闸板防喷器、四通与压井防喷管线、防喷器控制操作系统以及防喷器系统的导引架等。

　　防喷器系统最顶部是两个万能防喷器(也称为多效能防喷器或球形防喷器)。万能防喷器结构如图 3-8 所示,中间是一个形似南瓜的多瓣橡胶芯子,橡胶芯子内置具有弹性的金属加

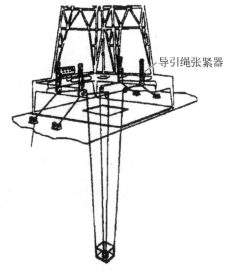

图 3-7　导引绳的张紧系统

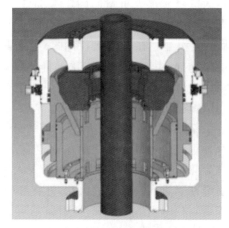

图 3-8　万能防喷器结构示意图

强筋,外面是带内斜面的活塞。在液压作用下,活塞的斜面推动橡胶芯子变形,从而改变芯子的中孔直径。当活塞下行时,橡胶芯子依靠弹性恢复原状。万能防喷器可以抱紧钻铤、钻杆本体以及接头、套管、电缆、钢丝绳或任何尺寸的钻柱,甚至可以全封。但万能防喷器承受压力的能力有限,不能承受很高的压力,所以万能防喷器仅仅在闸板防喷器不能起作用时才使用。

半封闸板防喷器是防喷器的主要部分,在出现井喷溢流时,它可以抱紧钻杆本体,封闭钻杆外环形空间。通过上下两个半封闸板防喷器的配合,可以在井喷溢流情况下强行起钻。

全封闸板防喷器在井内没有钻柱且在需要关井时使用。剪切闸板防喷器是在井内有钻柱,遇到台风或其他紧急情况时,需要立即撤离平台又来不及起钻的场合使用。这时使用剪切闸板迅速将井内钻柱剪断,即可撤离平台;在发生井喷事故时,防喷器只能封闭环形空间,井喷流体从钻柱内孔喷出,为了紧急控制,使用剪切闸板迅速将钻杆挤扁剪断,封住内孔,制止井喷。

防喷器系统组成及各部分的位置如图 3-9 所示。压井和放喷管线自四通接出,一直延伸到平台上。压井放喷管线也应具有补偿平台运动的功能,所以要有伸缩管或高压软管部分。

为了起落方便,在地面上将防喷器系统的各部分组合成一个整体,如图 3-10 所示。防喷器框架有 4 个导向筒,4 根永久导引绳分别穿入其中,引导防喷器系统准确地下放并与导引系统上面的快速连接器连接。

防喷器系统的控制操作通常是由电力、气动和液压系统组成,包括平台上的控制总成、从平台通向防喷器组的液压管线总成以及水下的液压执行部分。液压管线汇集起来形成管束,捆绑在防喷器框架上,再引到平台的软管绞车上。液压能量由平台上的储能器提供。平台上的控制部分一般有两套控制系统,即电动和气动控制系统。电动控制简单、迅速,所以一般情况下尽可能使用电动控制。在发生井喷不允许使用电时,则使用气动控制系统。

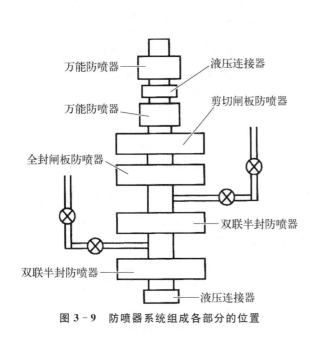

图 3-9　防喷器系统组成各部分的位置

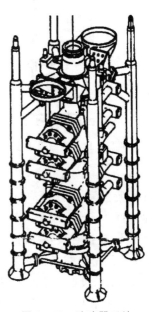

图 3-10　防喷器系统

3. 隔水管系统

隔水管系统处在防喷器系统的上面,其主要作用是引导钻具入井,隔绝海水,形成钻井液循环的回路。隔水管系统还要承受浮动平台的升沉和平移运动。隔水管系统包括隔水管、伸缩隔水管、弯曲接头以及张紧装置等。

伸缩隔水管处在井口装置的最顶端,由内管和外管组成,如图3-11所示。内管可在外管内轴向滑动,从而补偿钻井平台的升沉运动。

球接头(见图3-12)处在隔水管系统的最下端。球接头的作用是补偿钻井平台的平移和摇摆运动。图3-12(a)是球接头的内部结构,图3-12(b)是减小海水压力对球接头滑动接触面作用的原理图。

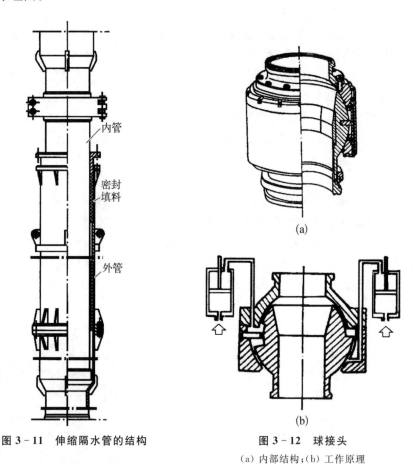

图3-11 伸缩隔水管的结构　　　　　图3-12 球接头

(a)内部结构;(b)工作原理

隔水管是隔水管系统的主体,使用直径为16~24 in的钢管做成,单根长度一般为15~16 m,两端有内、外螺纹接头,内螺纹接头向下,外螺纹接头向上。单根之间依靠内、外螺纹接头配合连接,连接时只要将内螺纹接头套入外螺纹接头并下压,外螺纹接头上的钢圈即可进入内螺纹接头的槽内并互相锁紧。

隔水管的长度取决于海水的深度。显然,在海水很深的情况下,隔水管系统的重量将很大。

在自重作用下,隔水管可能被压弯。另外,隔水管在海水中受到海水运动的作用,要承受很大的横向力,也会使隔水管弯曲,所以隔水管系统需要张紧。隔水管系统的张紧装置,其原理与导引绳的张紧相同,但需要的张紧力更大。

海水越深,隔水管越重,需要的张紧力也越大。此张紧力最终将施加到浮动钻井平台上,增大平台的吃水。为了减小张紧力,常在隔水管管外面贴上一层厚厚的泡沫塑料,或在隔水管外系铝制浮筒(筒内充高压气体),以便增大隔水管在海水中的浮力,减轻隔水管系统的重量。

4. 快速连接器

快速连接器是连接海底钻井井口装置各大系统之间的重要工具,如连接导引系统和防喷器系统,连接防喷器系统和隔水管系统,连接万能防喷器与闸板防喷器等。由于这种连接是在水下,距离较远,所以要求结构简单、动作迅速、连接可靠。

图 3 - 13 为液压卡块式快速连接器,由上、下连接件(图中没有画出下连接件)、卡块、卡爪及液缸、动作环、活塞等组成。卡块与液缸活塞连在一起,活塞上下运动则卡块也上下运动。卡块与卡爪之间为斜面接触,卡块向下则推动卡爪抱紧下连接件。

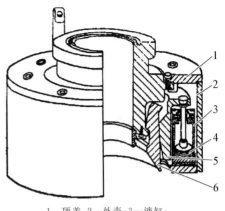

1—顶盖;2—外壳;3—液缸;
4—活塞;5—动作环;6—卡爪。

图 3 - 13　液压卡块式快速连接器

3.3　各次开钻的施工

海洋钻井装置安装完毕后,应及时展开海底各次开钻的施工。海底各次开钻施工是指针对各次开钻的套管程序展开的施工。由于海洋井口装置的特殊性,给各次开钻的施工带来了一些特点,这些与陆地钻井显然不同。海底各次开钻的套管包括隔水导管、表层套管、技术套管和油层套管。隔水导管可将钻井或采油时的管柱与带强腐蚀性的海水分隔开来。海上一般选用 30 in 套管作为隔水导管,井浅时也用 24 in 或 20 in。隔水导管下入深度一般在泥线以下 70~100 m。表层套管一般用于加固地表上部比较疏松易塌的不稳定岩层,并可防止浅层天然气的不利影响。表层套管一般选用 20 in,下入深度为泥线以下 300~500 m。技术套管选用目的在于封隔某些高压、易塌或易损失等复杂地层,保护井壁,维持正常钻进工作。技术套管常选用 13.375 in、9.625 in 等。井较深时,技术套管可以选用二层。油层套管是钻开油层后必须下的一层套管、用以加固井壁、封隔井口深范围内的油、气、水层,保证油井正常生产。油层套管往往选用 7 in,井较深时,有时选用 7 in 尾管,挂在 9.625 in 套管下端。

3.3.1　隔水导管井段的施工

使用底撑式钻井平台钻井,隔水导管井段的施工一般有两种方法:一种是用打桩机将隔水导管打入海底,这种方法适用于海水较浅、导管较短的情况;另一种是在海水较深时,可以先用钻头钻出隔水导管井段的井眼,然后下入隔水导管,并注水泥封固。钻进操作时采用海水作为洗井液,钻屑随海水返至海底。

使用浮动钻井平台钻井时,隔水导管井段的施工要复杂得多。

1. 分步法下隔水导管

分步法施工的具体步骤如图 3 - 14 所示。第 1 步,下井口盘,建立海底井口,将送入工具与井口盘连接,然后接钻柱,下放钻柱。井口盘上有 4 根临时导引绳,也随着井口盘而下放。下到海底后,坐牢井口盘,退出送入工具,起钻。

第2步,钻隔水导管井段的井眼。通过临时导引绳下入带有钻头的钻柱,准确进入井口盘的内孔,并向海底钻进。钻进时采用海水作为洗井液,带有钻屑的海水洗井液直接从海底排入海中,钻达预定深度即可起钻。

第3步,下隔水导管、注水泥。通过临时导引绳将隔水导管下入,隔水导管的上面接隔水导管头,并装上导引架,隔水导管头内接上送入工具,再接钻杆,用钻杆将隔水导管及导引架送入海底。隔水导管进入井眼,导引架坐在井口盘上。在钻台上通过钻柱向井内注入泥浆并循环洗井,然后即可注水泥固井,多余的水泥浆返至海底。水泥不仅封固隔水导管,还将井口盘和导引架牢牢地固定于海底。退出送入工具并起钻。

第4步,下入隔水管系统。通过永久导引绳将隔水管系统下入,并利用快速连接器与隔水导管头连接。

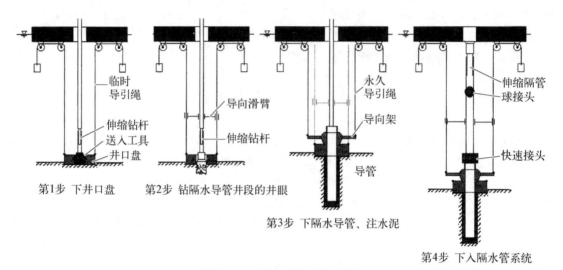

第1步 下井口盘   第2步 钻隔水导管井段的井眼

第3步 下隔水导管、注水泥

第4步 下入隔水管系统

图3-14 分步法下隔水导管

2. 一步法下隔水导管

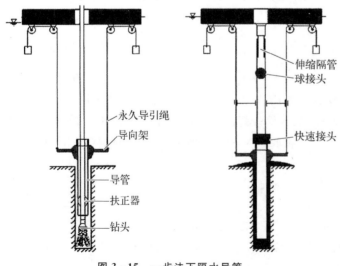

图3-15 一步法下隔水导管

一步法是将分步法中的前三步合成一步,如图3-15所示。在平台上先将隔水导管下入水中,上部接隔水导管头并与导引架连接,隔水导管头内接送入工具,再接钻柱。如果海底地层较硬,则要使用钻入法。此时,在钻柱下接钻头,钻头需穿过隔水导管,送入工具仍然接在隔水导管头处。通过下钻即可将隔水导管和导引架下入海底。当钻头接近海底时,用钻头钻出隔水导管井段的井眼。当导引架接触海底时停止钻进,即可进行注水泥固井,将隔水导管外注水泥封固,多余的水泥浆返至海底,将导引架与海底牢牢固定在一起。然后退出送入工具并起钻。下一步就是下入隔水管系统,与分步法的第 4 步相同。一步法施工可以省去井口盘。

3. 喷射法下隔水导管

在深水区域,由于可能存在海床不稳定、破裂压力低、气体水合物堵塞、浅层水流的危害、海底低温变化等问题,常规的打桩、钻孔、下隔水导管再固井的方式常常比较困难,作业风险高,对于日费高昂的深水钻井显然不合适,为此应采用喷射法下隔水导管。

喷射法下隔水导管是利用水射流和隔水导管的重力,边喷射开孔边下隔水导管,同时在喷射管柱中下入动力钻具组合以提高安全性和作业效率(见图 3 - 16)。达到预定井深后,静置隔水导管,利用地层的黏附力和摩擦力稳固住隔水导管,然后脱开送入工具并起出管内钻具,从而完成隔水导管的安装。

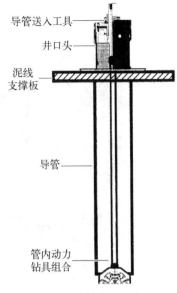

图 3 - 16　喷射法下隔水导管

3.3.2 表层套管井段的施工

对于底撑式平台来说,隔水导管井段施工之后,隔水导管延长到平台上并起到隔水管的作用,以后各次开钻的施工基本上与陆地钻井相同。

对浮式钻井平台来说,表层井段的施工可分为两种情况:一种是在表层地层中没有浅气层;另一种是在表层地层中有浅气层。

如果在表层地层中没有浅气层,则隔水导管井段施工之后,可以不下隔水管系统,按以下步骤进行:

(1)通过永久导引绳下钻,带 26 in 的钻头进入隔水导管内进行钻进,然后起钻。

(2)下入 20 in 的套管。套管顶部接套管头,上接送入工具,再接钻杆,将套管送入预定深度,套管头坐在隔水导管上。

(3)通过钻杆进行注水泥固井,然后退出送入工具,循环泥浆将多余的水泥浆冲走。

(4)起钻后,在表层套管头上安装防喷器系统和隔水管系统;进入下一次开钻。

如果表层地层中有浅气层,则较为复杂。由于此时还没有表层套管,所以无法安装防喷器系统。钻进浅气层是在没有防喷器情况下进行的,具有一定的危险性,因此必须要有隔水管系统,将地层流体有控制地引导到平台上进行处理。在隔水管的顶部要安装旋转防喷器,实际上是一个可进行边喷边转的防喷器,不过耐压较低。为了补偿钻柱在井口处的摆动和弯曲,在旋转防喷器下面接了一个球接头。旋转防喷器的环形芯子依靠液压力抱紧钻柱,返出的泥浆从溢流口流出,旋转防喷器如图 3 - 17 所示。

采用隔水管系统的表层钻进会产生一个问题,即井口和平台之间的隔水管的直径为 16～24 in(通常为 20 in),而钻表层套管井段的钻头直径为 26 in,不可能从隔水管内通过。为了解决此问题,可使用可张钻头。此种钻头的 3 个可张牙轮在张开之前直径较小,可以通过隔水管,张开之后直径可达 26 in,可张钻头的结构如图 3 - 18 所示。

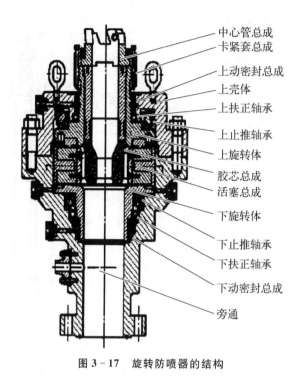

中心管总成
卡紧套总成
上动密封总成
上壳体
上扶正轴承
上止推轴承
上旋转体
胶芯总成
活塞总成
下旋转体
下止推轴承
下扶正轴承
下动密封总成
旁通

喷嘴
弹簧
活塞

图 3-17　旋转防喷器的结构　　　　　图 3-18　可张钻头的结构

3.3.3　其余各层套管井段的施工

由于海洋井口装置结构复杂,尺寸和重量巨大,需要占很大的空间,所以一个钻井平台上一般只配备一种尺寸井口装置,该种尺寸的井口装置要兼顾各层井眼的需要。常用的是与 20 in 表层套管配套的 20 in 防喷器和隔水管系统。

为了施工方便且节约平台面积,海洋钻井的套管程序基本是不变的,即采用 30 in 隔水导管、20 in 表层套管、13.375 in 和 9.625 in 的技术套管以及 7 in 生产套管。钻进各层套管的钻头直径分别为 36 in、26 in、17.5 in、12.25 in 和 8.5 in。

表层套管井段施工完成后,整个井口装置已经完整安装。其余技术套管和油层套管井段的施工基本上相同。

在井口装置安装方面还要注意以下事项:

(1) 当每层套管固井完成后,要下入套管头密封总成,以便封闭两层套管之间的环形空间。

(2) 当每层套管在固井之后重新开钻时,必须先在套管头内安放防磨补心,以保护套管头内的台肩使其免受钻头和钻具的碰撞。

(3) 当每层套管井段钻进完成后,在下入下一层套管之前要先将上层套管头内的防磨补心取出。

(4) 各层套管头的密封总成和防磨补心的安置或取出均需要用专用工具并按照严格的施工程序进行。

如果地层压力层系较多且可能有很高的产层压力,在钻完 17.5 in 直径的井眼之后,根据产层压力,如需要使用更耐高压的防喷器,可更换 13.375 in 直径的防喷器,但这种更换是非常复杂又麻烦的。

3.4　固井、完井和试油

固井与完井不仅是油气井建井过程中的一个重要环节,还是衔接钻井和采油相对独立的一项系统工程。在钻成的井眼内按设计标准下入一套管串,并在其周围注以水泥,这项工作称为固井。固井是长期维持井眼、构建油流通道的根本手段。完井主要包括钻开生产层、确定完井方式与方法以及诱导油气流等,这些工作直接与油气井产能相关。因此,固井与完井质量的优劣会严重影响油气井投产后的生产能力和油井寿命,必须竭尽全力将这项工作做好,为油田的长期高产稳产奠定基础。固井和完井后,最后还需要对生产层的油、气、水产量,地层压力及油、气的理化性质等进行测定,对待生产井进行试油。

3.4.1　固井

固井就是从井口经过套管柱将水泥浆注入井壁与套管柱之间的环空,将套管柱和地层岩石固结起来的过程。固井的目的是固定套管,封隔井眼内的油、气、水层,以便于后一步的钻进或其他生产。最常见的固井方法是从井口经套管柱将水泥浆注入并从环空中上返。除此之外还有一些用于特殊情况下的注水泥技术,包括双级或多级注水泥、内管注水泥、反循环注水泥、延迟凝固注水泥等。

固井所包括的内容有选择水泥,设计水泥浆性能,选择水泥外加剂,井眼准备,注水泥工艺设计等。油气井注水泥的基本要求如下:

(1) 水泥浆返高和套管内水泥塞高度必须符合设计要求。

(2) 注水泥井段环空内的钻井液全部被水泥浆替走,不存在残留现象。

(3) 水泥石与套管及井壁岩石有足够的胶结强度,能经受住酸化压裂及下井管柱的冲击。

(4) 水泥凝固后管外不冒油、气、水,环空内各种压力体系不能互窜。

(5) 水泥石能经受油、气、水长期的侵蚀。

根据以上要求发展起来的现代注水泥技术涉及化学、地质、机械、石油等各学科的知识,分为水泥类型、水泥外加剂、注水泥工艺技术等几个方面的研究内容,可满足各种复杂井、深井、超深井及特殊作业井(高温、热采井等)的注水泥需要。

下面主要介绍水泥和注水泥技术等内容。

1. 油井水泥

1) 基本要求

油井水泥是波特兰水泥(也就是硅酸盐水泥)的一种。油井水泥的基本要求如下:

(1) 水泥能配成流动性良好的水泥浆,这种性能应在从配制开始到注入套管被顶替到环空内的一段时间里始终保持。

(2) 水泥浆在井下的温度及压力条件下保持稳定性。

(3) 水泥浆应在规定的时间内凝固并达到一定的强度。

(4) 水泥浆应能与外加剂相配合,可调节各种性能。

(5) 形成的水泥石应有很低的渗透性能等。

根据上述基本要求,从硅酸盐水泥中特殊加工而成的适用于油气井固井专用的水泥,称为油井水泥。

2）主要成分

油井水泥的主要成分如下：

（1）硅酸三钙（$3CaO \cdot SiO_2$，简称 C_3S），是水泥的主要成分，含量为 $40\% \sim 65\%$。它对水泥的强度，尤其是早期强度有较大的影响。高早期强度水泥中的 C_3S 含量可达 $60\% \sim 65\%$，缓凝水泥中的含量为 $40\% \sim 45\%$。

（2）硅酸二钙（$2CaO \cdot SiO_2$，简称 C_2S），含量为 $24\% \sim 30\%$。C_2S 的水化反应缓慢，强度增长慢，但能在很长一段时间内增加水泥强度，对水泥的最终强度有影响，不影响水泥的初凝时间。

（3）铝酸三钙（$3CaO \cdot Al_2O_3$，简称 C_3A），是促进水泥快速水化的化合物，也是决定水泥初凝和稠化时间的主要因素，对水泥的最终强度影响不大，但对水泥浆的流变性及早期强度有较大影响。它对硫酸盐极为敏感，因此抗硫酸盐的水泥应控制其含量在 3% 以下，但对于有较高早期强度的水泥，其含量可达 15%。

（4）铁铝酸四钙（$4CaO \cdot Al_2O_3 \cdot Fe_2O_3$，简称 C_4AF），它对强度影响较小，水化速度仅次于 C_3A，早期强度增长较快，含量为 $8\% \sim 12\%$。

除了以上 4 种主要成分外，油井水泥的成分还有石膏、碱金属氧化物等。

较典型的油井水泥成分如表 3-1 所示，矿物成分对水泥物理性能的影响如表 3-2 所示。

表 3-1　典型的油井水泥成分

API 级别	化 合 物				瓦格纳细度 /(cm^2/g)
	C_3S	C_2S	C_3A	C_4AF	
A	53	24	8（＋）	8	1 600～1 800
B	47	32	5（－）	12	1 600～1 800
C	58	16	8	8	1 800～2 200
D 及 E	26	54	2	12	1 200～1 500
G 及 H	50	30	5	12	1 600～1 800

注：API，美国石油协会（American Petroleum Institute）。

表 3-2　矿物成分对水泥物理性能的影响

矿物分子式	代号	早期强度	长期强度	水化反应速度	水化热	收缩	抗硫酸盐腐蚀性能
$3CaO \cdot SiO_2$	C_3S	良	良	中	中	中	—
$2CaO \cdot SiO_2$	C_2S	劣	良	迟	小	中	—
$3CaO \cdot Al_2O_3$	C_3A	良	劣	速	大	大	—
$4CaO \cdot Al_2O_3 \cdot Fe_2O_3$	C_4AF	劣	劣	迟	小	小	

2. 海上固井技术

各层套管井段施工时，套管的整个重量是悬挂在泥线支撑器或泥线悬挂器上的。泥线悬挂器以上直至平台的部分都处在海水中，一般是没有套管的且通过钻杆送入，所以泥线以上不能注水泥浆。由此海上固井具备了一系列特点。

1) 管内插入法固井

当套管直径很大时,在陆地上有时也采用管内插入法固井。在海上由于海水的存在,隔水导管和表层套管固井都采用管内插入法固井。

浮动平台的隔水导管固井(见图 3 - 19)是用一个送入接头将导管送入,通过钻杆注入水泥浆。水泥浆从钻杆下端流出后,从隔水导管的环空返出,一直返到海底。送入工具可以倒转并与导管脱开,上提钻柱并循环海水,多余的水泥浆被冲到海底周围,将井口盘和导引架与海底固结在一起,然后起钻候凝。

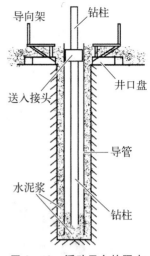

图 3 - 19　浮动平台的隔水导管固井

底撑式平台的隔水导管和表层套管固井如图 3 - 20 所示。隔水导管可以是用打桩法打入,也可以是用钻入法,后者需要注水泥浆固井。方法也是用钻杆通过送入接头将隔水导管送入,并通过钻杆将水泥浆打入,从隔水导管外环空返出。多余的水泥浆返到海底。表层套管固井时,当水泥浆打完且替泥浆到达预定位置时,反向打开送入接头,上提钻柱到泥线支撑器位置,循环钻井液或海水,将多余的水泥浆冲出。

管内插入法固井的一个关键工具是送入接头,其结构如图 3 - 20 所示。需要注意的是,钻杆一直插入套管的底部,一般距套管鞋 5～9 m 处,这一段即为水泥塞。在注水泥浆和替泥浆时,可以根据钻杆内径大小选择胶塞尺寸。上下胶塞可从平台上投放,顺序与陆地固井相同。但要注意,两个胶塞最后都掉进套管中,也不存在碰压。两个胶塞在钻水泥塞时被钻掉。

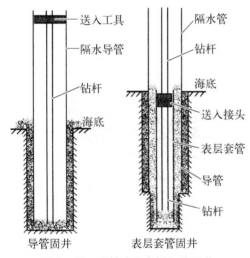

图 3 - 20　底撑式平台插入法固井

2) 水下释放法固井

对浅层的大尺寸套管,可以使用管内插入法注水泥,但对深层的小尺寸套管,则不能使用该方法。因为钻杆内径小,不仅注水泥泵压很高,而且流量小,使注水泥浆过程拖长。另外,小的套管内可能无法插入钻杆柱,这时需要使用水下释放法固井。

从图 3 - 21 中可以看出水下释放法固井的结构,水下释放法固井结构连接步骤包括:

(1) 在平台上将预定长度套管下完后,接上套管头,放置在转盘上。

(2) 将复合胶塞连同短管与送入接头连接,下入套管内,并将送入接头与套管头连接。

(3) 在送入接头上面连接钻杆,接长钻杆将套管继续下入,直至套管头坐在泥线悬挂器处上层套管头的内斜坡上为止。

(4) 钻柱上面接水泥头以及固井管线,通过注入口循环钻井液,准备固井。

水下释放法固井工艺流程(见图 3 - 21)如下:

(1) 循环钻井液,清洗井眼;释放橡胶球,开始注水泥浆;水泥浆推动橡胶球下行,坐在下胶塞的短管口上,堵塞短管中心水眼,压力增大,剪断下胶塞与上胶塞的连接销钉,并推动下胶塞下行。

（2）继续注入水泥浆，推动下胶塞下行，直到与承托环相碰，压力增大，使短管与下胶塞连接销钉剪断，短管上行并露出循环孔，使水泥浆流向套管外环空。

（3）当预定的水泥浆量注完后，释放撞击塞，然后水泥头顶部开始替泥浆；用钻井液推动撞击塞下行。

（4）撞击塞下行到上胶塞处，堵塞上胶塞中心孔，压力增大，剪断上胶塞与送入接头的连接销钉，推动上胶塞下行，将水泥浆顶替到套管环空中。

（5）上胶塞一旦下行到与下胶塞相碰时，注水泥过程结束。

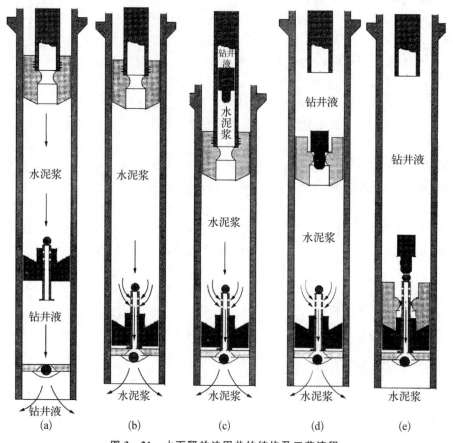

图 3 - 21　水下释放法固井的结构及工艺流程

（a）下胶塞下行；（b）下胶塞与承托环相碰；（c）释放撞击塞；（d）上胶塞下行；（e）上下胶塞相碰

3.4.2　完井

完井是使井眼与油气储集层（产层、生产层）连通的工序。油气井完井的工艺过程包括钻开储集层，确定完井的井底结构，安装井底装置（下套管固井或下入筛管），使井眼与产层连通并安装井口装置等工序。完井中井口装置的安装将在第 4 章中进行介绍。

储集层的岩石被钻开之后，原始的应力状况受到破坏，岩石在新的应力状态下获得新的平衡，因此岩石的机械性质、储油性质都发生了变化。由于储集层与钻井液体、完井液体相接触，液体与储集层岩石发生化学、力学的接触,会使储集层的性质发生变化。这些变化可能的后果就是使储集层受到污染;储集层岩石失去稳定性使井眼变形;储油孔隙及通道产生形状变化,使储集层的渗流能力变差。污染使井的产能降低、寿命降低,压力平衡关系的破坏可能引起井涌。

完井是使储集层与井眼有良好的连通,并使储集层岩石受到的不良影响降到最低程度。钻井的最终目的是迅速有效地开发油气资源,在整个钻井、完井过程中,应尽量保护储集层,不使储集层受到伤害。

1. 裸眼完井法

裸眼完井是指完井时井底的储集层是裸露的,只在储集层以上用套管封固的完井方法。裸眼完井还可分为先期裸眼完井和后期裸眼完井。

裸眼完井只适用于在孔隙型、裂缝型、裂缝-孔隙型或孔隙-裂缝型坚固的均质储集层中使用。储集层均质一般是指产层的渗透性大体相等,坚固储集层是指储集层岩石的强度可承受上覆岩石压力和流体流动时的压差而不破碎。均质储集层的渗透性可以有较大的范围,可在 $0.01 \sim 0.1~\mu m^2$ 之间。

这种完井方法比较适合于井中只有单一的储集层,不需要分层开采,无含水含气夹层的井。比较适合的储集层岩石是石灰岩、坚硬的砂岩、泥页岩等。裸眼完井法的优点是储集层直接与井眼连通,油气流进入井眼的阻力最小,尤其是先期裸眼完井的优点更为明显。当然,裸眼完井也有缺点。

1) 裸眼完井法的优点

(1) 在打开储集层的阶段若遇到复杂情况,可及时提起钻具到套管内进行处理,避免事故的进一步复杂化。

(2) 缩短了储集层在洗井液中的浸泡时间,减小了储集层的受伤害程度。

(3) 由于是在产层以上固井,消除了高压油气对封固地层的影响,提高了固井质量,储集层段无固井中的污染。

2) 裸眼完井法的缺点

(1) 适用范围狭窄,不适用于非均质、弱胶结的产层,不能克服井壁坍塌、产层出砂对油井生产的影响。

(2) 不能克服产层的干扰,如油、气、水的互相影响和不同压力体系的互相干扰。

(3) 油井投产后难以实施酸化、压裂等增产措施。

(4) 先期裸眼完井法是在打开气层之前封固地层,但此时尚不了解生产层的真实资料,如果在打开产层的阶段出现特殊情况,会给后一步的生产带来不利因素。

(5) 后期裸眼完井没有避免洗井液和水泥浆对产层的污染与不利影响。

3) 先期裸眼完井

先期裸眼完井是在钻到预定的产层之前先下入油层套管固井,然后换用符合打开油气层条件的优质钻井液钻开油气层的完井方法(见图 3-22)。先期裸眼井的一般结构是在距产层

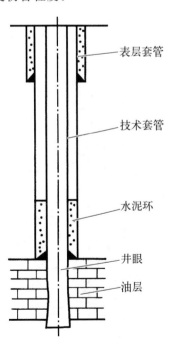

表层套管

技术套管

水泥环

井眼

油层

图 3-22　先期裸眼完井示意图

20 m 左右处选择坚固的地层停钻,下套管固井。在固井前应测井,推测储集层的位置,避免打开产层之前钻遇高压、疏松等复杂地层。套管鞋应当坐在坚硬的地层上。裸眼段的长度与产层的厚度和岩层的强度有关,其长度可从几米到一百多米。可以一次将产层全部打开,也可以在较厚的产层中钻开一部分岩层强度高,可使用较长的裸眼长度。产层全部钻穿后,应继续钻进一段,该段称为口袋,口袋的长度可视井的复杂情况而定,至少为 5 m,一般为 10 m 以上。

对应的每一个孔隙-裂缝型产层都有一个允许的液柱压差,若超过这一临界值,则孔隙被堵塞,裂缝闭合,油井无法出油。同样,对应的每一个孔隙-裂缝型产层都有一定的岩石强度,允许生产中的油流速度在不超过某一临界值时岩石不发生破坏。对较弱胶结的产层,其允许的生产压差较小。因此,在钻开产层和采油时应注意防止产层被压死和破坏。

2. 射孔完井法

射孔完井是指下入油层套管封固产层后再用射孔弹将套管、水泥环、部分产层射穿,形成油气流通道的完井方法。射穿产层后油气井的生产能力受产层压力、产层性质、射孔参数及射孔质量的影响。在石油勘探开发中,射孔完井是目前主要的完井方法,约占完井总数的 90%以上。

1) 射孔完井的适用性

射孔完井是使用最多的完井方式,几乎所有的储集层都可用此方法打开,因而产生许多误解,认为射孔是最好的完井方式。但研究发现,并不是所有的储集层都适合使用射孔完井。

射孔完井可适用于各种储集层,无论是孔隙型、裂缝型、孔隙-裂缝型还是裂缝-孔隙型的储集层;无论储集层的强度是大是小、是否均质、压力体系是否相等,都可用这种完井方法,也就是说,大多数的储集层都可采用射孔完井方式。尽管如此,只有非均质储集层才最适合用射孔完井。非均质储集层的特点是稳定性岩层和非稳定岩层相互交错。不同压力体系的岩层相互交错,有含水含气的夹层,或有底水和气顶,而均质的储集层更适合用其他的完井方式。

射孔完井法分为单管射孔完井、多管射孔完井、尾管射孔完井、封隔器射孔完井等方法,以单管射孔最多。按其射孔工具的不同,又可分为电缆输送的套管射孔和过油管射孔;油管传输射孔;按其射孔工艺的不同,可分为正压射孔和负压射孔等。无论哪一种射孔方式,都对套管、固井等提出较具体的要求。最常见的单管射孔完井结构如图 3-23 所示。

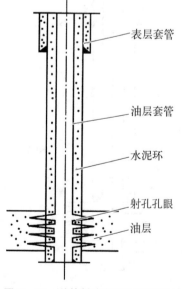

图 3-23 单管射孔完井结构示意图

表层套管
油层套管
水泥环
射孔孔眼
油层

在射孔完井中,打开储集层的工艺条件也是十分严格的。油层套管鞋应在距井底 1~3 m 的范围内,阻流环以下套管内的水泥塞高度不少于 20 m。套管串上的扶正器、刮泥器等附件应尽量避开产层。套管串上应当有短套管,便于用磁定位器测井校正射孔深度。短套管的位置在油层以上 20~30 m。

射孔参数包括射孔密度、射孔孔道直径、孔道深度、射孔相位角、油层射开长度等。这些参数由岩石强度、产层性质、油藏开发方案来决定。射孔密度一般为 10~20 孔/m,最大可达 36 孔/m。射孔孔道直径一般为 10~16 mm,最大可达 25 mm。孔道应接近圆柱形。射孔相位角常为 72°~180°,沿螺旋状分布。在同一横截面上不允许有一个以上的射孔孔道。射孔深度除应穿透套管、水泥环外,应尽可能地超过产层伤害带。

2）射孔工艺

射孔是将射孔枪下到油气层部位，在地面点火引爆射孔弹，将套管、水泥石和产层一并射穿，形成连接井眼和储集层的通道，套管枪正压射孔如图 3-24 所示。

射孔的工具是射孔枪。射孔枪分为电缆射孔枪和无缆射孔枪。电缆射孔枪又分为管式枪和绳式枪，常用的有过油管射孔枪、钢丝射孔器、钢管射孔枪等。电缆射孔枪靠电缆或钢丝绳送入井下，由电点火击发。无缆射孔枪由油管送入井下，也称为油管传输射孔枪。常用的射孔弹是聚能射孔弹，也有使用子弹进行射孔的。

射孔工艺分为正压射孔和负压射孔。正压射孔是井筒内的液柱压力高于储集层压力时进行射孔。射孔时，用绞车将电缆射孔枪下到预定深度，由地面通过电缆点火击发射孔弹，射开储集层。射开储集层时井筒内液柱压力大于产层压力，地层流体不会立即进入井中，不会产生井喷。将所有产层射完后，起出射孔工具，下入油管排出射孔液，使井筒内的压力降低，使高渗层产液。

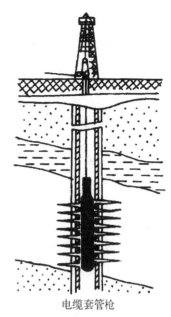

电缆套管枪

图 3-24　套管枪正压射孔

正压射孔时孔道得不到及时的清洗，射孔的残渣不能随流体排出孔外，而是留在孔内堵塞产层孔隙。射孔液在正压下侵入孔道，会对储集层造成污染。虽然可采用各种方法解堵，但对储集层的伤害仍难以消除。正压射孔所用工具简单，无井喷危险，但对储集层有较大的污染。

所谓负压射孔，是采用低密度射孔液或是降低液柱高度使井筒的液柱压力低于储集层压力时进行的射孔。负压射孔的优点是能减少储集层在射孔中的污染。过油管射孔是负压射孔的一种。

过油管射孔是先把油管下到射孔层位以上 10～20 m 处，然后装好井口，通过井口防喷器用电缆下入射孔枪，关闭防喷器，再通过磁定位器准确定位，在地面点火射孔。

过油管射孔时所选用的负压值应恰当：若太大，则工具难下入；若太小，则起不到应有的作用。在高渗透区可采用 1.378～3.477 MPa（产液）及 6.59～13.78 MPa（产气），而在低渗透区可分别采用上述两值的两倍。

负压射孔也可采用油管传输射孔，油管传输射孔也称无缆射孔，如图 3-25 所示。这是一种国内外推广的新射孔技术。它是将射孔枪直接装在油管上，配好油管的尺寸下到井中，校正好射孔位置，装好采油井口，关住井口，用投棒的方法或环空加压的方法击发射孔弹，进行射孔。

专用的射孔液基本是在水基完井液中加入固体加重剂和化学处理剂，调配成性能符合要求的射孔液。一般射孔液的 pH 值为 9.5～10，密度为 1.05～2.03 g/cm^3。

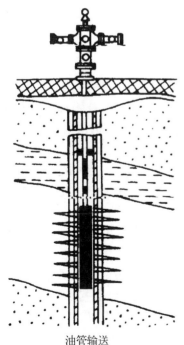

油管输送

图 3-25　油管传输的射孔工艺

3. 防砂完井法

某些砂岩储集层在生产过程中，由于砂岩胶结不良，或开采强度大，或受到污染，从而会有出砂现象。出砂会影响产量，严重时会使井报废。通常是在完井中采用防砂完井方式。常见的防砂完井方式有裸眼砾石充填完井、套管内砾石充填完井和人工井壁防砂完井。

1) 裸眼砾石充填完井

裸眼砾石充填完井在钻开产层之前下套管封固，再钻开产层；在产层段扩大井眼，下入筛管，在井眼与筛管间的环空中充填砾石。砾石和筛管对地层的出砂起阻挡作用。

2) 套管内砾石充填完井

在下入套管并射孔的井中如有出砂，可在出砂井段下筛管，在筛管和油层套管之间的环空中充填砾石的防砂工艺，是管内砾石充填完井。这种完井属于二次完井。

砾石充填完井的关键是选择砾石并保证充填的厚度。砾石的直径由出砂的直径所决定，地层出砂直径不等，对砂粒进行筛分后做出砂粒直径——累计重量的分布图，其累计重量为50%的砂粒对应直径称为砂粒中径。砾石的直径一般为出砂砂粒中径的 6～8 倍，砾石层的厚度至少是砾石直径的 8 倍。裸眼砾石充填时，砾石层厚度不小于 30 mm；管内砾石充填时，厚度不小于 15 mm。

筛管类型有绕丝式、割缝式、多孔材料烧结式等，以绕丝筛管最常用。绕丝筛管是用绕丝间的缝隙阻挡砂粒。绕丝的间距为出砂砂粒最小直径的 2 倍。

3) 人工井壁防砂完井

这是利用渗透性的可凝固材料注入出砂层，形成阻挡砂粒的人工井壁用以防砂的完井技术。这种完井方式包括：① 渗透性固井射孔完井法，即用渗透性良好的材料注入套管和地层之间，再用小功率射孔弹射开套管但不破坏注入渗透层的完井方法；② 渗透性衬管完井法，即在衬管与裸眼之间注入渗透性材料完井的方法；③ 渗透性人工井壁完井法，即在裸眼井段注入渗透性材料形成人工井壁的完井方法。这种完井方式的关键是选择可凝的渗透性材料，这种材料包括水泥加砂形成的渗透性材料、树脂砂浆类材料等。

3.4.3 试油

对可能出油(气)的生产层，在降低井内液柱压力的情况下需要诱导油气入井，然后对生产层的油、气、水产量，地层压力及油、气的理化性质等进行测定，这一整套工艺技术称为试油。试油的目的是为了认识和鉴别油气层，为油、气田的正常生产和开发提供可靠的依据。

1. 诱导油、气流

油、气井因其地层能量不同，在钻开生产层或射孔后，可遇到两种情况：一种是在一定的液柱压力下，油、气井能自喷；另一种是不能自喷。对于自喷井，可进行放喷测试；对于不能自喷的井，则必须进行诱导油、气流的工作。

油、气入井不畅的原因一般是：油、气层原始渗透率低；油、气层地层压力偏低；油、气流动性差或井内液柱压力过高；油、气层受污染堵塞等。

对于因井筒内液柱压力大、不能自喷的井，应采取降低井筒内液柱压力的办法诱导油、气入井。这种方法的实质是降低井筒内液柱高度或洗井液密度。替喷法、抽汲、提捞及气举法属于此类诱导油、气流方法。

替喷法是用密度较轻的液体将井内密度较大的液体替出，从而降低井中液柱压力，达到使井内液柱压力小于油藏压力的目的。如果经替喷后，油、气井仍不能自喷时，可采用抽汲法或提捞法诱喷。抽汲法是利用下入油管内的特殊工具抽子进行的,抽子在油管内高速上提下放,把井内部分液体经油管逐步抽出地面,从而降低井内液柱高度。抽汲过程中抽子高速上提时,会使抽子下面造成低压,这对于近井地带堵塞物的排出十分有利,从而也可达到诱喷的目的。提捞法是用特制的捞筒下入井内,将洗井液一筒一筒地捞出,达到降低液柱高度,诱导油、气流的目的。提捞法一般用于低压井的试油。

2. 增大油、气流通道

对于有些油、气井,由于其生产层受到钻井液和水泥浆的严重污染,导致孔隙或裂缝通道被严重堵塞,另有一些油、气井生产层的原始渗透率很低,采用前述的诱导油、气流方法仍然没有明显效果时,必须采取人工强化措施,增大油、气流通道,改善油、气层的渗透性,使油、气能畅流入井甚至喷出地面。

我国的某些油气田在油、气井投产前,一般情况是要对油、气层进行一些人工强化措施,当处理后获得较大的生产能力后,再正式投产。通常采用较多的人工强化措施是水力压裂和酸化处理。经过处理,可以扩大油、气层的孔隙和原始裂缝或形成新的人工裂缝,增大油、气层渗透率,实现增大油、气通道的目的。

3. 完井测试

完井测试的主要任务是通过地下资料的收集和分析,确定油、气层的工业价值,为油、气井正常生产和制订合理的开发方案提供可靠的依据。测试时,要取全取准下述几方面的资料:

(1) 油、气、水产量。

(2) 原始地层压力,井口油管压力和套长压力。

(3) 油、气层中部温度及地热增温率。

(4) 油、气、水样。

下面简要介绍完井测试资料的获取方法。在油田生产中,目前常用大罐和分离器两种量测设备测量油产量,称为大罐量油法及分离器量油法。大罐量油法一般采用立式罐,并装有直径不小于 76.2 mm,直插至油罐底部的量油管。分离器量油法又称为玻璃管量油法,该方法的理论根据是连通管压力平衡的原理。分离器与玻璃管互相连通、压力平衡,只要测得玻璃管内水柱上升一定高度所需的时间,即可换算出单位时间的产量。

大罐量油法和分离器量油法测量出的产量都是油、水的总产量,欲求出油产量,需要进行油样分析,测出原油含水率,方可求出油井的油、水产量。在油田现场通常用节流式流量计测量天然气的产量。

油、气、水样有井口样和井下样之分。井口样在井口取样闸门处取得,供一般分析用。井下样则下入专门的井底取样器,在井底条件下取得样品,并加以封存,用于保持地层压力和温度的高压物性分析。

油、气井生产过程中井筒中油气层中部或生产层处的压力称为井底流动压力,它在数值上等于井内液柱压力、井口压力和流体从井底至井口的流动阻力之和,而且总是小于油、气层的地层压力。油、气井在关井停产后,待井筒中的压力恢复到稳定时,所测得的油气层中部压力称为油气井的井底静压。显然,所求得的井底静压便是油、气层地层压力。油、气井井口压力有油压和套压之分,可在井口用压力表直接测得;井底压力一般可通过井底压力计实际测量,目前也有一些理论预测方法正在不断完善和提出。

3.5　低渗透油层的水力压裂技术

对于一般的砂岩油田,完井后油气储集层和井底之间会形成油流通道,在压差的作用下油气会从油气储集层渗透到井底,进一步可通过生产油管采油。但对于一些低渗透油层(如页岩油层等),即使在较大的生产压差下,它们也很难获得高的产量。另外有的油层在钻井过程中受到钻井液侵害,使井底附近油层的渗透率降低,这不仅导致油井产量下降,有时甚至无法投产。另外,即使在油水井生产过程中,也会由于各种原因造成井底附近堵塞,使注水井的注入量或油井产油量下降,从而影响油田开采速度和采收率,对于非均质多油层油田影响更为严重。在这些情况下,就必须对油水井实施各种措施进行改造。水力压裂是油气井增产、注水井增注的一项重要技术措施,从1949年开始应用于油田,现已成为国内外增产效果显著、应用广泛的一种方法。目前的压裂设备可压开6 000 m的深井,造缝长度可达1 000 m。

3.5.1　水力压裂的原理

水力压裂就是用高压大排量泵向油层挤入具有一定黏度的液体,当挤入液体的速度超过油层的吸收速度时,在井底附近形成足够高的压力,这种压力超过井底附近的油层岩石的破裂强度及作用在油层上覆岩层的压力时,就会使油层原裂缝张开或产生新裂缝。此时继续挤入液体,已形成的裂缝就继续向油层内部扩张。挤入油层的液体一方面使裂缝向油层内部延伸,另一方面由于裂缝和油层间存在压差,大量的液体经过裂缝的壁面渗滤到油层中去,如图3-26所示。

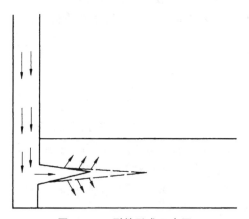

图 3-26　裂缝形成示意图

当进入裂缝的液体量大于缝壁的滤失量时,裂缝便不断延伸,并使渗滤面积增大,通过缝壁的滤失量也增大,而后裂缝延伸的速度越来越小。当进入裂缝的液量等于滤失量时,裂缝会重新闭合。为了保持压开的裂缝处于张开的状态,必须在挤入液体中加入支撑剂(如砂)支撑已形成的裂缝。油层中存在有这种被支撑剂所充填的一条或多条裂缝时,就大大增加了油层的渗透能力,减小了油流阻力,从而使油井增产。

要想在油层里形成足够长的裂缝,压裂中必须用高压、大排量的泵和其他设备,必须用滤失量低、悬砂能力强的压裂液以及适宜的支撑剂。

地层岩石结构是非均质的,并存在微细的天然裂缝及层理,因而所产生的裂缝数目和方向从理论上难以准确计算,一般取决于岩石所受的地应力状态。矿场实践指出:在700~800 m的浅油层中可能产生水平裂缝,超过1 000 m或1 200 m的油层中,多半会出现垂直裂缝。

3.5.2　压裂液

压裂液是在压裂施工中所使用的全部液体的总称。按其在施工过程中所起的作用,可将压裂液分为前置液、携砂液、顶替液3类。前置液起劈开油层、形成一定宽度裂缝的作用,其内不含支撑剂;携砂液兼有将支撑剂带入裂缝中,并延伸裂缝的作用;顶替液有中间顶替液和尾注顶替液之分,中间顶替液将携砂液推向裂缝深处,尾注顶替液将管汇及井筒内的携砂液顶入缝隙中,避免砂卡。

压裂液按其物理、化学性能不同可分为水基压裂液、油基压裂液、多相压裂液及酸基压裂液。

1. 水基压裂液

水基压裂液主要是用水溶胶聚合物作为成胶剂,制成能悬浮支撑剂的稠化溶液。目前使用的成胶剂主要有植物胶、纤维素衍生物及合成聚合物等。这几种高分子聚合物在水中溶成的溶胶具有黏度高、摩擦阻力低及悬砂能力强的优点,但热稳定性和机械剪切稳定性较差。20世纪 80 年代末发展了延迟交链反应压裂液,其优点是采用同等液量的胶液,在裂缝中能达到较高的黏度,滤失量少,具有较好的支撑剂输送性能,热稳定性高。

2. 油基压裂液

对于水敏性地层,使用水基压裂液会导致地层黏土膨胀而影响压裂效果,可使用油基压裂液。原油或炼厂黏性成品油均可用作油基压裂液,但其悬砂能力差,性能不能满足要求,目前多用稠化油,基液为原油、汽油、柴油、煤油等,稠化剂为脂肪酸铝皂、磷酸酯铝盐等。

3. 多相压裂液

向标准水基压裂液中加入第二相物质即可得到多相型式的压裂液,如泡沫压裂液和乳化压裂液,这种方法也可改善水基压裂液性能。泡沫压裂液是以水、水基溶胶或水基冻胶为外相,气体等为内相形成的泡沫流体。它具有对地层伤害小、携砂能力和造缝能力强、易于反排、摩擦阻力低等优点,但所需注入压力高;乳化压裂液是用表面活性剂稳定的两相非混相液的一种分散体系,具有携砂能力强、黏度高、热稳定性好、对地层损害小等特点,其缺点是摩擦阻力大、成本高。

4. 酸基压裂液

酸基压裂液是指用植物胶或纤维素稠化酸液制成的稠化酸,或用非离子型聚丙烯酰胺在浓盐酸溶液中以甲醛交链而制成的酸冻胶。酸基压裂液适宜于碳酸盐类油气层的酸化。

各种压裂液都有其各自的优点,适用于不同的地层。目前国内常用的压裂液为水基压裂液(由田菁粉或香豆粉等配制而成),也有一些采用油水乳状压裂液。

压裂液在压裂过程中消耗量较大,对它的性能控制和选择直接影响到压裂效果。压裂液的主要性能应满足以下几点:

(1) 渗滤性低,以较少的用量得到较长的裂缝。

(2) 悬砂能力强,能将支撑剂全部、均匀地带入裂缝而不沉于井底,得到长的填砂裂缝。

(3) 摩擦阻力小,摩擦阻力损耗低,易于排出,不堵塞地层。

(4) 与地层原有流体及岩层有较好的配伍性。

(5) 黏温性能、热稳定性好,能适应高温、高压的要求。压裂液还应有抗机械剪切稳定性,不因流速的增大而发生大幅度的降解。

(6) 压完后废液易于排出,不堵塞地层。

(7) 来源广,成本低,易于配制。

3.5.3　支撑剂

支撑剂是一种用来支撑裂缝从而防止压裂裂缝重新闭合的固体颗粒。支撑剂的选用对于压裂效果有着很大的影响,按其力学性质分为两大类。一类是韧性支撑剂,如金属球、塑料球,其中金属球强度大,塑料球强度较低;另一类是脆性支撑剂,如砂和陶粒,陶粒的强度高,而砂的强度低。目前应用最广泛的仍然是石英砂,但随着井的深度增加和地层硬度增大,采用高强度支撑剂的井逐渐增多。

对支撑剂的质量要求如下:

(1) 强度大。支撑剂在裂缝里受到裂缝壁面闭合的巨大压力,如果强度不够,则易被压碎,堵塞通道,起不到增产的作用。

(2) 颗粒均匀、密度小、圆球度好。这种支撑剂充填了裂缝之后,具有较大的渗透能力。密度最好小于 2 000 kg/m^3。

(3) 杂质少,避免堵塞缝隙。

(4) 来源广,价格低廉。

3.5.4 压裂设计

压裂设计是压裂施工的指导性文件。压裂设计的原则是最大限度地发挥地层的潜能和裂缝的作用,使压裂后油气井的产量达到最大值,同时还要求压裂井的有效期和稳产期长。

压裂设计的方法是根据油层特点和设备能力,以获得最大产量或经济效益为目标,在优选裂缝几何参数的基础上,设计合适的加砂方案。压裂设计方案的内容包括破裂压力的计算、裂缝几何参数优选及设计、压裂液类型选择及用量设计、支撑剂选择及加砂方案设计、压裂效果预测和经济分析等。

1. 选井、选层

虽然水力压裂是广泛使用的一种增产措施,但并不是对所有的井都是有效的,一般情况下,下列井适合压裂:

(1) 油层岩石胶结致密、渗透率低,例如致密砂岩、石灰岩等,压裂后效果较好。

(2) 含油饱和度高、油井压力高的低产井,压裂后,产量常常大幅度提高。

(3) 井眼附近油层堵塞,降低了产量和吸水能力的井。小规模压裂对于解堵非常有效。

为了提高压裂效果还可采取油水井对应压裂,并根据油田的地质情况、井网部署,调整总体规划,充分发挥油水井的作用。对于渗透率很高的井、油水边缘的井以及固井质量不好的井,一般不宜于压裂。

2. 压裂液的选择

压裂液要根据油层流体特性、岩层的物理、化学性质及油层条件来选择。

(1) 根据岩石的化学性质可基本上确定压裂液的类型。对于石灰岩、白云岩,宜选用酸基压裂液;对于砂岩和低溶解的岩层,宜选用水基压裂液或油基压裂液,也可以在水基压裂液中添加二价阳离子(如 0.5% $CaCl_2$)。对于注水井,可以采用含盐的清水作为压裂液,如果产层内含有易溶于水的盐类成分时,也可以用清水作为压裂液。

(2) 油层的物理性质及所处的环境(温度、压力、渗透率、孔隙度等),特别是温度和压力是需要考虑的因素,一般压裂液的黏度受温度的影响较大。

(3) 所选择的压裂液必须与地层流体相适应,不产生有害的乳状液或沉淀物。

3. 支撑剂的类型选择

支撑剂的类型选择取决于岩层性质及井深。对于闭合压力较小的浅井可选用砂;对于闭合压力大的深井,一般选用不易变形或不易压碎的陶粒。

砂液比的选择取决于压裂液的性能及施工时泵的排量,一般说来,在一定条件下的高砂液比压裂效果好。但是它又受到其他因素的制约,如果不考虑排量、压裂液的悬砂能力的影响而单纯提高砂液比,在施工中往往会造成砂堵。在目前设备及压裂条件下,砂液比一般控制在 $10\%\sim20\%$,随着压裂液黏度的增加,砂液比可以增加到 $40\%\sim50\%$。

支撑剂的粒径:目前国内常用的砂粒直径为 $0.4\sim0.8$ mm、$0.8\sim1.2$ mm、$1.5\sim2.0$ mm。目前有一种趋势,即支撑剂的直径随压裂液的用量和黏度的增加而增大。

4. 压裂效果

在每口井压裂后,应进行总结,找出成功或失败的原因,以便总结经验,做好下次压裂施工。评价一口井的压裂效果,目前常用两个指标:增产(注)倍数、增产(注)有效期。

1) 增产(注)倍数

McGuire 与 Sikora 用电模型求出了在垂直裂缝条件下,裂缝导流能力与地层渗透率的比值与压裂后、前油井采油指数的比值及无量纲缝长的关系曲线,即垂直裂缝增产倍数曲线,如图 3-27 所示。

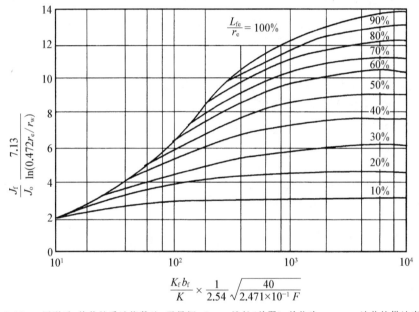

J_f/J_o—压裂后、前井的采油指数比,无量纲;L_{fe}—缝长(单翼),单位为 m;r_e—油井的供油半径,单位为 m;r_w—井底半径,单位为 m;$K_f b_f$—裂缝导流能力,单位为 $\mu m^2 \cdot m$;b_f—缝宽,单位为 m;K_f—裂缝渗透率,单位为 μm^2;F—井控面积,单位为 m^2;K—地层渗透率,单位为 μm^2。

图 3-27　垂直裂缝增产倍数曲线

图 3-27 说明了油井压裂后,在其他条件相同的情况下,裂缝导流能力越高,则增产倍数也越高;裂缝越长,增产倍数也越高。对于渗透率较低的地层($K<0.001\ \mu m^2$),在闭合压力不是很大的情况下,容易得到较高的导流能力比值,要提高增产倍数,应以加大缝长为主,这是当前在压裂低渗透油层时强调增加裂缝长度的根据。对于渗透率较高的地层($K>0.01\ \mu m^2$),同时闭合压力又较高,则不易获得较高的导流能力,这种情况下要得到好的压裂效果,主要靠提高裂缝的导流能力,片面追求缝长是得不到很好的效果的。

2) 增产(注)有效期

增产有效期反映了裂缝的导流能力、裂缝长度及地层供液能力的大小。压裂效果的评价不仅能验证本次压裂工作各项参数的选择是否合理,还能表明选井是否恰当。

3.5.5　压裂施工

压裂施工示意如图 3-28 所示。压裂施工一般按下列程序进行:

(1) 循环,用混砂车的泵抽液体,使液体在大罐、压裂车之间循环。

(2) 试压,将井口总阀门关死,对地面设备管线、井口和所有连接部分的螺纹进行憋压检验。

(3) 试挤,地面试压合格后,打开总阀门,先用 1 台或 2 台泵将井内灌满压裂液,然后逐步提压、试挤,直到压力稳定为止。

(4) 压裂,在试挤压力和排量稳定以后,同时启动全部车辆向井内高速泵入压裂液,使地层形成裂缝。

(5) 加砂,当地层已被压开,待压力、排量稳定以后即可加入支撑剂。开始时混砂比要小,可控制在 10% 以下。当判断砂已进入裂缝后,再相应提高混砂比,但要随时注意泵压和排量的变化,防止出现砂堵和蹩泵。一般混砂比为 15%～20%,用高黏度压裂液时混砂比可提高到 40%～50%。

(6) 替挤,预计加砂量全部加完后,就立刻泵入顶替液,以便把携砂液顶替到裂缝中去。

(7) 反洗,顶替完压裂液后,需待压力扩散平衡后,可放压、拆除管线,再根据施工情况进行反洗,以防止砂卡。

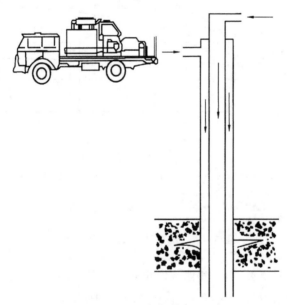

图 3-28　压裂施工示意图

在施工过程中,压裂控制车在指挥施工的同时还会测试压裂施工曲线。压裂施工曲线是压裂过程中泵压、排量随时间的变化曲线,如图 3-29 所示。一般情况下,随着压力的上升,排量也随之上升,它们之间呈一定的比例关系。但是地层一旦被压开形成裂缝时,这种比例关系就被打破了,泵压迅速下降,排量上升。压力最高值对应于地层破裂压力,称为地面破裂压力。根据压裂施工曲线可判断裂缝形成时间以及井下裂缝的变化情况。压裂施工曲线不仅能指导现场的施工,还可以从曲线上估计出压裂设计中有用的参数。

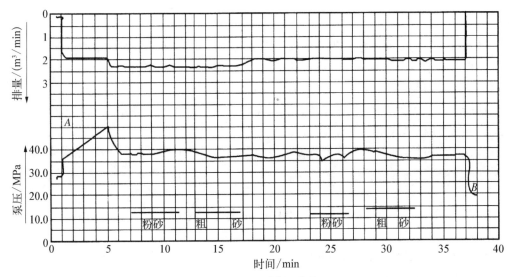

图 3 - 29　压裂施工曲线

思 考 题

1. 海洋油气开发的特点有哪些?

2. 在天然条件下,油藏驱油能量有哪些种类? 其驱油类型有哪些?

3. 开发层系划分的原则有哪些?

4. 海洋油气开发的基本方针和原则是什么? 包括哪些内容?

5. 简述海洋钻井井口装置和陆地钻井井口装置的区别。

6. 说明海底钻井井口装置中防喷器系统的结构。

7. 各次开钻的施工中包括哪些管段的施工? 其中隔水导管的施工方法有哪些?

8. 固井的目的是什么? 固井中注水泥的基本要求有哪些?

9. 什么是完井? 介绍射孔完井法中的国产射孔工艺。

10. 油气入井不畅的原因一般有哪些? 诱导油气流的方法有哪些?

11. 简述水力压裂的原理。

12. 在水力压裂施工中,压裂液和支撑剂的作用分别是什么? 对它们的选择有哪些要求?

第4章 采油井口装置

采油井口装置的安装一般在固井步骤中完成,而后可以利用安装好的采油装置进行试、采油作业。按照采油树安装在海面和海底的位置不同,采油井口装置可以分为海面采油井口装置和海底采油井口装置两种类型。在海面采油井口装置中,采油树安装在海面平台上,采油方式和陆地采油方式较为类似,装置安装和维修操作较为方便,但这种采油方式仅限于固定式平台、坐底式平台和桩脚式平台等所有底撑式平台。而在海底采油井口装置中,采油树安装在水下井口位置上,通过采油管汇或管道将油气传输到海面平台上进行油气分离,这种采油方式可以用于浮式平台。

4.1 海面采油井口装置

海面采油井口装置和陆地采油井口装置较为类似,包括套管头、套管四通、油管头、干式采油树等。由于采油装置在水面以上,可以直接在平台上对采油装置进行操控,控制采油速度,后期若采油树出现故障也可以在平台上对采油树进行维修和更换。

4.1.1 井口与采油树之间的连接件

井口与采油树之间的连接件包括套管头、套管四通和油管头。套管头和套管四通的作用是连接各层套管,密封各层套管空间,同时在钻井时承托防喷器采油,钻井完成后可承托油管头和采油树。

油管头座于套管四通之上,其作用是悬挂油管,密封油管和油层套管的环空,油管头有时又称为大四通。

油管头内有油管挂,油管挂除悬挂油管外,其中内部螺纹还可安装一个背压阀,油井射孔之后,可将背压阀通过防喷器装入油管挂。拆除防喷器后,背压阀能密封油管挂,以防止万一发生的井喷现象。待安装好采油树后、可从采油树顶端用专门的取送工具将背压阀拆除,然后就可进行洗井、诱喷和采油作业。

4.1.2 干式采油树

干式采油树安装在油管头之上,其主要作用是控制油井的生产和生产速率。采油树应能测量必要的参数(如套压和油压等)、取样及通过阀门切换达到对油管内或油套管环空有控制地压入或放出液体和气体,同时应便于油井的操作、修理和更换部件。

采油树由油管帽(变径法兰)、总闸门(主阀)、油管四通(小四通)或三通、生产闸门(翼阀)、修井闸门(顶阀)、采油树帽和节流器(油嘴)组成。总闸门和生产闸门往往各有两个,其中一个是手动的,另一个由液压或气压控制,在油井遇紧急情况时可自动或人工切断。图 4-1 展示典型的井口设备和采油树结构,该井口设备和采油树可用于海面平台采油。

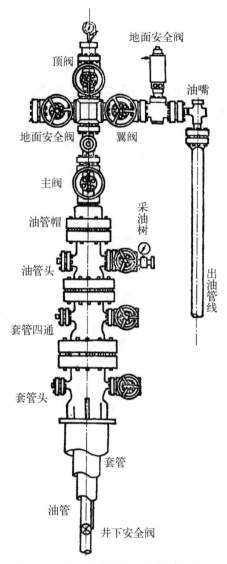

顶阀

地面安全阀

地面安全阀　　翼阀

油嘴

主阀

采油树

油管帽

油管头

出油管线

套管四通

套管头

套管

油管

井下安全阀

图 4-1　典型的井口设备和采油树结构

4.1.3　油嘴

　　油嘴安装在采油树的出口端,其工作原理是利用其内部小孔的节流作用来控制采油量,使油井在最合理的工作制度下工作,有可调式和固定式两种类型,分别如图 4-2 和图 4-3 所示。油嘴外部为节流器,内部为真正的油嘴。

　　当原油通过油嘴后,压力会突然降低。油嘴前的压力称为油压,表示井底压力举升原油后到地面的剩余压力。油嘴后的压力称为井口回压,表示井口到分离器管道阻力和分离器压力之和。套压是油、套管环形空间的气体压力,它的变化反映了油井生产状况的变化。

　　我们将上面提到的油压用 P_1 表示,回压用 P_2 表示。在有多口油井一起采油时,我们往往不希望系统压力的回压变化影响每一口单井的压力和产量,此时就需要油嘴流体处于临界流动(油嘴临界流动问题计算推导将在 5.1 节自喷采油中介绍)。当 $P_2/P_1 \leqslant 0.546$ 时, P_2 的

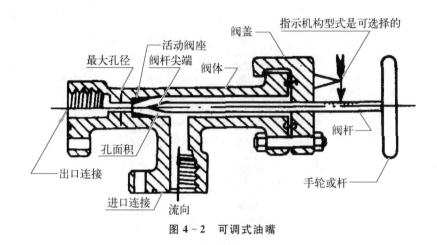

图 4 - 2　可调式油嘴

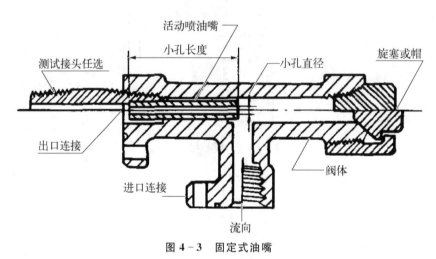

图 4 - 3　固定式油嘴

变化对油压 P_1 和油井产量不产生影响。这是因为压力 P_2 的任何改变以压力波的形式从油嘴下游传到油嘴上游才能改变压力 P_1 的数值,继而影响油井的产量。但在使用小孔径节流而使得 $P_2/P_1 \leqslant 0.546$ 的条件下,油气混合物通过油嘴的流动速度达到等于或大于压力波在油气混合物中的传播速度时,回压 P_2 的变化所产生的压力波不能传递到油嘴上游来影响压力 P_1 和油井产量。这就是采油工作者明知使用油嘴会将油压的一多半消耗在其中(占地层能量的 $5\%\sim30\%$),但为了油井的稳产,仍会使用油嘴的原因。

4.2　海底采油井口装置

4.2.1　海底采油井口系统

如图 4 - 4 所示,典型的 18.75 in 海底采油井口系统主要由井口内罩、导管壳体、套管悬挂器、密封组件和导向基座等组成。导向基座包括临时导向基座(TGB)和永久导向基座(PGB),TGB 可继续选用钻井作业井口装置的井口盘。采油井口系统有生产管柱和水下采油树的接口,以便进一步安装这些装置采油。

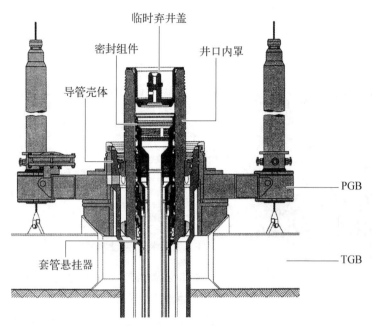

图 4 - 4　典型的 18.75 in 海底采油井口系统

1. 井口内罩

井口内罩支撑着中间技术和生产套管,其内有悬挂套管的坐放台肩,支撑并密封各层套管悬挂器。井口内罩是水下井口主要的承压构件之一,它的外部荷载作用在导管壳体,最终将转化为地面载荷。由于需要承受来自各层套管悬挂器的载荷,井口内罩在安装前要进行套管载荷的压力测试和防喷器(BOP)压力测试。

2. 套管悬挂器

井内有多层套管,内层的套管都挂在外层的套管悬挂器上。各层套管层层累加,最终着陆在外围井口内罩的坐放台肩上。每一个套管悬挂器都通过密封,将井口内罩内部与悬挂器外部隔开,该密封会在套管之间形成压力隔离。所有的水下套管悬挂器都是芯轴式的,如图 4 - 5 所示,

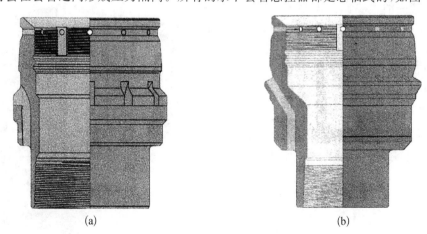

图 4 - 5　水下套管悬挂器

(a) 13.375 in 套管悬挂器;(b) 9.625 in 套管悬挂器

71

它为密封总成提供了金属对金属的密封区域,可以很好地隔离悬挂器和井口之间的环空。套管的重量都通过悬挂器和井口内罩台肩最终转移到井口基座上。每个套管悬挂器都有流动槽,在下入穿过隔水管、防喷器以及固井作业时,有助于流体流过。

图 4-6　18.75 in 金属对金属的环空密封总成

3. 金属对金属的环空密封总成

密封总成用于隔离套管悬挂器和井口内罩之间的环空,该密封融合了金属对金属的密封系统,现在一般是重力激发(扭矩激发的密封总成在早期的水下井口系统中使用)。在安装过程中,密封锁定在套管悬挂器上不动。井开始生产时,就需要在进口锁紧密封,这是为了避免套管悬挂器和密封总成因热膨胀而被抬起,如图 4-6 所示。

4.2.2　水下采油树

水下采油树经历了水下干式采油树、水下干湿混合式采油树、水下沉箱式采油树、水下湿式采油树 4 个发展阶段,目前普遍采用的是水下湿式采油树。水下湿式采油树完全暴露在海水中,结构形式简单,更换方便,所以在现有的海洋油气采集中广泛采用。

1. 水下湿式采油树类型

按照水下湿式采油树上的 3 个主要阀门(生产主阀、生产翼阀及井下安全阀)的布置方式,水下湿式采油树可分为水下立式采油树和水下卧式采油树。

1) 水下立式采油树

生产主阀配置在水下立式采油树(VXT)油管悬挂器的上方,油管悬挂器是在采油树安装之前就已经安装好的。VXT 广泛应用于水下油田,这是由其安装和操作的灵活性所决定的。

水下立式采油树(见图 4-7)也称为水下常规采油树,其典型特点如下:

(1)油管内的主要阀门即生产主阀/生产翼阀及井下安全阀安装在一条垂直线上,生产主阀安装在油管悬挂器上部。

(2)油管悬挂器位于水下井口头内,即先把油管悬挂器安装并锁定在井口装置中后,再安装水下采油树。

(3)在过出油管(TFL)式水下立式采油树内,出口与生产孔的最大夹角为 15°,以便于泵送作业工具的通过。

(4)生产通道也是堵头和工具下入油管或完井管柱的通道。

2) 水下卧式采油树

另外一种发展迅速的是水下卧式采油树

图 4-7　水下立式采油树

（HXT）。水下卧式采油树（见图 4-8）出现于 1992 年，其显著特点是：主体为整体加工的圆筒，生产通道和环空通道从采油树侧面水平方向伸出，生产主阀和生产翼阀均在采油树体外侧水平方向。

水下卧式采油树根据油管悬挂器位置分为以下 3 种典型结构形式。

（1）油管悬挂器位于水下卧式采油树本体内。这类采油树安装时，防喷器（BOP）坐落在水下卧式采油树上部，油管悬挂器和完井油管通过 BOP 座放在水下卧式采油树通道内的座放台肩上；生产液沿水平方向离开油管悬挂器内分支孔，连接到生产液出口；回收水下卧式采油树前应回收完井油管。

图 4-8　水下卧式采油树

（2）上部模拟油管悬挂器位于水下卧式采油树主体内。油管悬挂在水下井口头内，上部模拟油管悬挂器坐到水下卧式采油树内，用于密封油管悬挂器和水下卧式采油树的生产液出口；回收水下卧式采油树时不起完井油管，其中模拟油管悬挂器为这种水下卧式采油树所特有。

（3）"通钻"水下卧式采油树。油管悬挂器安装在水下井口系统内，油管悬挂器向上延伸通过油管进入采油树，其优点是该系统可在油管悬挂器外提起采油树，因此回收油管时不影响采油树，同样回收采油树时也不影响油管悬挂器，从而将安装过程防喷器组下入和回收的次数减少到一次；其缺点是需采用小口径井口，应用于深水钻井作业时，必须使用 16.75 in（或者 13.625 in）的防喷器、14 in 的小井眼钻井立管和小井眼套管柱设计，目前这种采油树的费用较高。

2. 水下湿式采油树的主要部件

由于特定油田的设计要求不同，采油树的部件也不相同。典型的 VXT 部件如下：采油树帽、上部生产主阀、下部生产主阀、生产翼阀、生产抽汲阀、环空主阀、环形通道阀或环形抽汲阀、环形翼阀、温度和压力传感器（PT、TT、PPT 等），机械采油树连接器，常规管道悬挂器系统等。典型的 VXT 结构剖面如图 4-9 和图 4-10（a）所示。

典型的卧式采油树部件包括：采油树帽、内采油树帽（或上凸插件）、冠状塞（或下部冠状塞插件）、生产主阀、生产翼阀、环形抽汲阀、环形主阀、水下控制模块、环形翼阀、温度和压力传感器、采油树连接器、油管悬挂器等。典型的 HXT 结构剖面如图 4-10（b）和图 4-11 所示。

3. 两种采油树的比较

表 4-1 列出了水下立式采油树和水下卧式采油树的优缺点比较。水下立式和卧式采油树的主要区别包括：

（1）水下立式采油树的阀门垂直地放置在油管悬挂器的顶端；水下卧式采油树的水平阀门在出油管处。

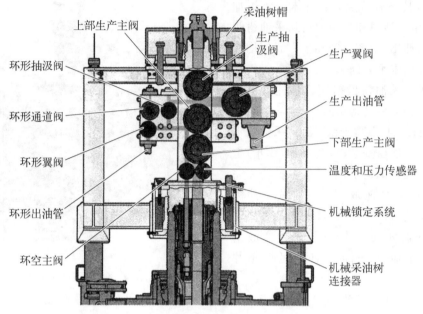

图 4-9 典型的 VXT 结构剖面图

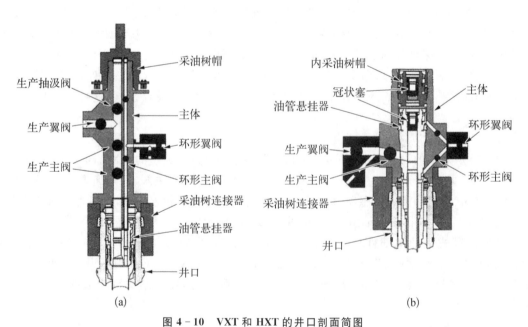

(a)   (b)

图 4-10 VXT 和 HXT 的井口剖面简图

(a) VXT;(b) HXT

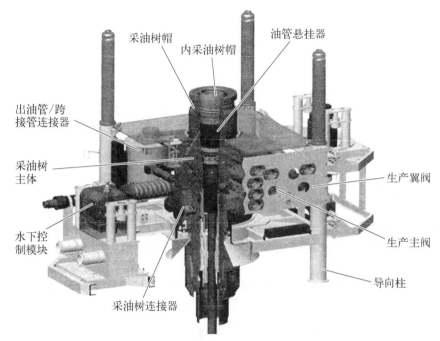

图 4-11 典型的 HXT 结构剖面图

表 4-1 水下立式与卧式采油树的优缺点比较

采油树类型	水下立式采油树	水下卧式采油树
优 点	钻井完成后不需要移动 BOP 就可完井（该程序需要压井和安装封堵装置）； 抽汲封堵装置式闸阀； 可在不干扰完井的情况下取出采油树； 作用在采油树上的立管载荷相对较低。	各厂家测试采油树具备一定互换性； 可用单通道轻型安装立管； 支持大通道完井（可到 7～9 in）； 支持多数量井下射孔（液压或电动）； 井控和环空（套管）通道通过钻井系统（BOP 和钻井立管）； 油管悬挂器被动定位； 不同厂家的采油树和井口头接口简单； 可用高压（103.5 MPa）安装工具和测试采油树； 节约修井和再完井时间。
缺 点	没有适合深水的双通道安装/修井立管； 双通道立管重量超过补偿能力； 单通道采油树没有环空通道； 油管悬挂器定向需要完井基座（CGB）； 油管悬挂器定向 BOP 销； 不同厂商的采油树和井口头不兼容； 不支持大通道完井（>5.5 in）和多数井下射孔。	诱喷清井、卸载、测试需要在钻井立管内进行； 钻井泥浆、水泥和完井液有可能进入采油树阀； 立管残渣碎片有可能积累在油管悬挂器顶部； 钻井时作用在树上的载荷大； 回收采油树必须取出管柱。

　　（2）水下立式采油树向下钻孔通过水压或者电压从采油树的底部到油管悬挂器的顶端；水下卧式采油树向下钻孔通过油管悬挂器旁边的辐射状贯入器。

　　（3）水下立式采油树的油管和油管悬挂器在采油树安装之前安装；水下卧式采油树的油

管和油管悬挂器在采油树安装之后安装。

水下立式采油树的特点及适用范围：

（1）小油管。

（2）井筒内维修作业少。

（3）高压，井控复杂。

（4）具有安装工具包。

（5）适用于开发周期短、修井作业少、井口压力大于 69 MPa 的气田。

水下卧式采油树的特点及适用范围：

（1）大通道油管。

（2）油藏复杂，需要频繁修井。

（3）需预先准备的安装工具比较少。

（4）适用于维修频率高、井口压力小于 69 MPa 的油气田。

4. 采油树的安装

安装采油树前首先需在地面将采油树连接到测试树，然后对每个功能进行操作和压力测试，这与水下 BOP 入水前的功能测试相类似。测试完成后，采油树从测试树上解锁，用送入管串下放至水下，并可采用钻管或起重机、绞车缆绳等辅助完成作业。若采油树提前放置在钻井船甲板上，采油树可通过月池安装，其尺寸需满足月池安装的要求。若采油树由驳船运输至安装现场，在浅水区可用起重机钢丝绳下放安装，在深水区则由钻机绞车进行下放，安装船根据水深的不同可以是半潜平台或钻井船。同时，运动补偿器和送入工具一起入水，这样在采油树下放至基座导向杆并沿导向杆向下坐落在井口头上时可进行缓冲。采油树与油管悬挂器方位相同。油管悬挂器顶部有油管悬挂器密封接头、井下工具控制接头密封件和插入孔。

采油树在脐带管线液压作用下锁紧在井口头上。锁紧后，采油树连接器进行密封试压。当所有的压力和功能测试都成功后，采取钢丝作业方式穿越采油树下放管串，取出油管悬挂器生产通道内的堵塞器。此时该井能否生产取决于采油树主阀上的安全阀是否在关闭状态。因此，需要在地面应用地面测试树进行生产测试，确定地层产能。生产测试后，生产主阀和刮蜡阀关闭，采油树送入工具从采油树解锁回收。如果该井不能立即生产，需要关井一段时间，将油管堵塞器重新下入油管悬挂器内，同时采油树上的每一个堵塞剖面也要下入堵塞器。

安装船可以选择自升式平台、半潜式平台或钻井船，这需要根据不同的水深来决定。在 VXT 配置中，油管悬挂器和井下油管应在采油树安装之前就开始送入，而 HXT 油管则悬挂在采油树上，因此油管悬挂器和井下油管可以回收和替换，而不需要更换采油树。同样道理，HXT 的移除通常需要移除油管悬挂器和完井油管柱。

典型的通过月池并利用钻管来安装水下垂直采油树的详细过程包括：

（1）进行预安装，并测试采油树。

（2）采油树进入月池。

（3）将导向索装入采油树导向臂。

（4）在月池里向采油树上安装 LRP（下立管封装）和 EDP（紧急断开插件）。

（5）连接 IWOCS（安装和修井控制系统）。

（6）通过出油立管将采油树降至导向基座。

（7）将采油树锁定在导向基座上，测试密封垫片。

（8）用 IWOCS 执行采油树阀门功能测试。

（9）回收采油树送入工具。

（10）利用送入工具将采油树保护帽放置在钻井管道上。

（11）继续下放采油树保护帽，直至水下采油树附近。

（12）把采油树保护帽安装并锁定在采油树轴心上。

（13）用钻杆（或升降缆）把保护帽安装到采油树保护帽上。

如图 4 - 12 所示为某卧式采油树在半潜式平台上的安装过程，油管悬挂器将安装在采油

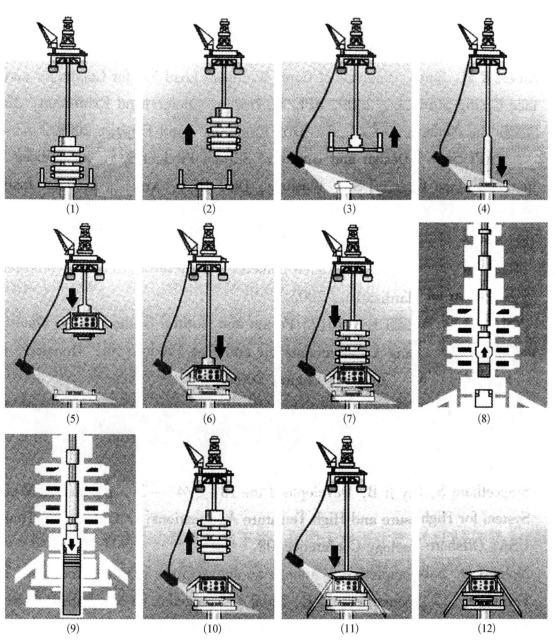

图 4 - 12　某水下卧式采油树在半潜式平台上的安装过程

树上,并且水下完井在采油树安装期间同时进行。具体步骤如下:

(1) 完成钻井。

(2) 回收钻井立管和防喷器组,关闭并移动钻井。

(3) 回收钻井导向基座。

(4) 下放 PGB 并锁定在井口。

(5) 下放水下 HXT。

(6) 采油树坐定,同时锁定连接器,用 ROV 测试密封阀门功能,然后对采油树运行工具进行脱扣。

(7) 在 HXT 上安装防喷器组,并锁定连接器。

(8) 下放油管悬挂器,进行水下完井,并对油管悬挂器操作工具(THRT)解锁。

(9) 通过缆线将内部采油树帽穿过立管和防喷器组,回收 THRT。

(10) 回收防喷器组。

(11) 安装采油树帽,即碎片帽。

(12) 准备生产。

4.2.3 水下跨接管

水下跨接管是一个较短的管状连接元件,典型的跨接管在管子的两头分别有一个终端连接器,广泛用于海洋油气田水下设备之间的连接。深水跨接管要能够承受海底温度和压力变化引起的膨胀力,适应海底的不规则地形,并且与相应的端部连接器配套。根据管子的不同,跨接管可分为刚性跨接管和柔性跨接管。

1) 刚性跨接管

刚性跨接管的管子是刚性的,主要有 M 形(见图 4-13)、倒 U 形(见图 4-14)、Z 形、拱形等典型形式,刚性跨接管如图 4-15 所示。

图 4-13　M 形跨接管

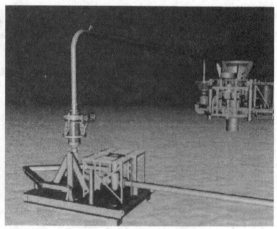

图 4-14　倒 U 形跨接管

在海底采油树与管汇、管汇与管汇等之间的跨接管基本上都是刚性跨接管,它们通常被水平地放置在海底。当水下的硬件设备都安装完毕时,它们之间的距离就确定下来了,这时就可以精确地制造跨接管了。

图 4-15　刚性跨接管

2）柔性跨接管

柔性跨接管主要由 2 个终端接头以及接头之间的柔性管组成。与刚性跨接管相比，柔性跨接管的最大优点是可以承受较大的变形，并且长度灵活，能够适应海底的不规则地形，允许井口间距及方向有所变化，安装方便。悬跨管道通常采用柔性跨接管，海洋平台的立管采用柔性跨接管可避免大的变形和涡激振动引发的疲劳破坏。在边际油气田开发中，采用柔性跨接管也有一定优势，尽管其造价相对较高，但它更易铺设和回收，因此可以降低综合成本。柔性跨接管主要用于除输送油气和连接水下终端外，也可用于分离船体的刚性隔离管和 FPSO 的隔离管。刚性跨接管与柔性跨接管的优缺点如表 4-2 所示。

表 4-2　刚性跨接管与柔性跨接管的优缺点比较

跨接管类型	刚 性 跨 接 管	柔 性 跨 接 管
优　点	硬管材料费用较低； 适用于高温/高压场合。	不需要精确的水下连接位置测量，可缩短海上作业时间； 安装柔性好； 具备一定的保温性能。
缺　点	需要精确的水下连接位置测量，增加了水下作业难度及时间； 跨接管只能根据水下现场连接测量结果临时预制，增加了海上作业时间； 硬管柔性差，残余载荷大； 自身保温性能差。	软管材料及配件贵； 不适用于高温场合； 不适用于高内压、高外压且大管径场合； 不适合深水应用。

4.3　水下采油控制系统

水下采油控制系统主要用于对采油树、管汇等水下生产设施进行远程控制，对井下压力、温度及水下设施运行状况进行监测以及根据生产工艺要求对所需化学药剂进行注入、分配等。水下控制系统(见图 4-16)由水上设备、水下设备和控制脐带缆等组成。水上设备主要包括主控站、液压动力单元、电力单元及水面脐带缆终端总成等。水下设备主要包括水下脐带缆终端总成、水下分配单元及水下控制模块等。电力、信号、液压液和化学药剂等由水面控制设备通过控制脐带缆传输到水下控制设备,从而实现对水下生产设施的生产过程、维修作业的远程遥控。

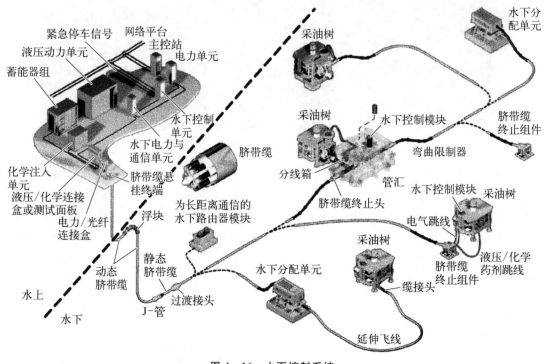

图 4-16　水下控制系统

水下控制系统是水下生产系统的重要组成部分,是与水下生产系统同步发展的。初期的控制方式是直接液压控制,主要用于控制浅水小型油气田的单井采油。随着油气开采过程中水深的增加和大型油气田的发现,水下控制系统的控制方式也在不断地发生着重大变革:为了提高系统响应速度,先导液压控制取代了直接液压控制;为了简化脐带缆中液压管束的结构,顺序液压控制取代了先导液压控制;为了增加系统控制的距离,直接电液控制取代了顺序液压控制;为了实现深水、超深水大型油气田的开发,复合电液控制取代了直接电液控制,并成为目前的主流控制方式。20 世纪末,国外水下装备供应商,尤其是深水装备供应商,开始研发和完善水下全电控制设计技术。与此同时,为了满足开发边际油气田的控制需求,国外又提出了水下自治控制系统和集成浮漂控制系统。无论采用哪一种控制方式,水下控制系统的主要结构均由 3 部分组成,包括水下就地检测与控制系统、水上动力与监控系统、水上与水下之间的动力配送和通信系统。

4.3.1　直接液压控制系统

直接液压控制是水下控制系统早期使用的控制方式,当时主要用于控制工作在几十米水深处的水下采油树上的液压执行机构。每个液动阀都由 1 根单独的液压线控制,在水下不需要配置其他控制设备。通常情况下,液压执行机构均采用回复弹簧实现故障安全功能。

图 4-17 为直接液压控制系统原理图,直接液压控制系统的水上控制设备包括液压动力单元、液压控制板和水上监控系统;水下控制设备包括脐带缆连接器或液压分配盘,无水下控制模块。水上控制设备位于生产平台上,水下控制设备安装在水下采油树上。液压动力单元为液压执行提供标准的控制压力,控制压力一般为 10.35 MPa(1 500 psi)、20.7 MPa(3 000 psi)或 34.5 MPa(5 000 psi),但是不包括水面控制的井下安全阀的控制压力。液压控制板上配置有电磁换向阀和脐带缆固定端,每个电磁换向阀控制一个液压执行机构,液压控制信号经过脐带缆中的控制管束直接作用在液压执行机构。脐带缆为每个液压执行机构分配 1 根独立的液压控制管线,当液压执行机构数量较多时脐带缆结构比较复杂。脐带缆连接器配置与脐带缆内部控制管束数量相等的液压功能接口,主要作用是连接脐带缆与水下液压执行机构,并有固定脐带缆的功能。直接液压控制系统使用初期是开环结构,即阀门关闭时液压执行机构中的液压油在回复弹簧的作用下直接排放到海水里。与开环结构对应的是闭环结构,即阀门关闭时液压执行机构中的液压油返回液压动力单元的油箱。目前,世界各国出于保护海洋环境的需要,已经开始限制开环系统的使用。在直接液压控制系统中,水下无反馈信号,水上监控系统通过液压控制管线的供油压力、回油流量或压力间接判断系统的工作状态。

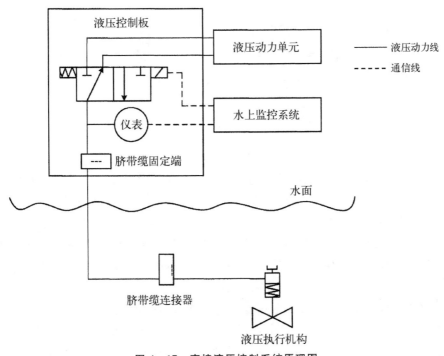

图 4-17　直接液压控制系统原理图

　　直接液压控制系统结构简单、可靠性高、维修容易,多用于控制距离较短的单个卫星井油气田的开发。直接液压控制系统的控制距离一般限制在 3 km 以内。当控制距离增加时,液压动力损失严重、系统反应速度慢。另外,水下液压执行机构数量较多时,脐带缆中液压控制管束的成本也相应增加。目前,直接液压控制系统使用较少。

4.3.2 先导液压控制系统

随着海洋油气田开发过程中水深和井口数量的增加,直接液压控制系统的使用受到限制。为了提高系统响应速度,国外提出了先导液压控制系统解决方案,其结构原理如图 4 - 18 所示。

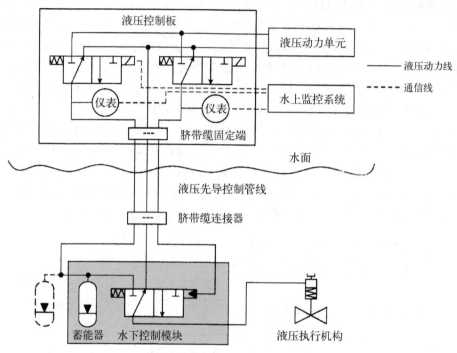

图 4 - 18 先导液压控制系统原理图

先导液压控制系统的水面控制设备与直接液压控制系统的相同,但是其功能却发生了变化,主要体现在液压控制板上的电磁换向阀不再直接控制作用在液压执行机构上的液压油的通断,而是为水下液压先导阀提供液压工作切换的控制信号,并控制水下液压动力的配送。水下液压先导阀的控制压力可以低于(或等于)液压动力配送的压力,实现用低压液压控制水下远距离的装备,从而延长控制距离。水下控制设备包括水下控制模块、水下蓄能器和脐带缆连接器。水下控制模块内部只有液压先导阀,无水下电子模块。每个液压先导阀控制一个液压执行机构。

水下蓄能器是水下控制模块控制液压执行的直接液压动力源,其结构有两种形式:一种是单体式蓄能器;另一种是模块式蓄能器,又称为蓄能器模块,为可回收结构。它既可以安装在水下采油树本体上(两种结构形式均可),又可以安装在水下控制模块内部(限于单体式蓄能器)。水下蓄能器由脐带缆中的独立液压管线供给液压油,其体积取决于响应时间要求、执行器供油管线尺寸和液压缸容积。蓄能器模块和水下控制模块有独立的安装基座,可以进行单独回收和二次下放安装。脐带缆连接器的主要作用是连接脐带缆与水下控制模块。脐带缆配置 3 种液压功能管线,分别为液压动力配送管线、液压先导阀的控制管线和系统回油管线。液压动力配送管线通常采用双冗余的结构。

与直接液压控制系统相比,先导液压控制系统有以下特点:

(1)液压先导阀的动作过程中需要的液压油更少,所以脐带缆中液压先导阀的控制管线的内径通常较小,这减少了脐带缆的体积。

(2)先导液压控制系统动作时,从平台至水下采油树之间只有液压先导阀的控制信号,所以大大缩短了系统的响应时间。

(3)控制液压执行机构的液压动力直接来自水下蓄能器,而不是来自平台,系统响应时间进一步缩短。

(4)为脐带缆配置合适的液压先导管线,先导液压控制系统可以延长水下设备与依托设施之间的容许距离。

(5)该系统使用范围通常为 $3 \sim 8$ km,控制功能限于卫星井油气田的开发。

由于先导液压控制系统增加了水下液压先导阀和水下蓄能器,所以增加了水下设备的安装和维修费用,目前使用较少。

4.3.3　顺序液压控制系统

直接液压控制系统和先导液压控制系统的共同特点是每个水下液压执行机构都需要一个独立的液压控制管线控制;两者的区别是:直接液压控制系统的每根液压控制管线直接控制水下液压执行机构;先导液压控制系统的每根液压控制管线控制水下液压先导阀。先导液压控制系统比直接液压控制系统增加了 1 根或双冗余的液压动力管线。这两种控制方式液压管线多,结构复杂。为了既能减少液压管线的数量,又不影响系统的控制距离,水下顺序液压控制方式提供了解决方案。顺序液压控制系统的原理与先导液压控制系统类似,如图 4 - 19 所示。

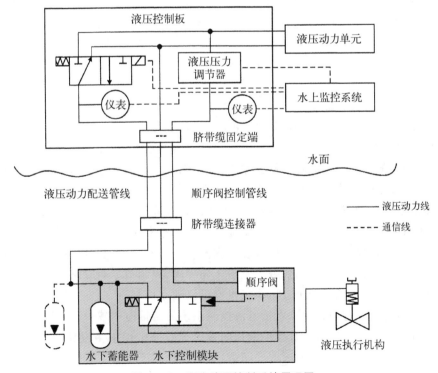

图 4 - 19　顺序液压控制系统原理图

相比于先导液压控制系统,顺序液压控制系统的水上设备有液压压力调节器,水下设备有水下控制模块、水下蓄能器和脐带缆连接器。水下控制模块内部配置顺序液压控制阀和先导液压控制阀,液压功能接口与先导液压控制系统的相同。顺序液压控制阀的输入是来自水上液压压力调节器控制的信号,输出的是所有先导液压控制阀的控制信号,一个顺序液压控制阀可以控制多个先导液压控制阀。液压调节器可以产生一系列大小不同的压力,每一个压力等级对应液压执行机构的一组工作状态。先导液压控制阀在相关等级的压力下激活,实现对液压执行机构的控制。该系统蓄能器的功能和结构与先导液压控制系统的相同。脐带缆配置3种液压功能管线,分别是液压动力配送管线、顺序液压控制阀的控制管线和系统回油管线。动力配送管线和控制管线一般采用双冗余结构。因此,水上设备与水下设备之间最多只需配置5根液压功能管线就可以控制水下预设逻辑功能的设备,从而大大减少了液压管线的铺设数量。顺序液压控制与直接液压控制系统的水下检测功能是相同的。

相比前两种液压控制系统,顺序液压控制系统减少了液压控制管线的数量,降低了脐带缆的重量与成本,节省了水下安装费用。但是,液压执行机构的开关顺序是预先设定的,顺序液压控制系统不能单独操作各个液压执行机构,系统灵活性差,不适合复杂的逻辑控制。顺序液压控制系统响应时间与先导液压控制系统基本相同。控制距离方面,由于顺序液压控制阀需要在精确的预定控制压力区间内工作,所以在系统使用过程中必须减少顺序液压控制阀控制压力的沿程损失与压力波动。顺序液压控制距离较短,一般为 $2\sim3\,km$,控制功能限于卫星井油气田的开发,通常作为复合电液控制系统的备用系统。

4.3.4 直接电液控制系统

顺序液压控制系统简化了系统结构、提高了系统可靠性,但是水深增加时顺序液压控制阀的控制压力损失严重,压力不准确,容易产生误动作,而且系统响应时间长,不能满足紧急事故处理的要求。为了解决深水长距离水下实时控制的问题,国外提出了直接电液控制系统。直接电液控制系统用电控信号代替液压控制信号,从根本上缩短了控制系统的响应时间。直接电液控制系统的原理如图4-20所示。

相比上述3种纯液压控制系统,直接电液控制系统水上和水下设备的结构都发生了变化。水上设备除液压动力单元和电液控制板外,还增加了用于控制电磁换向阀的电子控制模块,其主要功能是发出电磁换向阀的控制信号。控制信号一般为24V直流电压,通过脐带缆传送到水下控制单元内部的电磁换向阀控制端。水下设备有水下控制模块、水下蓄能器和电液多功能连接器。水下控制模块为电磁换向阀提供了一个绝缘、散热功能良好、隔离海水的密封工作环境,同时提供了电气和液压功能的接口。脐带缆配置有液压动力配送管线和回油管线,同时为每个电磁换向阀提供独立的控制电缆。蓄能器的作用与上述几种液压控制系统的相同。水下控制模块和蓄能器模块也可以单独回收和二次安装。同时,该系统可以提供水下监测数据。直接电液控制系统采用电磁换向阀代替水下液压先导阀,控制指令响应时间短、系统响应速度快,理论上使用距离不受限制,每个液压执行机构可以独立控制。

相比前述3种纯液压控制系统,直接电液控制系统的脐带缆中减少了液压管线数量,降低了对液压组件的功能要求。但是,直接电液控制系统通过脐带缆中多根独立电缆将平台上的电控信号直接传输到水下电磁换向阀的控制端,所以该种系统增加了脐带缆的成本,而且当水下采油树与生产平台之间距离增加时,电缆中的电量损失比较敏感。系统对脐带缆的要求与

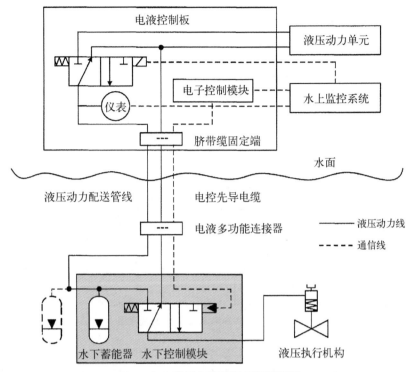

图 4 - 20 直接电液控制系统原理图

被控设备的数量呈比例增加。该系统的控制距离一般为 7 km,控制功能限于卫星井油气田的开发。

4.3.5 复合电液控制系统

随着深水油气田的大规模开发,油气田区块呈现开发范围大、开发环境温度低、流体温度压力高、不同井口流体温度压力差异大等特点,同一井口不同生产阶段的流体特性也不尽相同,而且深水维修安装作业费用高。因此,在开发复杂工况条件下的大型油气田时,水下控制系统必须满足长期、安全、灵活控制的要求。上述 4 种控制系统的使用受到了限制,开发深水资源面临新的挑战。为此,国外石油公司研制了复合电液控制系统,很好地解决了深水大区块油气田开发的控制要求。目前,复合电液控制系统是开发海洋油气资源的主流控制系统,尤其在深水大型油气田的开发中得到广泛应用,其系统结构原理如图 4 - 21 所示,其中细实线表示液压动力,点划线表示电力供给,虚线表示通信信号。

复合电液控制系统的水上设备包括液压动力单元、电力单元、不间断电源、主控站和水上脐带缆终端等,水下设备包括脐带缆、水下控制模块、水下分配单元、跨接软管和跨接缆等。相比上述 4 种控制系统,该系统的水下控制模块的内部结构和控制功能发生了巨大变化,其内部增加了具有计算机功能的水下电子模块,即水下中央处理器。为了增加控制系统的可靠性,水下电子模块一般采用双冗余结构,提供了智能井标准化接口和水下仪器标准化接口,具有紧急停车功能和强大的数据处理功能,控制逻辑可以在线修改。同时,水下电子模块可以直接控制电液换向阀,采集水下生产状态数据,并把水下工况参数实时传送至水上监控系统,从而实现

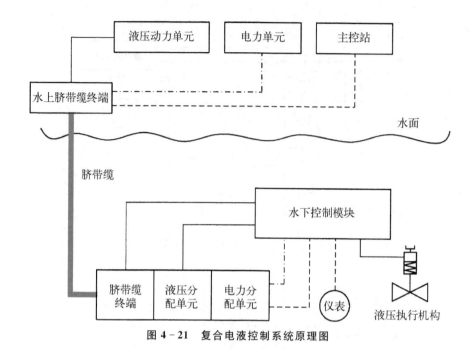

图 4-21　复合电液控制系统原理图

对水下生产状态的实时监控。水下控制模块内部安装了具有电脉冲激励开启和液压自锁保持阀位功能的电液换向阀,阀位切换只需要几秒钟的电信号,从而可降低系统能耗、减少散热量、延长使用寿命。

水下控制模块的监控对象更加广泛,包括采油树、管汇、管汇终端、管线终端、井下安全阀、水下增压设备和水下分离设备等;监测参数更加复杂,包括调节阀阀位、化学药剂注入流量和压力、井口油气温度和压力、井下温度和压力、油气含砂量、油气流量、清管通球位置和设备运行状态等;安装位置更为灵活,可以集中安装或单独安装在被控设备上。一个水下控制模块也可以控制多个水下设备,如多个采油树共用一个水下控制模块或者采油树与管汇共用一个水下控制模块。

水下分配单元又称为脐带缆终端总成,由脐带缆终端、电力分配单元和液压分配单元组成。脐带缆终端固定安装脐带缆、连接电力分配单元和液压分配单元。电力分配单元通过跨接缆为水下控制模块提供电力,同时集成水上设备与水下设备之间的通信功能。水下电气连接采用无人遥控潜水器(ROV)操作的湿式电接头;通信采用 ROV 操作的光纤接头。液压分配单元通过液压飞线为水下控制模块提供液压动力。液压飞线两端分别配置 ROV 操作的多重快速连接器。

复合电液控制系统同时使用独立的蓄能器和蓄能器模块作为液压动力源,所以系统液压动力供给功率更大、压力更平稳,能够同时满足控制多个设备的要求。独立的蓄能器与水下控制模块集成在一起,而蓄能器模块通常安装在水下分配单元。蓄能器包括高压蓄能器、低压蓄能器和压力补偿器。高压蓄能器为井下安全阀提供液压动力;低压蓄能器为水下液压执行机构提供液压动力。

水下设备与水上设备之间采用编码和解码的方式实现双向通信,通信方式可以选择光纤、电缆或双绞线。当水下生产工艺发生变化时,水上监控系统可以对水下电子模块的控制逻辑进行在线组态,而不需要改变水下控制模块的硬件结构,减少了维修费用。水上设备与水下设备之间的脐带缆结构比较复杂,内部有液压动力管线、回油管线、动力电缆、光纤(如果采用光纤通信)和化学药剂管线等。

复合电液控制系统具有控制距离长、功能灵活、响应时间短、安全事故处理能力强、水下控制设备和水上监控系统可以实现实时双向通信的特点。复合电液控制系统已经成为行业的研发重点,特别适用于深水大型油气田多井项目的开发,控制距离最远可达 8 km 以上。但是,该系统结构复杂、设备成本投资大、安装维修费用高,对系统组成元件的可靠性提出了更高的要求。

4.3.6　全电控制系统

复合电液控制系统在动力配送过程中沿程温度降低、液压油黏度升高,导致压力损失严重、动力配送效率低、液压管线易堵塞,甚至可能引起管线爆裂、污染海水。此外,深水油气田一般呈现高温高压的特点,需要更高压力的液压动力才能满足控制要求。如果采用以液压为动力的控制系统,液压动力必须采用高压配送方式。高压配送方式对脐带缆结构强度提出了更高的要求,增加了脐带缆的费用。所以,为了提高控制系统的工作效率和可靠性,同时考虑保护海洋环境的要求,国外在 20 世纪末开始研制水下全电生产系统,并推动了水下全电控制系统的发展。全电控制系统的结构原理如图 4－22 所示,图中只显示了动力配送过程,其中虚线表示电力供给,点划线表示可选(或备用),细实线表示高压液压管线。

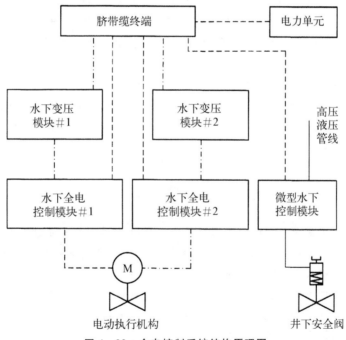

图 4－22　全电控制系统结构原理图

在图 4－22 中,对于水下井口头以上的设备,全电生产系统采用电动执行机构取代了液压执行机构,电动执行机构设计满足《电气/电子/可编程电子安全相关系统的功能安全》(IEC61508 SIL2)标准的要求。对于安装在水下井口头以下的井下安全阀的控制,由于目前电动执行机构的技术无法满足井下电动安全阀设计与制造的需要,所以全电生产系统在测试阶段仍然采用液压控制的井下安全阀,高压液压动力可以来自复合电液控制系统的液压动力单元或水下液压分配单元。控制井下安全阀的设备为微型水下控制模块。目前,国外井下安全阀的供货商正致力于电动安全阀制造技术的研究,同时提出了在全电生产系统测试阶段采用在井口附近配置水下液压动力单元的方法,单独为井下安全阀提供高压液压动力,从而彻底实现脐带缆中无液压动力配送管线的目标。但是这两种解决方案均处于设计阶段。

全电控制系统的水下核心控制设备是水下全电控制模块,其主要功能是控制井口头以上的电动执行机构、采集生产过程数据、与水上进行双向通信、响应紧急停车和生产停车。水下全电控制模块设计满足《电气/电子/可编程电子安全相关系统的功能安全》(IEC61508 SIL3)标准的要求,采用双冗余的全电控制模块结构,一个处于主控状态,另一个处于热备状态,且每个全电控制模块故障时可以独立回收。双冗余的全电控制模块之间采用以太网实时通信。电动执行机构的电力供给和控制信号来自全电控制模块,两者之间通常采用控制器局域网络(CAN)总线通信。全电控制模块的内部配置以太网路由器、电源模块、主控模块、电池充电模块、备用充电电池、电源管理模块、系统工作电压监测模块、电力切换模块、响应紧急/生产停车控制模块以及与智能井标准化接口和水下仪器标准化接口兼容的通信模块。全电控制系统的水下和水上设备之间的通信与复合电液控制系统相同。

微型水下控制模块和全电控制模块的电力供给来自生产平台,目前主要有两种供电方式:230~600 V 交流电压和 3 000 V 直流电压。相比于交流供电,在相同功率的条件下直流供电能量损失小,可以减少电缆横截面。电源模块又称为水下变压模块,可以单独设计在全电控制模块外部。电源模块把 230~600 V 交流电压转换为 30 V 直流电压,或将 3 000 V 直流电压转换为 300 V 直流电压。当全电控制系统正常工作时,脐带缆为系统供电。当脐带缆供电故障时,备用充电电池自动切换为工作状态。

全电控制系统的功能灵活、系统响应时间最短、控制距离长,特别适用于开发深远海油气田。全电控制系统减少了水上液压动力单元,脐带缆中无液压动力配送管线,对海水环境无液压油污染。全电控制系统技术目前处于工程试验阶段,全电井下安全阀仍然是未解决的难题。但是,随着可靠性和关键技术的逐步完善,全电控制系统未来将会得到越来越多的应用。

思 考 题

1. 在海面采油井口装置中,套管头、套管四通和油管头的作用分别是什么?
2. 若要使油嘴下游的油压不影响油嘴的过流速度,则油嘴上游的油压应当如何设置?
3. 请对水下井口系统的各组成部分分别简要介绍。
4. 水下采油树的功能有哪些?
5. 请对水下立式采油树和卧式采油树的优缺点进行对比分析。
6. 水下湿式采油树的主要部件有哪些?
7. 介绍水下立式采油树的安装过程。
8. 水下跨接管有哪些类型?各有哪些优缺点?
9. 水下控制系统有哪些组成部分?
10. 水下控制系统有哪些类型?各类型有哪些特点?

第 5 章　海底采油方法

采油方法通常是指将流到井底的原油采到井口上所采用的方法,其中包括自喷采油法和人工举升法两大类。利用油层自身的能量使油喷到地面的方法称为自喷采油法。考虑到海底采油成本较高,应尽可能地利用地层能量进行自喷采油。但当油层能量低而不能自喷生产时,则需要利用一定的机械设备给井底的油流补充能量,从而将油举升到地面,这种采油方法称为人工举升或机械采油法。人工举升可以分为气举采油、有杆泵采油和无杆泵采油。无杆泵采油有电动潜油泵采油、水力活塞泵采油和水力射流泵采油等方法。海底采油不宜采用有杆泵采油,因此本章主要讲述自喷采油、气举采油、电动潜油泵和水力活塞泵采油。

5.1　自　喷　采　油

在自喷井生产系统中,原油从地层流到井口采油树地面分离器,一般要经过 4 个基本流动过程:油层到井底的流动→油层中的渗流;井底到井口的流动→油管中的流动;通过油嘴的流动→嘴流;井口到分离器的流动→地面管线中的流动。在整个生产系统中,原油依靠油层所提供的压力能够克服重力及流动阻力自行流动,无须人为补充任何能量。因此,自喷采油设备简单、管理方便、经济效益好,是海上油气采集的最佳方法。

为了保持自喷井高产、稳产,取得最佳经济效益,有必要掌握其生产系统的一些流动规律,从而合理地控制和调节其工作方式。

5.1.1　气液混合物在油管中的流动规律

绝大多数自喷井的油管中流动的都是油、气两相或油、气、水三相混合物,对普通直井而言,油、气、水混合物在油管中的流动规律属于多相垂直管流,而在斜井、水平井中将出现多相倾斜及水平管流。水平管流将在 10.3 节中介绍,倾斜管流(定向井、水平井或丘陵地区的地面起伏管流)则需要考虑具体倾斜角度,其多相流流型更加复杂,本书不再赘述。这里只讲述常见的普通直井中油、气、水三相混合物在油管中的流动规律。在该类混合物中,油和水同属液体,它们的流动规律有类似之处,实践中常把它们作为液相来统一考虑,这样便可以将油、气、水混合物的多相流动简化为气、液两相流动来进行研究。与单相管流相比较,气、液两相的流动特征、研究方法等都较为复杂。

1. 油气混合物在油管中的流动特征

油气混合物在油管中的流动特征主要从下述几方面认识。

1) 与单相液流的比较

原油从油层流到井底后具有的压力(简称为流压),既是地层油流到井底后的剩余压力,又是向上流动的动力。如果流压足够高,当平衡了相当于井深的静液柱压力和克服流动阻力之后,在井口尚有一定的剩余压力(称为油管压力),则原油将通过油管和地面管线流到分离器。

当油井的井口压力高于原油饱和压力时,井内沿油管流动的是单相原油,其流动规律与流体力学中单相油管流的规律完全相同。当自喷井的井底压力低于饱和压力时,则整个油管内部都是油气两相流动。当井底压力高于饱和压力而井口压力低于饱和压力时,油流上升过程中其压力低于饱和压力后,油中溶解的天然气开始从油中分离出来,油管中便由单相液流变为油气两相流动,从油中分离出的溶解气不断膨胀并参与举升液体,油气两相管流的能量来源除了有压能外,气体膨胀能也成为很重要的方面。一些溶解气驱油藏的自喷井,流压很低,主要是靠气体膨胀能来维持油井自喷。但并非所有的气体膨胀能量都可以有效地举油,这要看气体在举升系统中做功的条件。油气在流动过程中的分布状态不同,气体膨胀举油的条件不同,其流动规律也不相同。

在单相管流中,由于液体压缩性很小,各个断面的体积流量和流速相同。在多相管流中,沿井筒自下而上随着压力不断降低,气体不断从油中分离和膨胀,使混合物的体积流量和流速不断增大,而密度则不断减小。多相管流的压力损失除重力和摩擦阻力外,还有由于气流速度增加所引起的动能变化的损失。另外,在流动过程中,混合物密度和摩擦阻力沿程随气液体积比、流速及混合物流动结构而变化。

2) 油气混合物在油管中的流动型态

油气混合物的流动型态(简称为流型)是指流动过程中油气在管线内的分布状态,它既与油气体积比、流速及油气性质有关,又受到管线的空间走向影响。为了简便起见,这里仅讨论生产中最常见的垂直向上的油气两相管流的流型(见图 5-1)。

如图 5-1 所示,在井筒中从低于饱和压力的深度起,溶解气开始从油中分离出来,这时,由于气量少、压力高,气体都以小气泡分散在液相中,气泡直径相对油管直径小很多,这种结构的混合物的流动称为泡流。由于油、气密度的差异和泡流的混合物平均流速小,因此在混合物向上流动的同时,气泡上升速度大于液体流速,气泡将从油中超越而过,这种气体超越液体的现象称为滑脱。泡流的特点是:气体是分散相,液体是连续相;气体主要影响混合物密度,对摩擦阻力的影响不大;滑脱现象比较严重。

当混合物继续向上流动,压力逐渐降低,气体不断膨胀,小气泡将合并成大气泡,直到能够占据整个油管过流断面时,在井筒内将形成一段油一段气的结构,这种结构的混合物的流动称为段塞流。出现段塞后,气泡托着油柱向上流动,气体的膨胀能得到较好的发挥和利用。但这种气泡举升液体的作用很像一个破漏的活塞向上推油,在段塞向上运动的同时,沿管壁还有油相对于气泡向下流动。虽然如此,在油气段塞流的情况下,油、气间的相对运动要比泡流小,滑脱也小。一般在自喷井内,主要流型是段塞流。

随着混合物继续向上流动,压力不断下降,气相体积继续增大,炮弹状的气泡不断加长,逐渐由油管中间突破,形成油管中心是连续的气流而管壁为油环的流动结构,这种流动称为环流。在环流中,气液两相都是连续的,气体的举油作用主要是靠摩擦携带。

在油气混合物继续上升的过程中,如果压力下降使气体的体积

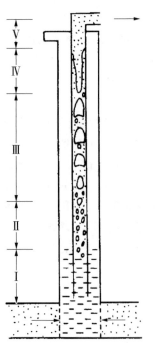

Ⅰ—纯油流;Ⅱ—泡流;
Ⅲ—段塞流;Ⅳ—环流;
Ⅴ—雾流;

图 5-1 油气沿井筒喷出时的流型变化示意图

流量增加到足够大时,油管中央流动的气流芯子将变得很粗,沿管壁流动的油环变得很薄,此时,绝大部分油都以小油滴分散在气流中,这种流动型态称为雾流。雾流的特点是:气体是连续相,液体是分散相,气体以很高的速度携带油滴喷出井口,油、气之间的相对运动速度很小,气相是整个流动的控制因素。

根据以上讨论,油井中可能出现的流态自下而上依次为纯油流、泡流、段塞流、环流和雾流。

图 5-1 只是展示了油井生产时各种流型在井筒中的分布和变化情况。实际上,在同一口油井内,不会出现如图所示的完整流型变化,特别是在一口自喷井内不可能同时存在纯油流和雾流的情况。环流和雾流只是出现在混合物流速和气液比很高的情况下,除某些高产量凝析气井和含水气井外,一般油井都不会出现。

区分不同的流型并研究其流动规律,对于气液两相管流计算是十分重要的。但由于其流动的复杂性,不同研究者根据自己在实验中的观察和实验结果,在计算中对流型的描述和划分方法及标准也不尽相同。除上述根据两相介质分布的外形划分外,还有按照流动的数学模型进行流型划分的方法。两类划分方法具有确定的对应关系,如表 5-1 所示。

表 5-1　流动型态划分结果对应关系

划　分　方　法	划　分　结　果			
按两相介质分布外形划分	泡流	段塞流	环流	雾流
按流动的数学模型划分	分散流	间歇流	分离流	分散流

3) 滑脱损失

在多相垂直管流中,通常用来克服混合物液柱重力所消耗的能量远比其他能量的消耗要大。重力消耗的大小主要取决于井深和混合物密度,而混合物的密度与滑脱现象有关。在气液两相垂直管流中,由于气体和液体间的密度差而产生气体超越液体上升的现象称为滑脱。通常用出现滑脱时混合物的密度 ρ_m 与不考虑滑脱(即认为无滑脱)而只按气、液体积流量计算的混合物密度 ρ'_m 之差 $\Delta \rho_m$ 来表示单位管长上的滑脱损失,即

$$\Delta \rho_m = \rho_m - \rho'_m \tag{5-1}$$

若不考虑滑脱,即认为气液之间不存在相对运动时,某一深度处混合物密度计算式为

$$\rho'_m = \frac{f_l \rho_l + f_g \rho_g}{f_l + f_g} \tag{5-2}$$

式中,f_g、f_l 为压力 p 和温度 T 下的气相、液相所占过流断面的面积,单位为 m^2;ρ_g、ρ_l 为压力 p 和温度 T 下的气相、液相的密度,单位为 kg/m^3。

$$\begin{cases} q_l = v_l f_l \\ q_g = v_g f_g \\ f = f_l + f_g \end{cases} \tag{5-3}$$

在无滑脱时,有 $v_l = v_g = v_m$,可得

$$q_l + q_g = v_m f \tag{5-4}$$

将式(5-3)和式(5-4)带入,则(5-2)可以写成

$$\rho'_m = \frac{q_1 \rho_1 + q_g \rho_g}{q_1 + q_g} \tag{5-5}$$

式中,v_g、v_1、v_m 分别为气、液及混合物的流速,单位为 m/s;q_g、q_1 分别为压力 p 和温度 T 下的气、液体积流量,单位为 m³/s;f 为总过流断面的面积,单位为 m²。

由此可知,不考虑滑脱时按式(5-2)和式(5-5)均可求得气液混合物的密度,实际中常用式(5-5)方便地求解。

又因 $\rho_g \ll \rho_1$,所以式(5-2)可近似为

$$\rho'_m = \frac{f_1}{f} \rho_1 \tag{5-6}$$

存在滑脱时,气体速度将大于液流速度($v_g > v_1$),在假定有滑脱与无滑脱两种情况下气液体积流量不变,由于有滑脱时气体流速增大,为了保持 q_g 不变,气体过流断面将减小为 f'_g,而液体过流断面将增加为 f'_1,过流断面将变化为

$$\Delta f = f'_1 - f_1 = -(f'_g - f_g) \tag{5-7}$$

于是存在滑脱时混合物的密度 ρ_m 可表示为

$$\rho_m = \frac{f'_1 \rho_1 + f'_g \rho_g}{f} \approx \frac{(f_1 + \Delta f)}{f} \rho_1 \tag{5-8}$$

将式(5-7)和式(5-8)代入式(5-1)得单位管长上的滑脱损失为

$$\Delta \rho_m = \frac{\Delta f}{f} \rho_1 \tag{5-9}$$

由此可以看出,出现滑脱之后将增大气液混合物的密度,从而产生附加的压力损失,这种损失称为滑脱损失。

2. 气液两相流动的研究模型

气液两相流动的规律比单相流动复杂得多,它不仅与两相介质存在的比例有关,而且与其分布状况等有关。为了便于进行研究,常采用简化的模型进行处理,以探讨其流动规律。其中常用的模型有均相流动模型、分相流动模型和流动型态模型。

均相流动模型简称为均流模型,它是把气液两相混合物看成均匀介质,其流动的参数取两相介质的平均值,从而按照单相介质来处理其流体动力学问题。这种模型对泡流和雾流具有较高的精确性,但对其他流型有较大误差。均流模型计算简单、使用方便,在工程中曾被广泛应用。

分相流动模型简称为分流模型,它是把气液两相看成气、液相各自分开的流动,每相介质都有其平均流速和独立的物性参数,并建立每相介质的流体动力特性方程。该模型比均流模型更能反映气液两相之间流动状况的变化,但其计算较均流模型复杂。

流动型态模型是将气液两相流动分成几种典型的流型,然后按照不同流型的流动机

理分别研究其流动规律。流动型态模型在数学计算上非常复杂,一般需借助计算机进行求解。但由于它根据各种流型的特点建立相应的关系式,从而能深入地研究两相流动的实质。这种模型不仅具有普遍意义,而且具有较高的精确性,是今后气液两相流动的研究方向。

3.气液两相管流压力分布计算步骤

按气液两相管流的压力梯度公式计算沿程压力分布时,影响流体流动规律的各相物理参数(密度、黏度等)及混合物的密度、流速都随压力和温度而变,而沿程压力梯度并不是常数,因此气液两相管流要分段计算以提高计算精度。同时计算压力分布时要先给出相应管段的流体物性参数,而这些参数又是压力和温度的函数,压力却又是计算中要求的未知数。因此,通常每一管段的压力梯度均需采用迭代法进行。有两种迭代方法:① 用压差分段、按长度增量迭代;② 用长度分段、按压力增量迭代。

用压差分段、按长度增量迭代的步骤如下:

(1) 已知任意一点(井口或井底)的压力 p_0 作为起点,任选一个合适的压力降 Δp 作为计算的压力间隔。

(2) 估计一个对应 Δp 的长度增量 ΔL,以便根据温度梯度估算该段下端的温度 T_L。

(3) 计算该管段的平均温度 $\overline{T}$ 及平均压力 $\overline{p}$,并确定在 $\overline{T}$ 和 $\overline{p}$ 的全部流体性质参数。

(4) 计算该管段的压力梯度 $\mathrm{d}p/\mathrm{d}L$。

(5) 计算对应于 Δp 的该段管长 $\Delta L = \Delta p/(\mathrm{d}p/\mathrm{d}L)$。

(6) 将第(5)步计算得的 ΔL 与第(2)步估计的 ΔL 进行比较,两者之差超过允许范围,则以计算的 ΔL 作为估计值,重复(2)~(5)的计算,直至两者之差在允许范围 ε_0 内为止。

(7) 计算该管段下端对应的长度 L_i 及压力 p_i

$$\begin{cases} L_i = \sum_{i=1}^{n} \Delta L_i \\ p_i = p_0 + i\Delta p \end{cases} (i=1,2,3,\cdots,n) \qquad (5-10)$$

(8) 以 L_i 处的压力为起点,重复第(2)~(7)步,计算下一管段的长度 L_{i+1} 和压力 p_{i+1},直到各段的累加长度大于或等于管长($L_n \geqslant L$)时为止。

图 5-2 为按上述步骤绘制的多相管流压力分布计算框图。用长度差分段、按压力增量迭代的步骤与上述步骤类似,只是要选取合适的 ΔL,估计 ΔL 对应的压力增量 Δp。

5.1.2　气液混合物通过油嘴的流动规律

油嘴是调节和控制自喷井产量的装置。一般情况下,在选择井口的油嘴的大小时,除了要求保证油井高产、稳产外,还要求油井的生产能够保持稳定,即地面管线的压力波动不影响油井产量。为此有必要对气液混合物通过油嘴的流动规律进行分析。

气液混合物通过油嘴的流动规律较为复杂,因此,下面仅以单相气体通过油嘴的流动规律为基础来说明气液混合物通过油嘴的流动情况。

将高压气体稳定通过油嘴视为绝热过程,并忽略其能量损失及位能变化,入口处气体压力、密度和流速分别为 p_1、ρ_1 和 v_1,出口处气体压力、密度和流速分别为 p_2、ρ_2 和 v_2,如图 5-3 所示。

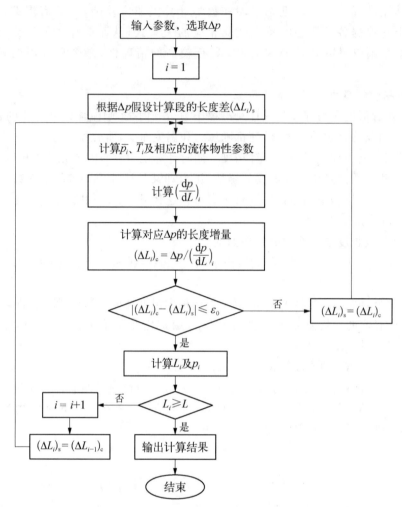

图 5-2 用压差分段、按长度增量迭代计算压力分布的计算框图

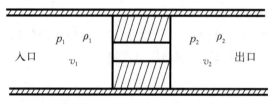

图 5-3 高压气体稳定通过油嘴的示意图

根据理想气体的绝热方程,有

$$p_1 \rho_1^{-k} = p_2 \rho_2^{-k} \qquad (5-11)$$

式中,k 为气体绝热指数。

忽略两边高程差,由伯努利方程可得

$$\frac{\mathrm{d}p}{\rho} + v \mathrm{d}v = 0 \qquad (5-12)$$

$$\int_{v1}^{v2} v \mathrm{d}v = -\int_{p1}^{p2} \frac{\mathrm{d}p}{\rho} \qquad (5-13)$$

结合(5-11)式,可推导得到

$$\frac{v_2^2 - v_1^2}{2} = \frac{k}{k-1} \frac{p_1}{\rho_1} \left[1 - \left(\frac{p_2}{p_1} \right)^{\frac{k-1}{k}} \right] \qquad (5-14)$$

考虑到 $v_2 \gg v_1$，因此忽略 v_1，得到

$$v_2 = \sqrt{\frac{2k}{k-1} \frac{p_1}{\rho_1} \left[1 - \left(\frac{p_2}{p_1} \right)^{\frac{k-1}{k}} \right]} \tag{5-15}$$

流量 $q = A_2 v_2 \rho_2$，$\rho_2 = \rho_1 \left(\frac{p_2}{p_1} \right)^{\frac{1}{k}}$ 得

$$q = A_2 v_2 \rho_2 = A_2 \sqrt{\frac{2k}{k-1} \frac{p_1}{\rho_1} \left[1 - \left(\frac{p_2}{p_1} \right)^{\frac{k-1}{k}} \right]} \rho_1 \left(\frac{p_2}{p_1} \right)^{\frac{1}{k}} \tag{5-16}$$

考虑到实际气体非理想气体，需要考虑压缩因子，将 $\rho_1 = \dfrac{M_1 p_1}{Z_1 R T_1}$，代入(5-16)式得

$$q = \frac{\sqrt{2}}{4} \pi d^2 p_1 \sqrt{\frac{M_1}{Z_1 R T_1}} \sqrt{\frac{k}{k-1} \left[\left(\frac{p_2}{p_1} \right)^{\frac{2}{k}} - \left(\frac{p_2}{p_1} \right)^{\frac{k+1}{k}} \right]} \tag{5-17}$$

式中，q 为油嘴流量，单位为 m^3/s；d 为油嘴直径，单位为 m；p_1 为入口处压力，单位为 Pa；p_2 为出口处压力，单位为 Pa；M_1 为入口处气体摩尔质量，单位为 kg/mol；Z_1 为入口处气体压缩因子；T_1 为入口处开氏温度，单位为 K；R 为气体常数，单位为 J/(mol·K)。

对 $\dfrac{p_2}{p_1}$ 求导，可得 q 在 $\dfrac{p_2}{p_1} = \left(\dfrac{2}{k+1} \right)^{\frac{k}{k-1}}$ 处的极值，此时对应的最大流量为

$$q_{\max} = \frac{\sqrt{2}}{4} \pi d^2 p_1 \sqrt{\frac{M_1}{Z_1 R T_1}} \sqrt{\frac{k}{k-1} \left[\left(\frac{2}{k+1} \right)^{\frac{2}{k-1}} - \left(\frac{2}{k+1} \right)^{\frac{k+1}{k-1}} \right]}$$

$$= b p_1 \sqrt{\frac{k}{k-1} \left[\left(\frac{2}{k+1} \right)^{\frac{2}{k-1}} - \left(\frac{2}{k+1} \right)^{\frac{k+1}{k-1}} \right]} \tag{5-18}$$

式中，$b = \dfrac{\sqrt{2}}{4} \pi d^2 \sqrt{\dfrac{M_1}{Z_1 R T_1}}$。

图 5-4 所示为通过油嘴的气量与压力之间的关系曲线，图中最大气量为 $q_{\max}$，最大气量时油嘴出、入口端面处的压力比（临界压力比）为 $\left(\dfrac{2}{k+1} \right)^{\frac{k}{k-1}}$。

对于直径 d 及上游压力 p_1 确定的油嘴，压力比 $\dfrac{p_2}{p_1} > \left(\dfrac{2}{k+1} \right)^{\frac{k}{k-1}}$ 时，气体为非临界流动，气流速度比压力波的传播速度小，下游压力 p_2 变化将会逆流向上传播，从而使流量发生变化；当 $\dfrac{p_2}{p_1} \leqslant \left(\dfrac{2}{k+1} \right)^{\frac{k}{k-1}}$ 时，气体为临界流动（即流体的流速达到压力波在该流体介质中的传播速度——声速），此

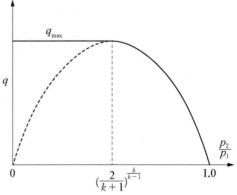

图 5-4 q 与 $\dfrac{p_2}{p_1}$ 的关系曲线

时气流速度已大于或等于压力波的传播速度,下游压力 p_2 的变化已无法逆流向上传播,因而流量不随压力比 p_2/p_1 变化而保持定值。

空气的临界压力比约为 0.528,天然气约为 0.546。油气混合物从井底流到井口时,在油嘴前的油压和油嘴后的回压作用下通过油嘴,由于油压较小,气体在井口膨胀,体积流量较大,而油嘴直径又很小,因此混合物流过油嘴时流速极高。一般认为在油气混合物中的声速小于单相介质中的声速,所以混合物通过油嘴也可达到临界流动。

在临界流动条件下流量不受嘴后压力变化的影响,而只与嘴前压力、嘴径及气油比有关。根据国内外数百口井的资料统计,通常采用的嘴流计算公式为

$$q = \frac{4 d^2}{R^{0.5}} p_t \qquad (5-19)$$

式中,q 为产油量,单位为 t/d;R 为气油比,单位为 m^3/t;d 为油嘴直径,单位为 mm;p_t 为井口油压,单位为 MPa。

对于含水井,嘴流计算公式为

$$q_t = \frac{4 d^2}{R^{0.5}} p_t (1-f_w)^{-0.5} \qquad (5-20)$$

式中,q_t 为产液量,单位为 t/d;f_w 为含水率,单位为小数。

在实际应用时,应根据油田的具体情况收集、分析与油嘴有关参数的资料,对式(5-20)加以校正,得出适合于本地区的计算公式。

当油嘴直径和气油比一定时,产量 q 和井口油压 p_t 呈线性关系,如图 5-5 所示。只有满足油嘴的临界流动,整个生产系统才能稳定生产,即使井口回压有所变化,油井产量也不会发生变化。

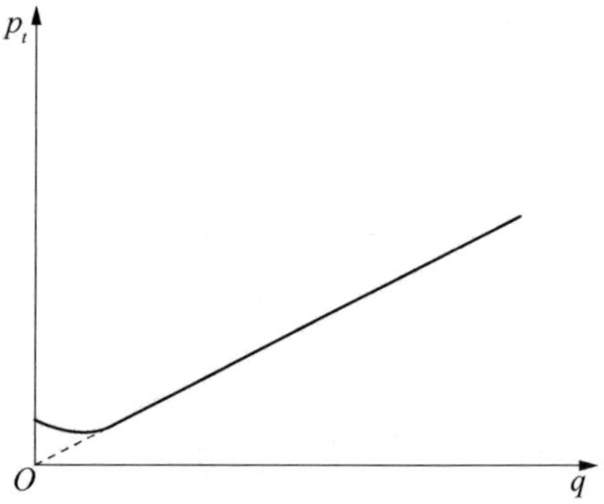

5.1.3 油井结蜡和清蜡

原油从井底沿油管向井口运动过程中,其压力、温度不断下降,所溶解的天然气也逐渐析出。如果原油

图 5-5 井口油压 p_t 与产量 q 的关系

是高含蜡原油,那么原油中所含的蜡就会因压力和温度下降而从油中析出,逐渐凝结在油管内壁上,称为结蜡。越接近井口部分,结蜡也越严重。油管结蜡后若不及时处理,一段时间后就可将油管堵死,迫使油井停产。

处理油管结蜡的方法称为清蜡。清蜡的方法有很多,包括机械清蜡、热油清蜡、化学清蜡、电热清蜡等。我国陆上油田常采用机械清蜡中的刮蜡片清蜡方法,而海上油田采用化学清蜡方法的居多。

从采油树到测试阀组管段,因温度、压力更低,结蜡更加严重。该管段的清蜡方法一般视管段长度而定。若长度较短,则多采用蒸汽伴热或电伴热;若长度较长,采油树和测试阀组不在一个平台组中,则采用清管器,即在采油树出口设置一个清管器发送装置,用于发送通常是球形的清管器。测试阀组前有一个接收装置来接收清管器及清管器从管壁清下的蜡。清管器发送频度视油中含蜡情况而定,一般每天可自动发送 1~3 个清管器。

5.1.4　自喷井的生产管理与分层开采

1. 自喷井的生产管理

自喷井生产管理的基本内容包括控制好生产压差,取全、取准资料,保证油井正常生产。这 3 个方面在生产上是相互联系和促进的,只有取全、取准资料,才能控制好生产压差,保证油井高产稳产。

控制好生产压差(油层压力与井底流压之差)才能控制好油层中油、水的流动和注采平衡,才能真正挖掘油层的生产潜力。在正常情况下,生产压差的控制是通过地面改换油嘴的大小来实现的,但在生产过程中也有其他因素影响油井在规定压差下的生产,例如油井结蜡、砂堵、设备故障等。

油井的合理生产压差就是油井的合理工作制度。合理工作制度是指在目前的油层压力下,油井以多大的流压和产量进行工作。油井的合理工作制度是根据不同的开发条件来确定的。

对于注水开发的油田,合理的工作制度应当如下:

(1) 保证较高的采油速度。油井的采油速度是衡量油井开采速度的重要指标。在合理开发油田的前提下,应尽可能地提高采油速度。各油田具体条件不同,所确定的采油速度也不一样。

(2) 要保持注、采压力平衡,使油井有旺盛的自喷能力。

(3) 要保持采油指数稳定,不断改善油层的流动系数,这是使原油产量保持在一定水平的重要条件。

(4) 应保证水线均匀推进,无水采油期长,见水后含水上升速度慢。

(5) 应既能充分利用地层能量又不破坏油层结构。生产压差过大,井底附近流速增加,过分的冲刷油层会使油层坍塌。根据油层具体情况,应规定原油含砂量不超过一定的百分数值。

(6) 对于饱和压力较高的油田,应使流饱压差控制合理,此数字应在具体条件下确定。

考虑了上述各种要求所确定的工作制度则被认为是合理的。但是,"合理"是相对的,工作制度应随着生产情况的变化和技术的发展而改变,应以充分发挥油层潜力为前提。

2. 自喷井的分层开采

在多油层条件下,只用井口一个油嘴调节、控制全井的生产,很难使各小层都做到合理生产。

要对各小层分别加以控制,这就是分层开采。在多油层油藏开发中,油井分层开采,水井分层配注,是为了在开发出高渗透层的同时,充分发挥中低渗透层的生产能力,调整层间矛盾,在一定的采油速度下使油田稳定自喷高产。分层开采可分为单管分采与多管分采两种井下管柱结构。

单管分采:在井内只下一套油管柱,用单管多级封隔器将各个油层分隔开,在油管上与各油层对应的部位装一个配产器,并在配产器内装一个油嘴对各层进行控制采油,如图 5-6 所示。

多管分采:在井内下入多套管柱,用封隔器将各个油层分隔开,通过每一套管柱和井口油嘴单独实现一个油层(或层段)的控制采油,如图 5-7 所示。

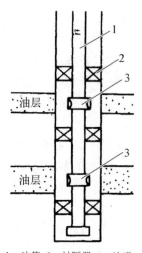

1—油管;2—封隔器;3—油嘴。

图 5-6　单管分采井下管柱

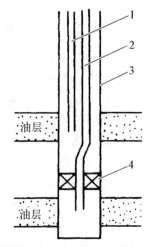

1—上层油管;2—下层油管;3—套管;4—封隔器。

图 5-7　多管分采井下管柱

多管分采时,每个层段都有自己单独的液流通道和井口油嘴,各层之间没有干扰,但井口装置和下井作业复杂。钢材消耗较多,并且因受井眼直径的限制,下入管柱的数目有限,因此分隔油层数目较少。单管分采钢材消耗较少,分隔油层数目较多,但全井各个层段的液流通过各层的井下油嘴后混合在一起共用一个通道,因此油层压力小的层段有可能受到干扰。根据我国的具体情况,目前各油田主要应用单管分采,仅对层间干扰比较严重以及一些特殊的油井采用多管分采。

5.2　气举采油

当油井不能自喷时,除采用前面介绍的人工举升方法外,还可以人为地把气体(天然气或空气)压入井内,使原油喷到地面,这种采油方法称为气举采油法。气举采油的井口和井下设备比较简单,管理调节较方便。特别是对于海上采油、深井、斜井,以及井中含砂、水、气较多和含有腐蚀性成分而不适宜用泵进行举升的油井,都可以采用气举采油法,在新井诱导油流及作业井的排液方面气举也有其优越性。但气举采油需要压缩机站及大量高压管线,地面设备系统复杂,投资大,且气体能量利用率低,使其应用受到限制。

5.2.1　气举方式及井下管柱

1. 气举方式

按进气的连续性,气举可分为连续气举与间歇气举两大类。连续气举是将高压气体连续地注入井内,使其和地层流入井底的流体一同连续从井口喷出的气举方式,它适用于采油指数高和因井深造成井底压力较高的井。

间歇气举是将高压气间歇地注入井中,将地层流入井底的流体周期性地举升到地面的气举方式。间歇气举时,地面一般要配套使用间歇气举控制器(时间-周期控制器)。间歇气举既可用于低产井,也可用于采油指数高、井底压力低,或者采油指数与井底压力都低的井。

按进气的通路气举也可分为环形空间进气(正举)和中心管进气(反举)两种。中心管进气时,被举升的液体在环形空间的流速较低,其中的砂易沉淀、蜡易积聚,故常采用环形空间进气的举升方式。

2. 井下管柱

按下入井中的管子数气举可分为单管气举和多管气举。多管气举可同时进行多层开采,但其结构复杂、钢材消耗量多,一般很少采用。简单而又常用的单管气举管柱有开式、半闭式和闭式,如图 5-8 所示。

1) 开式管柱

管柱不带封隔器者的管柱为开式管柱,如图 5-8(a)所示。采用这种管柱时,每次开井时都需要排出套管中聚集的液体并重新稳定,下部阀会由于液体浸蚀而发生损坏,控制不当会使套管内的高压气大量通过管鞋进入油管引起油井间歇喷油。因此,它只适用于连续气举和无法下入封隔器的油井。

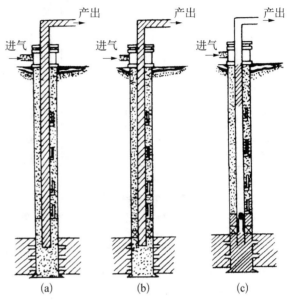

图 5-8　单管气举井下管柱示意图

(a) 开式管柱;(b) 半闭式管柱;(c) 闭式管柱

2) 半闭式管柱

带有封隔器的管柱称为半闭式管柱,如图 5-8(b)所示。它既可用于连续气举,又可用于间歇气举。这种管柱虽然克服了开式管柱的某些缺点,但对于间歇气举仍不能防止大量注入气进入油管后通过油管对地层产生的作用。

3) 闭式管柱

如图 5-8(c)所示,闭式管柱是在半闭式管柱的油管底部加单流阀,以防止注气压力通过油管作用在油层上,闭式管柱只适用于间歇气举。

此外,还有一些特殊的气举装置,如用于间歇气举的各种箱式(腔式)及柱塞气举装置等。

5.2.2　气举启动压力与工作压力

现以油套管环形空间进气的单管气举说明气举采油时的工作情况。油井停产时,油套管内的液面在同一位置,如图 5-9(a)所示,当开动压缩机向油套管环形空间注入压缩气体后,环形空间内的液面被挤压向下,如不考虑液体被挤入地层,环空中的液体则全部进入油管,油管内的液面上升,在此过程中压缩机的压力不断升高。当环形空间内的液面下降到管鞋时,如图 5-9(b)所示,压缩机达到最大的压力,称为启动压力 p_e。压缩气体进入油管后,使油管内液体混气,液面不断升高直至喷出地面,如图 5-9(c)所示。在开始喷出前,井底压力大于地层压力;喷出后由于环形空间仍继续进气,油管内液体继续喷出,使混气液的密度越来越低,油管鞋压力则急剧降低,此时井底压力及压缩机的压力亦随之急剧下降。当井底压力低于地层压力时,又有液体从地层流到井底。由于地层出液使油管内混气液密度稍有增加,因而使压缩机的压力又有所上升,经过一段时间后趋于稳定,此时压缩机的压力称为工作压力 p_o。气举过程中压缩机出口压力的变化曲线如图 5-10 所示。

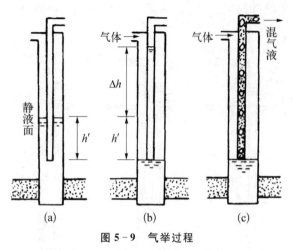

图 5 – 9　气举过程

（a）停产时；（b）环形液面达到管鞋；（c）气体进入油管

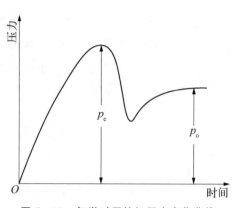

图 5 – 10　气举时压缩机压力变化曲线

如果压缩机的额定工作压力小于气举时的启动压力，气举无法启动。启动压力的大小与气举方式、油管下入深度、静液面位置以及油、套管直径有关。采用环形空间进气的单层管气举方式时有

$$L\rho_1 g \geqslant p_e \geqslant h'\rho_1 g \qquad (5-21)$$

式中，p_e 为气举时的启动压力，单位为 Pa；ρ_1 为井内液体密度，单位为 kg/m³；L 为油管长度，单位为 m。

5.2.3　气举阀及其下入深度

由于气举时启动压力很高，且启动压力和工作压力的差值较大，在压缩机的额定工作压力有限的情况下，为了实现气举就需要设法降低启动压力。降低启动压力的方法有很多，其中最常用的是在油管柱上装设气举阀。

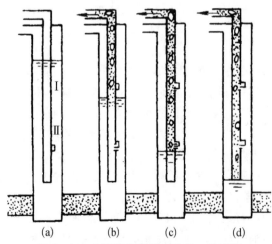

图 5 – 11　用气举阀进行启动的工作过程

（a）初始静液面；（b）液面下降至阀Ⅰ以下；
（c）液面下降至阀Ⅱ以下；（d）液面下降至油管鞋处

1. 气举阀的工作简述

气举阀的作用相当于在油管上开设了孔眼，高压气体可以从孔眼进入油管举出液体，降低管内压力，到一定程度之后，气举阀自动关闭，将孔眼堵死，其工作过程如图 5 – 11 所示。

气举前井筒中充满液体，沉没在静液面以下的气举阀在没有内外压差的情况下全部打开，油套管柱如图 5 – 11（a）所示。气举时当环空液面降低到阀Ⅰ以下时，气举阀内外产生压差，高压气体通过阀Ⅰ的孔眼进入油管，使阀Ⅰ以上油管内的液体混气；如果进入的气量足以使液体混气而喷出，则油管内压力就会下降。油管内压力下降后使环空高压

气体挤压液面继续下行,环空液面继续降低,如图 5-11(b)所示。当环空液面降低到阀Ⅱ以下时,较高压气体又通过阀Ⅱ的孔眼进入油管举升液体。同时阀Ⅰ内的压力进一步降低,在阀内外压差作用下自动关闭,如图 5-11(c)所示。阀Ⅱ进气后,阀Ⅱ以上油管内的液体混气喷出,油管内压力降低,在环空高压气体的挤压下液面又继续下降。最后,高压气体从油管鞋进入油管,阀Ⅱ关闭,井中的液体全部被举通,如图 5-11(d)所示。在实际生产中,为了防止由于管鞋处压力波动使高压气进入油管而出现间歇喷油,常在管鞋以上 20 m 处装一工作阀(或称为末端阀)。在正常生产时,注入气将通过该阀进入油管。

2. 气举阀下入深度的确定

气举阀的下入深度与启动前井内液面位置、地面注气管线所能提供的启动压力和工作压力以及阀类型有关。下面仅介绍我国用于气举诱喷的弹簧阀下入深度的计算。

确定气举阀的下入深度应遵循两个原则:① 必须充分利用压缩机具有的工作能力;② 必须在最大可能的深度上安装,力求下井阀数最少、下入深度最大。

1) 第一个阀的下入深度 $D_{\text{is Ⅰ}}$

(1) 井中液面在井口附近,在注气过程中途即将溢出井口时,可由式(5-22)计算阀Ⅰ的下入深度

$$D_{\text{is Ⅰ}} = \frac{p_{\max}}{\rho_1 g} - 20 \tag{5-22}$$

式中, $D_{\text{is Ⅰ}}$ 为第 1 个阀的安装深度,单位为 m; $p_{\max}$ 为压缩机的最大工作压力,单位为 Pa; g 为重力加速度,单位为 m/s^2; ρ_1 为井内液体密度,单位为 kg/m^3。

式(5-22)中减去 20 m 是为了在第一个阀内外建立 0.2 MPa 的压差,以保证气体进入阀Ⅰ。

(2) 井中液面较深,中途未溢出井口时,可由式(5-23)计算阀Ⅰ的下入深度

$$D_{\text{is Ⅰ}} = D_{\text{sl}} + \frac{p_{\max}}{\rho_1 g} \frac{d_{\text{ti}}^2}{d_{\text{cin}}^2} - 20 \tag{5-23}$$

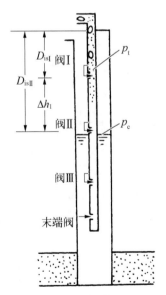

式中, D_{sl} 为气举前井筒中静液面的深度,单位为 m; d_{ti}、 d_{cin} 分别为油、套管内径,单位为 m。

2) 其余各阀的下入深度

当第 2 个阀进气时,第 1 个阀关闭。此时,阀Ⅱ处的环空压力为 $p_{\text{c Ⅱ}}$,阀Ⅰ处的油压为 $p_{\text{t Ⅰ}}$,由图 5-12 可得

$$\begin{cases} \Delta h_1 = D_{\text{is Ⅱ}} - D_{\text{is Ⅰ}} \\ \Delta p_{\text{Ⅰ}} = p_{\text{c Ⅱ}} - p_{\text{t Ⅰ}} = \Delta h_1 \rho_1 g \\ D_{\text{is Ⅱ}} = D_{\text{is Ⅰ}} + \frac{(p_{\text{c Ⅱ}} - p_{\text{t Ⅰ}})}{\rho_1 g} - 10 \end{cases} \tag{5-24}$$

式中, $D_{\text{is Ⅱ}}$ 为阀Ⅱ的安装深度,单位为 m; $\Delta p_{\text{Ⅰ}}$ 为阀Ⅰ的最大关闭压差,单位为 Pa; $p_{\text{c Ⅱ}}$ 为阀Ⅱ处的环空压力,单位为 Pa; $p_{\text{t Ⅰ}}$ 为阀Ⅰ将关闭时油管内能达到的最小压力,单位为 Pa; Δh_1 为阀Ⅰ进气后,环空液面继续下降的距离,单位为 m。

图 5-12　气举阀深度
计算示意图

式(5-24)中减去 10 m 是为了在阀 Ⅱ 内外建立 0.1 MPa 压差,以保证气体能进入阀 Ⅱ。同理,第 i 个阀的安装深度 D_{isi},应为

$$D_{isi} = D_{is(i-1)} + \frac{\Delta p_{i-1}}{\rho_1 g} - 10 \qquad (5-25)$$

$$\Delta p_{i-1} = p_{max} - p_{t(i-1)} \qquad (5-26)$$

式中,D_{isi} 为第 i 个阀的安装深度,单位为 m;$D_{is(i-1)}$ 为第 $(i-1)$ 个阀的安装深度,单位为 m;Δp_{i-1} 为第 $(i-1)$ 个阀的最大关闭压差,单位为 Pa;p_{max} 为压缩机(气源)的最高排出压力,单位为 Pa;$p_{t(i-1)}$ 为第 $(i-1)$ 个阀处油管内可能达到的最小压力,单位为 Pa。

由此可见,要确定某级气举阀处的安装深度,必须求出阀处油管内可能达到的最小压力。在设计时,为了安全,可按正常生产计算得出的油管压力分布曲线来确定最小压力。

5.3 潜油电泵采油

潜油电泵的全称为潜油电动离心泵,它因排量大、自动化程度高等显著优势广泛应用于原油生产中,是目前重要的机械采油方法之一。

5.3.1 系统组成及设备装置

1. 系统组成

图 5-13 是一典型的潜油电泵井的系统组成示意图,它主要由 3 部分组成。

(1)地面部分,包括变压器、控制屏、接线盒和特殊井口装置等。

(2)中间部分,主要有油管和电缆。

(3)井下部分,主要有多级离心泵、油气分离器、潜油电动机和保护器。

上述 3 部分的核心是潜油电动机、保护器、油气分离器、多级离心泵、潜油电缆、控制屏和变压器 7 大部件。

工作时,地面电源通过变压器变为电机所需要的工作电压,输入控制屏内,然后经由电缆将电能传给井下电机,使电机带动离心泵旋转,把井液通过分离器抽入泵内,进泵的液体由泵的叶轮逐级增压,经油管举升到地面。

2. 系统的设备装置

1)离心泵

离心泵是由多级组成的,其中每一级包括一个固定的导轮和一个可转动的叶轮。叶轮的型号决定了泵的

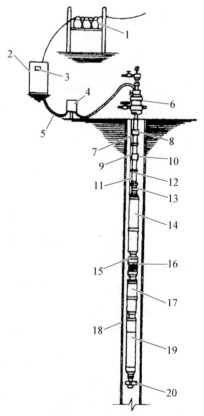

1—变压器;2—控制屏;3—电流表;4—接线盒;
5—地面线缆;6—特殊井口装置;7—圆电缆;
8—泄油器;9—电缆接头;10—单流阀;11—扁
电缆;12—油管;13—泵头;14—多级离心泵;
15—电缆护罩;16—油气分离器;17—保护器;
18—套管;19—潜油电动机;20—扶正器。

图 5-13 潜油电泵井的系统组成

排量,而叶轮的级数决定了泵的扬程和电机所需的功率。叶轮有固定式和浮动式两种。浮动式叶轮可以轴向转动,每级叶轮产生的轴向力由叶轮和导轮上的止推轴承承受。整节泵所产生的轴向推力由保护器中的止推轴承承受。固定式叶轮固定在泵轴上,既不能轴向转动,又不能靠在导轮的止推垫上。叶轮及压差所产生的全部推力,都由装在保护器内的止推轴承来承受。

2) 保护器

保护器是电泵机组正常运转不可缺少的重要部件之一。根据结构和作用原理不同,可将其分为连通式、沉降式和胶囊式 3 种类型。虽然不同类型保护器的结构和工作原理不同,但其作用是基本相同的,主要作用如下:

(1) 密封电机轴的动力输出端,防止井液进入电机。

(2) 在电泵机组启动、停机过程中,为电机油的热胀冷缩提供一个补偿油的储藏空间。由于保护器的充油部分与一定允许压力的井液相连通,故可平衡电机内外腔压力。当开机温度升高时,由保护器接纳电机油;当停机温度降低,电机油收缩或工作损耗时,则由保护器补充电机油。

(3) 通过连接电机驱动轴与泵轴,起传递扭矩的作用。

(4) 保护器内的止推轴承可承受泵的轴向力。

3) 油气分离器

自由气进入离心泵后,将使泵的排量、扬程和效率下降,工作不稳定,而且容易发生气蚀损害叶片。因此,常用气体分离器作为泵的吸入口,以便将气体分离出来。按分离方式不同,分离器分可为沉降式和旋转式两种类型。

沉降式分离器是靠重力分异进行油气分离的,其效果较差。当吸入口气液比小于 10% 时分离效率最高只能达到 37%,而当吸入口气液比大于 10% 时分离效率将会大大下降。因此,沉降式分离器适合于低气液比(小于 10%)的井。

旋转式分离器是靠旋转时产生的离心力进行油气分离的,分离效果较好。它可在吸入口气液比低于 30% 的范围内使用,其分离效率可达 90% 以上。但是如果油井含砂,则砂子随液体在壳体内高速旋转,将使壳体内壁受到严重磨损,甚至将壳体磨穿而断裂,使机组掉入井内。因此,旋转式分离器可在含气较高的井中使用,但只适用于低含砂井。

4) 电缆

潜油电缆作为电泵机组输送电能的通道部分,由于长期工作在高温、高压和具有腐蚀性流体的环境中,因此要求潜油电缆具有较高的芯线电性、绝缘层的介电性,较好的整体抗腐、耐磨以及耐高温等稳定的物理化学性能。

潜油电缆包括潜油动力电缆和潜油电机引接线。动力电缆分为圆电缆和扁电缆两种类型(见图 5 - 14),而电机引接线只有扁电缆一种。井径较大者用圆电缆,井径较小者可用扁电缆。

5) 控制屏

控制屏是对潜油电泵机组的启动、停机以及在运行中实行一系列控制的专用设备,可分为手动和自动两种类型。它可随时测量电机的运行

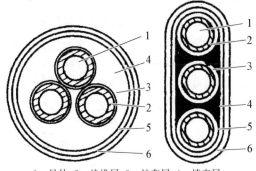

1—导体;2—绝缘层;3—护套层;4—填充层;
5—内衬包带;6—钢带铠皮。

图 5 - 14　电缆结构示意图

电压、电流参数,并自动记录电机的运行电流,使电泵管理人员及时掌握和判断潜油电机的运行状况。控制屏通常具有如下功能:

(1)为防止短路烧坏电机,提供短路速断保护。

(2)欠载时的实际排量将小于设计排量,电机将因工作时产生的热量不能全部散发而烧坏,对此控制屏提供了欠载保护。

(3)过载时电机超负荷运转容易烧坏,对此控制屏还提供了过载保护。

(4)潜油电泵不允许反转,因此三相电机的相序要正确,对此控制屏提供了相序保护。

(5)控制屏还设有延时再启动装置,对于间歇生产的井实行自动延时再启动控制。

5.3.2 潜油电泵的工作特性曲线

潜油电泵的工作特性曲线是指泵的扬程、功率和效率与排量之间的关系曲线,如图 5-15 所示,它是选泵设计的重要依据。

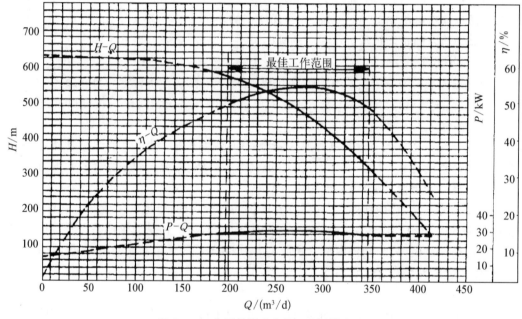

图 5-15 典型的潜油电泵工作特性曲线

潜油电泵的工作特性曲线是使泵在一定转速下运转,对排出端进行节流,以改变流量的办法试验测得的。试验介质一般是密度为 $1000\ kg/m^3$,黏度为 $1.0\ mPa\cdot S$ 的清水。在实际应用时,由于其使用条件与试验条件不相符,尤其是当用电泵抽取黏度很高的液体时,因流动阻力增高,叶轮内的各种摩擦损失和液体对叶轮表面的摩擦损失增加,将导致压头下降、功率增加,从而使特性曲线发生变化。因此,实际使用时应根据使用条件对工作特性曲线进行校正。

5.4 水力活塞泵采油

水力活塞泵是一种液压传动的无杆抽油设备,它是由地面动力泵通过油管将动力液送到井下驱动油缸和换向阀,从而带动抽油泵抽油工作。实践表明,水力活塞泵能有效地应用于稠油井和高含蜡井、深井和定向井,并且效率较高。

5.4.1 系统组成及泵的工作原理

1. 系统组成

如图5-16所示,水力活塞泵系统由3部分组成:井下、地面和中间部分。

井下部分是水力活塞泵的主要机组,它由液动机、水力活塞泵和滑阀控制机构3个部件组成,起着抽油的主要作用;地面部分由地面动力泵、各种控制阀及动力液处理设备等组成,起着供给和处理动力液的作用;中间部分有中心动力油管以及供原油和工作过的乏动力液一起返回到地面的专门通道。

工作时,动力液过滤后经动力泵加压,再经排出管线及井口四通阀,沿中心油管送入井下,驱动井下机组中的往复式液动机工作。液动机通过活塞带动抽油泵的柱塞做往复运动,使泵不断地抽取原油。经液动机工作后的乏动力液和抽取的原油一起,从油管的环形空间排回到地面,再通过井口四通阀,流入油气分离器进行油气分离。分离出的气体排走,油则流回储罐。一部分油送到集油站,另一部分油滤清后再进入地面动力泵,作为动力液使用。

2. 泵的工作原理

图5-17为差动式单作用水力活塞泵的结构示意图,其工作原理如下所述。

1) 下冲程

如图5-17(a)所示,主控滑阀位于下死点。这时,高压动力液从中心油管经过通道a

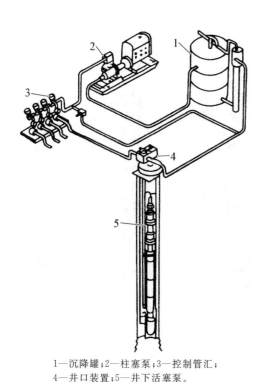

1—沉降罐;2—柱塞泵;3—控制管汇;
4—井口装置;5—井下活塞泵。

图5-16 水力活塞泵的系统组成

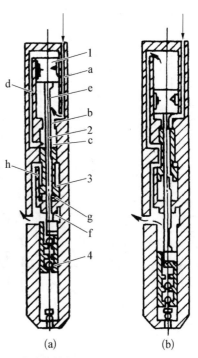

(a)   (b)

1—液动机活塞;2—活塞杆;3—主控制滑
阀;4—水力活塞泵活塞。

图5-17 差动式单作用水力活塞泵简图

(a)下冲程;(b)上冲程

进入液动机的下缸,作用在活塞的环形端面上;同时,高压动力液经过通道 b 进入腔室 c,再由通道 d 进入液动机上缸,作用在活塞上端面上。由于活塞上、下两端作用面积不同而产生压差,使液动机带动泵柱塞向下运动。活塞杆实际上是一个辅助控制滑阀,在杆身的上、下部开有控制槽 e 和 f。当活塞杆接近下死点时,上部控制槽 e 沟通了主控滑阀上、下端的腔室 c 和 g,使高压动力液由控制槽 e 进入主控滑阀的下端腔室 g。由于主控滑阀下端面的面积大于上端面的面积,在高压动力液作用下便产生压差,使主控滑阀推向上死点,从而完成下冲程。

2)上冲程

如图 5-17(b)所示,主控滑阀位于上死点。高压动力液从中心油管经过通道 a 进入液动机下缸。由于主控滑阀堵塞了通道 b,使高压动力液不能进入液动机的上缸。液动机上缸通过通道 d 主控滑阀中部的环形空间 h 与抽取的原油相沟通。在液动机上、下缸的压差作用下,液动机活塞带动泵的柱塞向上运动。上缸中工作过的乏动力液和抽取的原油混合后举升到地面。当活塞杆接近上死点时,下部控制槽 f 使主控滑阀的下腔室和抽取的原油相沟通,主控滑阀便被推向下死点,而液动机重新开始转入下冲程,上冲程便结束。

差动式单作用水力活塞泵的最大优点是结构简单,并可以自由安装,其缺点是直径一定时排量较小以及在工作中压力不平衡。

5.4.2 水力活塞泵的安装方式

水力活塞泵安装方式可以分为固定式、插入式、投入式 3 种,如图 5-18 所示。

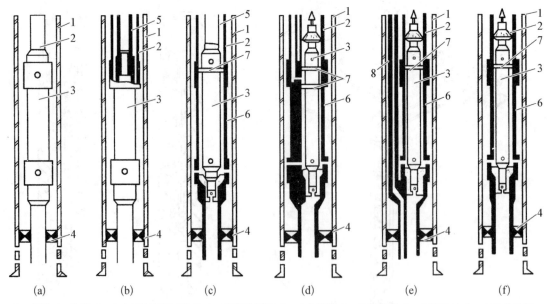

1—套管;2—油管;3—水力活塞泵井下机组;4—套管封隔器;5—动力油管;6—泵工作筒;7—上部密封;8—小直径油管。

图 5-18 水力活塞泵井下安装示意图

图 5-18(a)为固定式,水力活塞泵井下机组随油管柱一起下入井内,并固定在一个套管封隔器上。动力液从油管送入井内,原油和乏动力液从油管和套管的环形空间返回地面,属于

单管柱开式循环,所有自由气必须经水力活塞泵井下机组导出。图 5-18(b)也是固定式安装,但多了一层动力油管柱,属于同心双管柱闭式循环,自由气全部从油管与套管间的环形空间导出。固定式安装的优点是在相同尺寸的套管情况下,比其他类型泵的泵径大、排量大,缺点是起泵时必须起出油管。

插入式装置如图 5-18(c)所示,沉没泵连接在动力油管柱下端,从地面下入,并插入与外油管固定在一起的泵工作筒内。动力液从动力油管注入井内,驱动井下机组;原油和乏动力液从动力油管与外油管间的环形空间返回池面;所有自由气全部从外油管和套管间的环形空间导出。检泵时,只需起出动力油管柱。

图 5-18(d)(e)(f)为平行管投入式安装,泵工作筒随同动力油管下入井内,沉没泵从井口投入,使用循环动力液下泵和起泵。其中(d)为平行双管闭式循环投入式泵;(e)为平行双管开式循环投入式油气分采泵;(f)为单管开式循环投入式泵。投入式安装的优点是起下泵方便,不需要作业队,节省修井作业费;缺点是泵径受到限制,排量较小。

5.4.3　动力液循环系统及动力液

1. 动力液循环系统

水力活塞泵的动力液循环系统可分为闭式循环和开式循环两种。开式循环的乏动力液与抽取的原油混合后一起返出地面,而闭式循环的乏动力液则通过一条单独通道返回地面。因此,闭式循环比开式循环需要多下一根管柱,其水力活塞泵的安装方式也有前述的 3 种。

1)闭式循环

闭式循环系统比开式循环系统多一根管柱,井下泵液压马达排出的乏动力液与油井产出液不相互混合,并通过独自的通道返出井口,再经乏动力液管线返回动力液罐。显然,闭式循环系统比开式系统造价高,这也是它没有被广泛采用的原因。

2)开式循环

开式循环系统只需两个井下通道:一个是泵入动力液的导管;另一个是将乏动力液和采出液一起送到地面的导管。可以采用两根油管柱,也可以采用一根管柱。使用一根管柱时,利用油管和套管环形空间作为另一个通道。简易和经济是开式系统的重要特点。

2. 动力液

常用的动力液有水和油。油动力液比水动力液性能好,但不利于安全、生态和环境保护。如果用水动力液,就必须要加入化学添加剂以改善水的某些性能,将造成生产成本提高,因而限定了水动力液只能在闭式系统中使用。开式系统可用油动力液,但由于动力油的成本较高,并且运转时需要动力液处理装置,因此也将提高生产成本。

5.5　井内油温计算

在地层中温度较高,顺井筒往地表运动过程中,随着不断散热,油温不断降低,油温下降会极大地影响原油在井内和井口油嘴处的流动性。对于高倾点原油而言,井口油温太低会导致油流困难,需要在油气混合物进入分离器之前前置加热设备。井口油温计算对选取水下井口和出油管路的结构和保温措施等都有很重要的参考意义。

5.5.1 公式推导及分析

图 5-19 表示一个自喷油井的井身结构,油流从井底沿井筒流向井口。设 t_1 为井底油温,

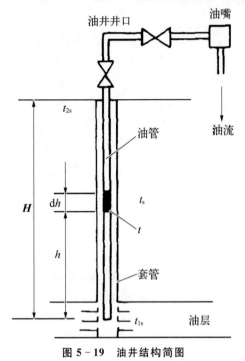

油井井口　　　　　　油嘴

油管

油流

t

套管

油层

图 5-19 油井结构简图

T 为井口油温,t_{1s} 为井底处地层温度,t_{2s} 为井口处地层温度,并考虑下列假设条件:

(1) 气体质量忽略不计。

(2) 井筒中液体流动为准稳定流,体积和流态变化的影响忽略不计。

(3) 流体对地层放热,其总传热系数 K 为一常数。

(4) 因天然气析出及膨胀吸热的影响忽略不计。

(5) 油流在油管中流动时因摩擦而产生的热量忽略不计。

1. 公式的推导

在井筒内取一微小井段 dh,在此井段内,单位时间散热量为 dq。从传热公式知

$$dq = K(t - t_s)\pi D\,dh \qquad (5-27)$$

式中,K 为总传热系数,单位为 $kJ/(m^2 \cdot h \cdot ℃)$;t 为 dh 井段内油温度,单位为 $℃$;t_s 为 dh 井段外地层温度,单位为 $℃$;D 为套管外径,单位为 m。

同时,流过 dh 井段,油温降低 dt,油损失热量为

$$dq = -GC\,dt \qquad (5-28)$$

式中,G 为原油质量流量,单位为 kg/h;C 为原油比热,单位为 $kJ/(kg \cdot ℃)$。

根据热量守恒,故有

$$K(t - t_s)\pi D\,dh = -GC\,dt \qquad (5-29)$$

由地质学知,地层温度与深度基本上成直线关系

$$t_s = t_{1s} - \alpha h \qquad (5-30)$$

式中,t_s 为任意深度地层温度,单位为 $℃$;α 为地温变化率,单位为 $℃/m$;h 为所求点井筒高度(距井底的高度),单位为 m。

将式(5-30)代入式(5-29)得

$$K(t - t_{1s} + \alpha h)\pi D\,dh = -GC\,dt \qquad (5-31)$$

求解此方程得

$$t = (t_{1s} - \alpha h) + \frac{\alpha GC}{K\pi D}(1 - e^{-\frac{K\pi Dh}{GC}}) \qquad (5-32)$$

此式即井筒内任意点油温计算公式。在井口处,$h = H$,$t = T$,代入式(5-32)有

$$T = (t_{1s} - \alpha H) + \frac{\alpha GC}{K\pi D}(1 - e^{-\frac{K\pi DH}{GC}}) \tag{5-33}$$

此式为井口油温计算公式。

2. 公式的物理意义

井口油温 T 受两项因素制约。式(5-33)第一项是 $(t_{1s} - \alpha H)$，它反映地温自然变化规律，意味着当油流静止时，原油本身的温度完全为环境地温所决定，因此可称为"静态温度"；第二项意味着因油流运动和地层油温对井筒油温的影响，从而产生"静态温度"的增量，即"动态温度"。显然，如果总传热系数 K 值或套管直径 D 较大，散热情况良好，井口油温就低；如果油流量 G 或液体比热 C 较大，则井口油温就高。

可以看出，当 H 增大到某一数值后，$e^{-\frac{K\pi DH}{GC}}$ 趋于零，则

$$T \approx (t_{1s} - \alpha H) + \frac{\alpha GC}{K\pi D} \tag{5-34}$$

此时，在井温曲线上表现为一段斜率相同、截距不同的平行于地温曲线的直线。

计算表明，当 $\frac{H}{GC} \geq 2$ 时，用公式(5-34)计算井口油温是足够精确的。

3. 公式中的各项参数取值

1) 井底油温 t_1（或 t_{1s}）

井底油温也称为油层温度。同一油田油层的相同深度处，温度基本一致，单位为℃。

2) 地温变化率 α

地质学上一般认为 $\alpha = 0.03$℃/m。某油田实测平均值 $\alpha = 0.0305$℃/m；该油田某井实测值 $\alpha = 0.025$℃/m。由于地温有异常区，故不同地区 α 亦不同。但对同一地区，α 取实测平均值是可行的。

3) 井深 H

取油层中部至井口的距离，单位为 m。

4) 静态温度

"静态温度" $(t_{1s} - \alpha H)$ 可以计算，也可直接取某地区地表下的恒定温度值。

5) 原油质量流量 G

油井生产时可实测油量。生产前由地质部门或作业者提供，单位为 kg/h。

6) 原油比热 C

当温度不同、密度不同时，比热稍有变化，一般计算时取 $C = 2.1$ kJ/(kg·℃)。当原油含水时，GC 两项之积可按下式计算

$$GC = G_油 \cdot C_油 + G_水 \cdot C_水 \tag{5-35}$$

式中，$C_水 = 4.2$ kJ/(kg·℃)。

7) 总传热系数 K

$$K = \frac{1}{\frac{1}{\alpha_1} + \sum \frac{\delta_i}{\lambda_i} + \frac{1}{\alpha_2} + R_0} \tag{5-36}$$

式中，R_0 为油、套管环形空间热阻，油、套管紧挨时，$R_0 \approx 0$；油、套管间有扶正器时，$R_0 = 0.040\,6 \sim$
$0.045\,3$，单位为 $m^2 \cdot h \cdot ℃/kJ$；α_1 为内部放热系数，单位为 $kJ/(m^2 \cdot h \cdot ℃)$；α_2 为外部放热系数，
单位为 $kJ/(m^2 \cdot h \cdot ℃)$，主要取决于岩石的导热系数；δ_i 为油、套管的厚度，单位为 m；λ_i 为
油、套管的导热系数，单位为 $kJ/(m \cdot h \cdot ℃)$。

与陆地输油管道相似，总传热系数 K 的计算较复杂，往往需要实际测定。测定后，在同一
区域内便可推广应用。由于地下岩石较为致密，且多数含水，故总传热系数较大。实测在
$21 \sim 25\ kJ/(m^2 \cdot h \cdot ℃)$。

8）套管外径 D

D 的单位为 m，其数据在完井后即可提供，此处 D 取套管外径，主要原因是井斜，油管一
般都紧贴套管。对采用外径不同的套管的井身结构，则应根据每种套管的外径及相应高度，逐
段推算至井口。如个别井特别直，或具有扶正装置，则由于存在油、套管的环形空间，其热阻
R_0 较大，故总传热系数 K 值将大为减小。

4. 假设条件的分析

1）气体质量流量

一般油井的气量，按总量计是很少的。国内多数油田的油气比一般在 $10 \sim 80$ 之间，故气
量可忽略不计，假设可以成立。但对油气比大于 100 的油井，可将气量折换成油量。

2）流态

井筒内的流态较复杂。在高于饱和压力的井段内，是纯油流动，多数处于层流或过渡区状
态。气体析出后为双相流，其流动状态更复杂。但考虑到只研究宏观整体，故可将流动视为准
稳定流。同时，由于此处只着重热力工况的分析，故可忽略体积和流态变化的影响。

3）总传热系数 K

井筒外部不同位置的岩层性质亦不同。井筒内的流体流态又有变化，所以严格地说，总传
热系数值应该是一个变量。但其变化与平均值之间的差值不大，取实测平均值即可。计算时，
可按常数考虑。

4）天然气析出和膨胀问题

井筒内，油流沿井筒上升，压力不断下降。当压力低于饱和压力时，便有天然气析出。
析出气体需要热量，已析出的气体不断膨胀，同时又会吸收一部分热量。这两部分热量的
变化可以利用析出气体那一点与所求点的熵差来计算，但是计算比较复杂。在井底压力大
于饱和压力的情况下，油气比小于 100 时，此温降都不大于 $4℃$，一般在 $2℃$ 左右，而且此部
分温降又由油气在油管中因摩擦所产生的热量进行一定的补偿，因此，为简化计算，在一般
工程计算中可忽略此温降。

5.5.2　实测值与计算值比较

图 5-20 所示为某油田 19 号井实测的温度值与计算值比较。从图中可以看出，实测的井
温值与计算的井温值重合较好，且与地温梯度曲线平行。这表明离井底一定距离后，式
（5-33）中 $e^{-\frac{K\pi Dh}{GC}}$ 急剧减小，由于流动引起的温升接近于常数，此数值即为 $\dfrac{\alpha GC}{K\pi D}$。由两条曲线
对比的结果得到，最大误差为 $1.6℃$。

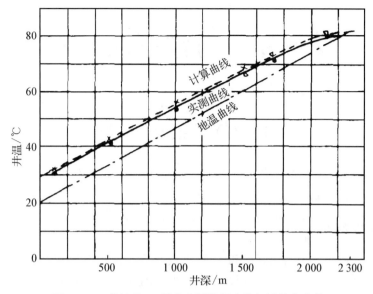

图 5 - 20　某油田 19 号井实测的温度值与计算值比较

思　考　题

1. 自喷竖井中可能出现的流动型态有哪些？各自有何特点？

2. 试简述用管长分段、按压力增量迭代，求解两相管流压力分布的计算步骤。

3. 临界流动的特点是什么？它在自喷井管理中有何应用？

4. 如何确定注水开发油田自喷井合理的工作制度？

5. 自喷井为什么要进行分层开采？其常见的井下管柱结构有哪两类？各自的特点是什么？

6. 什么是连续气举和间歇气举？分别适用于哪些条件的油井？

7. 什么是气举启动压力和工作压力？

8. 讲述气举阀的工作原理。

9. 如何确定各级气举阀的下入深度？

10. 潜油电泵采油系统的组成有哪些？各部分的作用是什么？

11. 潜油电泵采油系统中油气分离器有哪几种类型？各种的特点和适用条件是什么？

12. 水力活塞泵采油系统的组成有哪些？

13. 水力活塞泵的安装方式有哪几种类型？各自的特点是什么？

14. 为什么要对采油井井口温度进行计算？如何计算？

第6章 海洋原油处理

6.1 石油的组成与分类

石油的性质包括物理性质和化学性质两个方面,它们影响着石油的开发、储运、加工和应用。石油的化学组成是决定石油性质的内在因素。

6.1.1 石油的化学组成

石油的化学性质包括化学组分、组分的组成元素、组分含量和杂质含量等。从油田开采而未经炼制的天然石油统称为原油,是从地下深处开采的棕黑色可燃黏稠液体。石油是古代海洋或湖泊中的生物经过漫长的历史演化而形成的液体混合物,与煤炭一样属于化石燃料。石油是一种极其复杂的烃类和非烃类组分的混合物。人们已经从石油中提炼出 200 多种纯化合物。受限于技术上的困难,石油中到底有多少种纯化合物,目前尚不确定。

石油中所含的烃类组分主要有烷烃(C_nH_{2n+2})、环烷烃(C_nH_{2n})和芳香烃(C_nH_{2n-6}),石油中的非烃类组分主要有硫、氧、氮的化合物以及胶质和沥青质。

石油组分的化学元素主要是碳(83%~87%)、氢(11%~14%),其余为硫(0.06%~0.8%)、氮(0.02%~1.7%)、氧(0.08%~1.82%)及微量金属元素(镍、钒、铁等)。由碳和氢化合形成的烃类构成石油的主要组成部分,占 95%~99%,含硫、氧、氮的化合物对石油产品有害,在石油加工中应尽量除去。油气分离所得的原油中常含有水、砂和各种盐类,所得的天然气中常含有二氧化碳、硫化氢、氮、氦和水蒸气等杂质。

原油中的胶质是指原油中相对分子质量较大(300~1 000)的含有氧、氮、硫等元素的多环芳香烃化合物,呈半固态分散状溶解于原油中。胶质易溶于石油醚、润滑油、汽油和氯仿等有机溶剂中。原油的胶质含量一般为 5%~20%。

原油中的沥青质是一种高相对分子质量(1 000 以上)、具有多环结构的黑色固体物质,不溶于酒精和石油醚,易溶于苯、氯仿、二硫化碳。沥青质含量升高时,原油质量变坏,原油中沥青质的含量较少,一般小于 1%。

石油主要被用来作为燃料油(汽油、煤油、柴油等)和润滑油的原料,是目前世界上最重要的一次性能源之一,石油也是许多化学工业产品(如溶剂、化肥、杀虫剂和塑料)等的原料。当今开采的石油中有 88% 的量用于燃料,其他的 12% 作为化学工业的原料。

不同油田的原油在组成上有很大差异,同一个油田、不同油层和油藏所产原油的组成亦有差别,即使是同一口油井,在不同的开采阶段,原油组成也有变化。但在一段不太长的时期内,同一口油井产物的组成可看作是不变的,因而从油井井口不断流出的原油可作为有固定组成的多元体系加以研究。

6.1.2　原油的分类

对原油进行适当分类,有利于确定不同原油的价值、处理和输送工艺。对原油通常按组成、相对密度、含硫量、含蜡量和气油比的不同进行分类。

1. 按组成分类

原油中的烃类成分主要分为烷烃、环烷烃和芳香烃。根据烃类成分的不同,可粗分为石蜡基石油、环烷基石油和混合基石油三类。石蜡基石油含烷烃较多;环烷基石油含环烷烃、芳香烃较多;混合基石油介于两者之间。目前世界上采用最多的是美国矿务局在 1935 年提出的组成分类方法。它是以原油中具有特定馏程的轻、重两个馏分的相对密度为依据进行分类的,如表 6-1 和表 6-2 所示。其中的轻馏分称为轻关键馏分,是在常压(101.1 kPa)和温度为 250~275℃的条件下原油中馏出的组分;而重关键馏分是在压力为 5.33 kPa(40 mmHg)和温度为 275~300℃的条件下原油中馏出的组分。

表 6-1　美国矿务局原油分类指标

关 键 馏 分	指　　标	石蜡基	混合基	环烷基
轻关键馏分	API°	≥40	33.1~39.9	≤33
	相对密度 d	≤0.825 1	0.825 6~0.859 7	≥0.860 2
重关键馏分	API°	≥30	20.1~29.9	≤20
	相对密度 d	≤0.876 2	0.876 7~0.933 4	≥0.934 0

表 6-2　美国矿务局划分的原油类别

原油类别	轻关键馏分	重关键馏分
石蜡基	石蜡基	石蜡基
石蜡-混合基	石蜡基	混合基
混合-石蜡基	混合基	石蜡基
混合基	混合基	混合基
混合-环烷基	混合基	环烷基
环烷-混合基	环烷基	混合基
环烷基	环烷基	环烷基

由于轻、重关键馏分的基属不一定相同,组合起来可以得到 9 种可能的类别。但因为实际上不存在石蜡-环烷基和环烷-石蜡基原油,所以只有 7 类不同基属的原油。美国矿务局的这种分类方法大体反映了原油化学组成的类型。

我国以常压下沸点在 250~275℃的馏分为轻关键馏分,以沸点在 395~425℃的馏分为重关键馏分,按两个关键馏分的密度来划分原油类别,如表 6-3 和表 6-4 所示。

与表 6-2 和表 6-4 比较可以看出,我国的原油分类标准与美国矿务局的分类标准基本一致。

表6-3 原油关键馏分分类标准

馏 分 分 类	轻关键馏分20℃时的相对密度	重关键馏分20℃时的相对密度
石蜡基	＜0.820 7	＜0.872 1
混合基	0.820 7～0.856 0	0.872 1～0.930 2
环烷基	＞0.856 0	＞0.930 2

表6-4 我国原油分类

原油类别	轻关键馏分	重关键馏分
石蜡基	石蜡基	石蜡基
石蜡-混合基	石蜡基	混合基
混合-石蜡基	混合基	石蜡基
混合基	混合基	混合基
混合-环烷基	混合基	环烷基
环烷-混合基	环烷基	混合基
环烷基	环烷基	环烷基

2. 按相对密度分类

国际上习惯用 API° 来表示原油的轻、重，一般相对密度越小的原油，相应的 API° 越大，而相对密度越大的原油，其 API° 越小。国际上常把 API°≥32 的原油称为轻质石油，API° 为 20～32 的原油称为中质原油，API° 为 10～20 的原油称为重质原油，API°≤10 的原油称为特重质原油。

3. 按含硫量分类

含硫量是指原油中所含硫(硫化物或单质硫分)的质量分数。原油中含硫量较小，一般小于 1％，但对原油性质的影响很大，对管线有腐蚀作用，对人体健康有害，并会使炼厂催化剂中毒，增加炼制费用，燃烧时生成的 SO_2 还会污染环境。由于原油中的含硫量对原油的加工和应用有不利影响，所以往往需要按含硫量的高低对原油进行分类。一般把含硫量低于 0.5％ 的原油称为低硫原油，含硫量在 0.5％～2.0％ 之间的原油称为含硫原油，含硫量高于 2.0％ 的原油则称为高硫原油。

4. 按含蜡量分类

含蜡量是指原油中所含蜡的质量百分比。蜡是高分子烷烃化合物的混合物，是石蜡和地蜡的统称。石蜡是指从 C_{16} 至 C_{35} 烷烃化合物的混合物，主要为正构烷烃。从石油中分离出来的固态纯石蜡是一种白色或淡黄色固体，石蜡的相对密度为 0.85～0.95，平均相对分子质量为 400～430，熔点为 37～76℃。石蜡在地下以胶体状溶于石油中，当压力和温度降低时，可从石油中析出。地蜡是指从 C_{35} 至 C_{50} 固体烃类的混合物，其晶型为细针状，熔点为 65～90℃。原油中含蜡量的高低对于原油的开采和储运有着很大影响，含蜡量高的原油会在生产中带来许多问题。同时石蜡又是重要的资源，有着十分广泛的用途，可以用作造纸、纺织品、金属防锈、洗涤剂、乳化剂、分散剂、增塑剂、润滑脂等一系列产品的原料或添加剂。一般把含蜡量低于

2.5% 的原油称为低蜡原油,含蜡量在 2.5%～10.0% 之间的原油称为含蜡原油,含蜡量高于 10.0% 的原油称为高蜡原油。

5. 按气油比分类

按气油比可将油气井产物分为以下 6 种:

(1) 死油:从油藏压力降至大气压,原油内无溶解气析出,即气油比等于零。

(2) 黑油(或称普通原油):气油比小于 356 的原油。

(3) 挥发性原油:气油比在 356～588 范围内的原油。

(4) 凝析气:气油比在 588～8 905 范围内的油井产物。

(5) 湿气:气油比大于 8 905 的油井产物。

(6) 干气:不含液体的天然气。

6.1.3　原油的物化性质

虽然组成原油的主要元素为 C 与 H,但是由 C 与 H 组成的复杂化合物千差万别,含量也不一样,由这些复杂的化合物所组成的原油的性质也不尽相同。有的原油颜色深一些,有的颜色浅一些;有的原油黏度大一些,有的黏度小一些;有的原油密度大一些,有的密度小一些,为此从以下几个方面来阐述原油的物化性质。

1. 颜色

原油的颜色多种多样,颜色从浅到深都有,原油中的胶质沥青质含量不同原油的颜色也不相同,胶质沥青质含量高的原油颜色深一些,反之颜色浅。可由原油的颜色深浅大致来判断原油中的重质组分含量的多少。

2. 密度和相对密度

密度是单位体积内所含物质的质量,通常以 kg/m^3 为单位。我国规定原油及原油产品在温度 20℃ 的密度为原油及原油产品的标准密度,以 ρ_{20} 表示,其他温度下的密度称为视密度,用 ρ_t 表示。液体油品的相对密度是其密度与规定温度下水的密度之比,通常以 d 表示。因为水在 4℃ 时的密度为 1 000 kg/m^3,所以常以 4℃ 水作为基准。我国常用的相对密度是用 20℃ 油品和 4℃ 水的密度之比,即 d_4^{20}。

欧美国家常用 15.6℃ 油与 15.6℃ 水的密度之比来表示相对密度,即 $d_{15.6}^{15.6}$。 另外国际上常以相对密度指数 API° 来表示原油和油品相对密度。国际上把 API° 作为决定原油价格的主要标准之一。它的数值愈大,表示原油愈轻,价格愈高。API° 和 $d_{15.6}^{15.6}$ 的关系式为

$$API° = \frac{141.5}{d_{15.6}^{15.6}} - 131.5 \tag{6-1}$$

当温度升高时,油品体积就会膨胀,因而它的密度会减小。一般在非极高的压力下,压力对液体原油密度的影响可以忽略不计。但在高温、高压条件下,压力对原油密度就有一定的影响,此时应进行校正。对于同一原油的各个馏分,随着沸点上升,相对分子质量增大,密度也随着增大,但对于不同原油的同一馏分,密度却有较大的差别,这是因为它们的化学组成不同所致。当碳原子数相同时,芳香烃的密度最大,环烷烃的密度次之,烷烃的密度最小。因此,当原油馏分的馏程相同时,含芳香烃越多,密度越大,含烷烃越多,密度越小,因而通过密度的数据大致可判断油品中哪种烃类的含量较多。各种油品的相对密度范围如表 6-5 所示。

表 6-5　各种油品的相对密度

油品	相对密度	API°	油品	相对密度	API°
原油	0.65～1.06	86～2	柴油	0.82～0.87	41～31
汽油	0.7～0.77	70～50	润滑油	＞0.85	＜35
煤油	0.75～0.83	57～39			

原油常用"桶(bbl)"作为一个容量单位,即 42 gal(加仑)。因为各地出产的原油密度不尽相同,所以一桶原油的质量也不尽相同。一般地,1 t 原油大约相当于 8 bbl,具体换算关系为 1 bbl= 0.158 98 m³=42 gal(美)。

3. 黏度

黏度是表示液体流动时分子间因摩擦而产生阻力的大小。黏度与原油组成、外界压力和温度有关。

1) 黏度与组成的关系

黏度反映了液体内部的分子摩擦,与分子的大小和结构有密切关系。当原油的密度增大,平均沸点升高时,也就是说当原油中烃类相对分子质量增大时,黏度增加;或者说当原油馏分的沸点相同时,含烷烃多的原油黏度小,而含环烷烃及芳香烃多的原油黏度大。

2) 黏度与压力的关系

当压力小于 4.0 MPa 时,压力对原油黏度的影响不大,可以忽略。当压力大于 4.0 MPa 时,黏度随压力的增加而逐渐增加,在高压下则显著增大。

3) 黏度与温度的关系

对评定原油的性质,黏度与温度的关系是十分重要的。当温度升高时,所有原油的黏度都降低,而当温度降低时,黏度则升高。

4. 闪点、燃点和自燃点

烃类要发生燃烧,必须具备烃类蒸气、氧和明火火源 3 个条件。研究发现,并非具备上述 3 个条件就一定会出现着火燃烧现象,只有在烃类蒸气与空气形成的混合气体中,烃类蒸气浓度在一定范围之内,才会着火燃烧。当烃类蒸气浓度低于此范围时,则烃类蒸气浓度不够,当高于此范围时,则空气不足,在这两种情况下都不能发生爆炸。这个浓度范围称为爆炸极限或爆炸范围,一般用可燃气体的体积分数表示。能引起燃烧爆炸的最高浓度称为爆炸浓度上限,最低浓度称为爆炸浓度下限。

闪点也称为闪火点,是指在规定条件下,加热原油或油品所逸出的蒸气与空气组成的混合物与火焰接触瞬间闪火时的最低温度,以摄氏温度表示。由于测定仪器和方法不同,闪点分为开口闪点和闭口闪点。一般原油的闪点为 30～170℃,原油中各馏分的闪点随沸点的升高而升高。大气压力对闪点也有影响,因而通常测定的闪点都以标准压力 0.1 MPa 下的数值表示。实验测定,每当降低压力 133 Pa 时,闪点降低 0.033～0.036℃。根据这个数据就很容易做出大气压力校正表,小于 0.1 MPa 的校正值为正,大于 0.1 MPa 的为负。

原油和油品的燃点是在规定条件下,将试样加热到能被所接触的火焰点燃,并连续燃烧 5 s 以上的最低温度。燃点一般比开口闪点高 20～60℃。自燃点,顾名思义是自行燃烧的温度,它是加热试样与空气接触,因激烈氧化产生火焰而自行燃烧时的最低温度。

闪点、燃点和自燃点都与原油和油品的燃烧爆炸有关,也与其化学组成和馏分组成有关。对于同一油样来说,其自燃点最高,燃点次之,闪点最低。对于不同油样来说,闪点越高的,其燃点也越高,但自燃点反而越低。含烷烃多的油料,其自燃点低,闪点高。同一族烃中,相对分子质量小的烃,其自燃点高而闪点低,相对分子质量大的自燃点低,闪点高。

因此,从安全防火角度来说,轻质油品应特别注意严禁烟火,以防遇外界火源而燃烧爆炸;重质油品则应防止高温漏油,遇到空气引起自燃,酿成火灾。

5. 质量比热容和发热量

质量比热容是加热 1 kg 原油使其温度提高 1℃所需消耗的热量,单位为 kJ/(kg·℃)。在温度达到 50℃时,不同原油的比热容变动范围相当窄,变化范围为 1.7～2.0 kJ/(kg·℃),随原油的密度增加其比热容降低。原油相对分子质量增加,相应的其沸点和密度增大,比热容减小。

发热量是 1 kg 燃料全部燃烧生成二氧化碳和水时所放出的热量,相当于单位质量的原油经燃烧所能产生的热量,其单位为 kJ/kg。原油的发热量变化幅度为 37 683～46 057 kJ/kg。因原油的化学成分不同,其发热量也有差异,一般烷烃原油含氢较多,其发热量比环烷烃和芳香烃原油高。

6. 溶解性

原油具有易溶于有机溶剂的性质。原油在很多碳氢化合物溶剂中都十分容易溶解,溶剂如苯、香精、醚、三氯甲烷、二硫化碳、四氯化碳,在戊醇中难溶解,在纯乙醇中只能有少部分被溶解。环烷烃原油比芳香烃原油容易溶解,温度越高,原油的可溶性越高。在轻香精含量过高或乙醇与醚的混合物中,原油一部分(如沥青质和石蜡)会沉淀出来。根据原油的溶解性,可以鉴定岩石中是否含有微量的原油。

石油和石油产品本身也是很好的溶剂,能溶解多种胶质以及大多数的动物和植物油类。石油中溶解的烃类,主要是烷烃、芳香烃和含氧化合物。石油难溶于水,石油中某些烃类在水中溶解的规律是:芳香烃>环烷烃>烷烃。

7. 导电性

原油主要为 C 和 H 等各种元素组成的化合物,不具有极性,因此是非导电体。相关资料表明原油的电阻率为 10^{11}～10^{18} Ω·cm。无水的原油和原油产品是非导电体,电阻非常大,实际情况是原油基本不导电,如石蜡的电导率约为 10^{-6} S/cm,而纯水的电导率则为 10^{-8} S/cm (0℃)。

原油是一种不良的导电物质,可利用这种特性在钻井时进行电测井以了解含油层的位置和深度。原油及原油产品很容易在摩擦时生电,并与其他的非导电体一样,可以在表面上使电荷保留一定的时间,在一定条件下这种带电现象放电的结果可能产生电火花,危险性很大。

8. 相对分子质量

原油中最小的分子是相对分子质量为 16 的甲烷。最大的分子是沥青质,相对分子质量可达到几千。由于原油是各种化合物的复杂混合物,所以原油馏分的相对分子质量取其各组分相对分子质量的平均值,称为平均相对分子质量。原油的相对分子质量随原油馏分沸程的增高而增大或随密度的增加而增大,不同馏分的平均相对分子质量数值如表 6-6 所示。

表 6-6 不同馏分的平均相对分子质量

馏分温度范围/℃	相对密度 d_4^{20}	平均相对分子质量	馏分温度范围/℃	相对密度 d_4^{20}	平均相对分子质量
60～80	0.680	90	140～160	0.795	120
80～100	0.710	100	160～180	0.810	132
100～120	0.750	110	180～200	0.820	140
120～140	0.770	115	200～220	0.835	150

各种原油的相对分子质量大致如下：汽油 100～120，煤油 180～200，轻柴油 210～240，低黏度润滑油 300～360，高黏度润滑油 370～500。

9. 热膨胀系数

原油受热膨胀现象服从液体热膨胀规律，即液体的膨胀随温度升高而增大，大多数原油及原油产品的体积随温度的变化不是直线关系，而是呈现更复杂的规律，因为它们的体积膨胀系数不是常数，而是温度的函数。各种原油的热膨胀系数有显著的不同。通常规律为原油越轻，其膨胀系数越大。对于同一原油的不同馏分来说，膨胀系数的变化也与上述情况类似，馏分越轻，其膨胀系数越大，如表 6-7 所示。

表 6-7 原油的平均膨胀系数

相 对 密 度	平均膨胀系数	相 对 密 度	平均膨胀系数
0.700～0.720	0.001 255	0.860～0.880	0.000 782
0.720～0.740	0.001 183	0.880～0.900	0.000 734
0.740～0.760	0.001 118	0.900～0.920	0.000 688
0.760～0.780	0.001 054	0.920～0.940	0.000 645
0.780～0.800	0.000 995	0.940～0.960	0.000 604
0.800～0.820	0.000 937	0.960～0.980	0.000 564
0.820～0.840	0.000 882	0.980～1.000	0.000 526
0.840～0.860	0.000 831		

6.2 油 气 分 离

从井口采油树出来的原油和天然气都是碳氢化合物的混合物。天然气由相对分子质量较小的组分组成，在常温常压下呈气态；原油由相对分子质量较大的组分组成，在常温常压下呈液态。在油藏的高压、高温条件下，天然气溶解在原油中。当油气混合物从地下沿井筒向上运动到达井口并继而沿出油管、集油管流动时，随着压力的降低，溶解在液相中的气体不断析出，并随其组成、压力和温度条件形成了一定比例的油气共存混合物。为了满足产品计量、平台处理、储存、外输和使用的需要，有必要将它们按液体和气体分开，这就是油气分离。为了对产品进行计量，减少输送过程中的能量损失并生产出符合国家质量要求的油田产品，必须对油气混合物进行分离和净化处理。

油气分离是油气处理工艺的主要环节之一。对海上油田,选择合理的油气分离工艺通常是对产品原油收率、设备费用和系统操作性能的优化。分离设备要具有良好的分离效果,即希望由分离器分出的气体中尽量少带液滴,脱气后的原油中尽量少带气泡。

6.2.1 油气分离的方式和效果

油气分离包括平衡分离和机械分离两个方面。组分一定的油气混合物,在某一压力和温度下,系统处于平衡时就会形成一定比例和组分的液相和气相,这种现象称为平衡分离。平衡分离是一个自发过程。机械分离则把平衡分离的两相分成独立的系统并用不同的管路分别输送。油和气的系统形成后,收率和质量的最高限度可以基本确定,除非再进行较油气分离更复杂的一些加压过程,否则就不能突破这个限度。机械分离是对平衡分离的两相进行的一项加工过程。在最理想的情况下,只能使平衡条件下的两相彻底分开,并不能对平衡分离所决定的收率和质量加以提高。所以,决定油气最终收率和质量的最关键过程,还是油气的平衡分离。

平衡分离可以分为一次分离、连续分离和级次分离 3 种基本方式。

1. 一次分离

所谓一次分离是指在系统中,气液两相在一直保持接触的条件下逐渐降低压力,气体也逐渐从液体中逸出,最后流入常压罐,并在罐中一次把气液分开。由于这种分离方式有大量气体从常压罐中排出并携带走大量液体,增加原油的损耗,同时油气流一次降压进入常压罐时的冲击力很大,故实际生产中并不采用。

2. 连续分离

连续分离是指在系统压力降低的过程中,在不扰动液体的条件下,不断地将逸出的平衡气排出,直至压力降到常压,平衡气也排尽,剩下的液体进入常压罐。连续分离又称微分分离,在实际生产中亦很难实现。

3. 级次分离

级次分离是指在保持系统中两相接触的条件下,降低其压力到某一数值时,停止降压,把降压过程中析出的气体排出。脱出气体的液体继续沿管路流动,降压到另一较低压力时,又停止降压,把该段降压过程中平衡气排出,如此反复,直至系统压力降低到常压为止。每排一次气,作为一级分离;排几次气称为几级分离。油气一般总是在常压油罐内进行最后的分离。因此,一个油气分离器和一个油罐是二级分离,串联的两个油气分离器和一个油罐是三级分离。级次分离通常是指三级以上的分离作业。图 6-1 所示为典型的海上油田三级分离流程。从采油井出来的油气流经高压、中压和低压三级分离后,脱气的原油通过油泵输出,分离出的天然气经除液后用作燃料或火炬烧掉。在油气分离作业中,常常还要从分离器的底部分出含有少量原油的水,称为含油污水。污水需经处理装置净化达到规定含油浓度后排放入海。

判别油气分离的效果主要是用最终液体收获量和液体密度来衡量。分离级数、分离压力和分离温度对上述效果有很大影响。

原油中含有 $C_1 \sim C_4$ 等挥发性很强的组分,特别是 C_1,虽然能使原油密度减小,但同时会使原油蒸气压增大,在随后的储输过程中会因大量轻组分逸出而携带走重组分,增加原油的损耗。带有重组分的天然气在受到冷却时会凝析出轻油影响天然气的使用。因而,在分离作业中应尽量使 C_5 和重于 C_5 的组分留在原油中,希望 $C_1 \sim C_4$ 等轻组分离出去。这样,既保证销

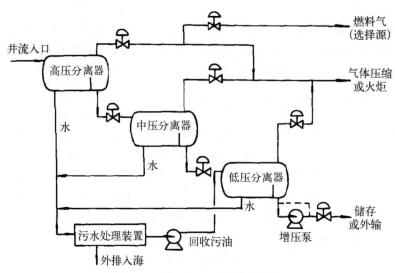

图 6-1　海上油田三级分离流程

售原油的质量,又提高原油的收率。达到这种效果的办法就是在合理的平衡压力和温度条件下进行级次分离。我们以表 6-8 所列组成的油气混合物在 49℃ 温度下不同级次分离的结果来说明级次分离的效果,计算结果如表 6-8 所示。

表 6-8　某石油组成

组　分	甲烷	乙烷	丙烷	丁烷	戊烷	己烷	庚烷以上	共计
分子分数	0.053 9	0.009 9	0.013 7	0.012 6	0.009 6	0.019 1	0.881 2	1.000 0

从表 6-9 的数据可以看出,0.44 MPa、1.1 MPa 和 3.4 MPa 的二级分离以及 3.4 MPa、0.44 MPa 的三级分离在最后的总液体产物数量上比一次平衡分离分别提高了 7.4%、8.5%、7.9% 和 9.1%,最后油罐中原油的密度分别降低了 0.8%、0.9%、0.7% 和 1.1%,从而说明,分离级数愈多,分离所得储罐原油收率愈高,密度愈小。

表 6-9　分离级数和分离压力对分离效果的影响

分离级数		1	2	2	2	2
分离压力 /MPa	第一级	0.1	0.44	1.10	3.4	3.4
	第二级		0.1	0.1	0.1	0.44
	第三级					0.1
液体占总质量分数		0.832 3	0.893 4	0.903 1	0.897 2	0.908 0
液相密度/(kg/m³)		900	893	892	894	890
气体占总质量分数	第一级	0.167 7	0.100 3	0.079 4	0.059 6	0.059 6
	第二级		0.006 3	0.017 5	0.042 3	0.021 3
	第三级					0.011 1

（续表）

分离级数		1	2	2	2	2
气体相对密度（对空气）	第一级	0.976	0.773	0.700	0.637	0.637
	第二级		1.290	1.375	1.265	0.897
	第三级					1.540
总气油比（m³/m³）		142.2	106.6	96.3	98.3	94.3

从同一表中 3 种不同操作压力的二级分离来看，第一级分离压力为 1.1 MPa 时效果最佳，3.4 MPa 压力时的效果次之。概括来说，增加分离级数能提高最终原油的数量和质量；对相同的分离级数，不同分离压力其效果也是不一样的。

Whitely 对 13 种原油进行过多级分离实验。在 27℃ 温度下，分离级数由二级提高到四级，最后在油罐中收获的原油量增加了 3.16%～22.0%，平均为 8%。

大庆油田有限责任公司勘探开发研究院曾对大庆原油进行第一级分离压力不同的二级分离实验，其结果如图 6-2 所示。可以看出，按当时的油田情况，油气是在 0.2 MPa 压力下进行一级分离后进入油罐的，脱气原油为地层原油体积的 89.8%。若将一级压力提高到 0.8 MPa，则脱气原油占地层原油体积的 91.6%。这说明只要把分离压力适当提高，原油收率可提高约 2%。一级分离压力超过 0.8 MPa，原油收率反而有所降低，因此存在一个最优分离的压力。

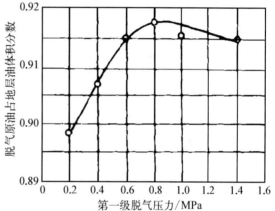

图 6-2　原油二级分离中一级压力对脱气原油收率的影响

6.2.2　分离机理

级次分离不仅能够获得较多的液体量，而且在液相中含易挥发性的组分少，其原因可以从系统的分离机理来解释。一定油气混合物中的各组分在一定的压力和温度条件下，各按一定的比例分布在液相和气相中。相对分子质量较大的组分在一元系统时是液态，而在同样条件的多元系统中，部分处于气相。相对分子质量较小的组分在一元系统时是气态，而在多元系统中，部分处于液相。其原因是油气各组分混合在一起时，各组分都产生蒸气分压，并按分压的比例各有不同程度的相态转移倾向。这一现象是因为运动速度较高的轻组分分子，在运动中撞击那些运动速度较低的重组分分子，前者损失了原来可以进入气相的能量而留在液相中，后者获得了能量而进入气相。混合物在压力降低或温度升高而随带发生的这种现象称为携带效应。轻组分越多，撞击重组分分子的机会越多，进入气相的重组分也越多。两相间分子的这种交换，在平衡状态时就是各种相对分子质量的分子从一相进入另一相的趋势正好相等。

当平衡系统压力较高时，分子的间距小，吸引力大，分子在气相中难以存在，重组分分子进入气相更难，所以气相部分较少，其中重组分所占的比例也相对少。如果在较高压力下把已分离成气相的气体及时排出,可以降低系统中轻组分的比例。当压力进一步降低时,减少了重组分分子被轻者的撞击而携带蒸发的机会。气体排出越及时,则以后携带蒸发的机会越少,所得的液体原油量越多,同时其中含有的轻组分越少,所以,分离级数越多,液体的收获量越多。

6.2.3 分离级数和分离压力的选择

从理论上分析,分离级数越多,最终液体的收获量越多,但过多地增加分离级数会造成投资和操作费用的大幅度上升,而且超过三级或四级,原油收率的增加幅度则越来越小。

选择分离压力时,要考虑石油组成和油井井口压力,各油田的井口压力和组成变化范围很大,无法提出适合具体情况的各级最优压力的计算公式,最好拟定多种分离方案,进行闪蒸分离的模拟平衡计算,择优选择。

Campbell 提出了一个确定多级分离各级间压力比的经验公式(6-2)。若分离级数为 n,各级操作压力为 P_1,P_2,…,P_n(绝对压力)时,则各级间压力比 R 为

$$R = \sqrt[n-1]{\frac{P_1}{P_n}} \qquad\qquad (6-2)$$

若末级为 0.1 MPa(绝对)时,则

$$R = \sqrt[n-1]{10\,P_1} \qquad\qquad (6-3)$$

从三级分离的实例分析,通常是 P_1/P_2 大于 P_2/P_3。因此,式(6-2)只能作为估算式来使用。

Standing 提出对一般溶解气原油系统,当采用二级分离时,第一级分离压力可取 1.1~1.8 MPa(绝对压力);当采用三级分离时,第一级和第二级分别取 2.9~3.6 MPa 和 0.5 MPa(绝对压力)。

对于海上油田,在确定分离系统方案时,与陆上油田不同,有其特殊的限制和要求。

1. 海上平台受甲板空间的限制

一般情况下,减少分离级数、节省平台空间,要比提高液体原油收率更为经济。增加设备、加大平台甲板面积,会显著地增加支撑上部设施的下部结构重量。按经验可知,平台上部设备每增加 1 t,下部导管架和钢结构要增加 1~3 t 钢材,随之带来了海上安装费用的增加。

2. 井口流压变化大

井口流压决定了最高级分离的最大操作压力,井口流压高,要求分离级数多一些。海上油田开采速度较快,井口流压递减也较快,对分离级数影响很大。因此,在确定分离级数方案时,不仅要考虑油田初期的井口流压,还要考虑油田寿命期间流压的递减规律。开发一个新油田,往往要对分离级数和压力水平做综合的评价。如果在一个平台上有不同压力级别的井组,则可分别进入相当压力的分离器。

3. 井流特性和输出条件

通常较轻的原油含有较多的 C_4、C_5 和 C_6,并具有较高的气油比,分离级数可以多一些。反之,分离级数可以少一些。一般情况不超过三级。

分离级数与原油中转站设置地点也有关系,如选用全海式集输方式(中转站设在海上),由运输油轮装载外运,要求产品原油的雷德蒸气压为 50~80 kPa,基本上要脱出气体,即最后一级分离的压力略高于常压,这是装油作业安全的要求。如选用半海半陆式集输方式(中转站设在陆上),平台上原油要经海底管道输送上岸,平台原油可不完全脱气。通常输出原油的雷德

蒸气压不大于680 kPa,即平台上最终分离级压力不需要降至常压,可在岸上进行脱气。

4. 设备并联系列及备用

海上油田受平台甲板和经济的限制、考虑分离系统并联列数时,一般不设置备用,仅在处理能力上预留一定的余量。但是,平台上的分离器要受到几何尺寸和吊装重量的限制,不能过分地加大分离器的直径和长度。

6.2.4　油气分离器

在原油生产过程中,平衡分离只能使油气的混合物形成一定比例和组成的气相和液相,但不能把气体和液体截然分开,生产要借助机械分离方法,将油气混合物进行分离的机械设备称为油气分离器。

分离器要求具有良好的机械分离效果,即希望由分离器流出的气体中尽量少带液滴,原油中尽量少带气泡。气体的带液率和液体的带气率表明气液的净化程度。净化程度愈高,分离器的结构愈完善。但过高地追求净化程度往往导致分离器结构复杂,外形尺寸增大,很不经济。

海上油田使用的分离器,按其外形主要有两种类型,即卧式分离器和立式分离器;按其功能可分为油气两相分离器和油气水三相分离器。还有一些可用于完成特定功能,包括计量分离器(test seperater),用于单井油气水计量,它是一种三相分离器;用于从气体中分离液滴的涤气器(scrubber),它是一种两相分离器;用于分离游离水的分离器(knockout),它是一种三相分离器;用于缓冲从远处井口平台来的高气油比段塞流捕集器(slug catcher),它是一种两相分离器。

1. 立式分离器

图6-3和图6-4为立式两相和三相分离器的示意图。立式分离器适用于处理含固体杂质较多的油气混合物,可在底部设置排污口以便于清除固体杂物,液面控制较容易,而且占用

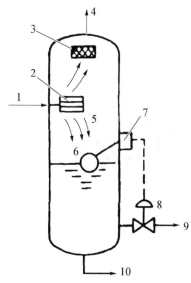

1—油气混合物入口;2—入口分流器;3—除雾器;4—气体出口;5—重力沉降段;6—浮子;7—液面调节器;8—控制阀;9—液体出口;10—排污口。

图6-3　立式两相分离器

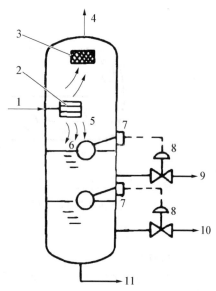

1—油气混合物入口;2—入口分流器;3—除雾器;4—气体出口;5—重力沉降段;6—浮子;7—液面调节器;8—控制阀;9—油出口;10—水出口;11—排污口。

图6-4　立式三相分离器

面积小。其缺点是：气液界面积较小(与卧式相比)，集液部分原油中所含气泡不易析出，特别是在高气油比时；撬装化比较困难；另外，还有较重的甲板载荷。立式两相分离器也常用作生产分离器的气体涤气器和燃料气及火炬气的分液器。立式三相分离器可作为计量分离器。

2. 卧式分离器

图6-5和图6-6为卧式两相和三相分离器的示意图。在卧式分离器中，气体流动的方向与液滴沉降的方向相互垂直、液滴易于从气流中分出；气液界面积较大(与同直径立式分离器比较)，原油中所含气泡易于上升至气相空间，有利于处理起泡原油；相同直径时，卧式分离器比立式分离器有较大的允许气体流速，适于处理气油比较大的流体；易于接管、撬装、搬运和维修；甲板载荷较低。其缺点是：占地面积较大；在处理含固体杂物较多的原油时，沿长度方向需设几个排放口。海上油田所用生产分离器大多数是卧式分离器。

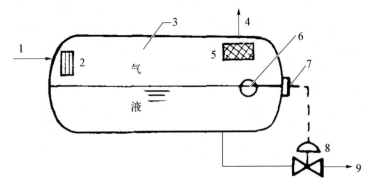

1—油气混合物入口；2—入口分流器；3—重力沉降段；4—气体出口；5—除雾器；
6—浮子；7—液面调节器；8—控制阀；9—液体出口。

图6-5　卧式两相分离器

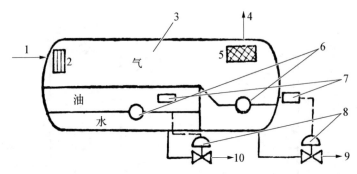

1—油气混合物入口；2—入口分流器；3—重力沉降段；4—气体出口；5—除雾器；
6—浮子；7—液面调节器；8—控制阀；9—油出口；10—水出口。

图6-6　卧式三相分离器

3. 其他形式的分离器

海上油田所用的其他形式的分离器还有卧式双筒分离器、离心式分离器和倾斜分离器。卧式双筒分离器(见图6-7)有气室和液室。油气流从上筒进入，分出的原油通过连通管进入下筒，原油中所夹带的气泡在下筒内析出并经连通管上升至上筒。由于原油和气流隔开，避免了气体在液面上方流过时使原油重新气化和原油表面泡沫被气体带走的可能。这种分离器建造费用高，在油田使用较少，在含有凝析油的气田上有所采用。

离心式分离器(见图 6-8)主要靠油气混合物做回转运动时产生的离心力使油气分离。它占用空间小,效率高。气体汇于中心向上流出,油液甩向四周,从下方流出。

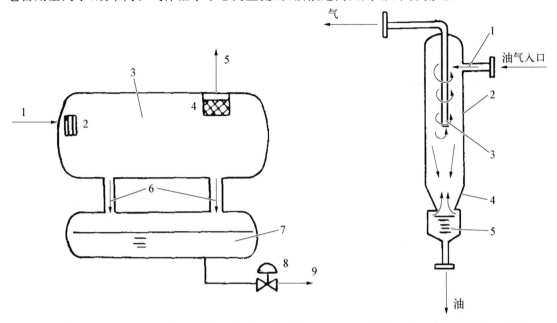

1—油气混合物入口;2—入口分流器;3—重力沉降段;4—除雾器;
5—气体出口;6—连通管;7—集液筒;8—控制阀;9—液体出口。

图 6-7　卧式双筒分离器

1—入口短管;2—分离器筒体部分;3—气体出口;4—分离器锥体部分;5—集液部分。

图 6-8　离心式分离器

倾斜分离器具备立式和卧式分离器的优点,因其油滴浮升面积大、油水出口距离远,所以分离效率高、出水水质好。倾斜分离器的结构如图 6-9 所示,分离器的倾角设计为可调节的 6°、9° 和 12°,油相和水相出口分别位于分离器的上端和下端,入口布液器设在分离器的中央偏上位置,分离器内置两段波纹板组为聚结填料,采用射频导纳液位计来控制油水界面的高度。倾斜分离器处理高含水油田采出液,主要用于油水的初次分离,所以又称为倾斜游离水脱除器。

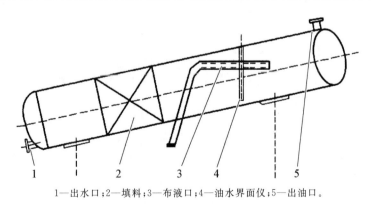

1—出水口;2—填料;3—布液口;4—油水界面仪;5—出油口。

图 6-9　倾斜分离器

6.2.5　油气水分离器的工作原理

油气水分离器的工作原理包括从气体中分出油滴和从原油中分出气体以及油水间的两相

分离。

1. 从气体中分出油滴

油气混合物经分离器的入口分流器获得油气初步分离后,携带大量油滴的气体进入重力沉降部分,气体流速变慢,油滴在重力作用下开始以某一加速度下沉。随着油滴下沉速度加大,油滴受气流的阻力逐步增大。当油滴受力达到平衡时,油滴将以匀速在气流中下沉。

1) 油滴的沉降速度计算

油滴在气流中的下沉速度的理论公式为

$$w = \sqrt{\frac{4gd(\rho_1 - \rho_g)}{3\xi \rho_g}} \tag{6-4}$$

式中,w 为油滴的沉降速度,单位为 m/s;g 为重力加速度,单位为 m/s²;d 为油滴直径,单位为 m;ρ_1 为在分离条件下的油滴密度,单位为 kg/m³;ρ_g 为在分离条件下的气体密度,单位为 kg/m³;ξ 为阻力系数。

阻力系数是雷诺数 Re 的函数,雷诺数的表达式为

$$Re = \frac{wd\rho_g}{\mu_g} \tag{6-5}$$

式中,μ_g 为分离条件下气体的动力黏度,单位为 Pa·s。

根据 Re 的大小,可以把 ξ 与 Re 的关系划分为层流、过渡流和湍流 3 个流态区,各流态区阻力系数 ξ 与雷诺数 Re 的相关关系如表 6-10 所示。

表 6-10　各流态区 ξ-Re 的相关关系

流　态	雷诺数范围	ξ 计算式
层　流	$Re < 2$	$24\,Re^{-1}$
过　渡	$2 < Re < 500$	$18.5\,Re^{-0.6}$
湍　流	$500 < Re < 2 \times 10^5$ $Re > 2 \times 10^5$	0.44 0.1

把不同流态区阻力系数代入式(6-4)可得不同流态区油滴的沉降速度计算公式:层流区 Stokes 公式

$$w = \frac{d^2 g(\rho_1 - \rho_g)}{18 \mu_g} \tag{6-6}$$

过渡区 Allen 公式

$$w = \frac{0.153 d^{1.142} g^{0.286} (\rho_1 - \rho_g)^{0.714}}{\mu_g^{0.428} \rho_g^{0.286}} \tag{6-7}$$

湍流区 Newton 公式

$$w = 1.74 \sqrt{\frac{gd(\rho_1 - \rho_g)}{\rho_g}} \tag{6-8}$$

上述理论公式基于某些假设条件：① 油滴是球形，在分离过程中既不被粉碎也不聚集成大的油滴；② 油滴与油滴、油滴与分离器壁或内部构件间没有作用力；③ 油滴在沉降过程中运动速度为常数。然而，实际情况要复杂得多，携带油滴的气流速度也是不均匀的，而这种不均匀性对油滴的沉降有重要的影响，理论上尚未获得完善的解决办法。目前，对海上油田分离器的计算通常是按 $100~\mu m$ 粒径油滴沉降来确定气体在重力沉降部分的允许流速。

2）气体的允许流速

具有一定沉降速度的油滴在分离器中能否沉降至集液部分要取决于分离器的型式和分离器重力沉降段中气体的流速。

在立式分离器中，气流方向与油滴沉降方向相反。油滴在气流中能沉降下来，必须是气流的速度小于油滴的沉降速度。

在卧式分离器中，气流方向与油滴沉降方向相互垂直，油滴沉降至集液部分液面所需的时间应小于油滴随气体流过重力沉降部分的时间。

把气体在分离器中的流速限定在规定流速（允许流速）以下，一定粒径油滴就能沉降下来。Souders-Brown 的经验公式用于计算气体的允许流速，表示为

$$w_g = K \sqrt{\frac{\rho_1 - \rho_g}{\rho_g}} \tag{6-9}$$

K 值是一个经验系数，取决于分离器的结构和某些影响因素，最好根据工厂试验来取得。在没有现存的试验数据时，通常按表 6-11 中的数值来选取。

表 6-11　K 值与分离器结构的关系

分离器型式	有效高度或长度/m	K
立式	1.5	0.037～0.073
立式	≥3.0	0.055～0.107
卧式	3.0	0.122～0.152
卧式	其他长度	$K_3 (L/3)^{0.56}$

注：L 为油气混合物入口分流器至气体出口距离；K_3 为有效长度 3 m 分离器的 K 值。

3）碰撞分离

碰撞分离是利用碰撞作用将在沉降分离段未能除去的较小粒径油滴加以捕集。在油气分离器中起碰撞和聚结作用的部件称为除雾器。除雾器内的通道是曲折的，图 6-10 说明了碰撞分离的工作原理。携带着油滴的气体进入除雾器时被迫绕流，由于油雾的密度大，惯性力大，不断随气流改变其运动方向，于是有一部分油滴碰到经常是润湿的结构表面上而被液膜吸附。除雾器中的气体通过的截面积不断改变，在截面积较小的通道中，雾滴随着气流提高了速度，获得产生惯性力的能量。气流在除雾器中不断改变方向，反复改变速度，就连续造成雾滴碰撞分离的机会。聚结在结构上的油雾逐渐积累起来并沿结构流至分离器的集液部分。

有经验表明，工作良好的网垫除雾器可以从气流中除掉 99% 的、直径大于 $1~\mu m$ 的油滴。带有除雾器的分离器中气体的允许流速 w_g 仍用式（6-8）计算。国外某些油公司推荐按下面

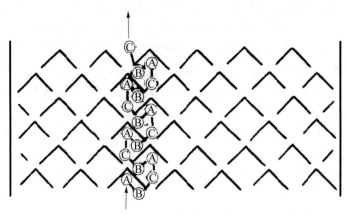

A—碰撞;B—改变流向;C—改变流速。

图 6 - 10　碰撞分离原理图

的条件选取系数 K 值。

立式分离器: $K=0.029\sim0.05$。

卧式分离器:带网垫除雾器 $K=0.107\sim0.21$;

带拱形板除雾器 $K=0.107\sim0.150$。

分离器直径大的可取较高值,分离器直径小的可取较低值。

2. 从原油中分出气泡

从原油中分出气泡的过程与从气体中分出油滴的过程相似。气泡主要是靠所受的重力与原油所受的重力不同而从原油中逃逸出来。气泡在原油中上浮时,由于原油的黏度大,上浮速度较慢,雷诺数小,其流动状态一般属层流。可用 Stokes 公式,即式(6-10)表示气体从原油中分离的规律。

$$v_{g}=\frac{d^{2}g(\rho_{l}-\rho_{g})}{18\,\mu_{l}} \tag{6-10}$$

式中, v_g 为气泡上升的速度,单位为 m/s; d 为气泡直径,计算中常取 $1\times10^{-3}\sim2\times10^{-3}$,单位为 m; μ_l 为分离条件下原油的动力黏度,单位为 Pa·s。

气泡不被原油带出分离器的必要条件是:气泡的上升速度应大于分离器集液部分任意一液面的平均下降速度($\bar{v}_l$),即

$$v_{g}>\bar{v}_{l} \tag{6-11}$$

由于分离器受液体性质和操作条件的影响非常大,而且不能可靠地估计气泡的尺寸,故从理论上计算分离器处理液体的能力比处理气体的能力更低,因此在根据液体的处理能力来确定分离器的尺寸时,一般不做过多的理论计算,而按经验要求液体在分离器中有足够的停留时间。停留时间法是一种直接确定分离器体积的方法。对于一个给定尺寸的分离器,在确定分离器的尺寸时,集液部分的体积要求比按气体流速要求的影响要大。一般情况下,气油比小于80~100,液体停留时间是控制分离器尺寸的因素。

某些原油所含气泡上升到油面后,气泡并不会立刻或很快破裂,而是在消失以前尚有一段时间的寿命。许多气泡聚积在油面上就形成泡沫,具有这种性质的原油称为起泡原油。

原油起泡经常是由于沥青质、胶质等物质的存在。沥青质在原油中大部分呈高度分散状态,极易聚积在原油的表面层中,它降低了原油的表面张力,使泡沫不易破裂。另外,沥青质是高分子化合物,能增加泡膜的机械强度,使之不受外力的影响而破裂。

原油黏度对泡沫也有很大影响。当原油黏度较大时,泡膜液体不易流失,也增加了泡膜强度。不同性质的原油,泡沫寿命的差别很大。要使起泡原油达到较理想的分离效果,就需要提高温度,降低原油的黏度,并使原油在分离器中有较长的停留时间。

起泡原油使分离器的工况恶化,增加了油气界面控制的困难。起泡原油对分离器处理能力的影响,在理论上难以解决。人们借助于实验和经验,让原油在分离器中保持一定的时间,以达到流出原油中含气率不超过规定值的要求。

3. 油水分离

在三相分离器中还要考虑油水之间的分离。从理论上可以用 Stokes 公式,但通常还是使用以经验数据为基础的停留时间法来确定分离器的尺寸。API 12J 推荐按表 6 - 12 中的条件确定油水两相分离的停留时间。

表 6 - 12　油水分离停留时间表

原油相对密度	停留时间/min	
<0.85	3～5	
≥0.85	温度:大于 37.8℃	5～10
	温度:26.7～37.8℃	10～20
	温度:15.6～26.7℃	20～30

由于油水密度差远小于油气密度差,故要求油水在分离器内有较长的停留时间。因此,在确定分离器尺寸时,油水分离要求的停留时间往往是控制因素。当确定了油水在分离器中的停留时间后,就不难确定油水两相分别在分离器中的高度。

6.2.6　分离器的结构

油气分离器无论是立式的还是卧式的,它们的作用都是一样的,内部都具有相似的基本部件。一台完善的油气分离器应具备以下条件:

(1) 初分离段应能将气液混合物中的大部分液体分离出来。

(2) 储液段要有足够的容积,以缓冲来油管线的液量波动和油气自然分离,并使已分离的油水受气流的扰动。储液段也应有利于油水分离。

(3) 沉降分离段有足够的长度或高度,能使粒径 100 μm 以上的较小油滴靠重力沉降,防止气体过早地带走油滴。

(4) 有足够的原油和自由水停留的时间,使气泡能从原油中上升到液面并破裂,而自由水能全部从原油中分离出来。

(5) 油雾捕集段能捕集、聚结气体中更小粒径的油雾。

(6) 完善的压力和液面控制,满足海上平台安全规则的报警、停输和放空设施。

目前,制造厂家生产的分离器的内部件样式很多。在海洋工程上,一般的做法是:受作业者委托的设计者对分离器提出工艺性能要求和分离产品的质量标准,承包厂商据此完成设备

(包括内件)的详细设计。因此,不同厂商的产品是各不相同的。这里只对海上油田使用的一种卧式油气分离器的主要内部件(见图 6-11)做简略介绍。

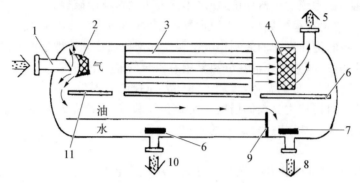

1—油气入口;2—入口分流器;3—气体疏流板;4—除雾器;5—气体出口;6—气液隔板;7—防涡板;8—出液口;9—溢油板;10—出水口;11—挡液板。

图 6-11　卧式油气分离器

1. 初分离部件

入口分流器是油气水混合物进入分离器的初分离部件,它是一种碟形挡板。当具有一定速度的气液混合物冲击时,流体的速度和运动方向突然改变,较重的液体沿碟形挡板表面流入容器底部,较轻的气体向上逸出,达到气液初步分离的目的。为防止挡板表面滴下的液体冲击集液部分液面,导致飞溅和液滴再次进入气相,在挡板下方靠近液面处设有挡液板。

2. 主要分离部件

气液初步分离后得到的气体常处于湍流状态,不利于气流中携带的液滴的沉降,故在主体分离段适当位置装有气体疏流板,它为一系列同心平行薄板,充满控制液面以上的容器截面。气体经过疏流后,湍流状态大为减弱,促进气流中的液滴在重力下沉降。同时,疏流器还缩短了气流中液滴的沉降距离。在集液部分同时实现油水分离。

3. 油雾捕集部件

网垫除雾器由直径为 0.12~0.25 mm 的不锈钢丝网叠成,网垫的空隙率达 97% 以上。网垫与滤网相似,但作用不同。网垫的空隙远大于滤网,是靠碰撞捕集油雾的。工作良好的网垫除雾器一般都能有效地除掉 10~30 μm 粒径的油滴。其他形式的除雾器还有拱板除雾器和波纹板除雾器。

4. 其他内件

在除雾器下面集液部分设有溢油板,油水界面控制在溢油板之下。原油出口和污水出口设有防涡板或防涡罩,以防止排液时产生旋涡,带走污水上部的原油和原油上部的天然气。进入分离器的流体中有时含砂或固体杂物,并在容器底部沉积,减少分离的有效容积,妨碍分离器正常工作。可在分离器水层底部设计专用的喷射管,定期用高压海水以 6 m/s 速度搅动固体沉积物,使其随污水排出。

6.2.7　油气水界面控制方法和设备

油气水界面控制可分为油水界面控制和油气界面控制。

1. 油水界面控制方法及设备

油水界面控制方法很多,如电容法、浮筒法、微差压法、短波吸收法和定压法,它们都有其相应的设备。下面简要介绍微差压法、短波吸收法及其相应设备。

1)微差压法

微差压法油水界面检测系统是由 1 个差压变送器(0~980 Pa)、2 个取压隔离器、电气调节部分和电动调节阀组成,其控制原理如图 6-12 所示。在运行前,将隔离器及其取压管内充满与原油密度不同的隔离液(自来水或其他介质)。当油水界面升高时,差压变送器正压室受力不变,而负压室受力增大,导致差压变小;差压变送器将差压信号转换成 0~20 mA 或 0~10 mA 的电流信号,并输出到电气调节部分;通过与给定值比对后,指挥调节阀使开度增大,放水加快,油水界面下降到给定值。反之,调节部分指挥调节阀使开度减小,放水减缓,界面回升到给定的高度。通过这样连续自动地调节,使油、水界面稳定在给定的高度上。采用这种方法检测控制油、水界面,具有运行平稳、控制灵敏度高的优点。界面波动范围一般为 10~30 mm,最大为50 mm。但隔离器及导压管需经常清洗和更换隔离液,给生产管理带来一定的困难。

2)短波吸收法

短波吸收法油水界面控制系统主要由油水界面检测仪、电气调节部分、电动调节阀等组成。短波吸收法油水界面控制原理如图 6-13 所示。安装在三相分离器上的界面检测仪能按照要求测出检测点处的原油含水率,且发出相应的电流信号,并通过比例积分调节器等控制设备,指挥电动调节阀改变开度。当检测点处的原油含水率大于给定值时,电流信号增大,调节阀开度增大,排水速度加快,使检测点处的含水率降到给定数值。反之,当检测点处的含水率低于给定值时,电流信号减小,调节阀开度减小,排水速度减慢,使含水率回升到给定值。当检测点处的原油含水率保持预先给定的数值,则油水界面系统平稳工作。如此连续自动地调节,三相分离器内被控制部位的原油含水率始终保持给定数值,从而达到控制油、水界面的目的。

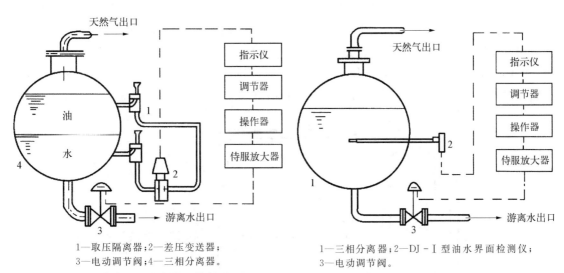

1—取压隔离器;2—差压变送器;
3—电动调节阀;4—三相分离器。

图 6-12　微差压法油水界面控制原理图

1—三相分离器;2—DJ-Ⅰ型油水界面检测仪;
3—电动调节阀。

图 6-13　短波吸收法油水界面控制原理图

油水界面检测仪(DJ-Ⅰ型)主要是由短波发生器 DJ-1D、传感器 DJ-1C、控制器 DJ-1K 三大部分组成。以短波为工作频率,通过传感器将恒幅、稳频的短波电能发射到含水原油中,根据油中含水量的不同,介质吸收的短波能量不同,传感器将因原油含水量不同而引起吸收电能不同的讯号回传给检测回路,并通过与 DDZ-Ⅱ型、DDZ-Ⅲ型电动组合仪表联运来控制电动调节阀的开启程度,即可达到稳定、连续地控制油水界面的目的。油水界面检测仪优点如下:

(1)运行平稳可靠,能够适应密度、黏度变化较大的原油。

(2)插入三相分离器内部的传感器在长期使用中很少进行清洗和保养,不会因被碳氢化合物包围而影响其工作性能。

(3)在严寒、暑热、风沙、雪雨等恶劣环境下仍能正常运行,具有适应性强、检修周期长、管理方便的特点。

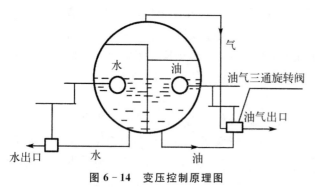

图 6-14 变压控制原理图

2. 油气界面控制方法及设备

油气界面采用变压控制法及相应的三通旋转阀或油气调节阀控制。变压控制原理如图 6-14 所示,安装在缓冲室内的浮球连杆机构,在调节排气量的同时,保证缓冲室液面所需压力的前提下调节排油量,在油气流量不断变化的情况下,保证罐内的液面和压力受到可靠控制。

1)三通旋转阀

三通旋转阀主要由浮子连杆机构、三通旋转阀两大部分组成,其中旋转阀由三通阀体、带槽芯与阀盖等部件组成,阀芯为两端带同心支承轴的圆柱体,圆柱表面的轴向开有 3 个槽。三通旋转阀控制分离器液面的工作原理如图 6-15 所示。当进入分离器的液量减少时,液面下降,浮子连杆机构驱使三通旋转阀阀芯顺时针旋转,使出油通道减小,出气量增大,液面回升。相反,当液量增大时,液面上升,阀芯逆时针旋转,使出油通道增大,出气通路减小,液面下降,从而使分离器的液面保持在一定高度。该阀是一种机械的自力式调节阀,无须外接电源或气源;具有较强的适应性,不受系统压力变化的影响,控制平稳、可靠,但制造要求严格,如阀体锥度一般可选在 18°～22°,范围过小,易产生自锁,过大又不易控制。安装也有严格要求,为控

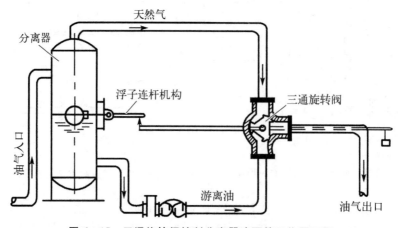

图 6-15 三通旋转阀控制分离器液面的工作原理图

制准确,浮漂杆应与要求的液面位置水平,连杆要垂直,并应尽量减少拆卸。

2）油气调节阀

油气调节阀主要由合流三通调节阀和浮子连杆机构组成,工作原理如图 6-16 所示。当油气进出平衡时,缓冲室的液面就稳定在一个相应的高度上,浮在液面上的浮子通过连杆把油气调节阀的油、气阀芯开到一个相应的位置,使分离器的液面和压力相对稳定。当进入分离器的油流量增大时,浮子将随着液面的升高而升高,并通过连杆将阀杆提起,这时出气口开小,出油口开大,而导致排气量减少,使压力升高排油速度加快,从而使液面下降。反之,浮子将随着液面的降低而降低,通过连杆将阀杆压下。此时出气口开大,出油口关小,排气量增大,压力趋

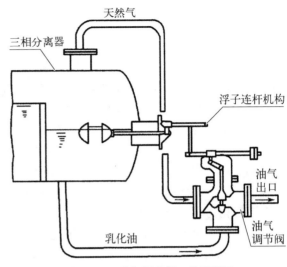

图 6-16 油气调节阀工作原理图

于下降,排油速度减慢,最终使缓冲室的液面上升。总之,随着液面的升高或降低,不断改变两个阀芯的开度,同时完成了分离器液面和压力的调节,实现了分离器的变压控制,该阀的主要优点如下:

（1）具有较强的适应性,不受系统压力变化的影响,控制平稳、可靠。

（2）是一种机械自力式调节阀,无须外接电源与气源。

（3）结构紧凑,使用方便。

6.3 原油脱水和脱盐

油田生产初期,可能有一段无水采油期。随着开发时间的延续,地层水可能随原油一起被采出,特别是用注水驱动方式开采的油田,油井产水量增长速度更快,到油田生产后期,产出水量可达到产液量的 90% 以上。

原油和水在被采出时,从地层中常携带出大量的盐类,如氯化物(氯化钾、氯化钠、氯化镁、氯化钙)、硫酸盐、碳酸盐等,而这些盐类又大多溶解于水中。

原油中所含的水、盐类和泥沙等杂质不是生产中所希望的产品和副产品,会给平台生产、原油外输和炼厂加工带来很多麻烦。因此,无论是原油生产者还是用户都要求产品原油含水、含盐量达到规定的标准,并在平台上就要完成原油的脱水和脱盐净化处理。

6.3.1 原油含水和含盐所带来的影响

原油含水以后对海上平台生产、原油外输和炼厂加工都会带来较大影响,主要影响如下:

（1）增加了液体的体积流量,降低了设备和配管的有效利用率,特别是在高含水的情况下显得更突出。

（2）增加运输费用和输送过程中的动力消耗。平台生产的原油如用油轮外运,特别是远洋航行,大量水随原油运输,不但减少了成品原油的运输体积,而且增加了不必要的运水费用。

如果平台生产的原油用海底管道输送上岸,由于输液量增加,油水混合物密度增大;而且水还常以微粒状态分散于原油中,形成黏度较大的乳状液等原因造成管道水力摩阻增加,增加平台的动力负荷;同时,输油离心泵因介质黏度增加而使工作性能变坏,泵效降低,也增加动力消耗。

(3) 加大了供热设备。在平台上,为满足油气分离和原油脱水处理的工艺要求,常要对流体加热升温。由于原油含水后液量增加,而且水的比热容约为原油比热容的两倍,故含水原油升温过程中需要的热负荷显著增大,因而需要较大的供热设备,加大平台面积,增加投资。如平台以柴油作为燃料,则操作费用还要增加。

(4) 引起金属管道和设备的结垢与腐蚀。当含水原油中碳酸盐含量较高时,会在管路和设备的内壁形成盐垢。结垢减少管路流通面积,严重时会完全堵塞管路。当地层水中含有氯化镁、氯化钙、氯化锶和氯化钡时,会因水解放出氯化氢引起金属管道和设备的腐蚀。当原油中含有硫化物时,由于水的存在产生分解和化学反应,腐蚀速度会更快。

(5) 原油含水和含盐对炼厂加工也会带来危害,因此,国际上许多购买原油的炼厂都对订购原油提出严格的要求。生产的原油达不到合格产品时将严重影响到销售原油的价格。

由于上述种种原因,必须在海上油田平台上及时地对含水和含机械杂质的原油进行净化处理,有条件时要脱盐,达到合格指标后外输或出售。

6.3.2　原油乳状液

原油与水是不互溶(或微量互溶)的液体,其物理、化学性质均有较大差异。在常温下,用简单的沉降方法在短时间内就能将水从油中分离出来,这类水称为游离水。然而,生产中的原油与水并非简单地混合,而是处于具有相当稳定的乳化液状态,这类水称为乳化水。它与原油的混合物称为油水乳状液,或原油乳状液。乳化水需要用专门的措施才能够从原油中分离出来。

1. 乳状液的基本概念

乳状液是一个多相体系,其中至少有一种液体以极小的微滴分散于另一种液体中,这种分散物系称为乳状液。乳状液具有一定的稳定性,即它的生存状态不会在一瞬间自发破坏(分离成层)的性质。在乳状液中以极小微滴分散存在的那个相称为分散相或内相,处于连续状态的另一相称为连续相或外相。油田所遇到的油水乳状液大多数属于油包水型乳状液,其内相水滴直径一般大于 $0.1~\mu m$。

单纯的两种不互溶液体经剧烈搅拌后形成乳状液,但搅拌停止后,内相微粒在外相液体分子热运动的撞击下发生不断改变方向的无规则运动(布朗运动),使内相颗粒相互碰撞、合并,乳状液的生成条件自发破坏,很快两种液体就分层了。如果系统中存在或加入第三种物质,能使乳状液有很强的稳定性,这种物质称为乳化剂。乳化剂是一种表面活性物质,它能被吸附在油-水界面上,在内相微粒表面上形成一层“膜”。这种膜使油水界面的表面张力下降,并具有一定的弹性和机械强度,阻止液滴在碰撞中聚结沉降。因此,形成稳定的乳状液必须具备下述条件:① 系统中存在两种以上互不相溶(或微量相溶)的液体;② 要有强烈的搅拌,能使一种液体成微小液滴分散于另一种液体中;③ 要有乳化剂存在,保持乳状液的稳定。

2. 原油天然乳化剂

原油的乳化剂对形成原油稳定乳状液有十分重要的作用,原油的天然乳化剂由下列 4 种类型的物质组成:

(1) 分散在油相中的固体物,主要是黏土、岩石粉、结晶石蜡等。其颗粒直径小于 2 μm,且被吸附在油水界面上与胶质、沥青质等形成表面膜,使乳状液稳定。

(2) 分散在原油中的胶质、沥青质,这些物质的相对分子质量都比较大。通常情况下,沥青质的相对分子质量要比胶质大一些,沥青质的相对分子质量为 900~3 500,胶质相对分子质量为 570~1 000。对于沥青质和胶质在原油中的含量,随原油产地的不同,差异很大。

(3) 溶解在原油中的物质,如环烷酸。

(4) 溶解在水中的物质,如某些盐类和高极性的表面活性物质。

以上 4 种就是通常所说的原油天然乳化剂。当油气水三相混合物由井底沿井筒油管举升到井口,经过油嘴的节流以及集油管线、阀件、油泵等的强烈搅拌,使水滴充分破碎成极小的颗粒,并被原油中存在的环烷酸、胶质、沥青质、石蜡、泥土和砂粒等乳化剂所稳定,均匀地分散在原油中,从而形成稳定的乳状液。乳化剂聚结在内相颗粒界面形成了比较牢固的界面保护膜,也称乳化膜,稳定的原油乳状液中大多数的水滴直径小于 50 μm。

3. 原油乳状液的类型与鉴别

1) 类型

原油和水构成的乳状液主要有两种类型:一种是水以极微小的颗粒分散于原油中,称为"油包水"型乳状液,用符号 W/O 表示,此时水是内相或称分散相,油是外相或称分散介质,因外相液体是相互连接的,故又称为连续相;另一种是油以极微小颗粒分散于水中,称为"水包油"型乳状液,用符号 O/W 表示,此时油是内相,水是外相。此外,还有多重乳状液,即油包水包油型、水包油包水型等,分别以 O/W/O 和 W/O/W 表示。

除油田开采的高含水期外,国内外各油田所遇到的原油乳状液绝大多数属于油包水型乳状液,其内相水滴的直径一般在 0.1 μm 以上,在普通显微镜下可观察到内相液滴的存在。

2) 鉴别方法

根据油包水(W/O)和水包油(O/W)乳状液的不同特点,可以鉴别乳状液的类型,但是,有时一种方法往往不能得出可靠的结论,可以多种方法并用。常用的鉴别方法包括稀释法、染色法、电导法、荧光法、滤纸润湿法、黏度法、折射率法。

(1) 稀释法。乳状液能与其外相(分散介质)液体相混溶.将两滴乳状液放在一块玻璃板上的两处,在其中一滴中加入一滴水,另一滴中加一滴油,轻轻搅拌,若加水的能很好混合则为 O/W 型,反之则为 W/O 型。

(2) 染色法。当乳状液外相被染色时整个乳状液都会显色,而内相染色时只有分散的液滴显色。将少量油溶性染料(如苏丹Ⅲ)加入乳状液中,若乳状液整体带色则为 W/O 型;若只是液珠带色,则为 O/W 型。如用水溶性染料(如甲基蓝、亮蓝 FCF 等)进行试验,则情形相反。

(3) 电导法。一般而言,油类的导电性差,而水的导电性好,故对乳状液进行电导测量,与水导电性相近的即为 O/W 型,与油导电性相近的为 W/O 型。但有的 W/O 型乳状液,内相(水)的比例很大,或油相中离子性乳化剂含量较多时会有很好的导电性,因此用电导法鉴别乳状液的类型不一定很可靠。

（4）荧光法。荧光染料一般都是油溶性的，在紫外光照射下会产生颜色。在荧光显微镜下观察一滴加有荧光染料的乳状液可以鉴别乳状液的类型。倘若整个乳状液皆发荧光，则为W/O型；若只有一部分发荧光，则为O/W型。

（5）滤纸润湿法。此法适用于稠油和水的乳状液，因为两者对滤纸的润湿性不同，水在滤纸上有很好的润湿铺展性能。将一滴乳状液放在滤纸上，若液滴快速铺开，在中心留下一小滴油，则是O/W型，若不铺开，则为W/O型。

（6）黏度法。由于在乳状液中加入分散相后，其黏度一般都是上升的，利用这一特点也可以鉴别乳状液的类型。如果加入水，比较其前后黏度变化，黏度上升的则是W/O型乳状液，反之则为O/W型。

（7）折射率法。使用光学显微镜观察测定乳状液的折射率，利用油相和水相折射率的差异也可以判断乳状液的类型。光从一侧射入乳状液，乳状液粒子起透镜作用，若为O/W型乳状液，则粒子起集光作用，用显微镜观察只能看到粒子的左侧轮廓；若为W/O型乳状液，则与上述情况相反，只能看到粒子的右侧轮廓。

4. 原油乳状液的性质

1）外观

原油乳状液的颜色：纯净的原油因其组成不同有黄、红、绿、棕红、咖啡色等不同颜色之分，但对一般重质油而言，大多数外观呈黑色。然而，若将其制成0.5 mm厚的薄层，则都显棕红色或棕黄色。原油乳状液的外观颜色与含水量密切相关，含水量在10%左右时，颜色与纯原油接近，随含水量上升，呈现棕红色，当含水量为30%～50%时，呈深棕色。

一般乳状液的分散相直径范围为0.1～10 μm。从乳状液的液珠直径范围可以看出，它大部分属于粗分散体系，还有一部分属于胶体，都是热力学不稳定的体系。根据经验，研究人员找到分散液珠大小与乳状液外观的关系，如表6-13所示。

表 6-13　乳状液的液珠大小与外观

液珠大小	大滴	>1 μm	0.1～1 μm	0.05～0.1 μm	<0.05 μm
外观	可分辨出两相	乳白色乳状液	蓝白色乳状液	灰色半透明	透明

2）分散度

分散相在连续相中的分散程度称为分散度，分散度用内相颗粒平均直径的倒数表示。此外，也常用内相颗粒平均直径或内相颗粒总表面积与总体积的比值，即比表面积表示。按分散度大小不仅可区别乳状液、胶体溶液和真溶液，而且乳状液分散度的大小还直接影响到它的其他性质。因此，分散度是乳状液的重要性质之一。

3）密度

原油含水（或盐水）后，其密度显著增大。若已知乳状液体积含水率 Φ、原油和水的密度分别为 ρ_o 和 ρ_w，则原油乳状液的密度可按式（6-12）计算

$$\rho = \frac{V_o \rho_o + V_w \rho_w}{V_o + V_w} = \rho_o(1-\Phi) + \rho_w \Phi \qquad (6-12)$$

式中，V_o、V_w 为油和水的体积，单位为 m³；Φ 为体积含水率；ρ 为乳状液密度，单位为 kg/m³；

ρ_o、ρ_w 为原油和水的密度，单位为 kg/m^3。

4）电学性质

原油乳状液的电学性质对于判别乳状液的类型、解释乳状液的稳定性及选择破乳的方法都有很重要的作用。

（1）原油乳状液的电导及导电性。

电导的测定方法是在一定温度下，取面积为 $1\ cm^2$ 的两个平行相对的电极，其间距为 $1\ cm$，中间放置 $1\ cm^3$ 的原油或已知含水率的原油乳状液，则此时测出的电导值就为该原油或原油乳状液的电导率。

通常情况下，原油本身的电导率为 $1\times10^{-4}\sim2\times10^{-4}\ S/m$。石蜡基原油的电导率只有沥青质原油的一半，酸值较高的原油，其电导率往往超过 $2\times10^{-4}\ S/m$，是各类原油中最高的。若是乳状液中水的含量大于或等于原油的含量，则电导率由水的电导率所决定。

水油比例越大，则电导率越大，但含水量（体积分数）在一定范围内的乳状液，若放置一定时间，则其电导率不随水油比例而改变。乳状液的电导率随温度的升高而增大，这是由于在高温下原油中的分子热运动加剧的结果。含水为 50%（体积分数）的原油乳状液的电导率比纯原油电导率高 $2\sim3$ 倍，温度自 25℃升到 90℃，电导率可增加 $10\sim20$ 倍。在 $1\times10^5\sim2\times10^5\ V/m$ 的电场下，用显微镜观察乳状液可以发现水珠像一串珠子似地排列成行，最后聚结成大液滴。

（2）原油乳状液的介电常数。

原油及其乳状液的介电常数是指在电容器的极板间充满原油或原油乳状液时测得的电容量 C_x 与极板间为真空时的电容量 C_o 之比。实验表明：纯原油的介电常数为 $2.0\sim2.7$；而纯水的介电常数为 80。如果原油与水形成乳状液，介电常数就将发生明显的变化。原油乳状液的介电常数与含水率、烃类组成、压力、密度、含气量及温度等因素有关。

5）黏度

影响乳状液黏度的因素很多，主要有外相黏度；内相的体积浓度；温度；乳状液的分散度；乳化剂及界面膜的性质；内相颗粒表面带电强弱等。此外，有的文献认为内相黏度对乳状液的黏度也有一定影响。

原油黏度越大，生成 W/O 型乳状液后其黏度也越大。例如，大庆某油区所产原油黏度为 $3.09\ MPa\cdot s(50℃)$，当含水 23.7% 时实测黏度为 $11.43\ MPa\cdot s$，而黏度为 $9.49\ MPa\cdot s(50℃)$ 的原油，含水 23.7% 时实测黏度为 $30\ MPa\cdot s$。乳状液黏度与温度的关系同原油类似，随温度的升高而降低。

原油乳状液黏度随含水率的变化呈现较为复杂的关系。含水率较低时，乳状液的黏度随含水率的增加而缓慢上升；含水率较高时，黏度迅速上升；当含水率在 65%～75% 区间时，黏度又迅速下降，此时 W/O 型乳状液转相为 O/W 型或 W/O/W 型乳状液。此后，随含水率的进一步增加，油水混合物的黏度变化不大。

实际上，乳状液内相颗粒的大小参差不齐，各油田所产原油和水的组成及性质各异，因而乳状液转相时含水率的范围常为 50%～90%。当油水中不含破乳剂时，多数情况下转相时的含水率为 60% 左右。实验表明，在含水率和其他条件等同的情况下，乳状液内相颗粒直径越小，分散度越高，乳状液的黏度越大。这是因为在内相颗粒表面有一定厚度的乳化剂薄膜，该薄膜可看作内相颗粒体积的一部分，内相颗粒越小，它连同薄膜的总体积越大，其结果与含水率增加相似,使乳状液黏度增大。此外,乳状液内相颗粒表面都带电,因带电而引起的额外黏度称为电滞效应,其大小与电位、颗粒直径有关,直径越小,电位越高,引起的额外黏度越高。由于上述原因,分散度高的乳状液具有较大的黏度。

6)老化

乳状液的稳定性随着存放时间的延长而增加的现象称为乳状液的"老化"。老化现象的产生是由于乳状液存放时间长,乳化剂有充足的时间进行热对流和分子扩散,使界面膜增厚,结构更紧密,强度更高,乳化状态也就更稳定。

7)稳定性

乳状液液珠与介质之间存在着很大的相界面,体系的界面能很大,属于热力学不稳定体系。关于乳状液的形成和稳定性直到现在为止还没有一个完整的理论,因此,在某种意义上讲,乳状液的稳定理论还停留在解释乳状液性质的阶段。所谓稳定是指所配制的乳状液在一定条件下,不破坏、不改变类型,乳状液稳定性是指乳状液抗油水分层的能力。

影响原油乳状液稳定的因素包括分散相颗粒、外相原油黏度、油水密度差、界面膜强度、老化、内相颗粒表面带电、温度、原油类型、相体积比、水相盐含量、pH 值。

(1)分散相颗粒。

分散相粒径越小、越均匀,乳状液越稳定;粒径大小还表示乳状液受搅拌的强烈程度。

(2)外相原油黏度。

黏度对原油稳定性有两方面作用,一方面,在同样剪切条件下,外相原油黏度越大,分散相的平均粒径越大,乳状液稳定性越差;另一方面,原油黏度越大,乳化水滴的运动、聚结、合并、沉降越困难,增大了乳状液的稳定性。

(3)油水密度差。

乳化水滴在原油内的沉降速度正比于油水密度差,密度差越大,油水越容易分离,乳状液的稳定性越差。

(4)界面膜强度。

分散在乳状液内的水滴在不断地运动中相互碰撞,若没有乳化剂构成的界面膜,水滴很容易在碰撞时合并成大水滴,从原油内沉降使油水分离。

(5)老化。

时间对乳状液的稳定性有一定影响。乳状液形成时间越长,由于原油轻组分挥发、氧化、光解等作用,使原油内的天然乳化剂数量增加,同时乳化剂也有足够时间运移至分散相颗粒表面形成较厚的界面膜,使乳状液稳定。乳状液形成初期,老化速度快,随后逐渐减弱,常在一昼夜后乳状液的稳定性就趋于不变。轻质原油的老化过程较重质原油快,老化了的乳状液称为老化乳状液。

(6)内相颗粒表面带电。

乳状液内相颗粒界面上带有极性相同的电荷,是乳状液稳定的重要原因。乳状液内相颗粒界面上力场的不平衡,会选择性地从外相介质中吸附阳离子或阴离子以降低界面张力,使内相颗粒界面上带有同种电荷,而贴近颗粒的外相介质内则带有极性相反的电荷;若处于内相颗粒界面上的分子电离,电离后阳离子或阴离子分布到邻近颗粒的外相介质中去;或由于内相颗粒在外相介质中的布朗运动,而摩擦带电。由于上述原因,乳状液内相颗粒界面上和其邻近的介质中带有数量相等而符号相反的电荷,构成双电场,如图 6-17 所示。显然,全部内相颗粒界面上均带有同种电荷,由于静电斥力,阻碍两相邻水滴的碰撞、合并成大颗粒下沉,使乳状液变得稳定。

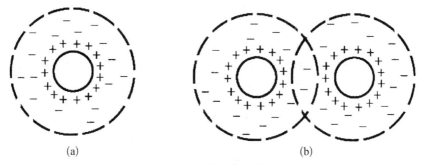

图 6 - 17　水滴表面带电

(a) 水滴的双电层;(b) 两水滴的静电排斥

(7) 温度。

温度对乳状液稳定性有重要影响。提高温度可降低乳状液的稳定性,原因主要有:① 降低外相原油黏度,利于水滴碰撞、合并、沉降;② 提高乳化剂(沥青质、胶质、蜡晶和树脂等物质)的溶解度,削弱界面膜强度;③ 加剧内相颗粒的布朗运动,增加水滴互相碰撞、合并成大颗粒的概率;④ 内相颗粒体积膨胀,界面膜变薄,机械强度减弱;⑤ 油水体积膨胀系数不同,原油体积膨胀系数较大,故加热可使油水密度差增大,利于沉降;⑥ 有助于破乳剂的弥散,增强破乳的反应能力。因此,对乳状液加热是原油油水分离的一种常用方法。

(8) 原油类型。

原油类型决定了原油内所含天然乳化剂的数量和类型,环烷基和混合基原油生成的乳状液较稳定,石蜡基原油乳状液的稳定性较差。

(9) 相体积比。

增加分散相体积可增加分散水滴的数量、粒径、界面面积和界面能,减少水滴间距,使乳状液稳定性变差。

(10) 水相盐含量。

淡水和低含盐量的采出水容易形成稳定乳状液。

(11) pH 值。

随着 pH 值增加,内相颗粒界面膜的弹性和机械强度降低,乳状液稳定性变差。向乳状液中引入强碱提高水的 pH 值,能促进乳状液破乳。

6.3.3　原油脱水

原油脱水包括从原油中脱出游离水和乳化水。在一定的温度条件下,游离水较容易脱出,而乳化水的脱出较游离水困难得多,需要借助其他方法。

原油乳状液脱水的过程实际上可以分为破乳和沉降分离两个阶段。破乳是指乳状液中油水界面因天然乳化剂存在而形成的膜在化学、电、热等外部条件作用下发生破坏,分散相水滴碰撞、合并产生聚结的过程。尽管乳状液中水滴也有自然碰撞、合并的作用,但由于表面膜的稳定性,如无特殊的外界作用,多数情况很难自行聚结。而破乳后,分散相水滴聚结,直径增大,乳状液变成悬浮液,在进一步碰撞中合并而产生沉降分离。

1. 破乳

原油乳状液破乳的方法通常有化学剂破乳和静电破乳。当然,它们经常与加热措施同时使用。

1)化学剂破乳

使用破乳剂是各油田乳状液处理中的首选方法,常与热、电等方法合用。破乳剂和乳化剂一样都是表面活性物质,但两者的作用却截然相反。破乳剂专利至今已有百年历史,添加的剂量由早期 1 000 mg/L 左右降至现今的每升几毫克到几十毫克,技术上有了迅速发展,但对破乳过程中的破乳机理的研究仍处于较低水平。

在原油破乳过程中,要求破乳剂起到以下作用:

(1)破乳剂较乳化剂具有更高的活性,使破乳剂能够迅速地穿过乳状液外相分散到油-水界面上,替换或中和乳化剂,降低乳化水滴的界面张力和界面膜强度,这不仅可以破坏已经形成的原油乳状液,还可以防止油水混合物进一步乳化,起到降低油水混合物黏度和加速油水分离的作用,但实践表明,不存在"破乳剂活性越高,破乳能力越强"的规律。

(2)破乳剂能消除水滴间的静电斥力,使水滴絮凝。

(3)破乳剂能破坏乳化水滴外围的界面膜,使水滴合并、粒径增大,在原油内沉降,油水分层。

(4)能润湿固体,防止固体粉末乳化剂构成的界面膜阻碍水滴聚结。黏土、硫化铁、钻井液等固体颗粒具有亲水性,破乳剂能把这些固体乳化剂从油-水界面拉入水滴内;沥青质和高熔点蜡晶等固体颗粒具有亲油性,破乳剂能让其离开油水界面进入原油内。

理想的破乳剂首先应具备较强的表面活性,且表面活性高于油-水界面上的乳化剂分子的表面活性,使得破乳剂可以吸附到油-水界面,取代原来的乳化剂分子;其次要有良好的润湿性,可以吸附到固体粒子表面,改变它们的润湿性能,使界面膜的强度降低;此外,还要有足够的絮凝能力和较好的聚结效果。

破乳剂的破乳需经历分油、絮凝、膜排水及聚结等过程。一般可认为破乳剂加入原油乳状液中能够使它均匀分散,并能进入被乳化的水珠中。由于破乳剂的界面活性高于原油中成膜物质的界面活性,能在油-水界面上吸附或部分置换界面上吸附的天然乳化剂,并且与原油中的成膜物质形成具有比原来界面膜强度更低的混合膜,导致界面膜的表面张力降低,破坏界面膜,将膜内包裹的水释放出来,被释放出来的水珠互相接触聚结成大的水滴,在重力作用下沉降到底部,从连续相分离出来,达到破乳的目的。

破乳剂有水溶性和油溶性之分。水溶性破乳剂主要是通过取代界面粗乳化剂破乳,而油溶性破乳剂除取代天然粗胶体外,还利用其中和作用造成的界面膜破坏而起到破乳作用。破乳剂的破乳效果与原油乳状液油-水界面张力密切相关,破乳剂降低界面张力的能力越强,其破乳效果也越好。

按照在水溶液中能否形成电解质,破乳剂可分为离子型和非离子型两大类。破乳剂溶于水时,凡能形成电解质的,称为离子型破乳剂;凡在水溶液中不形成电解质的,称为非离子型破乳剂。

离子型破乳剂又分为阴离子型、阳离子型和两性离子型等。例如,烷基苯磺酸钠(代号 AS、通式 RSO_3Na)起活性作用的是阴离子故称为阴离子活性剂,又如季铵盐活性剂在水中起活性作用的是阳离子,故称为阳离子活性剂。

非离子型破乳剂是以环氧乙烷、环氧丙烷等基本有机合成原料为基础,在具有活泼氢的起始剂的引发下,有催化剂存在时按照一定反应程序聚合而成的。非离子型破乳剂按溶解性可分为水溶性、油溶性和部分溶于水部分溶于油的混合溶性三类。

(1)水溶性破乳剂(如SP169、SAE等),可根据需要配制成任意浓度的水溶液,便于同含水原油混合,无须像油溶性破乳剂那样用昂贵的甲苯、二甲苯等溶剂油稀释。破乳油水分离后,剩余的破乳剂仍留在污水中,通过污水回掺而继续发挥作用。

(2)油溶性破乳剂(如RA101、DAP2031、VH6535、POI2420等),其特点是不会被脱出水带走,且随着水的不断脱出,原油中的破乳剂浓度逐渐提高,有利于原油含水率的继续下降。所以油溶性破乳剂可使净化油含水率降低,但脱出污水含油率稍高。

(3)部分溶于水部分溶于油的化学破乳剂(如AP、AE),能增加使用的灵活性。根据现场使用经验:原油含水超过40%时,油溶性破乳剂使用效率高,水溶性破乳剂使用效率略低。

2)电破乳

对于原油,特别是重质、高黏原油,用化学剂破乳脱水尚不能达到商品原油的含水指标时,常用电破乳法来脱水。

将原油乳状液置于高压的交流或直流电场中,由于电场对水滴的作用,削弱了乳状液的界面膜强度,促进水滴的碰撞后合并,聚结成粒径较大的水滴,从原油中沉降分离出来。水滴在电场中的聚结方式主要有偶极聚结、振荡聚结和电泳聚结三种。

(1)偶极聚结。

在高压场中,原油乳状液中的水滴受电场的诱导而产生偶极极化,正负电荷分别处于水滴的两端。原油乳状液中所有的水滴都受到此诱导而产生偶极极化,在外加电场作用下,顺电力线方向排列成"水链",相邻水滴的正负偶极相互吸引(见图6-18),其结果使两个水滴合并为一体。因外加电场是连续的,这种过程的发生呈"链锁反应"。当水滴粒径增大到其重力足以克服乳状液的稳定性时,便从原油中沉降分离出来。这种聚结方式称为偶极聚结。

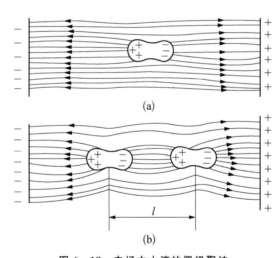

图6-18　电场中水滴的偶极聚结
(a)水滴两端的带电与变形;(b)相邻两水滴的相互作用

把电场中两个粒径相同、两端带电荷量相等的水滴看作两个相同的电偶极子,这两个电偶极子的相互吸引力可由下式计算:

$$\begin{cases} F = \dfrac{6K\,E^2\,a^6}{l^4} = 6K\,E^2\,a^2\left(\dfrac{a}{l}\right)^4 \\ K = 4\pi\,\varepsilon_0 \end{cases} \tag{6-13}$$

式中,ε_0为原油的介电常数,单位为$C^2/(N\cdot m^2)$;E为电场强度,单位为V/m;a为水滴半径,单位为m;l为两水滴的中心距,单位为m。

由式(6-13)可以看出:

① 两水滴的相互吸引力,或称聚结力,与水滴半径 a 的平方成正比。若 a 由 $0.25~\mu m$ 增大到 $2.5~mm$,则聚结力 F 将增大 10^8 倍。因而在电场中一旦发生偶极聚结后,"链锁反应"使水滴直径不断变大,水滴间的聚结力将越来越大。

② 水滴间聚结力与 $(a/l)^4$ 成正比,而 $(a/l)^4$ 与原油含水率有关。含水率越高,(a/l) 值越大;相反,若含水率小于 0.1% 时,则偶极聚结力 F 值非常小,偶极聚结将不起作用,脱水效果变差。

③ 水滴间的偶极聚结力与电场强度 E 的平方成正比。要想获得较好的破乳效果,必须建立较高的电场强度。但在实际应用中,不能忽略这样一个事实,即当电场强度高达一定值时,电场会将较大的水滴拉断成两个更小的水滴。这种现象称为"电分散",使原油脱水情况恶化。多数情况下,当电场强度 $E \geqslant 4.8~kV/cm$ 时将发生电分散,因而国内外电场油水分离器的工作电压范围一般在 $11 \sim 40~kV$,电场强度为 $0.8 \sim 3.3~kV/cm$。在电场中,水滴的电分散过程仅需几秒即可完成。若剩余的水滴仍有足够大的直径,经过一定时间后又会重复电分散过程,因而原油乳状液通过电场的时间应该适当,增加原油乳状液在电场中的滞留时间不会改善油水分离效果。

(2) 振荡聚结。

水滴中常带有酸、碱、盐的各种离子。在 $50~Hz$ 工频交流电场中,这种正负离子不断地做周期性往复运动,使水滴两端的电荷极性发生相应的变化。离子的往复运动使水滴界面膜不断地受到冲击,界面膜机械强度降低,甚至破裂,水滴聚结,自原油中沉降下来。这一过程称为振荡聚结,在交流电场中破乳作用是在整个电场范围内进行的,这说明在交流电场内水滴以偶极聚结和振荡聚结为主。

(3) 电泳聚结。

乳状液的水滴,由于电离、吸附和摩擦接触等作用的影响,一般都带有电荷。在直流电场的作用下,水滴将向与自身所带电荷电性相反的电极运动,即带正电荷的水滴向负电极运动,带负电荷的水滴向正电极运动,这种现象称为电泳。在原油乳状液中,各种粒径水滴的界面上都带有同性电荷,故在直流电的平行电极中,乳状液的全部水滴将以相同的方向运动。

在电泳过程中,因水滴大小不同,带电量也不等,运动时所受阻力各异,因而各水滴运动速度不同。速度不等会使大小不同的水滴发生相对运动,碰撞合并。当水滴粒径增大到一定值时便从原油中沉降分离出来。其他未发生碰撞或碰撞合并后还不足以沉降出来的水滴将会运动至与水滴电性相反的电极区附近。由于大量小水滴在电极区附近密集,增加了水滴碰撞合并的概率,从而在电极区附近分离出来。电泳过程中水滴的碰撞、合并称为"电泳聚结"。直流电场中的破乳聚结,主要在电极附近的有限区域内进行,故直流电场以电泳聚结为主,偶极聚结为辅。

由上面所阐述的电破乳脱水原理不难看出:电法脱水只适宜于油包水型乳状液。因为原油的导电率很小,油包水型乳状液通过脱水器电极空间时,极间电流很小,能建立起脱水所需的电场强度。带有电解质的水是良导体,当水包油型乳状液通过电极空间时,电流猛增,极间电压下降,即产生电击穿现象,无法建立起必要的电场强度。同样,用电法处理高含水原油乳状液时,也易产生电击穿,使脱水器操作不稳定。因此,在处理高含水原油乳状液时,一般都要先经过热-化学破乳脱水,使原油含水率降低后再进入电脱水器。

2. 沉降分离

原油乳状液中的水滴在破乳后碰撞合并,接着产生沉降,最终达到油水分离。水滴从原油中沉降下来是由于所受的重力大于运动中的阻力。由于水滴在原油中下沉的速度很慢,通常

处于层流流态,常以 Stokes 公式表示水滴在原油中的匀速沉降速度,即

$$w = \frac{d_w^2 g (\rho_w - \rho_o)}{18 \mu_o} \qquad (6-14)$$

式中,w 为水滴匀速沉降速度,单位为 m/s;d_w 为水滴直径,单位为 m;μ_o 为原油黏度,单位为 Pa·s;g 为重力加速度,单位为 m/s²;ρ_w、ρ_o 分别为水和原油的密度,单位为 kg/m³。

要使水滴能从乳状液中沉降下来,必须是水滴的下沉速度大于乳状液垂直上升的速度 w_e,即 $w > w_e$

$$w_e = \frac{Q}{3\,600F} \qquad (6-15)$$

式中,w_e 为乳状液在容器中的上升速度,单位为 m/s;Q 为乳状液处理量,单位为 m³/h;F 为乳状液通过电场的截面积,单位为 m²。

从式(6-14)可以看出,原油的黏度和油水密度差对沉降有很大影响。原油黏度愈高、油水密度差愈小,水滴在原油中的沉降速度愈慢。如果脱水器的容积和处理量一定时,则对高黏重质原油能达到沉降条件的水滴直径就要增大,而较小直径的水滴就难以沉降下来,脱水效果就变坏。

有资料介绍,水滴直径随原油黏度的增高而减小,表示为

$$d_w = 500(\mu_o)^{-0.675} \qquad (6-16)$$

式中,d_w 为水滴直径,单位为 μm;μ_o 为原油黏度,单位为 MPa·s。

这说明原油黏度高会阻止水滴的运动,并降低碰撞合并的概率,因而脱水就需要有较大的沉降空间和较长的停留时间。

由于水滴在原油中沉降的实际情况与推导公式时做出的简化假设条件不同,因而上述公式只能定性地分析影响沉降速度的各种因素,用于实际计算会出现偏差。在海洋工程上确定脱水器尺寸时,往往用经验方法即估计停留时间来确定脱水器的尺寸。对于卧式脱水器,有

$$D = \sqrt{\frac{TQ}{60\pi L}} \qquad (6-17)$$

式中,D 为脱水器的直径,单位为 m;L 为脱水器的有效长度,单位为 m;Q 为单位时间内的脱水处理液量,单位为 m³/h;T 为乳状液在脱水器中的停留时间,单位为 min。

乳状液在脱水器中的停留时间长短取决于原油的黏度。多数油田在脱水温度下原油的黏度低于 50 MPa·s 时,设计停留时间为 15～30 min 即可达到良好的脱水效果。用 15～30 min 停留时间来设计海上平台电脱水器一般是适宜的。对于某些高黏重质原油,需要更长的、甚至达到 8～12 h 沉降时间,采用一般压力容器式脱水器是难以实现的,需要大型沉降罐才能满足要求。某些油田把脱水工艺放在浮式生产油轮上,有条件分隔出大容积油舱来进行沉降脱水,以获得含水合格的原油。

3. 电脱水器

我国陆上油田有两种型式的电脱水器,即立式圆筒形脱水器和卧式带压脱水器,而海上油田一般都用卧式脱水器。它与立式脱水器相比具有下列优点:① 不受甲板层间高度的限制,

便于容器本身和配管安装;② 卧式脱水器中部有很大的水平截面积,可用来设置电场,使设备处理能力比同容积立式脱水器有明显提高;③ 在卧式脱水器中,原油内所含水滴的沉降距离短,有利于水滴从油中分出,提高净化油质量。

1) 卧式电脱水器的构造

图 6-19 为海上油田常用的卧式电脱水器的构造示意图。从图中可以看出,脱水器内部空间大致分为上下两部分:上部为悬挂电极空间,下部为沉降水分离空间。电场空间悬挂的水平电极栅一般呈偶数,根据对原油乳状液脱水效果的要求有 2 层、4 层、6 层等多种形式。使用多层电极时,相间电极以导线相连,两组电极的导线经与壳体绝缘的绝缘棒引出,并连接于脱水变压器的输出端。相邻电极的间距自下而上逐渐减小,电场强度自下而上逐渐增大,以满足原油含水率逐渐减小对脱水电场强度的要求。电极的矩形框架由不锈圆钢或管子制成,框架上铺有不锈钢丝制成的丝网。

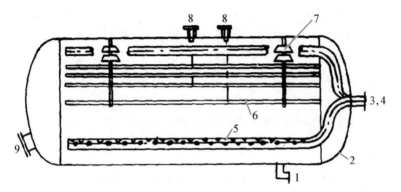

1—放出排空口;2—脱水器壳体;3—净化油出口;4—含油原油进口;5—进液分配管;
6—电极;7—悬挂绝缘子;8—绝缘子进线安装孔;9—人孔。

图 6-19 电场中水滴的偶极聚结卧式电脱水器构造示意图

含水原油由管 4 进入脱水器内油水界面以下的多孔配液管,并自下而上沿水平截面均匀地通过电场空间。在高压电场作用下乳状液破乳,使水滴发生碰撞、合并,从原油中分离出来,并沉降到脱水器底部,经放水管排出。在油层和水层之间,通常有 50~100 mm 厚的油水混合段。脱水器内水位的高低可通过液位管观察。

含水原油进口的多孔配液管放在水层中,目的是在进入电场前对原油进行一次"水洗"。实践证明,通过水洗,大部分游离态的水会脱出,消除了电极间短路的隐患。

另有报道,为了减少设备,简化流程,节省平台面积,有一种将油气分离、加热沉降和电脱水组合在一起的多功能联合设备。这种联合设备在陆上油田广泛使用,而我国海上油田尚未采用。这是因为在海上油田将油气生产和处理设施都放在危险区。在脱水器内安装火筒式加热炉,会产生不安全的因素。

2) 电脱水器的供电设备

脱水器供电设备由电源控制、升压和调压三部分组成。设备容量为 50~100 kVA,输入电压为 220 V、380 V,输出电压为 10 000~35 000 V。供电设备要具有电量测量、自动过载保护、自动报警和可调输出电压功能。

3) 电脱水器的配套仪表和控制

电脱水器的配套仪表和控制主要包括如下几方面:

（1）油水界面的控制是通过油水界面检测信号控制排水管出口的流量调节阀来实现的。

（2）净化油出口和污水排出口管线上安装产品质量检测仪,能自动分析,同时装有取样口。

（3）油水界面的高低报警,低于界面的停输信号开关。

（4）压力、温度报警。

6.3.4　原油脱盐的工艺

各油田所产的原油中都含有不同数量的盐水和杂质,对原油的运输、加工以及设备和产品都有不利影响,为此要进行原油脱盐,脱盐时除前面所说的脱水作用外,同时也脱除了所含有的杂质。

原油所含盐类溶解在原油的水中,故原油所含的水是盐水。原油脱盐实际是指脱除原油中的水分,所以完整的提法是原油脱水脱盐,但为了叙述方便和突出重点,简称为"原油脱盐"。原油脱盐是原油在电场、破乳剂、温度、注水、混合等条件的综合作用下,破坏乳状液,实现油水分离的过程。

原油的脱盐一般分两步进行。第 1 步是在原油采出后立即在油田进行脱水脱盐,使原油含盐量初步降低,达到一定标准后再向外输送;第 2 步是原油到达炼油厂后,炼油厂根据生产工艺和设备要求进行深度脱盐,使入炼原油的含盐量大大降低,以减少设备腐蚀,满足产品质量和催化剂活性的要求。作为原油预处理的脱盐技术,对于原油处理装置的腐蚀防护和长期运行,以及下游加工装置,如重油催化裂化、渣油加氢等装置的操作、防止其催化剂中毒和经济效益有重要影响。目前脱盐已不仅仅为单一的防腐手段,最主要的是其已成为原料必需的预处理措施。原油脱盐的主要目的如下:

（1）脱除氯化物,减轻设备和管线系统的腐蚀。

（2）脱除原油中的固体杂质,减轻热炉和换热器的结垢,提高传热效率,减少管内物料在气液流动中的磨损和腐蚀。

（3）除去砷、镍、钠等一些金属杂质,降低催化剂的消耗。

（4）减少重油组分中的灰分等杂质,提高产品质量。

（5）脱除大量水分,降低原油运输中的能耗,也减轻加热炉的热负荷和能耗,防止水带入蒸馏塔造成冲塔事故。

为了达到商品原油以及炼油厂原油的含盐指标,油田一般采用热化学法以及电化学法对原油进行脱盐处理。

油田脱水以及炼油厂脱盐一般都要使用破乳剂,在原油泵入口位置上加注,使破乳剂与原油充分混合,来加强破乳作用。在炼油厂中,原油脱盐通常是在减压过程之前,其装置与原油蒸馏装置建在一起。用蒸馏产品带出来的热量来预热原油,现代脱盐装置大多都是高效卧式脱盐罐。

为了达到深度脱盐,尽力降低原油中的含盐量,国内外使用二级脱盐工艺逐渐增多,有的还采用了三级脱盐。虽然采用单纯的热化学方法也能进行一级或二级脱盐,但现代炼油厂已经很少采用单纯的化学脱盐,而多采用电化学脱盐。常规的一级化学或电脱盐的流程如图 6 - 20 所示。

在原油脱盐过程中,通常包含以下 3 个步骤:

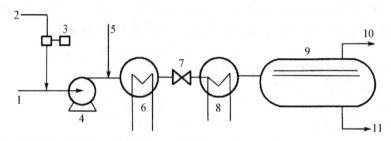

1—原油;2—破乳剂;3—破乳剂泵;4—原油泵;5—水;6、8—换热器;7—混合阀;9—沉降罐;10—脱盐原油;11—排水。

图 6-20　一级化学或电脱盐流程

（1）在进料中加入低含盐水（新鲜水较好，软化水更好）。

（2）原油与加入水充分混合，将油中原有的盐水、沉淀物或结晶盐稀释或溶解。

（3）尽可能多地从原油中将水分离出去，将结晶盐溶于水中并随排水被除掉。

在原油进入脱盐罐的油水分离过程中，在下层极板下面由上到下大致可分为下述各层，即油层、过渡乳化层、紧靠水面的乳化层、带浮升油滴的水层和净水层，下层极板到水层之间，因距离较大，电压较低，所以形成一个弱电场。

（1）油层（绝缘层）。该层含水率在 0.8% 以下，其高度通常为 100～120 mm，视电极的挠曲程度而定。弱电场的聚结作用主要在这一层中进行，分散在原油中的微小水滴随同原油一起沿弱电场上升，在电场作用下聚结起来的大水滴，经过弱电区域才能向下沉降到水层。该层由于含盐量较高，又存在下降的大水滴使静聚结力增强，大水滴沉降速度有助于克服乳化膜的障碍，在一定程度上弥补了电场的弱点，而使相当一部分水滴能在弱电场中聚结下来。

（2）过渡乳化层（导电差）。该层含水率在 0.8% 以上，该层靠近电极，因含水原油的导电率很大，注意避免漏电。

（3）紧靠水面的乳化层。该层凝聚着增大的水滴，没有脱水作用发生，也称为吸附平衡层，原油中的水滴对破乳剂的吸附过程在此达到基本平衡。从注入破乳剂及稀释水起，到吸附平衡为止，共需 120 s 以上的时间，才能使原油中原有的水与破乳剂及稀释水充分混合接触，在油水界面上尽量吸附破乳剂。

（4）带浮升油滴的水层。油滴浮升到水面的时间，不超过 30 s。

（5）净水层。从罐体下部将水排出。对脱盐罐的每一层来说，应考虑有最大的分层空间，所以水层高度应当压低些，底层电极板应当抬高些。原油进入脱盐罐后，经强电场脱水的原油继续上升，进入下极板与上极板之间的强电场中，此时原油中的残存水滴再继续凝聚而成大水滴，大水滴因比油重继续下沉，直至降到脱盐罐底部的水层中，而被排出罐外。脱盐原油由罐顶流出，脱盐过程随即结束。

6.4　原 油 稳 定

原油在进行集输以及储存时，由于气态组分比较活泼，必然产生大量油蒸气排入大气，导致能源损失和环境污染。因此，作为原油矿场加工的最后工序，通常需要将原油的溶解天然气组分汽化、分离出来，以降低原油的蒸气压，达到商品原油的相关规定，这一过程称为原油稳定。

1. 原油稳定的必要性

原油稳定就是把油田上密闭集输起来的原油经过密闭处理,从原油中把轻质烃类如甲烷、乙烷、丙烷、丁烷等分离出来并加以回收利用,减少原油的蒸发损耗,降低原油的饱和蒸气压,使之稳定。原油稳定是减少蒸发损耗的根本办法,原油稳定具有较高的经济效益,可以回收大量轻烃作为化工原料,同时可使原油安全储运,并减少对环境的污染。

在集输时,为了满足各种工艺需求,需要对介质进行加热、降压、储存,这就为原油中轻组分的挥发提供了充分的条件。因此,对于未做到密闭的集输流程来说,原油在敞口储罐中的蒸发损耗包括进出油损耗(俗称大呼吸)、储存损耗(俗称小呼吸)和闪蒸损耗,数量较大。有资料表明:对于未经稳定的原油直接进常压储罐,其油气损耗为原油产量的 $1\%\sim3\%$,其中储罐的蒸发损耗占 40% 左右。

在实现密闭集输、原油稳定后,油田的油气损耗可降低到 0.5% 以下。通过原油稳定,除降低原油蒸气压、减少蒸发损耗、保证储运安全和满足环保规定以外,从原油内分离出 C_2 和 C_3 的同时还可带走一部分 H_2S,使原油中的 H_2S 含量降低。

2. 原油稳定的技术指标

原油稳定的深度是指从未稳定的原油中分离出多少挥发性组分,挥发性组分分离出来的越多,原油的稳定深度值越高。稳定深度一般采用储存温度下原油的饱和蒸气压来衡量。由于国情和油田产品的市场需求不同,各国要从原油内分离出的挥发性组分和对稳定后原油蒸气压的要求也有差别。我国把降低油气损耗作为原油稳定的主要目的,因而除非与其他工艺过程相结合能取得较好的经济效益,当油田内部原油蒸发损耗率已低于 0.2%(质量分数)时,或者原油内 $C_1\sim C_4$ 质量分数低于 0.5% 时,不必进行稳定处理。

稳定原油的饱和蒸汽压根据原油中轻组分含量、稳定原油的储存和外输条件等因素确定。我国石油行业标准《原油稳定设计规范》对原油稳定应达到的技术指标做出规定:稳定原油的饱和蒸气压的设计值不宜超过当地大气压的 0.7 倍。对于采用铁路、公路、水路运输的原油,其稳定后的饱和蒸汽压可略低,以减少蒸发损耗,但稳定装置对 C_5 和 C_6 以上更重组分的收率(质量分数)不宜超过未稳定原油在储运过程中的原油自然蒸发损耗率。

原油稳定的方法大致可以归为闪蒸稳定和分馏稳定方法两大类。

6.4.1 闪蒸稳定

液体混合物在加热、蒸发过程中所形成的蒸气始终与液体保持接触,当液体混合物的压力降低或温度升高时,部分混合物会蒸发,称为闪蒸。在闪蒸过程中,相对分子质量越小的轻组分,蒸气压越高,越容易汽化。基于闪蒸原理,通过对原油加热并减压,使其轻组分挥发并分离,从而降低原油蒸气压,其原理流程如图 6-21 所示。

未稳定原油的闪蒸分离过程,实质上就是一次平衡汽化过程。闪蒸分离稳定法按操作压力的不同,可分为负压闪蒸稳定

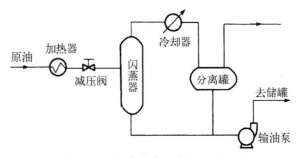

图 6-21 闪蒸稳定工艺原理流程图

法和正压闪蒸稳定法两种,是目前油田采用的主要原油稳定工艺。作为原油稳定的辅助方法,多级分离和油罐烃蒸气回收也属于利用闪蒸原理从原油中分离并回收轻烃的方法,在本节一并加以介绍。

1. 工艺流程

1) 负压闪蒸稳定法

负压闪蒸稳定是使原油的蒸发过程在一定的真空度下进行。脱水后原油的温度一般是50～80℃,压力为 0.2～0.3 MPa,进入负压闪蒸塔闪蒸分离。稳定塔顶部用真空压缩机抽真空,真空度一般为 20～70 kPa,真空压缩机出口压力一般为 0.2～0.3 MPa(g)。抽出的闪蒸气经冷凝器降温至 40℃左右,进入三相分离器得到混合烃、气、水三相,分离出来的轻油进入储罐后外运;脱出气进入集气管网;生产水进入生产水处理系统,如图 6-22 所示。

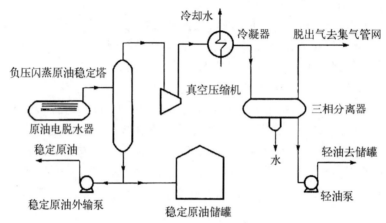

图 6-22　负压闪蒸稳定工艺原理流程

2) 正压闪蒸稳定法

正压闪蒸稳定是使原油的蒸发过程在一定的正压条件下进行,又可细分为正压和微正压两种情况。正压闪蒸操作压力大于 0.1 MPa,需要的操作温度较高,在电脱水器的出口压力为0.25～0.3 MPa 时,闪蒸温度通常在 120℃左右。如图 6-23 所示为正压闪蒸稳定工艺原理流程,脱水后的净化原油首先与稳定后的原油换热,然后经加热炉加热至稳定温度再进入原油稳

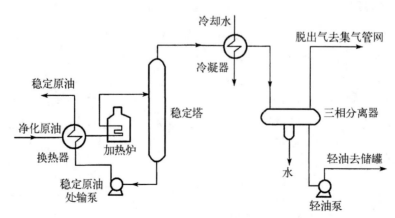

图 6-23　正压闪蒸稳定工艺原理流程图

定塔上部,在稳定塔的内部进行闪蒸,稳定塔顶部的闪蒸气经冷凝器降温至 40℃左右,进入分离器进行轻油、气、水三相分离。

微正压闪蒸操作压力为 0～200 Pa,闪蒸温度为 60～90℃时就可达到原油稳定的要求,如图 6-24 所示。

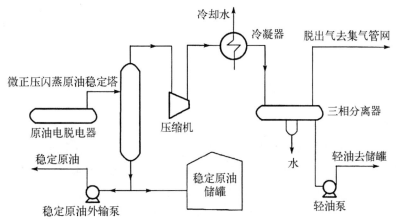

图 6-24　微正压闪蒸稳定工艺原理流程图

3) 多级分离稳定法

多级分离稳定是将原油分若干级进行油气分离稳定,每一级的油和气都接近平衡状态,这种方法实际上是用若干次连续闪蒸使原油达到稳定,典型多级分离稳定法流程如图 6-25 所示。

采用多级分离使原油稳定的前提是井口来的油气有足够高的压力,即这一方法适用于高压油田,可以充分利用地层能量实现原油稳定。对于生产压力较高的油田,多级分离工艺作为原油稳定的配套措施用于油气处理,可以充分利用油层能量,减少稳定过程的能量消耗,合理利用油气资源。

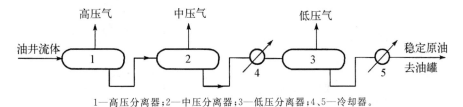

1—高压分离器;2—中压分离器;3—低压分离器;4、5—冷却器。

图 6-25　多级分离稳定法流程

4) 大罐抽气稳定法

当原油未稳定或稳定不彻底时,进入储罐储存过程中会引起大、小呼吸损耗以及闪蒸携带损耗。为降低蒸发损耗可采取大罐抽气工艺回收油罐内烃蒸气,其典型流程如图 6-26 所示。

大罐抽气工艺简单,但抽出气体有限,适合于已建老油田的原油密闭储存、防止蒸发损耗的一种措施,不能作为蒸气压较高的未稳定原油的稳定处理方法。

2. 闪蒸稳定设备

稳定塔和压缩机是稳定工艺的主体设备,其配置是否合理,关系到装置的正常运行和经济

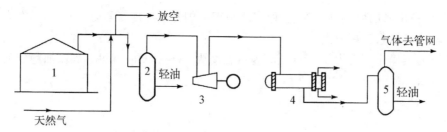

1—油罐;2、5—分离器;3—压缩机;4—冷却器。

图 6 – 26 油罐烃蒸气回收流程

效益。用于负压或常压闪蒸的稳定器有卧式闪蒸罐、立式闪蒸分馏塔等。与闪蒸罐相比,稳定塔占地少、安装和操作方便,使用较多。

1) 闪蒸罐

油田常用稳定闪蒸罐的结构如图 6 – 27 所示。净化原油从来料入口进入,经分离伞形成直径不同的油膜柱淋降至卧罐内设置的筛板上,分出的气体靠分离伞折流捕雾,达到油气闪蒸分离目的。闪蒸罐内装一至两层筛板,卧式容器内筛板面积较大,原油从筛孔向下淋降,由于油气接触面积大,有利于溶解气的析出和液面积聚气泡的消泡。因而,卧式闪蒸罐适合黏度较大的原油作为稳定处理。

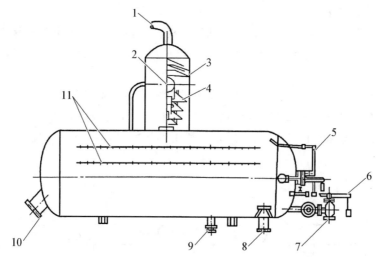

1—闪蒸气出口;2—来料入口;3—立式分离头;4—分离伞;5—液位计;6—浮子连杆机构;7—出油阀;8—出油口;9—排污口;10—人孔;11—筛板。

图 6 – 27 闪蒸罐基本结构图

负压闪蒸罐不可能有足够的静压使稳定原油自流进罐,罐底附近设泵为原油增压。为避免液位控制失灵造成满溢或抽空,应设置高低液位发讯器控制罐内液位。

2) 闪蒸分离稳定塔

稳定塔按照内部结构划分,包括板式塔和填料塔两大类。板式塔内装有一定数量的塔盘,气体以鼓泡或喷射的形式穿过塔盘上的液层,两相密切接触进行传质。填料塔则是在塔内装有一定的填料层,以此作为气液接触的媒介,液体沿填料表面呈膜状向下流动,气体自下而上流动,气液两相在填料层中逆流接触传质。目前,在油田原油稳定工艺中,常用的负压稳定塔大多是在塔内设置数层筛板的筛板塔,属于板式塔的一种。

(1) 筛孔。筛孔用于气液传质的分馏塔筛板,气体向上通过筛孔,与筛板上滞留的液体形成良好的气液传质条件。为防止液体从筛板向下泄漏,气体有最小流速(称为下限速度)的要求,否则液体从筛孔向下泄漏将降低气液传质效果。在塔内可计入的闪蒸面积有塔板本身的面积、筛孔淋降的油柱面积和溢流面的油膜面积等,如果闪蒸面积未达到要求,则要求筛孔有较大直径,使原油从筛孔向下淋降。

(2) 塔板布置。闪蒸塔的塔板数和塔板布置形式应满足闪蒸面积的需要。为减少气体流动阻力和塔的压降,塔内气、液流体常分道而行,塔内一般设 4～6 块塔板就可满足闪蒸面积的要求。塔板布置一般有两种形式,即悬挂式和折流式(见图 6-28)。

图 6-28(a)为悬挂式筛板,为减少闪蒸气的上升阻力,除在塔板中心开孔外,还在塔板上开有升气孔,为增加原油的淋降面积,在塔板和塔内壁间留有 100 mm 左右的环形间隙,并为闪蒸气上升提供通道。图 6-28(b)为折流式布置,一般采用带降液管的筛板(或平板),板堰高度比常规蒸馏塔用的筛板低,使板上液层较薄,以增大闪蒸面积:根据闪蒸塔的运行情况及原油稳定设计规范的技术要求,喷淋密度在 40～80 m³/(m² · h)范围内是比较合适的。由此可按喷淋密度计算闪蒸塔进料口以下的塔径,计算式为

$$D = \frac{4Q}{\pi L} \qquad (6-18)$$

式中,D 为闪蒸塔直径,单位为 m;Q 为进液量,单位为 m³/h;L 为喷淋密度,单位为 m³/(m² · h)。

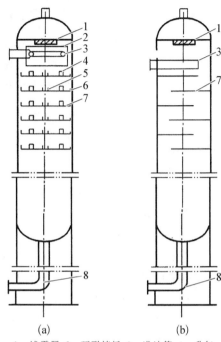

1—捕雾器;2—环形挡板;3—进油管;4—升气孔;5、6—气体通道;7—塔板;8—出油管。

图 6-28　稳定塔塔板布置

(a) 悬挂式筛板;(b) 折流式筛板

(3) 进料装置。进塔原油是部分汽化的,进塔后应使液流流速降低,保持液流在进料板上的均匀分布,使原油内夹带的气泡得以释放。为增大塔内气液接触和闪蒸面积,用筛孔板式(见图 6-29)或多孔盘管式(见图 6-30)等喷淋进料装置,使原油以液滴方式向下淋降,淋降高度为 2 m 左右,以提高塔的分离效果。设计中应使每个喷淋孔的流量尽量均匀,并考虑原油发泡及消泡措施。

(4) 液位高度。负压稳定塔的塔内液位应具有足够高度。若塔底用泵输送稳定原油,塔底液位高度应满足泵对吸入压头的要求。若稳定原油自流进罐,应由储罐安全装液高度和塔罐连接管路的摩阻损失确定塔内液位高度。塔内原油停留时间一般为 3～5 min,发泡原油的停留时间可适当延长。塔底稳定原油出口处也装有防涡器。

6.4.2　分馏稳定

原油中轻组分蒸气压高、沸点低、易于汽化,重组分的蒸气压低、沸点高、不易汽化。按照轻重组分挥发度不同这一特点,可以利用精馏原理将原油中的 C_1～C_4 脱除出去,达到稳定,这

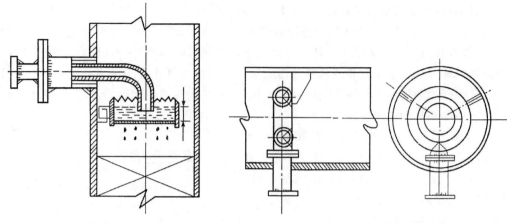

图6-29 筛孔板式喷淋装置　　　　图6-30 多孔盘管式喷淋装置

就是分馏稳定法。

1. 工艺流程

根据分馏塔结构的不同,可将分馏稳定分为全塔分馏稳定法、提馏和精馏稳定法;根据稳定热量的来源,又可分为进料加热、重沸加热和汽蒸汽热等形式。

1) 全塔分馏稳定法

脱水后的净化原油,首先进入换热器与稳定塔底的稳定原油进行换热至90~150℃,然后进入稳定塔的中部进料段。稳定塔上部为精馏段,下部为提馏段。塔的操作压力一般为0.2 MPa(g),塔底原油一部用泵抽出,经重沸加热炉加热到120~200℃回到塔底液面上部,给塔提供热源,保证塔底温度;另一部分作为塔底产品用泵抽出,经换热器回收热量后外输或进入稳定原油油罐。塔顶气体温度一般为50~90℃,先经冷凝器降温,然后进入三相分离器。经分离后,一部分液相产品作为塔顶回流;另一部分作为塔顶液相产品,用泵增压输至轻油产品储罐。三相分离器的气相作为塔顶的气相产品进入低压管网,典型流程如图6-31所示。

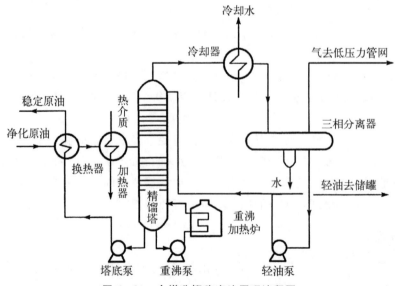

图6-31 全塔分馏稳定法原理流程图

2）提馏和精馏稳定法

全塔分流法虽然可以按要求把轻重组分很好地分离开来,但存在投资较高、能耗较高以及生产操作比较复杂的缺点。在分离效果要求不太严格的情况下,按照原油稳定深度的要求,稳定塔可以只设提馏段而不设精馏段,即所谓的"提馏稳定法",流程如图 6-32 所示;或者只设精馏段而不设提馏段,即所谓的"精馏稳定法",流程如图 6-33 所示。

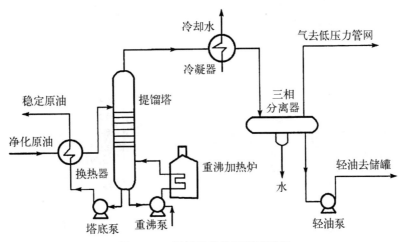

图 6-32　提馏稳定法原理流程图

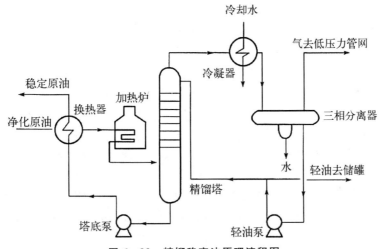

图 6-33　精馏稳定法原理流程图

3）蒸气气提稳定法

如图 6-34 所示为蒸气气提稳定法原理流程,以蒸气进入塔底代替典型流程的重沸炉,除了提供稳定所需的热量外,还起到塔底气相回流的提馏作用。当原油蒸气分压与引入水蒸气分压之和达到稳定塔的操作压力时,水蒸气与原油中轻组分一起蒸发至塔顶。由于水的相对分子质量小,水蒸气体积大,容易产生液泛,引起冲塔事故,同时水蒸气过多还会使塔顶冷凝器负荷增大,因此水蒸气进入量应控制在 3%～5% 之间。

2.分馏稳定设备

分馏塔的工作原理如图 6-35 所示。进塔原料首先在进料段部分汽化,产生的气体向塔

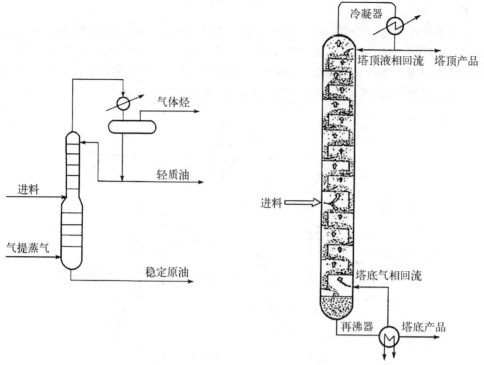

图 6-34 蒸气气提稳定法原理流程图　　图 6-35 分馏塔工作原理示意图

顶运动,塔顶冷凝的液体自塔顶向下运动。逆向运动的气液相物料,在塔内的塔板或填料上密切接触,气体中的液滴不断凝聚,轻组分的浓度不断升高,到达塔顶时,轻组分的浓度达到稳定深度的要求,称为精馏。在进料段汽化后的液相部分和从精馏段底部流下来的液体,一起自上而下向塔底运动,流至塔底的液体进入再沸器加热,加热生成的气体返回塔顶,形成与液体反向运动的气相运动。逆向运动的气液两相,在塔内的塔板或填料上密切接触,使液相中的低沸点组分逐渐被提出,称为提馏。

按照在分馏塔内部两种物料的接触传质方式不同,可将分馏塔分为板式塔和填料塔两类。板式塔内设有若干层塔板,按塔板类型不同,板式塔分为泡罩塔、筛板塔和浮阀塔 3 种。填料塔的填料大致分为 3 类,包括随机堆放填料、规整填料和隔栅式填料。从油田多年的生产实践看,原油分馏稳定塔可选用浮阀塔和立式填料塔,前者适用于密度大、黏度大的原油,后者适用于轻质原油。

1) 浮阀塔

浮阀塔的结构如图 6-36 所示。浮阀塔的塔板上带有降液管,在塔板上开有许多孔作为气流通道,浮动阀的阀片位于气孔的上方,上升气流通过阀片将浮阀吹起,气体从浮动阀周边沿水平方向吹出;液体则由上层塔板的降液管流下,先经进口堰均匀分布,再横流过塔板,气液两相逆向运动,进行良好的传质与换热。经过多层塔板后,到达塔顶的气体是以轻组分为主的合格轻烃产品,到达塔底的液体是达到稳定要求的合格稳定原油。

浮阀的类型很多,目前我国原油分馏稳定塔普遍使用 F-1 型浮阀,具有结构简单、制造安装方便、节省材料等优点,其结构如图 6-37 所示。F-1 型浮阀有重阀和轻阀两种,重阀具有漏液少、效率高的优点,并可适应塔内气液负荷变化较大的工作条件,比较适合用于原油稳定的情况。

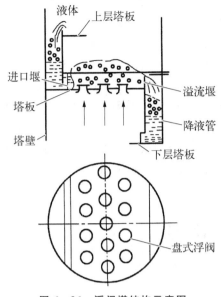

图 6-36　浮阀塔结构示意图

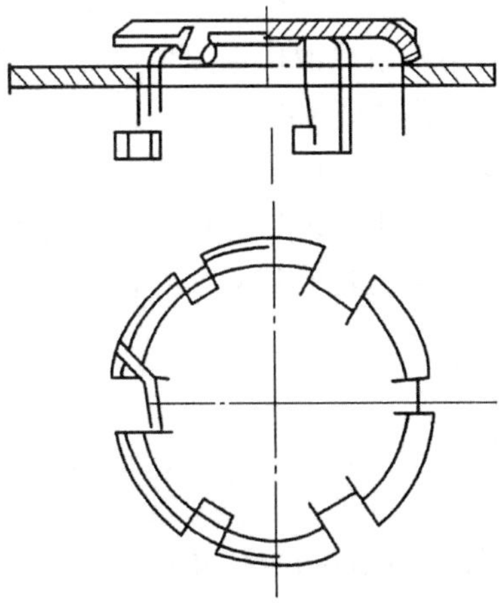

图 6-37　F-1型浮阀结构示意图

塔板上的浮阀有顺排和叉排两种布置方式,如图 6-38 所示。一般采用叉排布置,此种方式下相邻浮阀吹出的气体使液层搅拌和鼓泡均匀,有利于传质传热,同时气体夹带雾沫量也较小。

在板式塔内,气体与液体的组成沿塔高呈阶梯式变化。当气液两相中任意一相流量超过临界值时,两层塔板间的压降增大,降液管内液流不畅,上下两层塔板的液层通过降液管连接成为连续相时,塔效大大降低,无法正常工作,这种现象称为液泛或淹塔。产生淹塔的主要原因一般为气

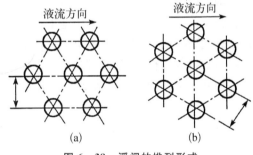

图 6-38　浮阀的排列形式
(a) 顺排;(b) 叉排

体流量过大,因此可通过控制塔内气体真实流速不大于产生液泛时的气体流速,来确定塔的直径。对液体流量较大的塔,需增加降液管面积,可采用 2 个或 4 个的多流道塔板,从而将塔板上的液流分成 2 股或 4 股,减小了每股液流的流道长度及堰板高度。

针对原油稳定的工艺特点,浮阀塔设计应该注意以下几个问题:① 油田原油稳定装置的处理量和原油组分常有较大波动,原油在塔板上的发泡程度差别较大,应适当加大塔板间距,使稳定塔有较大的操作弹性;② 尽可能使塔内各个截面有比较均匀的液相和气相负荷,以使所需的塔径尽可能均匀;③ 塔内各个截面要有适当的内回流,避免出现"干板",对分馏产生不良影响;④ 塔的热平衡合理,剩余热量能得到充分合理的利用;⑤ 在塔的中部设置排水阀,及时排出塔板上冷凝的水分,避免塔板积水,出现淹塔现象。

2) 填料塔

与板式塔相比,填料塔具有以下优点:① 液体处理能力强。在一定的塔径下,填料塔在处理液气比较高的组分分馏时,有较大的处理优势。② 耐腐性强。对于腐蚀介质,可使用塑料或陶瓷填料,而板式塔只能采用合金材料,价格昂贵。③ 压降小。每块理论塔板(离开塔板

的气液相完全达到平衡状态,这种塔板为理论塔板)等板高度的填料压降小于板式塔。

填料塔的缺点如下:① 操作弹性小。填料塔的流量调节比(最大流量和最小流量之比)不及板式塔的1/3,因此对原料供应的稳定性有较高要求。② 液相分配不均匀。沿塔截面液体容易产生分配不匀现象,导致沟流,严重影响塔效。③ 容易堵塞。填料塔对原料内的杂质十分敏感,不利于原油稳定处理。④ 不易检查。检查填料的情况,必须拆除塔内大部分构件。⑤ 较难预测理论塔板的等效填料高度。各种填料的等板高度不确切性较高,而且变化也很大,常需参考已投产的类似装置或直接由现场试验确定。

近年来,由于鲍尔环各种填料结构得到大力改进,使塔的通过能力、分离性能有所提高,具有压降小、性能稳定的特点,已越来越广泛地应用于原油分馏稳定,特别是轻质原油的分馏稳定。

6.5 油 气 计 量

油气计量包括油井单井的计量和外输油气计量。

6.5.1 油井产量计量

油井产量(包括油、气、水)计量的目的在于了解油井生产情况,配合油井的压力参数进行综合分析,从而了解油田开采中地下油藏动态,预测生产变化,进行有效的生产管理,及时调整开采方式,在开采期限内生产更多的原油。同时,油井产量计量也是油井生产动态的统计,便于产出效益与操作费用的比较,从而预测放弃平台,终止生产的时间。

油井产量计量要求的精度不是很高,一般规定,计量表的误差控制在 5% 以内。平台上油井产量计量是一口井一口井地轮流进行的。每口井每次计量时的连续时间为 8～24 h。每口井隔 5～10 d 计量一次。图 6-39 所示是油井计量流程。

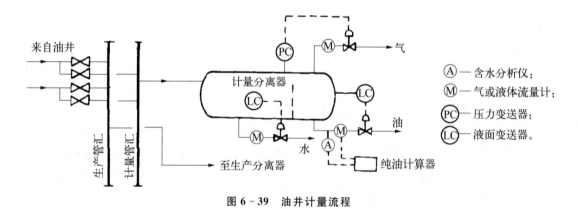

图 6-39 油井计量流程

待计量的单井油气流通过管汇上的切换阀,轮流经测试管汇流进测试分离器。其余井流体经生产管汇流向生产分离器。被计量的流体在测试分离器内分离成油、气、水三相并分别用管线排出。计量表分别安装在排出管路上。分离出的天然气经气体流量计计量后进入气管线。气体流量计常采用孔板流量计或涡轮流量计。从分离器出来的含水油先经过滤器后再通过流量计计量含水油总量。为得到纯油量,在油出口管路上装含水分析仪或人工取样分析原油中的水量。如将原油流量计和含水分析仪的数据送入纯油计算器,则可自动算出纯油量。从分离器底部出来的水通过游离水流量计计量后去含油污水系统处理。液体流量计可以是涡轮流量计,也可以是容积式流量计,如刮板流量计、腰轮流量计和齿轮流量计等。气体流量计可以是孔板流量计、涡轮流量计等。

单油井产量(用涡轮流量计)的计算式为

$$q_o = q_c \times f_c \times f_w \times f_M \times f_t \tag{6-19}$$

式中,q_o 为标准状态下的油体积流量,单位为 m^3/h;q_c 为测试状态下的油体积流量,单位为 m^3/h;f_M 为流量计校正系数;f_w 为含水校正系数;f_t 为温度校正系数;f_c 为压缩系数。

测试工况下的油体积通过测试分离器液相出口管线上的涡轮流量计获得,由于有些流量计的表读数以桶为计量单位,需将其单位进行转换。

测试分离器的分离原理及内部结构和一般生产分离器相类似,也分立式和卧式两种。测试分离器也要安装配套的油气液面、油水界面和压力控制以及高低液位、高低压力报警和停输开关等仪表自控系统,以保护计量的正常和安全操作。在测试时应注意控制分离器的液面在 50% 左右为宜,以防止气体进入流量计,造成计量读数不准。

6.5.2　外输原油计量

外输原油计量是确定油田实际生产情况的依据,它与成品原油销售有直接关系。由于涉及外贸出口和国家商品检验制度,因此,对计量精度要求较高。我国规定计量综合误差(计量系统精度)在 ±0.35% 以内,并要求原油计量仪表配套使用流量计、密度计、低含水分析仪和积算器,其流量计精度应为 0.2 级。

流量计常用容积式流量计和速度式流量计两种。容积式流量计包括腰轮流量计、刮板流量计和椭圆齿轮流量计等;速度式流量计有涡轮流量计。容积式流量计和速度式流量计的技术性能比较如表 6-14 所示。

表 6-14　容积式和速度式流量计技术性能比较

项　目	容积式流量计	速度式流量计
流量计的技术性能	(1) 受计量介质的物理性质、流动状态的影响小。 (2) 安装条件对计量精度的影响小。 (3) 适应性强,耐用。 (4) 容易做到就地指示和远传。 (5) 测量范围小。最小直径只能到 20 mm,测量范围为 0.6～2 m^3/h;最大直径到 500 mm,测量范围为 800～2 500 m^3/h。 (6) 体积大,笨重。 (7) 压降比速度流量计的大	(1) 计量介质的物理性质、流动状态对精度影响大。 (2) 安装条件高,达不到安装条件的要求,计量误差很大。 (3) 对某些部件的材料要求高,寿命短。 (4) 做到就地指示困难。 (5) 测量范围大。最小直径能到 4 mm,测量范围为 0.04～0.2 m^3/h;最大直径到 600 mm 甚至 1 000 mm。600 mm 流量计量程为 1 600～10 000 m^3/h。 (6) 体积小,结构简单。 (7) 压降比容积式流量计的小

从表 6-14 中可以看到,这两种类型的流量计各有自己的优缺点。对于容积式流量计,口径大到一定程度后,本身的体积和重量会很大,其制造、安装和维修等需要有大型的加工设备

和起吊设备。另外,流量计安装所占据的平台空间位置也大。从目前海上的实践来看,当流量计的口径大于 400 mm,测量流量大于 660 m³/h 时,容积式流量计体积大、笨重的缺点就凸显出来了。相反,速度式流量计体积小、结构简单的优点也显现出来了。因此,为了做到经济合理,当流量计的口径大于 400 mm 以上时,应该采用速度式流量计。

图 6 - 40 所示为海上油田外输原油计量流程。流量计的辅助设备有过滤器和消气器,过滤器的进出口需安装差压计。

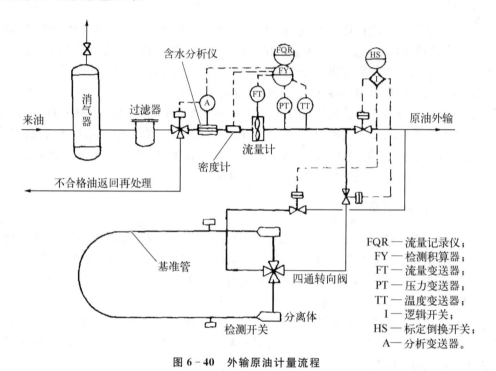

图 6 - 40　外输原油计量流程

当过滤器受堵,两端的压差增大到一定值后会报警,以便及时清除过滤器内污物。原油中可能含有少量溶解气体,在通过流量计之前,经消气器排除从原油中释放出来的气体,以保证计量的准确。过滤器和消气器可以是独立设备或组合设备。在流量计的上游装有含水分析仪,自动测定含水量,此处原油含水量一般低于 1%,因此称为低含水分析仪。含水分析仪检测的量程为 0~3.0% 水量,其精度达到 ±0.1%。测出原油含水量后炼油厂以信号送入检测积算器。如含水量超过预先设定的标准,则三通转换阀自动切换,将不合格的坏油送回原油处理流程重新进行脱水处理或进坏油罐,以待再处理。如含水量达到预先设立标准,则原油通过流量计外输。

欧美国家原油计量单位多用体积法,以 bbl 或 m³ 为单位。我国原油计量采用重量法,以吨为单位。因此需使用一种仪表计量出原油的体积量,同时使用另一种仪表测量出原油的密度,然后按下式求得原油的重量

$$G = V\rho \qquad\qquad (6-20)$$

式中,G 为原油的重量,单位为 t;V 为流量计计量出的体积,单位为 m³;ρ 为测量出的原油密度值,单位为 t/m³。

原油的密度由密度计测得,密度计安装在流量计的上游。我国生产的密度计是利用振动

动管的振动周期(频率)随管内液体密度值而变化的原理制成的。

原油的体积、密度随温度、压力而变化,因此各国都规定了销售和计算产量的标准条件。我国的标准条件是指温度为 20℃,压力为一个标准大气压。在一些欧美国家,标准条件是指温度为 60℉(相当于 15.6℃),压力也是一个标准大气压。计量原油时,应将工作条件下的体积和密度换算到标准条件下的数值。

外输原油流量计在使用期间由于外界环境的影响和内部流体的磨损,有可能产生过量误差,商业上要求对流量计进行定期标定。对流量计进行标定时,要求能在作业时(即外输原油时)在线进行标定。

原油流量计的标定通常有两种方式,即用标准流量计标定和用标准体积管标定。标准流量计标定就是在普通流量计的旁接管路上串联安装一个标准流量计。标定时,通过倒换阀门使流过普通流量计的原油也通过标准流量计,对比两个流量计的读数以求得修正系数。标准流量计的精度为 0.1%,要高于普通流量计的精度,因而它的价格贵。这种标定方式占用平台空间小,适用于从平台通过管道直接向岸上输油或由海上装油栈台向运输油轮装油。我国渤海某油田就是采用后一种输油方式而用标准流量计来进行标定的。而标准流量计需定期送往法定计量部门进行标定。

标定流量计的另一种方式是采用标准体积管。标准体积管的主要构件有以下几个(见图 6-40):

(1) 基准管。在两个检测开关之间的环形管段称为基准管,它是标准体积管的基本组成部分。基准管的容积就是标准体积管的标准容积。基准管要有足够的长度,至少能使检测开关接收从被标定流量计发出 10 000 个脉冲信号。管内部焊接接头要磨得光滑,易于标定球通过而又不失去精度,且不会损坏标定球。管内壁涂以硬质、光滑的涂层,以减少腐蚀。内涂层是一种加有化学惰性填料和色素的树脂,在高温下烘干。涂层厚度为 0.18~0.25 mm。

(2) 检测开关。检测开关是标准体积管的发讯机构,安装在基准管的两端。标定流量计时,标定球首先通过检测开关,使它发出信号,控制电子脉冲计数器,记录流量计发出的脉冲信号;然后将电子脉冲计数器得到的脉冲数与两个检测开关之间的标准容积进行对比,最后确定流量计的流量系数和精度。不管标定球行经的方向如何,标定球每次通过检测开关都要在同一位置点上发出信号,重复偏差不大于 0.004%。

(3) 标定球。标定球是具有一定弹性的空心橡胶球。球内充水或水和乙二醇的混合液。球内压力使球外经膨胀到大于基准管内径的 1%~2% 之间。标定球在标准体积管中起置换、发信、密封和清管作用。

(4) 分离体(或称为发送三通)。分离体装在基准管的两端,它用来发送和接收标定球,由液流推动标定球进入基准管。分离体的设计要保证在标定流量范围内使标定球能从液流中分离出来,而不至于卡在出口处。为此,标准体积管分离体的直径至少要比基准管的直径大一号管子尺寸。

(5) 四通转向阀。四通转向阀用于改变液流方向,推动标定球在基准管中往返运动,实现双向标定。四通阀的制造加工要求必须保证:标定球在两个检测器之间运动时,工艺液体不走旁路,绝对严密;标定球触动第一个检测器之前要处于全开位置;四通阀的倒向要与检定程序连锁,以免由误操作而引起水击。

(6) 液压系统。液压系统主要有高压油泵、油箱和液压元件等组成。它是液压推球器、上下液压插销的控制部分。通过它可控制液压推球器和上下液压插销的动作。

（7）控制台。控制台上装有标准体积管操作用的电器设备、液压设备的控制元件、测量单元和电子脉冲计数器等。在控制台上要完成流量计标定过程中所需参数（压力、温度）的显示。标准体积管的工作原理是：两个检测开关之间基准管的容积是标准容积，这个标准容积是经过工厂严格加工、精确检定后确定的。用它来标定流量计时，会让经过流量计计量的液体全部通过标准体积管，并推动标定球在基准管内沿液体流动方向运动。当标定球到达第1个检测开关（基准管进口）时，检测开关发出信号，启动电子脉冲计数器，开始记录被标定流量计发出的脉冲信号。当标定球到达第2个检测开关（基准管出口）时，检测开关又发出信号，使电子脉冲计数器停止计数，得到流量计在这段时间的脉冲数。因为从流量计到标准体积管以及从标准体积管进口到出口的管路内，全部被液体充满。在这样一个被液体充满的压力管系内，不能出现液体的聚集和空隙，任何截面内通过的流量都是相等的。所以，可将流量计计量的液体量（脉冲数）与标准体积管的标准容积进行对比，确定流量计的流量系数和流量计的计量精度，从而完成对流量计的标定。

由于这套标定装置占用面积和空间较大，一般仅用于浮式储油轮，这是因为该类型油轮的甲板可以提供安装这套装置的场地。

思 考 题

1. 组成石油的化学元素有哪些？各自的占比是多少？

2. 原油的分类有哪些方式？根据这些方式，原油又可分为哪些类别？

3. 何谓石油的 API°？

4. 原油的黏度与哪些因素有关？具体关系是什么？

5. 何谓原油的闪点、燃点和自燃点？

6. 油气平衡分离有哪三种基本方式？简述各自作用原理。

7. 简述油气分离的机理。

8. 对于三级油气分离，各级的压力范围如何设置？其选择的原则是什么？

9. 简述海上油田三级分离流程。

10. 油气水分离器的工作原理是什么？其主要由哪些构件组成？

11. 简述立式和卧式油气分离器的优缺点。

12. 原油含水和含盐对海上平台生产、原油外输和炼油厂加工有哪些不利影响？

13. 原油乳状液的形成条件有哪些？原油的天然乳化剂由哪些类型物质组成？

14. 原油乳状液有哪些类型？如何鉴别？

15. 原油乳状液黏度的影响因素有哪些？

16. 破乳剂在原油破乳过程中起到了哪些作用？

17. 简述一下原油破乳剂的破乳机理。

18. 电破乳中，水滴的聚结方式有哪几种？各种聚结方式的特点如何？

19. 简述原油脱盐的步骤。

20. 原油稳定的必要性是什么？有哪些技术指标？

21. 原油稳定的方法有哪些？简述各种方法的特点。

22. 简述油井计量和外输原油计量流程。

第7章　海洋天然气处理

7.1　天然气和轻烃成分介绍

7.1.1　天然气组成与分类

天然气是从油气藏中开采出来的一种可燃气体。根据产地和开采方法的不同,天然气一般可分为气田气和油田伴生气两类。

气田气是指从气田开采出来的天然气,其甲烷(CH_4)的体积含量达 90％以上。油田伴生气是指从油田中随原油一起开采出来的可燃气体,其甲烷的含量比气田气低,一般为 80％～90％。

在应用中,常将甲烷含量高于 90％,天然汽油(戊烷以上的组分)含量低于 10 mL/m³的天然气,称为干气或贫气;甲烷含量低于 90％,天然汽油含量高于 10 mL/m³的天然气,称为湿气或富气。由此可知,气田气一般为干气,油田伴生气大多为湿气。湿气和闪蒸分离气在降温后往往能从中分离出大量的轻质油或凝析油。

天然气中除含有甲烷、乙烷、丙烷等烃类组分外,还常含有 CO_2、H_2S、N_2 以及水蒸气等多种非烃类化合物组分。我国部分油气田所产天然气的组分与组成如表 7-1 所示。

表 7-1　我国部分油气田所产天然气的组分和组成(体积分数)

油气田名称		甲烷	乙烷	丙烷	丁烷	戊烷以上	不饱和烃	一氧化碳	二氧化碳	硫化氢	氮	氢
油田	大庆	80.75	1.95	7.67	5.62	3.31	—	—	—	—	—	—
	胜利	86.60	4.20	3.50	2.60	1.40	—	—	0.60	—	1.10	—
	大港	76.29	11.0	6.00	4.00	—	—	—	1.36	—	0.71	—
	辽河	81.10	7.90	4.60	4.37	1.00	—	—	1.00	—	1.02	—
四川气田	自贡	97.78	0.64	0.15	—	—	0.02	0.03	1.64	0	0.09	
	隆昌	95.48	1.50	0.41	—	—	0.07	0.02	1.70	0.92	0.10	
	威远	97.78	0.61	0.15	—	—	0.02	0.03	1.64	0	0.09	
	泸州	96.38	1.57	0.42	—	—	0.02	0.15	0.94	0.23	0.11	
	纳溪	96.74	1.42	0.44	—	—	0.15	0.16	0.41	0.38	0.11	

7.1.2　天然气的质量技术要求

气田气和油田伴生气经脱水和脱酸性气体等净化处理后得到的天然气,其质量技术要求应符合国家现行标准的规定,如表 7-2 所示。

表 7－2　天然气的质量技术指标

项　目	一　类	二　类	三　类
高位发热量/(MJ/m³)	\>31.4		
总硫(以硫计)/(mg/m³)	≤100	≤200	≤460
硫化氢/(mg/m³)	≤6	≤20	≤460
二氧化碳/%(V/V)	≤3.0		
水露点/℃	在天然气交接点的压力和温度条件下,天然气的水露点应比最低环境温度低 5℃		

注:① 本标准中气体体积的标准参比条件是 101.325 kPa,20℃;② 本标准实施之前建立的天然气输送管道,在天然气交接点的压力和温度条件下,天然气中应无游离水。无游离水是指天然气经机械分离设备分不出游离水。

7.1.3　液化石油气

液化石油气是轻烃回收的产品之一,其主要成分是丙烷和丁烷。根据组成的不同,液化石油气可分为商品丙烷,商品丁烷和商品丙、丁烷混合物共三类,其中商品丙、丁烷混合物又可分为通用、冬用和夏用三种。按照现行国家标准的规定,液化石油气的质量技术要求如表 7－3 所示。

表 7－3　液化石油气质量技术指标

项　目		质量技术指标				
		商品丙烷	商品丁烷	商品丙烷、丁烷混合物		
				通用	冬用	夏用
组分/%(mol)	C_2 及 C_2 以下	—	—	—	≤5.0	≤3.0
	C_4 及 C_4 以上	≤2.5	—	—	—	—
	C_5 及 C_5 以上	—	≤2.0	≤2.0	≤3.0	≤5.0
37.8℃时蒸汽压(表压)/kPa		≤1 430	≤485	≤1 430	≤1 360	
最大残留物量/mL(100 mL)		≤0.05	—	—		
铜片腐蚀等级		≤	≤1.0	≤1.0		
硫含量/(mg/m³)		—	—	≤340		
游离水		—	无	无		

7.2　天然气脱水

随原油一起采出的油田伴生气或气井采出的天然气,一般都含有砂粒、岩屑等固体杂质,水、凝析油等液体以及水气、硫化氢、二氧化碳等气体。这些杂质的存在不仅对天然气的输送和使用带来很大的危害而且严重地影响天然气的加工。

天然气中的杂质引起的主要危害如下:

(1) 固体杂质将导致管道设备和仪表的磨损,堵塞管道降低输气量,若进入压缩机和燃气轮机,将会造成机内冲蚀而丧失正常工作能力。

(2) 天然气中存在水蒸气,不但减少了管线的输送能力和气体热值,而且当输送压力和环境条件变化时,还可能引起水蒸气从天然气流中析出,形成液态水、冰或天然气的固体水化物,从而增加管路压降,严重时堵塞管道。天然气中凝析油的聚积不仅会引起设备、管道和仪表的腐蚀,而且会增加管线输送的阻力,降低输气量。气中凝析油和水汽对平台燃气轮机亦不利,造成机内积炭,增加腐蚀,减少使用寿命。

(3) 天然气中的 H_2S、CO_2 等酸性气体溶于水,会加速对管道、设备的腐蚀。同时,酸性气体的存在对其用作化工原料也是十分不利的。这些气体杂质会使催化剂中毒,影响产品和中间产品的质量,并且污染环境。

天然气无论作为燃料还是化工原料,都必须脱除其中含有的固体、液体和气体杂质。脱除天然气中的固体通常用干式或湿式除尘器。干式除尘器中有旋风除尘器、重力除尘器和过滤器 3 种。湿式除尘器利用油液洗涤气体中的尘粒。天然气中液态水的脱除可用分离法来实现。脱除天然气中的水汽一般采用固体吸附法或液体吸收法。在海上平台要脱除天然气中的 H_2S 或 CO_2 酸性气体,需要建设一些额外的装置,增加海上投资。因此,常常将天然气输送到岸上进行脱酸气处理,而在平台上只完成天然气脱水,降低气体露点,使其在向岸上输送的过程中无水分析出,处于气体状态的酸气就不会对输送管道产生严重的腐蚀。

7.2.1　天然气含水量及水化物的生成和防止

从地下开采出来的天然气一般含有游离水和水蒸气两种不同形态的水。在一定的温度和压力条件下,游离水和水蒸气是可以互相转化的。从油气分离器中分离出来的天然气是处于含水量的饱和状态,即天然气中水蒸气含量处于平衡状态。天然气的饱和含水量随天然气压力升高或温度降低而降低。图 7-1 的天然气的饱和含水量图即表达了这种关系,图中斜实直线是某特定压力情况下天然气的饱和含水量随温度的变化关系线。从图 7-1 的左下角部分还可以看到:在低温和高压条件下天然气能和液态水形成天然气水化物。

天然气水化物是一种白色结晶固体,外观类似松散的冰或致密的雪,密度为 $0.88\sim0.90\ \mathrm{g/cm^3}$。在水化物中,与一个气体分子结合的水分子数不是恒定的,这与气体分子的大小和性质以及晶格中孔室被气体分子充满的程度等因素有关。当气体分子占据全部晶格中的孔室时,天然气各组分的水化物分别为 $CH_4\cdot6H_2O$、$C_2H_6\cdot8H_2O$、$C_3H_8\cdot17H_2O$、$iC_4H_{10}\cdot17H_2O$、$H_2S\cdot6H_2O$、$CO_2\cdot6H_2O$。戊烷和己烷以上烃类一般不形成水化物。

烃类水化物是一种不稳定的化合物,当它的温度和压力条件处于适当值时,会分解为碳氢化合物和水。

形成水化物一般要有 3 个条件:

(1) 气体处于水汽的过饱和状态或有液态水存在。

(2) 有足够高的压力和足够低的温度。

(3) 在具备上述条件时,有时还不能形成水化物,还要有一些辅助条件,如压力波动,气体因流向的突变产生的搅动,或有晶种的存在等。

图 7-2 是天然气水化物生成的平衡曲线。它描述了不同相对密度的天然气形成水化物的最低压力及最高温度条件。从图中曲线可以看出,天然气压力越高,形成水化物的温度越高;天然气的相对密度越大,形成水化物的压力越低,温度越高。然而天然气中每种组分生成

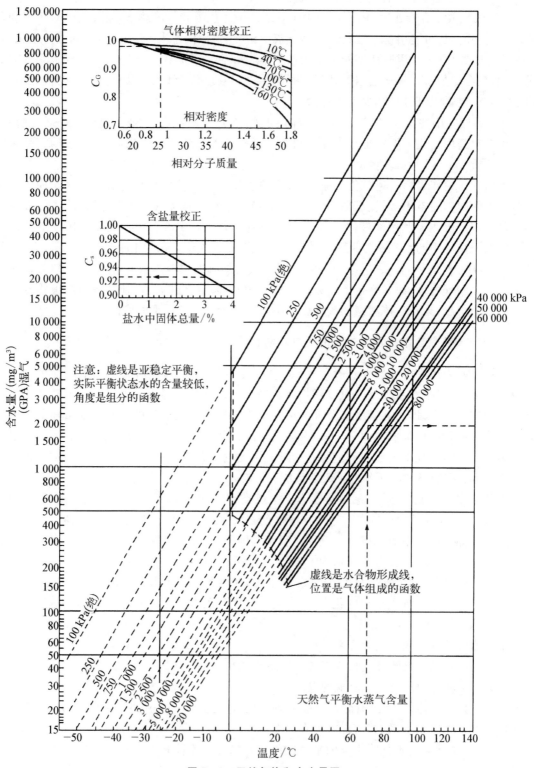

图 7-1　天然气饱和含水量图

水化物都有一个温度上限,即水化物可能存在的最高温度。若温度高于此上限,不管压力多大,都不能生成水化物,此温度称为气体水化物生成的临界温度。表 7 - 4 列出了气体水化物的临界温度。

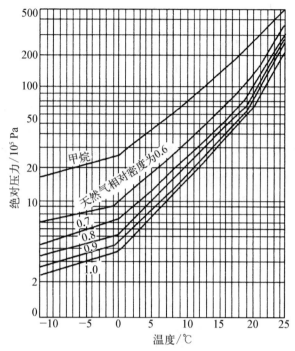

图 7 - 2　天然气水合物形成的平衡曲线

表 7 - 4　气体水化物形成的临界温度

组　分	CH_4	C_2H_6	C_3H_8	iC_4H_{10}	$n\,C_4H_{10}$	CO_2	H_2S
临界温度/℃	47	14.5	5.5	2.5	1	10	29

气流方向的改变或停滞带,如弯头、阀门和其他局部阻力大的地方容易形成水化物,尤其是在节流降压的地方,如减压阀和紧急放空阀等地方更容易生成水化物。要防止水化物的生成,必须根据天然气水化物的特点及其形成条件采取相应的措施。海上平台常见的防止水化物生成的方法有加热法和注入防冻剂法两种。

(1)提高天然气温度,防止水化物生成。在一定的压力条件下,水化物有一定的形成温度,如果使天然气的温度始终高于水化物形成的温度,则会有效地防止水化物的形成。该方法主要用于高压气井节流阀前,预先用加热器加热天然气,使其经过节流阀的节流降压后,气体温度仍高于水化物形成的温度。平台加热天然气的常用设备有电加热器和热介质加热器。如果天然气的压力过高,电加热器的投资会非常昂贵,但电加热器的操作非常方便。

(2)用抑制剂防止天然气水化物形成。广泛使用的天然气水化物抑制剂有甲醇和甘醇类化合物。甲醇可用于任何操作温度,由于它的沸点低(常压下为 64.7℃),故比较适合用于低温,在较高温度下,蒸发损失过大。甲醇具有中等程度的毒性,可通过呼吸道、食道及皮肤侵入人体,因而使用甲醇防冻剂时应采取安全措施。甲醇适用于处理气量较小,含水量较低的平台井口节流设备或管道。由于回收有许多问题,允许注入气流中而不回收,在不需要连续注入的紧急放空处可作为临时注入。

甘醇类防冻剂(常用的主要是乙二醇和二甘醇)无毒,较甲醇沸点高,蒸发损失小一般可重复使用,适用于处理气量较大的气平台口。但是甘醇类防冻剂黏度大,特别是在有凝析油存在时,操作温度过低会给甘醇溶液与凝析油的分离带来困难,增加在凝析油中的溶解损失和携带损失。甘醇防冻剂可用蒸馏法再生,再生后的甘醇溶液浓度一般不超过90%。

1) 防冻剂液相用量的计算

注入气管线的防冻剂一部分与管线中的液态水混合,形成防冻剂的水溶液,而另一部分则挥发至气相中耗散掉。消耗于前部分的防冻剂称为防冻剂的液相用量,用 W_1 表示。消耗于后一部分的防冻剂称为防冻剂的气相蒸发量,由于这部分防冻剂常常不能回收循环使用,因而又称气相损失量,用 W_g 表示。防冻剂的实际使用量 W_t 为两者之和,即

$$W_t = W_1 + W_g \tag{7-1}$$

天然气水化物形成温度降主要取决于防冻剂的液相用量,而进入气相的防冻剂对水化物形成条件的影响较小。对于给定的水化物形成温度降配液相水溶液中必须具有的最低防冻剂浓度才可按 Hammerschmidt 公式计算

$$W = \frac{(\Delta t) M}{K + (\Delta t) M} \times 100 \tag{7-2}$$

$$\Delta t = t_1 - t_2 \tag{7-3}$$

式中,Δt 为天然气水化物形成温度降,单位为℃;M 为防冻剂的分子量;W 为达到一定的天然气水化物形成温度降,在水溶液中必须达到的防冻剂质量分数;K 为常数,对于甲醇、乙二醇和二甘醇,$K = 1\,297$,但国外某些公司实践证明,对于乙二醇和二甘醇防冻剂,取 $K = 2\,220$ 更符合实际操作数据;对于节流过程,t_1 为节流阀后气体压力下的天然气形成水化物的平衡温度,可查询图 7-2;对于集气管线,t_1 则为管线最高操作压力下天然气水化物形成的平衡温度,单位为℃;对于节流过程,t_2 为天然气节流后的温度,对于集气管线,t_2 则为管输气体的最低流动温度,单位为℃。

节流过程是等焓过程,可根据节流前和节流后天然气压力,由图 7-3 查出节流过程的温度降,然后再计算出节流后天然气的温度 t_2。

已知水溶液中防冻剂的质量浓度 $W\%$ 后,并考虑到随防冻剂气相蒸发部分带入系统的水量时,在液相中防冻剂的用量为

$$W_1 = \frac{W}{100\,C_1 - W}[W_w + (1 - C_1) W_g] \tag{7-4}$$

式中,W_1 为在液相中浓度为 C_1 的防冻剂用量,单位为 kg/d;W_g 为防冻剂气相蒸发量,按浓度为 C_1 的防冻剂计,单位为 kg/d;C_1 为注入的防冻剂中,有效成分的质量浓度;W_w 为单位时间内系统产生的液态水量,单位为 kg/d;W 与式(7-2)中表示相同。

单位时间系统产生的液态水量 W_w,包括单位时间内天然气凝析出的水量和由其他途径进入管线和设备的液态水量之和(不包括随防冻剂而注入系统的水量)。

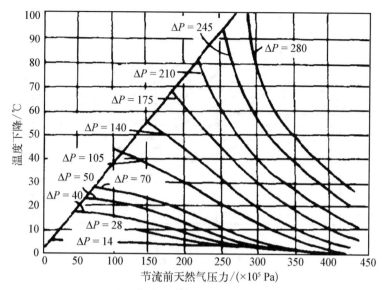

注：$\Delta P = P_1 - P_2$；P_1 为节流前天然气压力，单位为 bar；P_2 为节流后天然气压力，单位为 bar。

图 7 - 3　天然气节流过程中压力降与温度降关系曲线

2）防冻剂的气相蒸发量

甘醇类防冻剂气相蒸发量较小，一般估计为 4 kg/(10^6 Nm³ 天然气)。但是应注意，甘醇类防冻剂的操作损失主要不是气相蒸发损失，而是再生损失、凝析油中的溶解损失及甘醇与凝析油和水分离时因乳化而造成的携带损失等。甘醇在凝析油中的溶解损失一般为 0.12～0.72 L/m³ 凝析油，多数情况为 0.25 L/m³ 凝析油(约为 0.28 kg/m³ 凝析油)。

甲醇的气相蒸发量(换算到现场注入系统的甲醇溶液浓度下的用量)为

$$W_g = \frac{\alpha W}{C_1} Q \times 10^{-8} \tag{7-5}$$

式中，W_g 为甲醇气相蒸发的溶液损失量，单位为 kg/d；W 和 C_1 与式(7-4)表示的相同；Q 为天然气流量，单位为 Nm³/d(标准立方米每日)；α 为每 10^6 Nm³ 天然气中甲醇的蒸发量与液相甲醇水溶液中甲醇的质量百分浓度之比值，可在图 7-4 中查询。

3）核对防冻剂溶液的凝固点

如果防冻剂注入系统的操作温度在 0℃ 以下，应判断在使用浓度和温度下防冻剂有无"凝固"的可能性。对甲醇防冻剂，液相水溶液中甲醇浓度达到 40% 时，其溶液凝固点可低到 −40℃。一般来说，注入甲醇后其水溶液是不会凝固的。对甘醇类化合物，现场实际使用的甘醇溶液浓度多在 60%～75% 范围内，而质量浓度在此范围内的各种甘醇溶液具有最小的"凝固点"，因而在各种温度条件下使用都是安全的。

7.2.2　天然气脱水

海上平台生产的天然气通过海底管线输送上岸，用加热法或注入防冻剂法都没有从根本上解决天然气中水汽的危害，有着很大的局限性。加热法只适于平台节流部位，局部防止水化

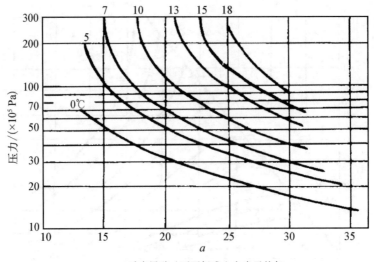

$$注：a = \frac{千克甲醇 / 百万标准立方米天然气}{在液相中甲醇的质量百分浓度}$$

图 7 - 4　水溶液中甲醇的气-液平衡图

物形成,而对长距离输气管道,加热法就不适用了。注入的防冻剂需在岸上回收,定期运送回平台重新注入,增加运输费用,防冻剂的损失也太大,同时对于含水在管道中所造成的其他危害并没有根除。因此,解决管输天然气最根本的方法是对天然气进行脱水处理,也就是干燥处理,降低天然气的露点,使天然气在最高输送压力和最低环境温度下,仍未达到天然气中残留水分的露点。保持正常管输天然气的露点温度应比输气管沿线最低环境温度低 5~15℃,以保证气中不出现液态水。

天然气脱水方法有溶剂吸收法、固体吸附法和低温分离法。溶剂吸收法是海上平台天然气脱水使用较为普遍的方法,用得最广泛的吸收溶剂是甘醇类化合物

1. 甘醇的一般性质

常用作吸收剂的甘醇有二甘醇和三甘醇,其性质如表 7 - 5 所示,它们的分子结构为

$$
\begin{array}{l}
CH_2-CH_2-OH \\
\quad| \\
O \\
\quad| \\
CH_2-CH_2-OH
\end{array}
\qquad
\begin{array}{l}
CH_2-O-CH_2-CH_2-OH \\
\quad| \\
CH_2-O-CH_2-CH_2-OH
\end{array}
$$

二甘醇　　　　　　　　　　　　三甘醇

表 7 - 5　甘醇的物理性质

性　　质	二甘醇	三甘醇
相对分子质量	106.1	150.2
冰点/℃	−8.3	−7.2
闪点(开口)/℃	143.3	165.6
沸点(760 mmHg)/℃	245.0	287.4
相对密度 d_{20}^{20}	1.118 4	1.125 4

（续表）

性　　质	二甘醇	三甘醇
与水的溶解度(20℃)	完全互溶	完全互溶
绝对黏度(20℃)/(mPa·s)	35.7	47.8
汽化热(760 mmHg)/(J/g)	347.5	416.2
比热容/[kJ/(kg·℃)]	2.306 5	2.198
理论热分解温度/℃	164.4	206.7
实际使用再生温度/℃	148.9~162.8	176.7~196.1

一般说来，用作天然气脱水吸收剂的物质应对天然气有高的脱水深度，具有化学和热稳定性，容易再生回收，蒸气压低，黏度小，在凝析油中溶解度小，对设备无腐蚀等，同时还应价廉易得。

天然气的脱水深度通常用露点降来表示，露点降即为天然气脱水吸收操作温度与脱水后干气露点温度之差。

与二甘醇相比，三甘醇沸点较高，贫液浓度可高达99%，可获得较大的露点降，且蒸气压低，再生时损失较小，热稳定性好，因而使用最为普遍。但是，由于三甘醇溶液黏度大，故吸收塔操作温度不宜低于10℃。

2. 三甘醇脱水的工艺流程

三甘醇脱水的工艺主要由甘醇吸收和再生两部分组分。图7-5所示是三甘醇脱水工艺的典型流程。

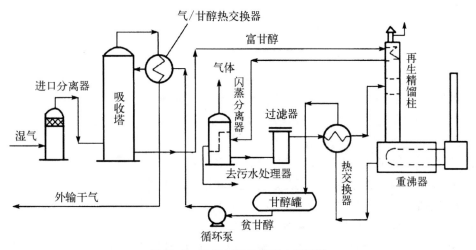

图7-5　天然气三甘醇脱水的流程

含水天然气（湿气）先进入进口分离器，以便去除气体中携带的液体和固体杂质，然后进入吸收塔。在吸收塔内，原料气自下而上流经各塔板，与自塔顶向下流的贫甘醇液逆流接触，甘醇液吸收天然气中的水汽。经脱水后的天然气（干气）从塔顶排出吸收了水分的甘醇富液自塔底流出，经再生精馏柱换热后进入闪蒸分离器。闪蒸出的气体可作为燃料或排至安全地带放

169

空。从闪蒸分离器内撇出的碳氢化合物液收集到平台含油污水处理系统,从闪蒸分离器底部出来的富甘醇溶液经过滤器和贫/富甘醇热交换器后进入再生装置。富甘醇在再生装置中提浓后溢流到下部重沸器,然后冷却并流入贫甘醇储罐。浓缩后,甘醇由循环泵经气/甘醇热交换器打入吸收塔重复使用。

甘醇吸收塔和气/甘醇热交换器同工艺设备通常安装在平台危险区,其余的设备组装在一起并放在再生撬块中。由于重沸器可能是自接火管加热式的,它必须放在一个安全位置并处于平台的下风处。

3. 三甘醇脱水设备

1) 进口分离器

进口分离器是用于脱出天然气携带来的游离的液态水、碳氢化合物液体和其他固体杂物。这些物质的存在会使吸收塔内产生严重的泡沫,引起冲塔,增加甘醇的损失,降低塔的效率,并增加吸收塔的维修工作。进口分离器通常是一个独立安装的容器,但也可以和吸收塔撬装在一起,这要取决于撬装块的经济性和平台维修及甲板高度限制等条件。

2) 吸收塔

吸收塔也称为接触塔,它的技术经济性主要取决于塔的尺寸、三甘醇贫液浓度和三甘醇循环流量。天然气的流率(处理量)决定了吸收塔的直径,由于甘醇流率低,它不是计算塔直径的因素。塔板数和塔板间距影响吸收塔的高度。小直径三甘醇脱水塔可采用填料塔型;直径较大时,则应采用板式泡罩塔。填料塔的气流率调节比限制至设计负荷的50%,操作弹性小。采用板式泡罩塔型时,由于三甘醇溶液循环量较小,避免了在塔板上的密封问题,有利气-液传质,增加操作弹性,气流率的调节比可为30%。典型的泡罩塔板一般采用4~6块,塔板间距为 24 in(0.61 m)。

(1) 板式泡罩塔的直径。

板式泡罩塔的直径可用以下公式计算

$$D = \left(\frac{1.27G}{C}\right)^{0.5} / \langle (\rho_l - \rho_g) \rho_g \rangle^{0.25} \tag{7-6}$$

式中,D 为吸收塔内直径,单位为 m;G 为被处理气体的质量流量,单位为 kg/h;ρ_l 为吸收塔中液相密度,单位为 kg/m³;ρ_g 为吸收塔中气相密度,单位为 kg/m³;C 为常数,板间距为 0.61 m 时,$C=500$;板间距为 0.76 m 时,$C=550$。

(2) 进塔贫三甘醇溶液浓度。

进入吸收塔的贫三甘醇溶液浓度是影响气体脱水效率的关键因素。为了达到较大的干气露点降,要求有较高的甘醇贫液浓度。图 7-6 是吸收塔顶流出的干气平衡水露点温度与进料湿气温度及贫三甘醇溶液浓度的关系图。

已知进塔的湿气温度和欲达到的干气露点温度,即可确定必需的贫三甘醇溶液浓度。由于与进塔贫三甘醇溶液相平衡的天然气中的平衡水含量是出塔气体所能达到的最低理论水含量,只有当吸收塔顶气和进塔贫液充分接触并达到平衡时才能达到。在操作中,因各种原因,出塔干气的实际露点将比平衡状态下的露点高8~11℃。

(3) 贫三甘醇溶液循环量。

增加贫三甘醇溶液循环量会增加天然气的露点降,使塔顶流出的干气露点更接近其平衡

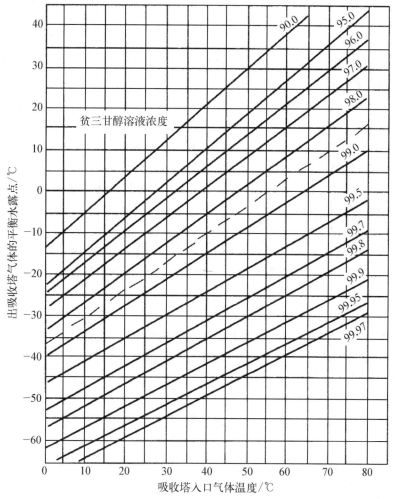

注：虚线表示在 204℃、1 个大气压下再生塔中产生的贫三甘醇溶液浓度。

图 7-6　气体与贫三甘醇溶液相接触的平衡水露点

水露点。贫三甘醇溶液循环量、塔盘数、贫三甘醇溶液浓度和要求的露点降是密切关联的参数。确定贫三甘醇溶液循环量时,必须考虑其相互关系及对平台投资和装置操作费的影响。循环量大,对脱水操作有利,但会增加运行费用。当循环量超过某一值时,再增加循环量,对天然气露点降提高效果不大。平台上一般采用的贫三甘醇溶液循环量为 20～40 L/kg 脱出水。

　　3) 再生装置

　　在三甘醇脱水装置中,三甘醇溶液的再生系统由再生精馏柱和重沸器组成。要求天然气露点降不大时,再生精馏柱在常压下操作。要求有较大的露点降时,采用真空再生或汽提再生。三甘醇富液一般由再生精馏柱中部进入,在精馏柱中可以采用填料或塔板。

　　(1) 三甘醇溶液再生系统的操作条件。

　　为使脱水后干天然气露点达到一定值,进再生精馏柱贫三甘醇溶液浓度不能低于由图 7-6 所确定的值,而这种贫三甘醇溶液来自再生系统重沸器。从重沸器提浓后的贫三甘醇溶液浓度取决于重沸器的压力和温度。对于常压再生,贫三甘醇溶液的浓度取决于甘醇再生的温度。三甘醇的热分解温度约为 206℃,因而重沸器的操作温度不能高于此值,通常为 191~193℃,最高温度不应超过 204℃。图 7-6 中虚线为常压再生时的限界浓度,超过这个浓度就应采取其他措施,如使重沸器在真空下操作,或向重沸器内通入汽提气体等。

采用汽提再生时,在重沸器贫液出口处安装贫液汽提柱。贫液汽提柱用于增加出重沸器的三甘醇贫液与汽提气的接触面,降低溶液表面的水蒸气分压,进一步提高三甘醇的浓度。汽提气可先在重沸器内预热后通入贫液汽提柱,它的流率不应大于 44.88 m³/m³ 三甘醇贫液。汽提气量过大,几乎对提高贫三甘醇溶液的浓度没有多大作用,汽提的三甘醇的浓度限于 99.95%。为汽提用的天然气总是现存的,虽然耗量较大,但仍然得到普遍应用。

真空再生是将精馏柱顶与抽真空装置相连,使精馏柱处于负压,进一步蒸发甘醇中的水分。由于真空再生装置的减压系统比较复杂,操作费用较高,限制了该方法的应用。真空再生可将甘醇提浓至 99.2% 或稍高一些。

(2)重沸器的加热方式。

三甘醇再生装置的重沸器的加热方式通常采用直接燃烧加热、热油加热、电加热或废热加热。直接燃烧加热器有很大的灵活性,控制相对简单。在海上平台使用时,因安全要求需要对加热火管进行周期性检查,检查火管外壁结垢和局部过热情况,并对结垢进行清洗。

热油加热器消除了直接燃烧加热方式的潜在火灾危险性,然而它仍存在危险,因为热油配管要在 260℃ 高温下操作。热油加热器比直接燃烧加热器贵 15%。

电加热器没有火焰,极大地减小了火灾危险性,也没有高温热油的危险,它有相对低的热强度。热强度与加热元件有关,通常推荐为 57 000 kJ/(m² · h),而直接燃烧火管壁的热强度为 67 000 kJ/(m² · h)。

如果平台上有大型燃气轮机或往复式发动机,则可以利用它们的废热。无论采用何种加热方式,都要有合理的操作温度。经验表明,加热管外表温度不超过 221℃ 时,甘醇溶液的温度就不会超过 204℃。在此条件下,三甘醇不会产生烃类物质的裂解变质。图 7-7 表示出采用直接燃烧加热时,被三甘醇溶液覆盖的火管表面温度分布。

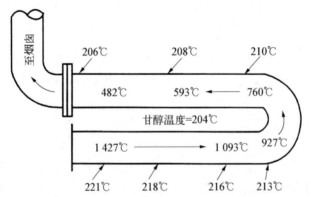

图 7-7　富三甘醇溶液再生直接燃烧加热器火管表面温度分布图

(3)三甘醇闪蒸分离器。

在流程中设置三甘醇闪蒸分离器,其作用是使部分溶解到富三甘醇溶液中的烃气体在闪蒸分离器中分出,减少进入再生装置中的烃蒸气量。要合理设计分离器的尺寸和结构,保证甘醇溶液不会将液态烃带入重沸器。液态烃带入会产生泡沫并导致大量甘醇从精馏柱顶损失。

闪蒸分离器应设计成具有 20～30 min 液体停留时间,并有良好的液-液分离性能。

（4）贫、富三甘醇热交换器。

在三甘醇脱水系统中,很难获得良好的热交换,这是由于三甘醇的低流率、高黏度和低压降,这些因素都会导致低的传热系数。因此,重沸器的进料温度将低于要求的温度,而甘醇循环泵的进口温度将高于要求的温度。套管式换热器用于贫、富三甘醇热交换会有良好的对流条件,可获得较高的换热效率。通常热甘醇溶液出口和冷甘醇溶液入口的温差为 28～39℃。对小型装置,可在热贫甘醇储罐中安装盘管来换热。

4. 平台天然气脱水装置的安全问题

天然气脱水装置应设计成最大限度地减小火灾危险,尤其是小型装置,三甘醇缓冲罐没有足够大的体积来存放过多的液体。如果有大量的碳氢化合物液体通过进口分离器进入吸收塔,它将随甘醇溶液进入系统。由于烃类液体较甘醇轻,可能从缓冲罐和精馏柱溢出倾洒至甲板上。如果缓冲罐和精馏柱顶没有管道引出远离装置,将导致火灾危险。

三甘醇的补充通常是由供应船运送桶装罐来,以加压方式灌注至三甘醇罐内。灌注时可能存在桶装罐超压、输送软管破裂和软管结头泄漏等危险。此外,在补充三甘醇时应加小心,以免热甘醇从罐顶溢出烫伤人体。

7.3　酸性气体处理

地层采出的天然气除含有水蒸气外,往往还含有一些酸性气体,这些酸性气体一般是 H_2S、CO_2、COS（氧硫化碳）与 RSH（硫醇）等杂质,最常见的酸性气体是 H_2S、CO_2 和 COS。

H_2S 是酸性天然气中毒性最大的一种酸气组分,有类似臭鸡蛋的气味,具有致命的剧毒,很低的含量就会对人体的眼、鼻和喉部造成伤害,有刺激性,若人在含 H_2S 体积分数为 0.06% 的空气中停留 2 min,可能会死亡。此外,H_2S 对金属具有腐蚀性。CO_2 也是酸性气体,在天然气液化装置中,CO_2 易成为固体析出,堵塞管道,同时 CO_2 不燃烧,无热值,所以运输和液化它是不经济的。因此,酸性气体不但对人身有害,对设备管道有腐蚀作用,而且因其沸点较高,在降温过程中易形成固体析出,故必须脱除。

在边际气田和深水气田开发中,浮式液化天然气生产储卸装置（LNG-FPSO）常作为一种新型的气田开发技术,具有投资低、建造周期短以及便于迁移的优点,同时集液化天然气的生产、储存及卸载于一身,简化了边际气田和深水气田的开发过程。在 LNG-FPSO 的处理过程中,天然气净化是一个关键环节,并直接影响到后续过程的处理。LNG-FPSO 所处的海上条件要求所采用的净化工艺不但要适合气源状况,而且要满足不同海况条件要求。

脱除酸性气体常称为脱硫脱碳,或习惯上称为脱硫,脱硫方法一般可分为化学吸收法、物理吸收法、联合吸收法、直接转化法、非再生性法、膜分离法和低温分离法等。其中采用溶液或溶剂作为脱硫剂的化学吸收法、物理吸收法、联合吸收法及直接转化法,习惯上统称为湿法;采用固体床脱硫的海绵铁法、分子筛法统称为干法。

1. 化学吸收法

化学吸收法是指以弱碱性溶液为吸收溶剂,与天然气中的酸性气体（主要是 H_2S 和 CO_2）反应形成化合物。当吸收了酸性气体的溶液（富液）温度升高、压力降低时,该化合物即分解放出酸性气体。在化学吸收法中,各种醇胺法（简称为胺法）应用最广,所使用的胺有一乙醇胺

(HEA)、二乙醇胺(DEA)、二异丙醇胺(DIPA)、甲基二乙醇胺(MDEA)等。醇胺法的突出优点是低成本、高反应率、良好的稳定性和易再生。一般对于 H_2S 和 CO_2，胺吸收法更易吸收 H_2S，经净化后，H_2S 的浓度可降到 2.5×10^{-5}（m^3/m^3）。对于 CO_2，当胺溶液的循环流量足够大时，浓度也可降至 2.5×10^{-5}（m^3/m^3）。化学吸收法中另外还有碱性盐溶液法，如改良热钾碱法和氨基酸盐法。

化学吸收法用于酸性气体分压低的天然气脱硫，特别是 CO_2 含量高、H_2S 含量低的天然气，这样可以降低成本，其原因是化学吸收法的溶剂用量与天然气中酸性气体含量成正比，再生富液时所需的蒸汽耗量则与溶剂循环量成正比。

经典的一乙醇胺法有其致命的缺点：它对 H_2S 和 CO_2 的选择性低，与 COS 和 CS_2 会发生不可逆反应，不易除去硫醇，蒸发损失大。当原料气中含有大量的 COS 和 CS_2 时，不能采用一乙醇胺法净化。

经典醇胺法易起泡、腐蚀，在有机硫存在的情况下会发生降解，为此，在 20 世纪 60 年代，研究开发了丁二甘醇胺法(DGA 法)、二异丙醇胺法(ADIP 法)、矾胺法等新醇胺法。

2. 物理吸收法

物理吸收法是指采用有机化合物作为吸收溶剂，吸收天然气中的酸性气体。由于物理溶剂对天然气中的重烃有较大的溶解度，因而物理吸收法常用于酸气分压大于 0.35 MPa、重烃含量低的天然气脱硫，其中某些方法可选择性地脱除 H_2S。物理吸收法中的塞莱克索尔(Selexol)法及弗洛尔溶剂(Flour solvent)法，适用于处理酸气分压高而重烃含量低的天然气。当要求较高的净化度时则需采用汽提等再生措施。

3. 联合吸收法

联合吸收法兼有化学吸收和物理吸收两类方法的特点，目前在工业上应用较多的是矾胺法或称莎菲诺(Sulfinol)法、二乙醇胺-热碳酸盐联合法或称海培尔(Hi-Pum)法。

在净化高含量的 CO_2 和 H_2S 气体时，吸收过程可分为初步净化和最终净化两级。初步净化可用不完全再生的一乙醇胺溶液，最终净化使用完全再生的溶液，对高含量的 H_2S 气体或高含量的 CO_2 气体，也可用水来净化，但需要较大的水耗量。

4. 直接转化法

直接转化法也称为氧化还原法，以氧化-还原反应为基础，借助溶液中氧载体的催化作用，将被碱性溶液吸收的 H_2S 氧化为硫，然后鼓入空气，使吸收液再生。

直接转化法有以下缺点：① 吸收硫的质量较低，一般不超过 $1 kg/m^3$，所以处理的气量不大，且 H_2S 浓度不能太高；② 所需的再生设备大；③ 副反应较多，生成的硫黄质量差。

早期开发且应用较广的有蒽醌法(Stretford)，20 世纪 80 年代问世的络合铁法(Lo-Cat法)推广很快，尤其用于处理废气的自动循环法单塔流程颇有特色。这类方法目前在天然气中应用不多，但对于低或中等 H_2S 含量($24 \sim 2\,400$ mg/m^3)的天然气，当 CO_2/H_2S 的比值高，处理气量不大时，可采用直接转化法脱硫。

5. 非再生性法

非再生性法适用于 H_2S 含量很低的单井脱硫，其中化学净化法(Chemsweet)使用氧化锌、醋酸锌及水的混合物作为脱硫剂，并用分散剂使固体颗粒呈悬浮状态。

6. 膜分离法

20 世纪 80 年代以来，为解决酸气含量很高的天然气净化问题，国外致力于开发利用物理原理进行分离的方法,其中膜分离方法是较成功的一种。膜分离器应用于气体分离有下列优点:① 在分离过程中不发生相变,因而能耗甚低;② 分离过程不涉及化学药剂,副反应很少,基本不存在常见的腐蚀问题;③ 设备简单,占地面积小,过程容易控制。

膜材料按材质大致可分为多孔质膜和非多孔质膜。多孔质膜靠渗透速度的差别达到分离的目的。通常微孔中气体的渗透速度与其相对分子质量平方根的倒数成正比。目前在气体分离中常用的是非多孔质膜,其分离效果基本上和气体的流动状态无关,有两个参数对分离有较大的影响:一为渗透系数 K,表示气体渗过不同膜时的难易程度;二为分离因子(α),表示要求分离的两种气体渗透系数的比值。选择分离用的膜时,既要有较大的渗透系数,也要求有适合的分离因子。非多孔质膜的渗透系数比多孔质膜小,但其分离因子却大得多,这就是非多孔质膜在气体分离工艺中被广泛采用的原因;H_2S 对甲烷的分离因子为 50,CO_2 对甲烷的分离因子为 30,所以用膜分离技术从天然气中分离掉 H_2S 和 CO_2 是可以实现的。膜分离法的操作条件对分离效果有以下影响:

(1) H_2S 和 CO_2 的渗透系数随压力升高而显著增加。

(2) 随着操作时间的增加,膜的渗透率下降。

(3) 原料气流量增加时,进入渗透气中的 CO_2 量减少,即 CO_2 渗透系数变小,但甲烷渗透系数比 CO_2 减小更快,实际上 CO_2 与甲烷的分离因子有所提高,渗透气中 CO_2 的绝对量虽然减少,但其浓度增加。

(4) CO_2 与甲烷的分离因子随操作温度升高而变小,即分离效果变差。实际确定操作温度时,其上限约为 60℃,高于此温度会使膜的抗压强度变差而严重影响分离能力。当原料气中 CO_2 含量超过 60% 后,渗透过程中会有明显的"冷却效应",即原料气和渗透气之间出现高达 20% 以上的温差,原因是 CO_2 在渗透过程中由于压力降膨胀产生温降。

(5) 原料气中 CO_2 含量越高,经济上越有利,但当压力为一定值时,只有原料气中的 CO_2 含量超过一定值时,CO_2 与甲烷的渗透率才会增加。

H_2S 对甲烷的分离因子和 CO_2 对甲烷的分离因子基本一致,因而用膜分离技术从天然气中分离掉 H_2S 也是有效的。水蒸气的相对渗透率要比甲烷大 500 倍,因而用膜分离技术进行气体脱水也很有吸引力。但液体水对膜的性能有损害,膜分离技术的缺点是烃损较大,为 6.3%~7.5%,且烃损随原料气压力升高而增大。

膜分离与其他净化 CO_2 和 H_2S 的方法比较有以下几个特点:① 当原料气中 CO_2 含量超过 20% 后,膜分离法比较有优势,膜分离法已用于 CO_2 驱油田伴生气的处理;② 膜分离法的特点是原料气中酸气含量越高经济性越好,膜分离法常作为 CO_2 和 H_2S 的初级净化。

7. 低温分离法

低温分离法主要用于 CO_2 驱油田伴生气处理的方法,可根据对产品的不同要求采用二塔、三塔及四塔流程。

8. 固体床脱硫法

固体床脱硫法主要利用酸性气体在固体脱硫剂表面的吸附作用,或者与表面上的某些组分反应,脱除天然气中的酸性气体。固体脱硫剂主要为氧化铁(或称为海绵铁),一般用于小型脱硫装置。含 H_2S 不高和含水量也较低时,分子筛可用于选择性地脱除 H_2S。从热力学上讲,用液体吸收剂的净化比用吸附剂更合理,因为液体吸收剂对 H_2S 和 CO_2 有较高的吸收能力,而用吸附剂须有较高的再生温度,且吸附热较大。

表 7 - 6 列出了有代表性的天然气脱硫方法及其原理与主要特点。

表 7 - 6 天然气脱硫方法对比

类 别	方 法	原 理	主要特点
化学吸收法	HEA、DEA、SNPA - DEA、Adip、E-Conamine(DGA)、MDEA、FLEX - SORB、Ben-filed、Catacarb 等	靠酸碱反应吸收酸气,升温脱出酸气	净化度高,适应性宽,经验丰富,应用广泛
物理吸收法	Selexol、Purisol、Flour Solvent 等	靠物理溶解吸收酸气,闪蒸脱出酸气	再生能耗低,吸收重烃,高净化度,需有特别再生措施
联合吸收法	Sulfinol(-D、-M)Selefining、Optisol、Amisol、Selvent 等	兼有化学及物理吸收法两者的优点	脱有机硫较好,再生能耗较低,吸收重烃
直接转化法	Stretford、Sulfolin、Lo-Cat、Sulferox、Unisulf 等	靠氧化还原反应将 H_2S 氧化为元素硫	集脱硫与硫回收为一体,溶液硫含量低
非再生性法	Chemsweet、Slurrisweet 等	与 H_2S 反应,定期排放	简易、废液需妥善处理
膜分离法	Prism、Separex、Gasep、Delsep 等	靠气体中各个组分渗透速率不同而分离	能耗低,适于处理高 CO_2 气
低温分离法	Ryan-Holmes、Cryofrae 等	靠低温分馏而分离	用于 CO_2 驱油伴生气

7.4 天然气液化

成品天然气外输主要有两种形式:管道外输和液化后装船外输。由于海底管道铺设成本高,铺设周期长,天然气液化后装船外输的外输方式越来越得到广泛的重视和应用。在全海式天然气生产集输系统中,液化天然气(liquefied natural gas,LNG)技术是一项重要的关键技术。

LNG 体积约为同量气态天然气体积的 1/625,质量仅为同体积水的 45% 左右。液化天然气是天然气经压缩、冷却至其沸点(-161.5℃)后变成液体,通常液化天然气储存在-161.5℃、0.1 MPa 左右的低温储存罐内,其主要成分为甲烷,用专用船或油罐车运输,使用时重新气化。

液化天然气的液化流程有不同类型,以制冷方式可分为以下 3 种:① 级联式液化流程;② 混合制冷剂液化流程;③ 带膨胀机的液化流程。需要指出的是,这样的划分并不是严格的,通常采用的是包括了上述各种液化流程中某些部分的不同组合的复合流程。

天然气液化装置有基本负荷型液化装置和调峰型液化装置。基本负荷型天然气液化装置是指生产供当地使用或外运的大型液化装置,液化单元常采用级联式液化流程和混合制冷剂液化流程。调峰型液化装置指为调峰负荷或补充冬季燃料供应的天然气液化装置,常采用带膨胀机的液化流程和混合制冷剂液化流程,与基本负荷型 LNG 装置相比,调峰型 LNG 装置是小流量的天然气液化装置,非常年连续运行,生产规模较小,其液化能力一般为高峰负荷量的 1/10 左右。

7.4.1　级联式液化流程

图 7-8 为级联式液化流程示意图,该液化流程由三级独立的制冷循环组成,制冷剂分别为丙烷、乙烯和甲烷,每个制冷循环中均含有 3 个换热器。

级联式液化流程中较低温度级的循环,将热量转移给相邻的较高温度级的循环。第 1 级丙烷制冷循环为天然气、乙烯和甲烷提供冷量;第 2 级乙烯制冷循环为天然气和甲烷提供冷量;第 3 级甲烷制冷循环为天然气提供冷量。通过 9 个换热器的冷却,天然气的温度逐步降低直至液化。

在丙烷预冷循环中,丙烷经压缩机压缩后,用水冷却后节流、降压、降温,一部分丙烷进换热器吸收乙烯、甲烷和天然气的热量后气化,进入丙烷第 3 级压缩机的入口。余下的液态丙烷再经过节流、降温、降压,一部分丙烷进换热器吸收乙烯、甲烷和天然气的热量后气化,进入丙烷第 2 级压缩机的入口。余下的液态丙烷再节流、降温、降压,全部进换热器吸收乙烯、甲烷和天然气的热量后气化,进入丙烷第 1 级压缩机的入口。

乙烯制冷循环与丙烷制冷循环的不同之处,就是经压缩机压缩并水冷后,先流经丙烷的 3 个换热器进行预冷,再进行节流降温为甲烷和天然气提供冷量。在级联式液化流程中,乙烷可替代乙烯作为第 2 级制冷循环的制冷剂。

在甲烷制冷循环中,甲烷压缩并水冷后,先流经丙烷和乙烯的 6 个换热器进行预冷,再进行节流、降温,为天然气提供冷量。

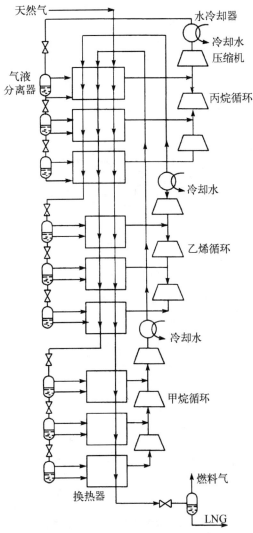

图 7-8　级联式液化流程示意图

级联式液化流程的优点是:能耗低;制冷剂为纯物质,无配比问题;技术成熟,操作稳定。缺点是:机组多,流程复杂;附属设备多,要有专门生产和储存多种制冷剂的设备;管道与控制系统复杂,维护不便。目前这种流程用得较少。

7.4.2　混合制冷剂液化流程

混合制冷剂液化流程(mixed refrigerant cycle,MRC)是以 C_1 至 C_5 的碳氢化合物及 N_2 等多组分混合制冷剂为工质,进行逐级的冷凝、蒸发、节流膨胀得到不同温度水平的制冷量,以达到逐步冷却和液化天然气的目的。MRC 既达到了类似级联式液化流程的目的,又克服了其系统复杂的缺点。与级联式液化流程相比,其优点是:① 机组设备少、流程简单、投资省,投资费用比经典级联式液化流程低 15%～20%；② 管理方便；③ 混合制冷剂组分可以部分或全部从天然气本身提取与补充。缺点是：① 能耗较高,比级联式液化流程高 10%～20%；② 混合制冷剂的合理配比较为困难；③ 流程计算须提供各组分可靠的平衡数据与物性参数,计算困难。

1. 闭式混合制冷剂液化流程

图 7-9 为闭式混合制冷剂液化流程(closed mixed refrigerant cycle)示意图。在闭式液化流程中,制冷剂循环和天然气液化过程分开,自成一个独立的制冷循环。

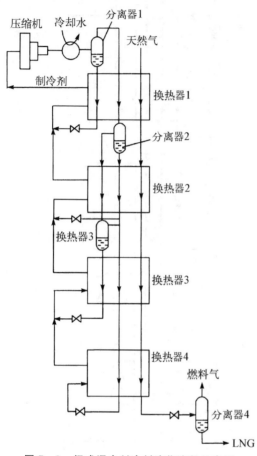

制冷循环中制冷剂常由 N_2、CH_4、C_2H_6、C_3H_8、C_4H_{10} 和 C_5H_{12} 组成,这些组分都可以从天然气中提取。液化流程中天然气依次流过 4 个换热器后,温度逐渐降低,大部分天然气被液化,最终节流后在常压下保存,闪蒸分离产生的气体可直接利用,也可回到天然气的入口再进行液化。

液化流程中的制冷剂经过压缩机压缩至高温高压后,首先用水进行冷却,然后进入气液分离器,气液相分别进入换热器 1。液体在换热器 1 中过冷,再经过节流阀节流降温,与后续流程的返流气混合后共同为换热器 1 提供冷量,冷却天然气、气态制冷剂和需过冷的液态制冷剂。气态制冷剂经换热器 1 冷却后进入闪蒸分离器分离成气相和液相,分别流入换热器 2,液体经过冷和节流降压降温后,与返流器混合为换热器 2 提供冷量,天然气进一步降温,气相流体也被部分冷凝。换热器 3 中的换热过程同换热器 1 和 2。制冷剂在换热器 3 中被冷却后,在换热器 4 中进行过冷,然后节流降压降温后返回该换热器,冷却天然气和制冷剂。

图 7-9 闭式混合制冷剂液化流程示意图

在混合制冷剂液化流程的换热器中,提供冷量的混合工质的液体蒸发温度随组分的不同而不同,在换热器内的热交换过程是个变温过程,通过合理选择制冷剂,可使冷热流体间的换热温差保持比较低的水平。

2. 开式混合制冷剂液化流程

图 7-10 为开式混合制冷剂液化流程(open mixed refrigerant cycle)示意图。在开式液化流程中,天然气既是制冷剂又是需要液化的对象。

原料天然气经净化后,经压缩机压缩后达到高温高压,首先用水冷却,然后进入气液分离器,分离掉重烃,得到的液体经换热器 1 冷却并节流后,与返流气混合后为换热器 1 提供冷量。分离器 1 产生的气体经换热器 1 冷却后,进入气液分离器 2。产生的液体经换热器 2 冷却并节流后,与返流气混合为换热器 2 提供冷量。气液分离器 2 产生的气体经换热器 2 冷却后,进入气液分离器 3。产生的液体经换热器 3 冷却并节流后，为换热器 3 提供冷量。气液分离器 3 产生的气体经换热器 3 冷却并节流后，进入气液分离器，产生的液体进入液化天然气储罐储存。

3. 丙烷预冷混合制冷剂液化流程

丙烷预冷混合制冷剂液化流程（propane-mixed refrigerant cycle，C3/MRC），结合了级联式液化流程和混合制冷剂液化流程的优点，流程既高效又简单，在基本负荷型天然气液化装置中得到了广泛应用。

图 7 - 11 是丙烷预冷混合制冷剂循环液化天然气流程图。流程由 3 部分组成：混合制冷剂循环、丙烷预冷循环、天然气液化回路。在此液化流程中，丙烷预冷循环用于预冷混合制冷剂和天然气，而混合制冷剂循环用于深冷和液化天然气。

混合制冷剂循环如图 7 - 11(a)所示，混合制冷剂经两级压缩机压缩至高压，首先用水冷却，带走一部分热量，然后通过丙烷预冷循环预冷，预冷后进入气液分离器分离成液相和气相，液相经换热器 1 冷却后节流、降温、降压，与返流的混合制冷剂混合后，为换热器 1 提供冷量，冷却天

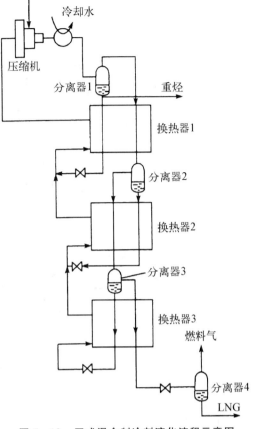

图 7 - 10　开式混合制冷剂液化流程示意图

然气和从分离器出来的气相和液相两股混合制冷剂。气相制冷剂经分离器 1 提供冷量冷却天然气和从分离器出来的气相和液相两股混合制冷剂。气相制冷剂经换热器 1 冷却后，进入气液分离器分离成气相和液相，液相经换热器 2 冷却后节流、降温、降压，与返流的混合制冷剂混合后，为换热器 2 提供冷量，冷却天然气和从分离器出来的气相和液相两股混合制冷剂。从换热器 2 出来的气相制冷剂，经换热器 3 冷却后，节流、降温后进入换热器 3，冷却天然气和气相

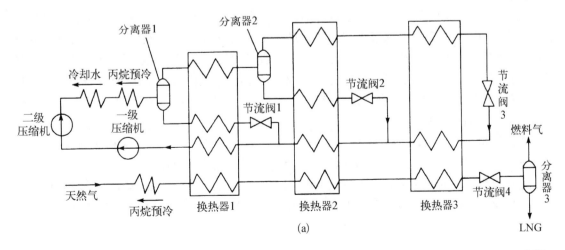

(a)

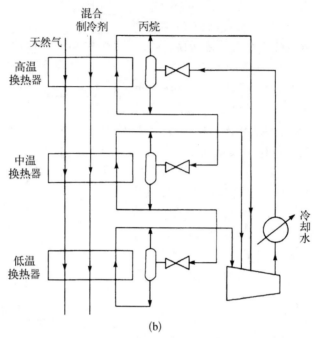

图 7-11　丙烷预冷混合制冷剂循环液化流程示意图

(a) 混合制冷剂循环；(b) 丙烷预冷循环

混合制冷剂。

丙烷预冷循环如图 7-11(b) 所示,在丙烷预冷循环中,丙烷通过 3 个温度级的换热器,为天然气和混合制冷剂提供冷量。丙烷经压缩机压缩至高温高压,经冷却水冷却后流经节流阀降温降压,再经分离器产生气液两相,气相返回压缩机,液相分成两部分,一部分用于冷却天然气和制冷剂,另一部分作为后续流程的制冷剂。

在混合制冷剂液化流程中,天然气首先经过丙烷预冷循环预冷,然后流经各换热器逐步被冷却,最后经图 7-11(a) 中节流阀 4 进行降压,从而使液化天然气在常压下储存。

图 7-12 为丙烷预冷混合制冷剂循环液化天然气流程。在空气产品公司设计的液化流程中,天然气先经丙烷预冷,然后用混合制冷剂进一步冷却并液化。低压混合制冷剂经两级压缩机压缩后,先用水冷却,然后流经丙烷换热器进一步降温至约 $-35\ ℃$,之后进入气液分离器分离成气、液两相。生成的液体在混合制冷剂换热器温度较高区域(热区)冷却后,经节流阀降温,并与返流的气相流体混合后为热区提供冷量。分离器生成的气相流体,经混合制冷剂换热器冷却后,节流降温为冷区提供冷量,之后与液相流混合为热区提供冷量。混合后的低压混合制冷剂进入压缩机压缩。

在丙烷预冷循环中,从丙烷换热器来的高、中、低压的丙烷,用一个压缩机压缩,压缩后先用水进行预冷,然后经节流降温、降压后,为天然气和混合制冷剂提供冷量。

这种液化流程的操作弹性很大。当生产能力降低时,通过改变制冷剂组成及降低吸入压力来保持混合制冷剂循环的效率。当需液化的原料气发生变化时,通过调整混合制冷剂组成及混合制冷剂压缩机吸入和排出压力,也能使天然气高效液化。

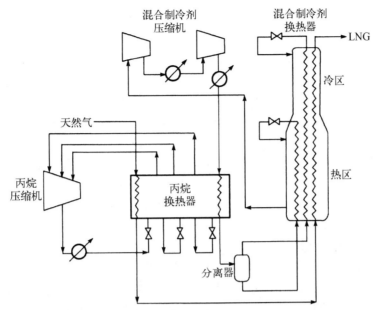

图 7 - 12　APCI 丙烷预冷混合制冷剂液化流程示意图

4. CII 液化流程

天然气液化技术的发展要求液化循环具有高效、低成本、可靠性好、易操作等特点,整体结合式级联型(integral incorporated cascade,CII)液化流程代表天然气液化技术的发展趋势。

我国第一座调峰型天然气液化装置采用了 CII 液化流程,如图 7 - 13 所示。该液化流程的主要设备包括混合制冷剂压缩机、混合制冷剂分馏设备和整体式冷箱三部分。整个液化流程可分为天然气液化系统和混合制冷剂循环两部分。

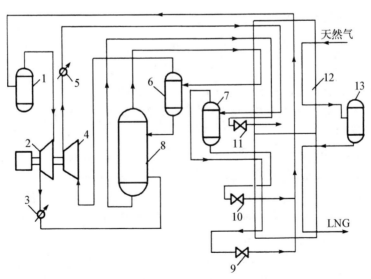

1、6、7、13—气液分离器;2—低压压缩机;3、5—冷却器;4—高压压缩机;8—分馏器;
9、10、11—节流阀;12—冷箱。

图 7 - 13　CII 液化流程图

在天然气液化系统中,预处理后的天然气进入冷箱 12 上部被预冷,在气液分离器 13 中进行气液分离,气相部分进入冷箱 12 下部被冷凝和过冷,最后节流至 LNG 储槽。

在混合制冷剂循环中,混合制冷剂是 N_2 和 $C_1 \sim C_5$ 的烃类混合物。冷箱 12 出口的低压混合制冷剂蒸气被气液分离器 1 分离后,由低压压缩机 2 压缩至中间压力,然后经冷却器 3 部分冷凝后进入分馏器 8。混合制冷剂分馏后分成两部分,分馏塔底部的重组分液体主要含有丙烷、丁烷和戊烷,进入冷箱 12,经预冷后节流降温,再返回冷箱上部蒸发制冷,用于预冷天然气和混合制冷剂;分馏塔上部的轻组分气体主要成分是氮、甲烷和乙烷,进入冷箱 12 上部被冷却并部分冷凝,进气液分离器 6 进行气液分离,液体作为分馏器 8 的回流液,气体经高压压缩机 4 压缩后,经水冷却器 5 冷却后,进入冷箱上部预冷,进气液分离器 7 进行气液分离,得到的气液两相分别进入冷箱下部预冷后,节流降温返回冷箱的不同部位为天然气和混合制冷剂提供冷量,实现天然气的冷凝和过冷。

CII 流程具有以下特点:

(1) 流程精简、设备少。CII 液化流程出于降低设备投资和建设费用的考虑,简化了预冷制冷机组的设计。在流程中增加了分馏器,将混合制冷剂分馏为重组分(以丁烷和戊烷为主)和轻组分(以氮、甲烷、乙烷为主)两部分。重组分冷却、节流降温后返流,作为冷源进入冷箱上部预冷天然气和混合制冷剂;轻组分气液分离后进入冷箱下部,用于冷凝、过冷天然气。

(2) 冷箱采用高效钎焊铝板翅式换热器,体积小,便于安装。整体式冷箱结构紧凑,分为上下两部分,由经过优化设计的高效钎焊铝板翅式换热器平行排列,换热面积大,绝热效果好。天然气在冷箱内由环境温度冷却至 -160℃ 左右液体,减少了漏热损失,并较好地解决了两相流体分布问题。冷箱以模块化的型式制造,便于安装,只需在施工现场对预留管路进行连接,降低了建设费用。

(3) 压缩机和驱动机的型式简单、可靠,降低了投资与维护费用。

7.4.3　带膨胀机的液化流程

带膨胀机的液化流程(expander cycle)指利用高压制冷剂通过透平膨胀机绝热膨胀的克劳德循环制冷实现天然气液化的流程。气体在膨胀机中膨胀降温的同时,输出功用于驱动压缩机。当管路输来的进入装置的原料气与离开液化装置的商品气有"自由"压差时,液化过程就可不"从外界"加入能量,而是靠"自由"压差膨胀机制冷,使进入装置的天然气液化。流程的关键设备是透平膨胀机。

根据制冷剂的不同,可分为氮气膨胀液化流程和天然气膨胀液化流程。这类流程的优点是:① 流程简单、调节灵活、工作可靠、易起动、易操作,维护方便;② 用天然气本身为工质时,省去了专门生产、运输、储存冷冻剂的费用。缺点是:① 送入装置的气流须全部深度干燥;② 回流压力低,换热面积大,设备金属投入量大;③ 受低压用户多少的限制;④ 液化率低,如再循环,则在增加循环压缩机后,功耗大大增加。

由于带膨胀机的液化流程操作比较简单,投资适中,特别适用于液化能力较小的调峰型天然气液化装置,下面简要介绍几种常用的带膨胀机的液化流程。

1. 天然气膨胀液化流程

天然气膨胀液化流程指直接利用高压天然气在膨胀机中绝热膨胀到输出管道压力而使天

然气液化的流程,其最突出的优点是功耗小,只对需液化的那部分天然气脱除杂质,因而预处理的天然气量可大大减少(占气量的 20%～35%),但液化流程不能获得像氮气膨胀液化流程那样的低温度、大循环气量、低液化率。膨胀机的工作性能受原料气压力和组成变化的影响较大,对系统的安全性要求较高。

天然气膨胀液化流程及其设备如图 7-14 所示。原料气经脱水器 1 脱水后,部分进入脱 CO_2 塔 2 进行脱除 CO_2。这部分天然气脱除 CO_2 后,经换热器 5～7 及过冷器 8 后液化,部分节流后进入储槽 9 储存,另一部分节流后为换热器 5～7 和过冷器 8 提供冷量。储槽 9 中自蒸发的气体,首先为换热器 5 提供冷量,再进入返回气压缩机 4,压缩并冷却后与未进脱 CO_2 塔的原料气混合,进换热器 5 冷却后,进入膨胀机 10 膨胀降温后,为换热器 5～7 提供冷量。

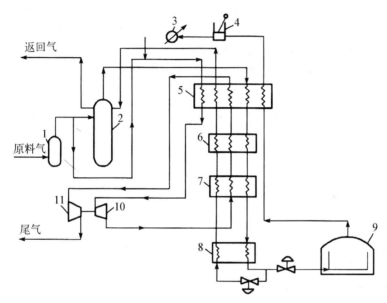

1—脱水器;2—脱 CO_2 塔;3—水冷却塔;4—返回气压缩机;5、6、7—换热器;8—过冷器;9—储槽;10—膨胀机;11—压缩机。

图 7-14　天然气膨胀液化流程及其设备

对于这类流程,为了能得到较大的液化量,在流程中增加了一台压缩机,这种流程称为带循环压缩机的天然气膨胀液化流程,其缺点是流程功耗大。

如图 7-14 所示的天然气直接膨胀液化流程属于开式循环,即高压的原料气经冷却、膨胀制冷与回收冷量后,低压天然气直接(或经增压达到所需的压力)作为商品气去配气管网。若将回收冷量后的低压天然气用压缩机增压到与原料气相同的压力后,返回至原料气中开始下一个循环,则这类循环属于闭式循环。

2. 氮气膨胀液化流程

与混合制冷剂液化流程相比,氮气膨胀液化流程(N_2-cycle)较为简化、紧凑,造价略低,启动快,热态启动 1～2 h 即可获得满负荷产品,运行灵活,适应性强,易于操作和控制,安全性好,放空不会引起火灾或爆炸危险。制冷剂采用单组分气体,能耗要比混合制冷剂液化流程高 40% 左右。

二级氮气膨胀液化流程(见图 7-15)是经典氮气膨胀液化流程的一种改进,由原料气液化回路和氮气膨胀液化循环组成。在天然气液化回路中,原料气经预处理装置 1 预处理后,进入换热器 2 冷却,再进入 C_2^+ 以上重烃分离器 3 分离掉重烃,经换热器 4 冷却后,进入氮气提塔 6 分离掉部分氮气,再进入换热器 5 进一步冷却和过冷后,LNG 进储罐储存。在氮气膨胀液化循环中,氮气经循环压缩机 9 压缩和换热器 2 冷却后,进入氮透平膨胀机 7 膨胀降温后,为换热器 4 提供冷量,再进入透平膨胀机 7 膨胀降温后,为换热器 5、4、2 提供冷量。离开换热器 2 的低压氮气进入循环压缩机 9 压缩,开始下一轮的循环。天然气液化回路中由氮气-甲烷分离器 8 产生的低温气体,与二级膨胀后的氮气混合,共同为换热器 4、2 提供冷量。

　　3. 氮气-甲烷膨胀液化流程

　　为降低膨胀机的功耗,采用 N_2-CH_4 混合气体代替纯氮气,发展了氮气-甲烷(N_2-CH_4)膨胀液化流程,与混合制冷剂液化流程相比较,氮气-甲烷膨胀液化流程具有启动时间短、流程简单、控制容易、混合制冷剂测定及计算方便等优点。由于缩小了冷端换热温差,它比纯氮气膨胀液化流程节省 $10\%\sim20\%$ 的动力消耗。

　　图 7-16 为氮气-甲烷膨胀液化流程示意图,由天然气液化系统与 N_2-CH_4 制冷系统两个各自独立的部分组成。

　　在天然气液化系统中,经过预处理装置 1 脱酸、脱水后的天然气,经换热器 2 冷却后,在

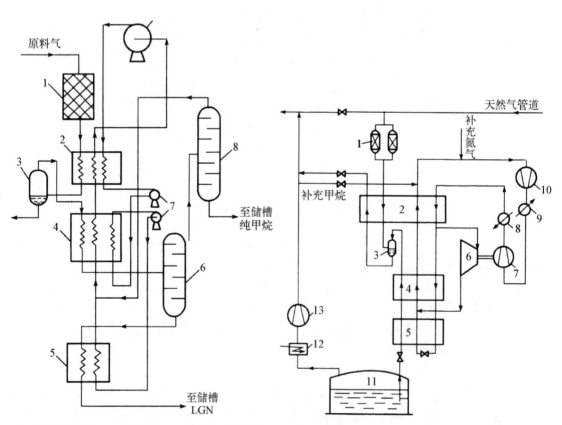

1—预处理装置;2、4、5—换热器;3— C_2^+ 以上重烃分离器;6—氮气提塔;7—氮透平膨胀机;8—氮气-甲烷分离塔;9—循环压缩机。

图 7-15　氮气膨胀液化流程

1—预处理装置;2、4、5—换热器;3—气液分离器;6—透平膨胀机;7—制动压缩机;8、9—水冷却器;10—循环压缩机;11—储槽;12—预热器;13—压缩机。

图 7-16　氮气-甲烷膨胀液化流程

气液分离器 3 中进行气液分离,气相部分进入换热器 4 冷却液化,在换热器 5 中过冷,节流降压后进入储槽 11。在 N_2-CH_4 制冷系统中,制冷剂 N_2-CH_4 经循环压缩机 10 和制动压缩机 7 压缩到工作压力,经水冷却器 8 冷却后,进入换热器 2 被冷却到透平膨胀机的入口温度。一部分制冷剂进入透平膨胀机 6 膨胀到循环压缩机 10 的入口压力,与返流制冷剂混合后,作为换热器 4 的冷源,回收的膨胀功用于驱动制动压缩机 7;另外一部分制冷剂经换热器 4 和 5 冷凝与过冷后,经节流阀节流降温后返流,为过冷换热器提供冷量。

7.4.4　LNG 储运

在液化天然气工业链中,LNG 的两个主要环节是储存和运输。无论是基本负荷型 LNG 装置还是调峰型装置,液化后的天然气都要储存在储罐或储槽内。在卫星型液化站和 LNG 接收站,都有一定数量和不同规模的储罐或储槽,目前 LNG 船是主要的运输工具。由于 LNG 是易燃易爆的燃料,储存温度很低,对其储存设备和运输工具需要提出安全可靠、高效的严格要求。

1. 液化天然气船

液化天然气运输船是为载运在大气压下沸点为 $-163\,℃$ 的大宗 LNG 货物的专用船舶,目前的标准载货量一般为 $1.3\times10^5\sim1.5\times10^5\ m^3$,船龄为 $25\sim30$ 年。

1）LNG 货舱的围护系统

LNG 货舱气化率的高低取决于货舱的散热性能,不同的货物围护系统采用不同的隔热方式。目前有 3 种货物围护系统,即挪威的 Moss Rosenberg（MOSS 型）、法国的 Gaz Transport 和 Technigaz（GTT 型）和日本的 SPB 型。MOSS 型是球形舱,GTT 型是薄膜舱,SPB 型是棱形舱,其结构简图如图 7 - 17～图 7 - 19 所示。

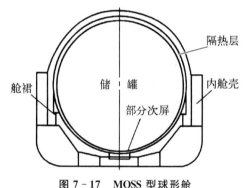

图 7 - 17　MOSS 型球形舱

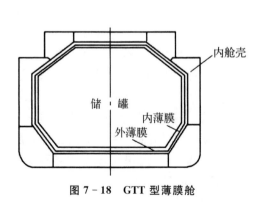

图 7 - 18　GTT 型薄膜舱

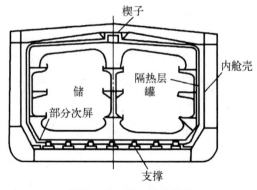

图 7 - 19　SPB 型棱形舱

2）MOSS 型 LNG 船

该船型的球罐采用铝板制成,组分中含质量分数为 $4.0\%\sim4.9\%$ 的镁和 $0.4\%\sim1.0\%$ 的锰,板厚为 $30\sim169\ mm$,隔热采用 $300\ mm$ 的多层聚苯乙烯板,图 7 - 20 为 MOSS 型 LNG 船的结构示意图。

3) GTT 型 LNG 船

薄膜型 LNG 船的开发者是 Gaz Transport 和 Technigaz,故对该型船称为 GTT 型。如图 7-21 所示为薄膜围护系统的概念,从图中可见,该围护系统是由双层船壳、主薄膜、次薄膜和低温隔热层所组成。GTT 型的围护结构有 CTN096 和 TGZ Mark Ⅲ 两种。

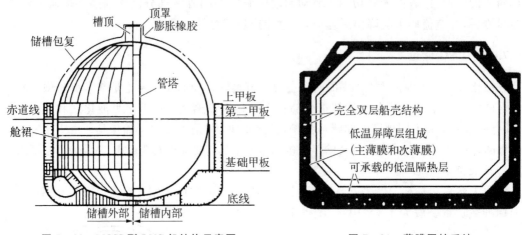

图 7-20　MOSS 型 LNG 船结构示意图　　　　图 7-21　薄膜围护系统

4) SPB 型 LNG 船

该船型的前身是棱形舱 Couch 型,由日本 IHI 公司开发,其货舱结构是考虑设计在液化石油气(LPG)船上的,为了减少货物(即 LNG)在舱内晃荡撞击,增加船舶的稳定性和安全性,通常在货舱内部加一道纵向舱壁将货舱一分为二,货舱材料采用耐低温铝合金,绝热材料采用塑料泡沫,目前此种结构船舶已较少用作 LNG 船。

2. 液化天然气槽车

由 LNG 接收站或工业性液化装置储存的 LNG,一般是由 LNG 槽车载运到各地,供居民燃气或工业燃气用。LNG 载运状态一般是常压,所以其温度为 112K 的低温,由于运送介质易燃、易爆,所以载运中的安全可靠是至关重要的。

1) LNG 槽车的隔热方式

槽车采用合适的隔热方式,以确保高效、安全地运输。用于 LNG 槽车隔热主要有真空粉末隔热、真空纤维隔热和高真空多层隔热 3 种方式,选择哪种隔热方式的原则是经济高效、隔热可靠、施工简单。

真空粉末隔热具有真空度要求不高、工艺简单、隔热效果较好的特点,往往被选用。高真空多层隔热近年来因其独特的优点,加上工艺逐渐成熟,为一些制造商所看好。高真空多层隔热,可以避免因槽车行驶所产生的振动,使隔热材料沉降,但高真空多层隔热比真空粉末隔热的施工难度大,在制造工艺逐渐成熟适合批量生产后,其应用前景广阔。

2) LNG 槽车的输液方式

LNG 槽车有两种输液方式:压力输送(自增压输液)和泵送液体。压力输送是利用在增压器中气化 LNG 返回储罐增压,借助压差挤压出 LNG,输液方式简单,只需装上简单的管路和阀门,但这种输液方式存在以下缺点:

(1) 转注时间长,主要原因是接收 LNG 的固定储槽是带压操作,这样使用转注压差有限,导致转注流量降低。又由于槽车空间有限,增压器的换热面积有限,使转注压差下降过快。

(2) 罐体设计压力高,槽车空载质量大,使载液量与整车质量比例(重量利用系数)下降,导致运输效率降低。例如,国产 STYER1491 底盘改装的 11 m³ LNG 槽车,其空重约为17 000 kg(1.6 MPa 高压槽车),载液量为 4 670 kg,重量利用系数仅为 0.21。运输过程都是重车往返,运输效率较低。

槽车采用泵送液体是较好的方法,采用配置在车上的离心式低温泵来泵送液体,优点如下:

(1) 转注流量大,转注时间短。

(2) 泵后压力高,可以适应各种压力规格的储槽。

(3) 泵前压力要求低,无须消耗大量液体来增压。

(4) 泵前压力要求低,因此槽车罐体的最高工作压力和设计压力低,槽车的装备质量轻,重量利用系数和运输效率高。

由于槽车采用泵送液体具有以上优点,即使存在整车造价高,结构较复杂,低温液体泵还需要合理预冷和防止气蚀等问题,但它还是代表了槽车输液方式的发展趋势。

7.5　气体放空火炬

海上油田产出的天然气和工艺过程中释放出的油品蒸气等烃类可燃气体除用作平台燃料外,不能经济地利用多余气体,如不采取有效措施加以处理,直接放空至大气,则将危及平台安全并造成严重的大气污染。

火炬是海上平台所必备的安全处理放空气体的设备,它是一种用露天燃烧方式来处理废弃气体的装置,能将具有危险性的碳氢化合物气体转化为低害物质,主要是二氧化碳和水蒸气。平台设置火炬的目的除处理多余气体外,还要处理正常和应急停产以及火灾情况下,工艺设备降压和放空释放出来的气体和油品蒸气。平台火炬系统的设计要符合 SYT 10043—2002《泄压和减压系统指南(API - RP - 521)》(后简称 API - RP - 521)。

7.5.1　平台火炬支撑结构的类型

平台火炬支撑结构类型的选择取决于排放的气量、气体的性质(组分、热值和毒性)、燃烧方式和有关经济因素。海上油田火炬支撑结构有悬臂塔架式、直立塔架式、独立平台火炬和地面火炬(ground flare)4 种。

1. 悬臂塔架式

悬臂塔架式的火炬臂是一个倾斜的塔架结构,从平台边部向外伸出,与水平线成 15°~45° 倾角。火炬臂长为 30~60 m(100~200 ft),超过 76 m 时,应考虑设单独的火炬平台。因为过长或过重的火炬臂在高风速和波浪力作用下,或其他诱发性的运动都会使平台结构出现危险性应力。火炬臂伸出平台的方向取决于常年主导风向,尽量设在主导风的下游。水平倾角为15°,臂长为 45~55 m 的悬臂塔火炬能燃烧泄放量为 $1.10 \times 10^6 \sim 1.50 \times 10^6$ m³/d 天然气。悬臂塔火炬是海上油田固定平台常见的火炬型式。

2. 直立塔架式

这种火炬结构被认为不安全,因为排放气中可能带液体,燃烧时易形成"火雨"坠落至甲板上造成火灾。

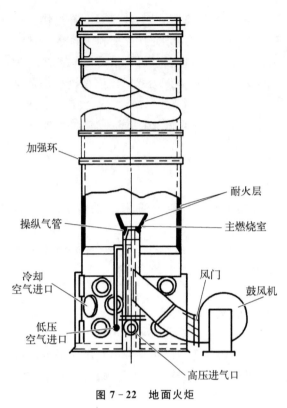

加强环

耐火层

操纵气管

主燃烧室

冷却
空气进口

风门

鼓风机

低压
空气进口

高压进气口

图 7-22　地面火炬

3. 独立平台火炬

独立平台火炬是将火炬头（燃烧器）支撑在单独的平台上，用栈桥与主平台相连，栈桥长度可达 100 m。也可将火炬气管线通过海底与火炬平台相连接。这种火炬平台处理气量很大，对生产平台没有危险性，但投资较高。

4. 地面火炬

地面火炬的燃烧火焰能完全处于筒形燃烧室内，看不见火焰光。燃烧室内壁涂有耐高温材料。在燃烧室内也许有一个主燃烧器或沿燃烧室四周有多个小燃烧器。地面火炬广泛用于浮式生产游轮上。图 7-22 为地面火炬示意图。

地面火炬垂直安装在船上，底部配有鼓风机，强制送风燃烧，火焰变短。由于燃烧器和火焰完全隐闭在立式筒内，并加入大量冷空气，因而火炬筒周围热辐射强度大大降低，但这种火炬投资较高。

7.5.2　火炬燃烧特性

独立平台火炬虽然能安全地处理废弃的碳氢化合物气体，减少对环境的污染，但又存在自身的问题：热辐射、液体喷溅（火雨）、烟雾、光和噪声。

1. 热辐射

火炬燃烧要释放出大量的能量，其中热辐射对平台影响大。辐射能量的大小与燃烧的气体量和气体的热值有关。辐射热对人员和设备都有危险。研究发现当热辐射强度达到 6.3 kW/m² 时，人在其中经过 8 s 会产生痛感，经过 20 s 皮肤就会起泡。人体裸露皮肤产生痛感需要的暴露时间与热辐射强度大小有关。表 7-7 给出了各种热辐射强度下人体达到痛感需要的时间。

表 7-7　达到痛感需要的暴露时间

热 辐 射 强 度		开始痛感的时间/s
Btu/(ft²·h)	kW/m²	
550	1.74	60
740	2.33	40
920	2.90	30
1 500	4.73	16
2 200	6.94	9

热 辐 射 强 度		开始痛感的时间/s
Btu/(ft² · h)	kW/m²	
3 000	9.46	6
3 700	11.67	4
6 300	19.87	2

经验表明,穿着工作服能有效地防止热辐射,在紧急作业时能在 $4.73\ kW/m^2$ 热辐射环境中坚持几分钟时间。设计火炬时,考虑平台上各点的容许热辐射强度要视操作人员在该处的停留时间、火炬燃烧方式和防热辐射的遮蔽条件而定。

表 7-7 中的数据是人在室温条件下用前臂受辐射热做试验而获得的。实验室试验和现场暴露有很大的不同,辐射热通常是确定火炬位置的控制因素,作为一项准则,推荐按下述原则来确定火炬的容许热辐射强度。

（1）对火炬附近设有操作岗位或经常有人员停留的场所,其容许热辐射强度不能高于 $1.57\ kW/m^2$,这个值包括太阳的热辐射强度 $0.79\ kW/m^2$。

（2）对于非操作人员活动场所的容许热辐射强度,原则上要高于（1）中的规定值。但考虑到紧急事故作业时,操作或维修人员需在该处停留几分钟时间,并有合适的安全帽和工作服加以防护,其容许热辐射强度可到 $4.73\ kW/m^2$。

（3）海上平台火炬塔底部甲板处一般没有连续操作的岗位,而只有可供人员通过的走道。通常在计算火炬臂长度时,对连续燃烧的火炬,该处的热辐射强度取 $1.89\ kW/m^2$,对 16 s 短时间间断燃烧的火炬或只在紧急事故时放空燃烧的火炬,该处的容许热辐射强度可取 $4.13\ kW/m^2$。上述值应包括太阳的热辐射强度 $0.79\ kW/m^2$。

（4）对平台设备的容许热辐射强度,一般应取设备受热后引起的温度升高对设备的影响。设备的最高容许温度随其材质、结构用途和地区气候条件等因素而定。这种热平衡计算比较复杂,因此在工程上一般不进行具体计算,只考虑对火炬附近的设备用适当的隔热措施加以保护。

2. 液体飞溅

在通向火炬头的放空气体管道内如有烃类液体存在,便随气流携带到火炬头点燃并作为"火雨"飞溅降落下来。"火雨"是影响平台安全最严重的问题。像对待热辐射一样,人员活动的场所和设备布置应尽量远离"火雨"可能达到的范围,把这种危险性减至最低。解决液体飞溅问题最根本的办法是减少或清除火炬放空气体管道内的液体。因此,气体在流向火炬头之前先进入火炬气分液罐,预先将气中携带液分出。合理确定火炬分液罐的尺寸,可除去气中大部分的液滴。

3. 烟

许多烃类燃烧形成的火焰都是明亮的,这是因为炽热的碳粒子在火焰中形成。在某种条件下,这些碳粒子从明亮的火炬中以烟的形式释放出来。形成烟雾的真正原因和机理还未被人们所了解,然而公认的一般说法是烃类物质燃烧时,只有系统全部或局部的燃料过量和空气供给不足才形成烟。一项有用的观察表明,能消除氢原子聚积就能消除烟的形成。因此,可以利用消耗氢原子的反应或降低氢原子的浓度来减少烟。

某些气体(甲烷、氢和一氧化碳)只要燃烧完全,就不会产生烟雾,气体相对分子质量小于20的烷烃类混合物完全燃烧时也不会产生烟雾。烃类相对分子质量越大,不饱和烃含量越多,则越易形成烟。火炬气完全燃烧的基本条件是供给充足的空气并使其在燃烧中能与空气很好地混合。

消除火炬烟雾的方法有鼓风法、喷入蒸汽法和喷射水法。用于海上平台消烟方法多为鼓风法,喷入蒸汽法和喷射水法一般用于炼油厂和化工厂。

4. 光

光的传播(发光)是物质燃烧过程的自然结果,虽然它是火炬产生的问题,但发光对海上设施来说很少是问题,因为它远离陆地。事实上,它作为个航标对海上交通管制也是有益的。

5. 噪声

火炬是平台一个重要的噪声源,噪声有两种方式:① 喷射噪声,气体出口流速大于0.2 Ma 的高流速火炬产生的噪声;② 燃烧噪声,任何气体流动时都会产生低于 500 Hz 的燃烧噪声。燃烧噪声不可控制,但气体出口流速却可以通过设计来调整。这样,在设计火炬时要做到既要保持有一定高的流速,使火炬气与空气能有效地混合,又要限制气体出口流速不能太高,以免产生过高的噪声。

除了上述提及的问题之外,在火炬系统设计中还要考虑的问题是火焰的稳定性和空气倒流入火炬筒体内产生爆炸的危险。

7.5.3 火炬装置的工艺计算

火炬装置的工艺计算包括确定火炬筒体直径和火炬臂的长度。

1. 火炬头筒体直径的确定

按照 API RP-521 规定,火炬头筒体直径一般根据气体的流动速度来确定,气体流动速度(按马赫数计算)与火炬头直径的关系表示为

$$Ma = 0.116 \frac{W}{P d^2} \sqrt{\frac{T}{KM}} \tag{7-7}$$

式中,Ma 为马赫数,气体在筒体内的流动速度与声音在火炬气中的传播速度的比值;W 为气体泄放质量流量,单位为 kg/s;P 为火炬头内气体压力,理论上应为火炬气进口压力和出口压力的平均值,计算中近似取火炬头出口处压力,单位为 kPa(绝);T 为火炬头内气体温度,计算中近似取火炬头出口处温度,单位为℃;d 为火炬头筒体内径,单位为 m;K 为气体绝热指数,单位为 $K = C_p/C_v$;M 为气体的相对分子质量。

从式(7-7)看出,火炬头筒体直径与马赫数有关,而马赫数又是气体出口流速与声速之比。可见,火炬头直径 d^2 与火炬气出口流速成反比关系。我们知道,保持燃烧火焰稳定是火炬装置安全燃尽火炬气的基本条件。而要保持火焰的稳定便是控制火炬气从火炬筒体的排出速度。在正常燃烧工况下,火焰根部处于火炬头的顶端。如果气流速度低于某值时,可能造成火焰前沿部分处于筒体内,产生回火,引起火炬头过热或者使火焰熄灭,继而空气倒流入火炬筒内形成爆炸混合物。当长明灯再次点着时导致爆炸事故。如果气体出口流速高于某范围,火焰会被吹离筒体顶端较大距离,甚至灭火。有关资料说明气体出口流速等于火焰传播速度(火焰前沿移到火焰表面的速度)时火炬燃烧处于稳定工况。经验认为,火炬气从筒体排出的速度增大到等于火炬气

音速的 20％(Ma=0.2)时,火焰根部开始离开燃烧器向上升高到一定距离。在该距离上,天然气和空气混合达到新的稳定位置,这时火焰根部处"吹离区"的起点。当火炬气从筒体排出的速度达到音速的 50％(Ma=0.5)时,火焰根部仍处于稳定燃烧的被"吹离区",但不会灭火。因此,工程上选用马赫数(Ma)的 0.2～0.5 范围内以确定火炬筒体直径,则能保证火炬稳定燃烧。

设计中,火炬气处于被"吹离区"时,火焰根部举升距离 a 按式(7-8)确定

$$a = 25.15 Ma \cdot d \tag{7-8}$$

当 Ma =0.2 时,

$$a = 5.03d \tag{7-9}$$

当 Ma =0.5 时,

$$a = 12.57d \tag{7-10}$$

2. 火炬臂长的确定

火炬臂长取决于平台要求的容许热辐射强度、气体排放量、气体的性质和火炬气燃烧状况。

(1) 平台上任意一点与火焰中心的最小距离。

为便于工程计算,假定燃烧火焰是位于火焰中心的一个热源,其辐射热是向空间各方向均匀传播,也就是以火焰中心为球心,成球面向外传播辐射热,图 7-23 表示辐射热的传播。在同一球面上各点受到的热辐射强度相等,半径越大的球面上各点受到的热辐射强度越小。平台上被考虑目标物受到的热辐射强度不得大于规定的容许热辐射强度。

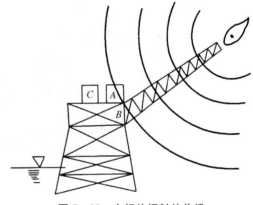

图 7-23　火炬热辐射的传播

平台上被考虑目标物 A 到火焰中心的距离可用下式计算:

$$D = \sqrt{\frac{\tau F Q}{4\pi K}} \tag{7-11}$$

$$F = 0.048 \sqrt{M} \tag{7-12}$$

$$\tau = 0.79 \left(\frac{100}{\gamma}\right)^{\frac{1}{6}} \left(\frac{30.5}{D}\right)^{\frac{1}{6}} \tag{7-13}$$

式中,D 为火焰中心到被考虑目标物的距离,单位为 m;F 为热辐射系数,单位为 W/(m·K);τ 为辐射热强度的传导系数,初步计算取 1;Q 为火炬燃烧释放出来的总热量(低热位),单位为 kW;M 为火炬气平均相对分子质量;K 为容许的热辐射强度,单位为 kW/m²;γ 为空气的相对湿度,％。

图 7-23 中目标物 A 为距火焰中最近的点。在进行设计时,A 点应该是已知的,因为我们在进行设计时,对平台上部的设备布置和人员活动的场所是知道的,这个点可能是平台上的某一个点,也可能是平台上部空间的某一个点。如果在平台上有较高设备且距火焰中心较近,

这时候,最大热辐射点 A 可能位于平台上部空间某点,这一点的高度为设备的高度(当有人员出入时,还应加上人体的高度)。从这一点我们也可以想到平台上部常见的高物是直升机坪,为避免最大热辐射 A 点出现其上,应尽可能使其远离火炬。当平台上部较高物距火炬较远时,这时的最大热辐射点可以认为在平台火炬臂底部 B 点。一般情况下,最大热辐射强度不出现在平台上部空间点,我们就以 B 点作为计算点来求得火炬臂的长度。

(2) 火焰长度。

火焰长度是计算火炬臂长的一个重要参数,它与火炬气燃烧释放的热量有关。图 7-24 表示出火焰长度与释放热量的关系曲线。

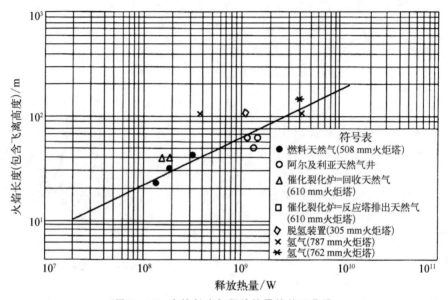

图 7-24　火焰长度与释放热量的关系曲线

(3) 风速对火焰燃烧状况的影响。

风对火焰燃烧的影响主要有两个方面:一方面改变了在静止空气中燃烧火焰的形状和长度,另一方面受风吹后火焰偏离火炬筒体中心轴线,偏离的角度随风速的增大而增大。火焰轴线实际上是条曲线,在设计计算时,假定风不影响火焰长度,火焰倾角为一定值(即火焰轴线为一直线)。图 7-25 表示侧向风对火焰倾斜的影响,图中曲线为火焰的水平和垂直位移与侧向风速对火炬气喷出速度比值的关系。火焰中心位置的确定光凭肉眼估测会有很大误差,在工程计算上取火焰根部到火焰中心的距离为火焰长度的 $1/2 \sim 1/3$。

火焰轴线受风影响偏移的角度 θ 取决于风速和火炬气出口流速,其关系式为

$$\cos \theta = \frac{U_{\mathrm{j}}}{\sqrt{U_{\mathrm{j}}^2 + U_{\infty}^2}} \tag{7-14}$$

$$\sin \theta = \frac{U_{\infty}}{\sqrt{U_{\mathrm{j}}^2 + U_{\infty}^2}} \tag{7-15}$$

式中,θ 为火焰轴线在风影响下偏移角度,单位为°;U_{j} 为火炬气出口流速,单位为 m/s;U_{∞} 为设计风速,单位为 m/s。

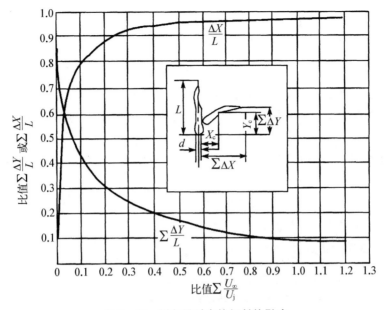

图 7 - 25　侧向风对火焰倾斜的影响

（4）火炬臂长计算。

图 7 - 26 为计算火炬臂长的各参数几何尺寸关系。从图中可以看出

$$Y_B = H + \frac{1}{3}L \cdot \cos\theta \qquad (7-16)$$

$$Y_B^2 = D^2 - BC^2 \qquad (7-17)$$

$$BC = \frac{1}{3}L \cdot \sin\theta \qquad (7-18)$$

将式(7-18)代入式(7-17)，得

$$Y_B^2 = D^2 - \left(\frac{1}{3}L \cdot \sin\theta\right)^2 \qquad (7-19)$$

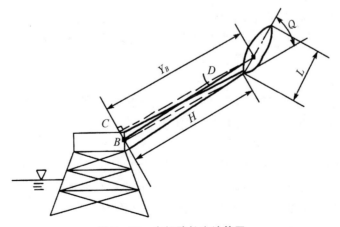

图 7 - 26　火炬臂长度计算图

再将式(7-19)代入式(7-16),整理后得

$$H = \sqrt{D^2 - \left(\frac{1}{3}L \cdot \sin\theta\right)^2} - \frac{1}{3}L \cdot \cos\theta \qquad (7-20)$$

式中,H 为火炬臂轴线长度,单位为 m;D 为火焰中心至火炬臂底部 B 点距离,单位为 m;Y_B 为火焰中心至 C 点距离,C 点为火焰中心在垂直火炬臂平面上的投影,单位为 m;θ 同式 (7-5)和式(7-6);L 为火焰长度,由图 7-24 查得,单位为 m。

如果火焰根部被吹离筒体顶端一定距离 a,按上面推导结果得

$$H = \sqrt{D^2 - \left(\frac{1}{3}L \cdot \sin\theta\right)^2} - \frac{1}{3}L \cdot \cos\theta - a \qquad (7-21)$$

7.5.4 火炬系统设备选择

火炬系统设备包括火炬头、点火设备和火炬气分液罐。火炬头和点火设备大多数是专利品,由专门的厂家生产。对火炬系统组件的选择,这里只做原理性说明。

1. 火炬头

火炬头是火炬系统中的一个重要设备,它的功能是燃烧平台多余的放空气体。对火炬头的基本要求是:能安全燃烧平台各种工况下放空的气体;燃烧后产物对周围环境污染符合有关规定;结构简单,选材得当,使用寿命长,并便于安装和维修。海上油田常用的火炬头有简易火炬头、无烟喷气火炬头、无烟鼓风火炬头、多管火炬头和附壁效应断面(coanda-profile)火炬头。

1) 简易火炬头

它是一种带有某些部件的管式火炬头,用于连续燃烧相对分子质量低于 20 的天然气或在短时间内应急燃烧相对分子质量大于 20 的烷烃类气体。气体中重烃含量高,这种火炬头燃烧时会生成大量烟雾。

2) 无烟喷气火炬头

它是在简易火炬头基础上增加高压气喷嘴,利用少量高压气喷射促进火炬无烟燃烧,这类似于炼油厂用蒸汽助燃消烟一样。这种火炬头用于连续燃烧低压天然气。

3) 无烟鼓风火炬头

这种火炬头由两根同心管组成,火炬气通过环形空间,而低压空气由鼓风机送入内管,两种气体在火炬头端进行充分混合,有助于火焰的稳定和无烟燃烧。无烟鼓风火炬头可用于连续燃烧相对分子质量大于 20 的烷烃类气体。

4) 多管火炬头

这种火炬头的顶端有许多排气小管嘴,成梅花状分布,燃烧时可调气体流率范围较大。这种火炬头不需要防止回火的密封和助燃的气体或空气。

5) 附壁效应(coanda)断面火炬头

这种火炬头是由 Kaldair 制造的专门火炬头,用于无烟燃烧烃类气体和要求低辐射热的地方。它的操作原理是依据气体的附壁效应,即气体以高流速通过一个曲形壁面并从该曲面发散出去时,形成涡流,该涡流能带入 20 倍于气体的空气体积,这就保证了高效率燃烧。这种火炬头要求有高的火炬气出口压力(35~530 kPa 表压),高气体出口流速产生不倾斜的火焰,

能抗风的影响。

火炬头燃烧器在停止工作、点火和火炬气燃烧过程中会发生回火和爆炸事故。燃烧过程产生回火或爆炸的主要原因是：当气体排放量急剧下降，火炬头出口处气体流速过低，且筒体直径较大时，可能在筒四周壁处出现"无流"现象。这时由于空气比气体重，空气将从筒体顶端沿壁窜入筒体内。在筒内某处空气和气体混合物可能处于爆炸限内，一旦有火种就会产生回火或爆炸。为避免出现这种危险条件，工业实践是要连续地供给一定量的气体给火炬系统，以防止空气倒流入火炬筒内。这种气体称为吹扫气(purgegases)燃料气或惰性气体可用作吹扫气。为了减少吹扫气的需要量，在火炬头结构内要安装有防空气进入的密封部件。

2. 点火系统

为了使排放的火炬气及时点燃，在火炬头端部必须提供一个不灭的火种。点火系统就是提供这种火种的装置。该装置一般由火炬操纵气管(亦称长明灯)和火焰发生器组成，图 7 – 27 表示点火系统流程图。

火炬操纵气是设在火炬头处的一个经常被点燃着的小火种，它由火焰发生器产生的火源点燃并及时引燃火炬头排出的气体。操纵气管端部装有单独的挡风板，以防被风吹灭。操纵气管顶端装有热电偶敏感元件。当它感知操纵气熄火时，能发出信号，触动点火盘发火，再次点燃操纵气。如果几秒钟之内点火盘不能再次点燃操纵气，则自动发出报警信号。

火焰发生器是个遥控的点火装置，由点火操作盘和传焰管组成。它能产生和发射

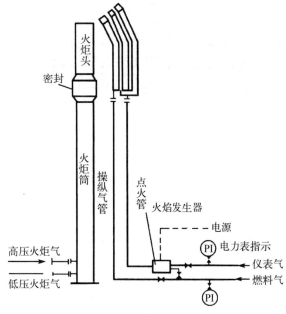

图 7 – 27　火炬点火系统流程图

一个火焰锋经传焰管送到操纵气管顶端，直接引燃操纵气。火焰锋是靠电火花点燃气体和空气的混合物产生的。

3. 火炬气分液罐

平台油气工艺系统排出的气体可能含有某些重组分，当其进入火炬气系统时，由于冷凝易在火炬筒体内形成液滴，这些液滴在燃烧过程中会形成"火雨"，危及平台安全。因此，在火炬装置前要设置火炬气分液罐，以确保排入火炬筒体的气体不含较多的液体。

火炬分液罐的尺寸主要根据一定直径液滴在气流中的垂直下降速度来确定。气流中液滴的下降速度按式(7 – 22)计算，则有

$$u = 1.15 \sqrt{\frac{g d (\rho_l - \rho_v)}{\rho_v C}} \qquad (7-22)$$

式中，u 为液滴下降速度，单位为 m/s；g 为重力加速度，9.8 m/s²；d 为液滴直径，单位为 m；ρ_l 为在操作条件下液体密度，单位为 kg/m³；ρ_v 为在操作条件下气体密度，单位为 kg/m³；C 为阻力系数(见图 7 – 28)。

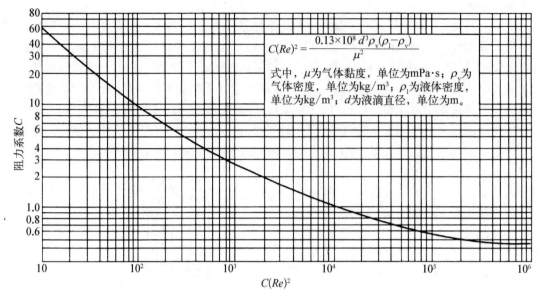

$$C(Re)^2 = \frac{0.13 \times 10^8 \, d^3 \rho_v (\rho_1 - \rho_v)}{\mu^2}$$

式中，μ为气体黏度，单位为mPa·s；ρ_v为气体密度，单位为kg/m³；ρ_1为液体密度，单位为kg/m³；d为液滴直径，单位为m。

图 7-28　阻力系数的确定

设计平台火炬罐，一般考虑脱除 $300 \, \mu$m 直径的液滴，则式(7-21)简化为

$$u = 0.062 \sqrt{\frac{(\rho_1 - \rho_v)}{\rho_v C}} \qquad (7-23)$$

对在中等温度和接近常压下操作的典型分液罐设计，可取 $\mu = 0.6$ m/s。

1）立式分液罐尺寸确定

无内件的立式分液罐的尺寸为

$$D = 1.46 \, Q^{0.5} \qquad (7-24)$$

$$H = 1.5D + h \qquad (7-25)$$

式中，D 为分液罐直径，单位为 m；Q 为在操作条件下实际气体流率，单位为 m³/s；H 为分液罐筒体部分高度，单位为 m；h 为分液罐内液面高度，单位为 m，液位高度一般不得小于 500 mm。

带有翼状捕雾器内件的分液罐尺寸为

$$D = 1.19 \, Q^{0.5} \qquad (7-26)$$

$$H = 1.5D + h + 翼状捕雾安装容许量 \qquad (7-27)$$

2）卧式分液罐尺寸确定

卧式分液罐尺寸的计算通常是一个试算和修正的过程。

（1）首先假定分液罐的直径 D，并确定容器中液面的高度 h（一般按存液量为罐容积的 30%）。

（2）计算和确定液滴的下沉速度 u。

（3）计算液滴下沉到液面所需的时间

$$t = \frac{D - h}{u} \tag{7-28}$$

（4）计算气体通过容器气体空间横断面积的速度为

$$U = \frac{Q}{A} \tag{7-29}$$

式中，U 为气体通过分液罐的速度，单位为 m/s；Q 为气体流率，单位为 m^3/s；A 为气体空间横截面积，单位为 m^2。

（5）计算容器的长度

$$L = Ut \tag{7-30}$$

（6）检查 $L/D = 3 \sim 6$，如果 L/D 超出这个范围，要重新假定直径，按上面步骤再次计算，直至 $L/D = 3 \sim 6$。

（7）为防止气流重新从液相中带出液体，气体的速度必须足够低，可按式（7-31）检查

$$\frac{Q}{A} \leqslant \frac{10}{\rho_v^{0.5}} \tag{7-31}$$

思　考　题

1. 天然气有哪些分类和组成？什么是液化天然气？

2. 天然气中杂质的危害有哪些？

3. 形成水化物的条件是什么？如何防止水化物的生成？

4. 简述三甘醇脱水流程及各脱水设备的作用。

5. 简述海上气田天然气脱硫的主要方法。

6. 简述天然气级联式液化流程。

7. 天然气液化流程有哪些类型？各有哪些优缺点？

8. 简述液化天然气储运的主要方式及设备。

9. 海上油田火炬支撑结构有哪些类型？各有何优缺点？

第8章　海上污水处理

海上污水包括油气生产污水和冲洗设备、生活、降雨等辅助性污水。在海上油田的污水处理中,含油污水均采用封闭式处理系统,而辅助性污水多采用开放式排放系统。本章重点介绍含油污水处理的目的、方法和流程,在最后一节中简要介绍辅助性污水处理的开放式排放系统。

8.1　油气生产的污水水质和处理要求

海上油田污水源于在油气生产过程中所产出的地层伴生水。为了获得合格的油、气产品,需要将伴生水与油气进行分离,分离后的伴生水中含有一定量的原油及其他杂质,这些含有一定量原油和其他杂质的伴生水称为油气生产污水。

8.1.1　油气生产污水水质

油气生产污水一般偏碱性,硬度较低,含铁少,矿化度高。这种含油污水中一般含有以下有害物质。

(1) 分散油:油珠在污水中的直径较大,为 $10\sim100\ \mu m$,易于从污水中分离出来,浮于水面而被除去。这种状态的油占污水含油量的 $60\%\sim80\%$。

(2) 乳化油:其在污水中分散的粒径很小,直径为 $0.1\sim10\ \mu m$,与水形成乳状液,属于水包油(O/W)型乳状液。这部分油不易除去,必须反向破乳之后才能将其除去,其含量占污水含油量的 $10\%\sim15\%$。

(3) 溶解油:油珠直径小于 $0.10\ \mu m$。由于油在水中的溶解度很小,为 $5\sim15\ mg/L$,这部分油是不能除去的,其占污水含油量的 $0.2\%\sim0.5\%$。

(4) 污水中含有的阳离子常见的有 Ca^{2+}、Mg^{2+}、Ba^{2+}、Sr^{2+} 等,阴离子有 CO_3^{2-}、Cl^-、SO_4^{2-} 等。这些离子在水中的溶解度是有限的。一旦污水所处的物理条件(温度、压力等)发生变化或水的化学成分发生变化,均可能引起结垢。

(5) 污水中还可能含有溶解的 O_2、CO_2、H_2S 等有害气体,其中氧是很强的氧化剂,它易使二价铁离子氧化成三价铁离子,从而形成沉淀。CO_2 能与铁反应生成碳酸铁 $Fe_2(CO_3)_3$ 沉淀,H_2S 与铁反应则生成腐蚀产物——黑色的硫化亚铁。

(6) 污水中常见的细菌有硫酸盐还原菌、腐生菌和铁细菌。这些细菌均能引起对污水处理、回注设备及管汇的腐蚀和堵塞。

8.1.2　油气生产污水处理的目的及要求

油气生产污水经过处理后,要进行排放或者作为油田回注水、人工举升井动力液等。处理油气生产污水的目的是要求排放水或回注水达到相应的排放或回注标准,同时应充分考虑防止系统内腐蚀。

排放的污水水质要求是：在渤海辽东湾、渤海湾、莱州湾和北部湾海域及距岸 10 nmile 以内海域，采油工业含油污水排放标准为月平均浓度值 30 mg/L，最高容许浓度值 45 mg/L；在距岸 10 nmile 以外海域，采油工业含油污水排放标准为月平均浓度值 50 mg/L，最高容许浓度值 75 mg/L；在潮间带区域内，采油工业含油污水最高容许排放浓度值为 10 mg/L。

8.1.3　污水处理指标

工业废水中含有大量有机物和无机物，在生物和化学反应过程中消耗了水中的氧气，这种耗氧指标称为生化需氧量（biochemical oxygen demand，BOD）。而测试 BOD 的方法往往需要 5 天时间。

化学需氧量（chemical oxygen demand，COD），同样反映水中物质耗氧情况，且由于 COD 测试的方法只需几小时，所以往往应用 COD 指标来检测污水指标。

BOD 和 COD 测试方法，可依照国标执行：HJ 828—2017《水质 化学需氧量的测定 重铬酸盐法》和 HJ 505—2009《水质 五日生化需氧量（BOD5）的测定 稀释与接种法》。

8.2　含油污水处理方法

含油污水处理方法有物理方法和化学方法，但在生产实践过程中两种方法往往结合应用。归纳目前海上主要应用的含油污水处理方法如表 8 - 1 所示。

表 8 - 1　目前海上油田含油污水处理的主要方法

处 理 方 法	特　　　点
沉降法	靠原油颗粒和悬浮杂质与污水的密度差实现油水渣的自然分离，主要用于去除浮油及部分颗粒直径较大的分散油及杂质
混凝法	在污水中加入混凝剂，把小油粒聚结成大油粒，加快油水分离速度，可去除颗粒较小的部分散油
气浮法	向污水中加入气体，使污水中的乳化油或细小的固体颗粒附在气泡上，随气泡上浮到水面，实现油水分离
过滤法	用石英砂、无烟煤、滤芯或其他滤料过滤污水除去水中小颗粒油粒及悬浮物
生物处理法	靠微生物来氧化分解有机物，达到降解有机物及油类的目的
旋流器法	高速旋转重力分异，脱出水中含油

8.2.1　沉降法

沉降法主要用于去除浮油及部分颗粒直径较大的分散油。由于水中油珠相对密度小而上浮，水下沉，经过一段时间后油与水就分离开来。油珠上浮速度可用下面的公式来计算：

$$W = \frac{\beta(\rho_w - \rho_o) d_o^2}{18\mu\psi} \cdot g \qquad (8-1)$$

式中，W 为油珠上浮速度，单位为 m/s；β 为污水中油珠上浮速度降低系数，一般取 $\beta = 0.95$；

ρ_w、ρ_o 分别为污水与油的密度，单位为 kg/m³；g 为重力加速度，单位为 m/s²；d_o 为油珠直径，单位为 m；μ 为污水的动力黏度系数，单位为 kg/(m·s)；ψ 为考虑水流不均匀、湍流等因素的修正系数，一般取 $\psi = 1.35 \sim 1.50$。

根据该速度就能大致确定污水沉降罐的沉降速度 V，即沉降速度 V 不能大于或等于油珠上浮速度 W，否则油珠会浮不上来，而被水带到水管中去，或是油珠在水中悬浮着。沉降法能去除直径较大的油珠。沉降法除油一般在沉降罐、沉降舱等中进行。

8.2.2　混凝法

所谓混凝法是指向污水中加入化学混凝剂（反向破乳剂）使乳状液破乳，使油颗粒发生凝聚，油珠变大，上浮速度加快。

电泳试验证明，污水中的油珠带负电荷，因此只要加入水解后能形成带正电的胶体物质，使其和油珠所带的负电荷中和，就能达到凝聚作用。混凝剂的加药量与污水水质有关，尤其与污水含油量或悬浮物含量有关，首先应评选出合适的混凝剂并确定最佳的加药量，然后根据现场试验进行调整以确定现场的最佳使用浓度。

8.2.3　气浮法

气浮法是指向污水中通入或在污水中产生微细气泡，使污水中的乳化油或细小的固体颗粒附在空气气泡上，随气泡一起上浮到水面，然后采用机械的方法撇除，达到油水分离的目的。气浮法按采用的供气方式不同又可分为以下几种方法，如图 8-1 所示。

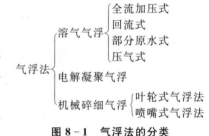

图 8-1　气浮法的分类

1. 溶气气浮

溶气气浮是使气体在一定压力下溶于含油污水中，并达到饱和状态，然后再突然减压，使溶于水中的气体以微小气泡的形式从水中逸出的气浮。

2. 电解凝聚气浮法

电解凝聚气浮法是把含有电解质的污水作为被电解的介质，在污水中通入电流，利用通电过程的氧化、还原反应使其被电解形成微小气泡，进而利用气泡上浮作用完成气浮分离。这种方法不仅能使污水中的微小固体颗粒和乳化油得到净化，而且对水中的一些金属离子和有机物也有净化作用。

3. 机械碎细气浮法

机械碎细气浮法是海上油田应用较广泛的方法，是采用机械混合的方法把气泡分散于水中。

1）叶轮式气浮法

在叶轮式气浮装置的运行中，污水流入水箱，叶轮旋转产生的低压使水流入叶轮。叶轮旋转，起泵的作用，把水通过叶轮周围的环形微孔板甩出，于是装叶轮的立管形成了真空，使气从水层上的气顶进入立管，同时水也进入立管，水气混合，被一起高速甩出。当混合流体通过微孔板时，剪切力将气体破碎为微细气泡。气泡在上浮过程中，附着到油珠和固体颗粒上。气泡通过水面冒出，油和固体留在水面，形成的泡沫不断地被缓慢旋转的刮板刮出槽外，气体又开始循环。

2）喷嘴式气浮法

喷嘴式气浮装置的结构与叶轮式气浮装置类似,都有 4 个串联一起的气浮室。喷嘴式气浮法的基本原理是利用水喷射泵,将含油污水作为喷射流体,当污水从喷嘴以高速喷出时,在喷嘴处形成低压区,造成真空,空气就被吸入吸入室。喷嘴式气浮要求有 0.2 MPa 以上的压力,当高速的污水流入混合段时,同时将吸入的空气带入混合段,并将空气剪切成微小气泡。在混合段,气泡与水相互混合,经扩散段进入浮选池。在气浮室,微小气泡上浮并逸出水面,同时将乳化油带至水面加以去除。

在喷嘴式气浮污水处理中,喷嘴是关键部件。喷嘴的设计原则是喷嘴直径小于混合段的直径,这样流体速度提高,压力升高,气体在水中的溶解度提高。

在喷嘴式气浮污水处理中,喷嘴的位置直接影响除油效果,喷嘴入水较深为好。另外,喷嘴与气浮室之间要有一段较长的管道,使水和气有充分接触混合的时间,增加溶气量,提高气浮效率。

4. 影响气浮法效率的因素分析

气浮法净化油田污水的理论研究和试验结果说明,除油效率随着气泡与油珠和固体颗粒的接触效率和附着效率的提高而提高。气液接触时间延长可提高接触效率和附着效率,从而提高除油效率。增大油珠直径,减小气泡直径和提高气泡浓度既可提高接触效率,又可提高附着效率。因此是提高除油效率的重要措施。其他的一些因素如温度、pH 值、矿化度、处理水含油量和水中所含原油类型也都直接或间接地影响除油效率。因此处理不同的油田污水,即使同样的设计,处理后的含油量也不相同;同一个水源,采用不同的气浮法处理,处理后的水质也不一样;同一个水源,采用同样的气浮法处理,但随着处理水物性的变化,处理后的水质也会发生变化。因此,必须搞清这些因素对除油效率的影响及其之间的相互作用,从而采用针对性措施,提高气浮法净化油田污水的效率。

5. 各种气浮法的特点

与油田污水的其他处理方法比较,气浮法具有停留时间短,处理速度快、除油效率高和占地面积小等优点,适用于海上油田污水处理。

各种气浮法各有其优缺点,气浮方法的选用要根据处理量、来水特点、出水水质要求、操作条件、动力消耗等进行综合分析比较,选用较适合的气浮污水净化方法。机械碎细气浮法是在油田污水处理中应用最广泛的气浮污水净化方法。

机械碎细气浮法晚于溶气气浮法出现,但其应用是远比溶气气浮法更加广泛、高效的污水处理工艺,这种方法主要有两个优点:

（1）喷嘴式气浮法除油效率高,电耗低,结构紧凑,占地面积少,但对循环水的压力、水质和动力等运行条件要求较高,适用于污水处理量小,水质要求不高、运行条件好的情况下采用。

（2）叶轮式气浮法溶气量大,溶气率都在 600％以上;停留时间短,仅为 4～5 min;除油效率高;造价低,四级叶轮式气浮装置的除油效率相当于或高于单级溶气气浮装置,而其造价仅为前者的 60％;适用于处理不同含油量的油田污水,但是入口含油量要求不能大于 2 000 mg/L。叶轮式气浮法是现在国内外应用最广泛的油田污水处理工艺。

油田污水气浮处理工艺要与其他污水处理方法结合采用,如气浮助剂、混凝剂和发泡剂等可以大大提高气浮法的效率。

8.2.4　过滤法

过滤法就是通过滤料床的物理和化学作用来去除污水中的微小悬浮物和油珠及被杀菌剂杀死的细菌及藻类等。

过滤法是一种用于含油污水深度处理的方法。污水经过自然沉降除油,气浮分离,混凝沉降后,再经过滤进一步处理,就可达到污水排放或回注油层的标准。

过滤一方面是通过滤料的机械筛滤作用,把悬浮固体、油珠及细菌及藻类等截留到滤料表面,或转到先前被截留在滤料内的絮凝体表面;另一方面,通过滤料的电化学特性把悬浮固体颗粒、油珠及细菌藻类等吸附在滤料的表面上。影响吸附的因素有滤料颗粒、絮凝体和油珠的大小以及它们的黏着特性和剪切强度等物理因素,还与悬浮固体颗粒、油珠等的电化学特性有关。

滤料的粒径、级配、厚度对过滤效果有直接影响。滤料的级配是指不同粒径的滤料所占的比例,适当的滤料级配是取得良好的过滤效果的前提。滤料的种类很多,以石英砂应用最广泛,常用的还有无烟煤、石榴石、磁铁矿、聚苯乙烯球粒、陶粒、核桃壳等。

对滤料的选材有下列要求:

(1) 具有足够的机械强度,在反冲洗时不产生严重的磨损和破碎现象。

(2) 具有稳定的化学性质,不与水发生化学反应。

(3) 具有一定的颗粒和适当的孔隙度。

当过滤装置工作一定时间后,滤料的孔隙会被油粒和杂质所堵塞,这时污水通过滤料的水头损失大大增加,因此需要对滤料层进行反冲洗,以恢复滤料层的工作能力。反冲洗间隔时间各平台应根据本油田的水质情况确定。过滤装置进行反冲洗时,反冲洗水自过滤装置底部进入,自下而上依次经过配水系统、承托层、滤料,最后从反冲洗排水管排走,反冲洗水使滤料层膨松,颗粒间相互碰撞,把截留下的污泥洗下随反冲洗水排除。

8.2.5　生物处理法

用微生物氧化分解有机物来处理污水的方法称为生物处理法。目前生物处理法主要用来处理污水溶解的有机污染物和胶体的有机污染物。在处理含油污水时,如果要求排放标准很高则可用生物处理法进行深度处理。生物处理法与化学法相比,具有经济、高效等优点。生物处理法有好气生物处理法和厌气生物处理法两种。

生物处理法对被处理的污水水质有以下的具体要求:

(1) 水的 pH 值:对于好气生物处理,要求水的 pH 值为 6~9。对于厌气生物处理的 pH 值为 6.5~7.5。

(2) 污水温度:温度也是一个主要因素。对大多数微生物来讲,适宜的温度为 20~40℃。

(3) 养料:微生物生长繁殖除需要碳水化合物作为食料外,还需要一些无机元素如氮、磷、硫、钾、钙、镁、铁等,因此用生物法处理含油污水时,需投加适量的营养物。

(4) 有害物质:污水中不能含有过多的有害物质,如酚、甲醛、氰化物、硫化物以及铜、锌、铬离子等。

用生物法处理含油污水时,首先需对微生物进行驯化,使其能适应含油污水的环境。

8.2.6　水力旋流器法

水力旋流器进行含油污水处理是一种于 2000 年左右发展起来的方法,在我国海上油田得到了成功应用。水力旋流器进行污水处理,是让含油污水在一个圆锥筒内高速旋转,由于油水密度不同,密度大的水受离心力的作用甩向圆锥筒筒壁,而密度稍小的油滴则被挤向筒的中心,因此油和水可以从不同的出口分别流出,达到使含油污水脱油的目的。

8.3　油气生产污水处理工艺流程

所谓海上污水处理流程,可以理解为用管线、泵等将选择的含油污水处理装置连接到一起,含油污水通过逐级处理装置脱除含油污水中的有害物质。这种管线、泵等及含油污水处理装置的组合,就构成了含油污水处理流程。

由于海上油气田的处理量大小不同,原油及伴生水性质不同,处理后的污水要求标准不同,还有海域、经济效益等因素不同,所选择的处理设施和工艺不可能相同。下面将以举例的方式来说明油气生产污水处理工艺流程。

1. 案例一:埕北油田污水处理流程

图 8-2 所示是埕北油田污水流程所设置的污水处理装置,包括聚结器、浮选器、砂滤器和缓冲罐。来自原油处理系统的含油污水,首先经聚结器(V-301A/B),在聚结器入口前加入絮凝剂,在聚结器中,通过絮凝和重力分离,较大颗粒原油及悬浮固体上浮并被撇入导油槽。

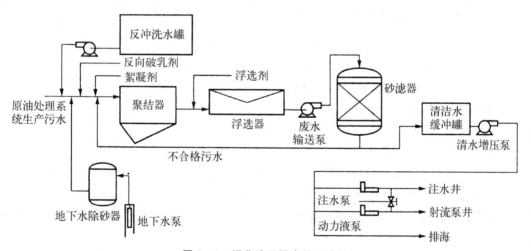

图 8-2　埕北油田污水处理流程

处理后的污水靠位差进入浮选器(X-301A/B),设计为加气浮选,由底部加入少量天然气,作为附着小油滴载体与油珠一起上浮到顶部,上部撇油装置将油撇出。处理后的污水由下部出口流出。

来自浮选器的污水由泵加压输送到砂滤器(F-301A/B/C),由上至下通过过滤层,处理后污水进入缓冲罐(T-301A/B)。此时的污水应是处理后的合格水,可用作注入水或动力液,剩余部分排入海中。埕北油田污水处理系统为双系列,单系列设计最大处理量为 1 800 m³/d。各级处理参数如表 8-2 所示。

表 8-2　埕北油田含油污水处理参数

项　目		装　置			备　注
		聚结器	浮选器	过滤器	
入口	设计	＜3 000	＜100	＜10	实际含油量选用处理量为 3 600 m³/d 的状况
	实际	＜3 000	100～300	30～50	
出口	设计	＜100	＜10	＜5	
	实际	100～300	30～50	15～30	

2. 案例二：SZ36-1 油田含油污水处理系统

图 8-3 所示是 SZ36-1 油田污水处理系统，该系统采用分散收集，集中处理的方案，设置在浮式储油轮上。由储油水舱、波纹板隔油器、浮选器及废水泵等组成。

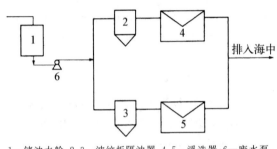

排入海中

1—储油水舱；2、3—波纹板隔油器；4、5—浮选器；6—废水泵。

图 8-3　SZ36-1 油田污水处理系统示意图

来自原油处理系统的含油污水，首先汇集到储油水舱，储油水舱由 4 个舱(T-741A/B/C/D)组成，单舱容积 600 m³，来水含油小于 3 000 mg/L，在 4 个储油舱室中 C 舱设有一个 16 m³ 的撇油柜，含油污水在储油水舱内进行重力沉降，较大油滴上浮并收集到撇油柜中，然后排放到污油舱中；经沉降脱水后的污水含油量可降至 300 mg/L 以下。

来自污油水舱中的污水，由废水泵(P-741A/B/C)提取并送入波纹板隔油器(V-741A/B)，波纹板隔油器内装有 3 组波纹板组，与水流方向成 45°角，通过波纹板组后，污水中细小水滴可以聚结增大并上浮，由上部设置的撇油器撇出。

经隔油器处理后的含油污水进入浮选器(X-741A/B)进行加气浮选。污水处理结束，污水中含油量达到了小于 30 mg/L 的标准后排海。

3. 案例三：西江油田油气处理厂污水处理流程

西江油田采用了水力旋流器设备，污水处理流程如图 8-4 所示。含油污水通过增压泵进入水力旋流器，在旋流器中进行油水分离后，污水进入污水排放罐，污油进入污油回收罐中。其污水处理过程主要集中在水力旋流器上，水力旋流器在西江油田的污水处理的应用中取得了较好效果。

4. 案例四：渤西油气处理厂含油污水生物处理实例

渤西油气处理厂污水处理流程设计示意图如图 8-5 所示，除了采用重力分离法、气浮法和过滤法之外，还设计应用生物处理方法，按 COD 污水排放指标控制。其污水生物处理能在现有污水处理装置的基础上进一步去除污水中残余的酚类和其他溶解性难降解的有机物质，使外排污水水质达到排放要求。

8.3.1　C-TECH 的工艺原理

C-TECH 工艺是序列间歇式活性污泥法(sequencing batch reactor activated sludge

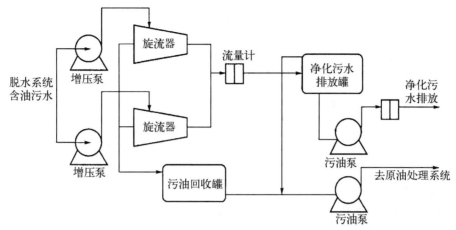

图 8-4　西江油田旋流器处理含油污水流程示意图

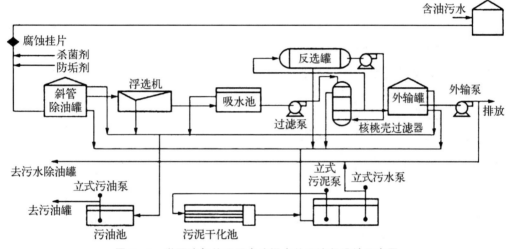

图 8-5　渤西油气处理厂含油污水处理流程设计示意图

process)工艺中的变型工艺循环式活性污泥法(cyclic activated sludge technology)。它是在一个或多个平行运行反应容积可变的池子中,按照"曝气-非曝气"阶段不断重复进行。在曝气阶段主要完成生物降解过程;在非曝气阶段则主要完成泥水分离和撇水过程。因此属于序批式活性污泥法。

C-TECH 工艺每一操作循环由进水/曝气、沉淀、撇水以及闲置等 4 个阶段组成。循环开始时,由于污水的进入,使得池子内部的水位由某一最低水位开始上涨;经过一定时间的曝气和混合后,系统停止曝气以便使反应器内的活性污泥进行絮凝沉淀,活性污泥将在静止的环境中沉淀。当沉淀阶段完成后,撇水器将池子上部的上清液排出系统,同时水位将降到所设定的最低水位。之后系统将重复以上过程。

8.3.2　C-TECH 工艺的组成

1) 生物选择器

它位于曝气池的前段,主要用于防止活性污泥膨胀。在选择器中,污泥经历一个高负荷的阶段,污水中的溶解性有机物能通过酶反应机理迅速被絮凝性微生物所吸附、吸收而去除,使系统中可能出现的丝状微生物因无法取得食料而得不到生长优势。

2)主曝气区

在主曝气区中进行曝气供氧,微生物在好氧条件下降解进水中的有机物质,同时自身得到增殖。

3)污泥回流/排除剩余污泥系统

在 C-TECH 池子的末端设有潜水泵,污泥通过此泵不断地从主曝气区被抽送至选择器中(污泥回流量为进水总量的 20%)。安装在池子内的剩余污泥泵在沉淀阶段结束后将工艺过程中产生的剩余污泥排出系统。

4)撇水装置

在池子的末端设有可升降的撇水堰,用以排出处理后的污水。撇水装置可以有效地防止池子表面可能出现的浮渣进入撇水系统而随出水排出。

8.3.3 C-TECH 工艺的优点

C-TECH 的优点如下:

(1)池子所需容积小,建造费用低。

(2)能较好地缓冲进水水量和水质的波动。

(3)处理效果好,排出的剩余污泥稳定化程度高。

(4)无污泥膨胀,污泥沉降性能好。

(5)无须再设置二沉池和庞大的回流污泥泵站。

8.3.4 C-TECH 工艺流程

1)来水

在现有的含油污水处理装置中,经斜管除油罐和浮选机处理后,出水进入吸水池,再由过滤泵提升经核桃壳过滤器过滤后进入外输污水罐。

进入该装置的污水来自现有核桃壳过滤器前或后的出水。由架空管廊穿越现有污水处理区进入污水生物处理区冷却塔。当来水含杀菌剂浓度较高时,则先进入贮水池临时贮存,以后少量地掺入下一处理单元。

2)降温

由于来水温度较高,须先经空气冷却到 40℃ 以下,以利于微生物的生长和保证对有机物的降解效果。

3)生物处理

冷却塔出水经过配水井按自动程序配水至 C-TECH 池中进行生化处理。C-TECH 池有 2 个,每个池中设有 2 个区:第 1 区为生物选择区;第 2 区为主反应区。生物选择区是防止污泥膨胀,而在主反应区则完成去除有机物等生物处理过程。池内设有污泥循环泵将活性污泥从主反应区不断打回生物选择区。C-TECH 工艺中进水/曝气、沉淀、撇水等各个阶段,污泥循环系统,撇水过程等采用 PLC 自动控制,每个运行循环的周期为 4 h。

4)生物处理系统的供氧

活性污泥降解有机物所需的氧量由鼓风曝气系统供给,其供氧方式采用的是微气泡扩散方式,采用橡胶膜式微孔曝气器。

5) 撇水系统

根据每个周期的实际进水量控制撇水器的撇水速率。在撇水时,移动式撇水堰沿给定轨道以较高的速率降到水面。在与水面接触后,撇水装置的下降速度即转移到正常下降速度。当撇水装置下降到最低水位后,再返回到初始状态。撇水堰渠的前部设有挡板,可以避免水面可能存在的浮渣(泥)随出水一起排出。

6) 剩余污泥的排出

为保持池内污泥浓度的稳定,设有剩余污泥泵,其运行时间的长短由 PLC 根据池内污泥浓度自动控制。

7) 营养盐投加装置

采用营养盐投加装置向水中投加微生物生长需要的氮磷等营养盐类物质。

8) 出水

在出水池中缓冲、贮存来自 C - TECH 池的污水,保持后续设备的平稳运行。池内设有出水泵和纤维过滤器进水泵。经设在外排污水管道上的 COD 在线检测仪检测达标后由出水泵举升回原污水处理装置内的外输污水罐。

当外排污水 COD 值超标时,出水泵自动停泵。启动纤维过滤器进水泵,将部分或全部污水打到后续过滤系统进行深度处理,然后掺回入出水池;若出水仍不能达标,则从出水池溢流到贮水池重新处理。

9) 深度处理

深度处理设有两级:第 1 级是纤维过滤器,第 2 级是活性炭过滤器,如经纤维过滤器过滤后就达标,将不再启动活性炭过滤器。

8.4 污水处理设备

在海上油田生产中,常常需要处理各种各样的废水,其中包括随原油采出的污水、雨水和冲洗水等。这些废水必须从原油里分离出来,并应当按照环保法规的要求处置。常见的污水设备包括隔油罐、聚结器、过滤器、旋流器、气浮器等。选择海上油田污水处理设备的基本原则如下:满足油田最高峰污水处理量达标;设备效率高、体积小、占地面积小;结构简单,易操作;价格便宜,经济效益好;维修简便,免修期长。

8.4.1 隔油罐

1. 隔油罐的结构分类

隔油罐是最简单的初级处理设备,通常设计成可为聚结和重力分离提供较长的停留时间。

(1) 按容器的压力分,可以分为压力隔油罐和常压隔油罐。

(2) 按外形结构分,可以分为立式隔油罐和卧式隔油罐。

2. 隔油罐的结构组成及工作原理

1) 立式隔油罐

如图 8 - 6 所示,立式隔油罐主要由污水入口装置、入口分流器、除雾器、使水流均匀分布的水出口集水器、油出口、挡油板、气体均压管、可调高度出水管和出水口等组成。

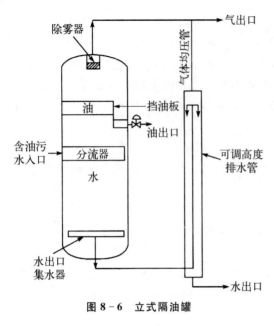

图 8-6 立式隔油罐

在立式隔油罐中,利用油水的相对密度差来进行油水分离,油滴必须向上浮升,与向下流动的水逆行。污水入口在油界面以下。水里放出的少量气体有助于油滴上浮。分流器与集水器之间的滞流区会发生一些聚结,油滴的浮力使它们与水流逆向浮升。油集中在水面,最终被撇去。

隔油罐里的油层厚度取决于挡油板与外部安装的可调高度排水管的相对高度,还取决于两种液体的相对密度差。现在往往用界面控制器取代外部安装的可调高度排水管。

2) 卧式隔油罐

如图 8-7 所示,卧式隔油罐结构组成与立式隔油罐基本相同。在卧式隔油罐中,油滴浮升方向与水流方向垂直。污水入口在油层以下,转而在大部分容器长度范围内成水平流动,可用折流板校直水流方向。油液在这段容器中发生聚结,浮升到油水界面,油被捕集,高过挡油板时最终被撇去。油面高度可用界面控制机构控制或采用图 8-6 所示的罐外安装的可调高度排水管控制,也可用油池与挡油板组配机构控制。

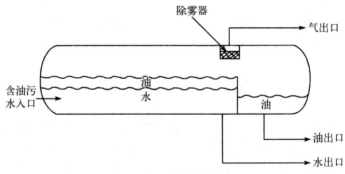

图 8-7 卧式隔油罐

3. 隔油罐类型的选择

1) 立式隔油罐与卧式隔油罐的选择

污水处理用卧式容器更有效,因为油滴与水流不是逆向流动的。但在以下情况可用立式隔油罐:

(1) 必须处理砂子和其他固体颗粒时,可将出水口或排砂口安排在立式容器底部,大型卧式容器上精心设计的排砂口实际使用情况并不理想。

(2) 预期发生液体脉动时,立式容器不容易因为液体脉动而误发生高液面停机。而在卧式容器中,尽管正常操作液面与高液面停机液面之间的液体体积与立式容器相等或更大一些,但脉动引起的内部波浪会使液面浮子误触动停机机构。

2) 压力隔油罐和常压隔油罐的选择

选择压力隔油罐还是常压隔油罐,这不仅取决于水处理要求,还要考虑系统的总要求。压

力隔油罐造价不高,推荐用于以下情况:

(1) 通过上游容器排泄系统可能发生液体带气现象时,会在常压放空系统产生过高的背压。

(2) 水必须排到更高标高以便进一步处理,并且安装常压隔油罐必须用泵的情况。

(3) 由于使用常压隔油罐存在潜在的超压危险和潜在的气体放空问题,应当优先选用压力隔油罐。无论如何,必须对各自的投资和优劣做出判定。

应当提供的最短停留时间为 10~30 min,以确保系统不致受到脉动的严重影响并有利于聚结。尽管延长停留时间有一定益处,但在经济效益上可能并不理想。隔油罐内停留时间较长时,需要用折流板改善流体分布状况,消除短路。示踪剂研究结果表明,即使装有精心设计的分流器和折流板,隔油罐内的流动形态依然很差,而且难免发生短路。这可能是因为存在密度差和温度差、固体沉积以及分流器腐蚀等。

8.4.2　板式聚结器

已发明了各种结构的板式聚结器,常用的聚结器有平行板除油器、波纹板除油器和交叉流分离器。所有这些聚结器都是根据重力分离原理使油滴浮升到板表面,在此发生聚结和油滴捕集。如图 8-8 所示,流体在一系列间隙很小的平行板间分流,为了便于捕集油滴,平行板与水平方向成一定角度斜置。

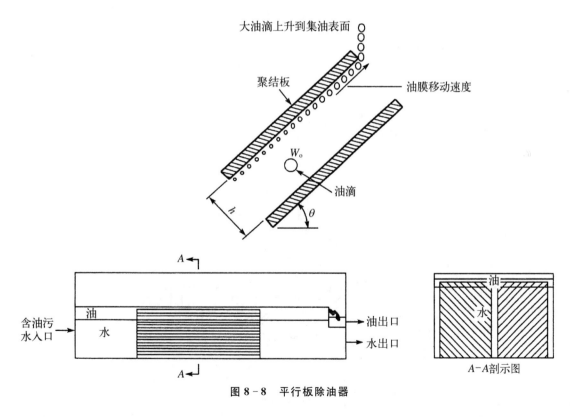

图 8-8　平行板除油器

Stocks 定律适用于直径小到 1~10 μm 的小油滴。现场经验表明,30 μm 可以定为可脱除油滴直径合理的下限。如果油滴直径太小,当发生小压力波动、工作平台振动时,往往有碍于油滴上升到聚结表面。

1. 平行板除油器

第一种板式聚结器是平行板除油器,其沿 API 分离器(一种卧式矩形截面隔油罐)纵轴安装一组平行板,如图 8-8 所示。沿水流轴线方向看,这些板成 V 字形,所以薄油层运移到聚结板下侧和两侧,沉积物朝中央运移并沉入分离器底部,以便除去。

2. 波纹板除油器

油田上最常用的平行板除油器是波纹板除油器,这种改进后的平行板除油器具有以较少平面面积脱除相同颗粒直径的优点,而且处置沉积物更容易。

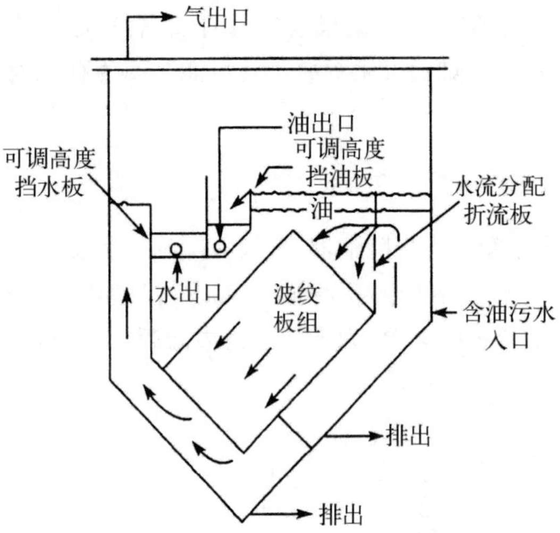

波纹板除油器的结构组成如图 8-9 所示。在使用波纹板时,固体在下滑到集污槽之前就沉积到由波纹板构成的通道之中,而除油后的水通过板道进入除油器底部,漫过出口堰板进入出口通道。原油经固定的水平撇油管而被清除。这个撇油管安装在出口堰板的最高水平面之上,这样可防止水从油的出口溢流管流出。下面以涠 11-4 油田污水处理系统的板式聚结器为例来进一步说明聚结器的结构及工作原理。

如图 8-10 所示,涠 11-4 油田污水处理系统板式聚结器为卧式,由筒体、2 个标准椭圆形封头及 1 个集油穹顶组成,其外部主要是各种管嘴接口、扶梯、操作平台、人孔及插入式电加热器;其内部主要是污水分配管、固体颗粒阻除板及两组沿筒体轴向排列与水平面成 45°的波纹板片。

图 8-9 波纹板除油器示意图

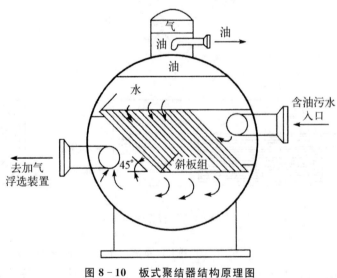

图 8-10 板式聚结器结构原理图

当含油污水进入板式聚结器后,其内较大的固体颗粒首先在颗粒阻除板前沉积下来,污水则溢过阻除板穿经各波纹板间的孔隙,流向聚结器的出口。

当含油污水在波纹板之间的孔隙中流过时,由于污水中的油滴比水轻,油滴向上浮起并很快黏附在波纹板的底面。波纹板底面上的油滴相互聚结在一起形成一层油膜,沿波纹板向上移动,并在波纹板的顶端化成较大的油滴浮到污水的表面,最后经穹顶上的排放口排到开放式排放罐的集油槽中。

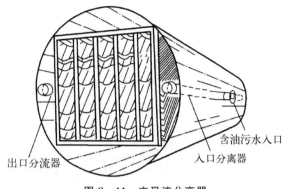

3. 交叉流分离器

交叉流分离器是改型波纹板除油器,板组波纹轴线与横向流动的水垂直,如图 8-11 所示。板组安装角度更陡,有利于沉积物的去除,而且板组能更方便地安装在压力容器里。当通过上游排泄阀发生液体带气体引起常压罐泄压问题时,后一项优点就显现出来了。

图 8-11　交叉流分离器

交叉流设备可采用卧式或立式压力容器。卧式容器需要的内部折流板少,因为几乎每块板的两端都将油直接引到油水界面,将沉积物导入水流区以下的沉积物区。立式容器需要在一端装集油槽,使油升到油水界面,砂子在另一端沉到底部,然而立式容器能设计成更有效的除砂设备。

总的来讲,波纹板除油分离器比交叉流分离器更便宜,除油效率更高。优先选用压力容器,若预期水里富含有沉积物时,应考虑使用交叉流分离器。

8.4.3　过滤器

污水处理过滤器使用砂和其他滤料对水的净化极为有效,但它很容易被油堵塞,很难反洗,而且反洗液的排放使处理问题进一步复杂化。过滤器根据结构不同,分为过滤罐、重力式无阀过滤罐和单阀过滤罐等。

1. 过滤罐

过滤罐又可分带压滤罐、无压滤罐,按处理量不同又可选用立式过滤器或卧式过滤器等,种类繁多。下面以埕北油田过滤罐为例来分析过滤器的结构和工作原理。

1) 结构组成

过滤罐主要由罐体、污水入口、安全阀、人孔、出水口和过滤材料等组成。如图 8-12 所示为埕北油田过滤罐结构示意图。该过滤罐由 6 层滤料填充到滤罐内,其各层的材料、材料粒径和填层厚度如表 8-3 所示。

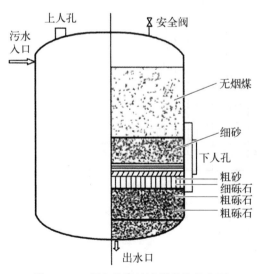

图 8-12　埕北油田过滤罐结构示意图

211

表 8-3 过滤罐各层的材料、材料粒径和填层厚度

序　号	材　料	粒径/mm	填层厚度/mm
1	无烟煤	1.2	1 000
2	细砂	0.8	400
3	粒砂	2.0~5.0	100
4	细砾石	5.0~10.0	100
5	粗砾石	10.0~15.0	200
6	粗砾石	15.0~25.0	749

2）过滤原理

不同滤料层由于颗粒直径不同，层内形成不同的孔隙，污水中所含污油、悬浮杂质就被截留下来。当过滤器工作一定时间后，需进行反冲洗作业，其反冲洗水流向与污水处理流向相反。

2. 重力式无阀过滤罐

重力式无阀过滤罐结构示意图如图8-13所示。重力式无阀过滤罐是一种靠水力控制达到无阀和自动反冲洗的过滤罐。在正常过滤时，污水中进水分配槽沿进水管进入无阀过滤罐，通过挡板改变水流方向，从上而下流过滤料层、承托层、底部空间、连通渠，进入反冲洗水箱，最后经出水管排出罐外。当反冲洗时利用自身的反冲洗水箱可进行反冲洗。

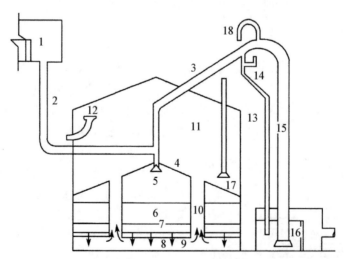

1—进水分配槽；2—进水管；3—虹吸上升管；4—顶盖；5—挡板；6—滤料层；7—承托层；8—配水系统；9—底部空间；10—连通渠；11—反冲洗水箱；12—出水管；13—虹吸辅助管；14—油气管；15—虹吸下降管；16—水封片；17—虹吸破坏计；18—虹吸破坏管。

图 8-13 重力式无阀过滤罐结构

3. 单阀过滤罐

单阀过滤罐的结构如图8-14所示。在生产过程中，含油污水从进口进入滤料层；通过滤层后，从集水室和上部水箱的连通管返入上部水箱，当液位达到出口管高度时，滤后水经过

水管流到吸水罐。反冲洗时,上部水箱的水由连通管到达集水室,通过配水筛板,对滤料层进行反冲洗。进水挡板的作用是避免水流直接冲在石英砂滤层上,把进水口附近的砂粒冲走,使供水尽可能均匀地分布在滤层上。

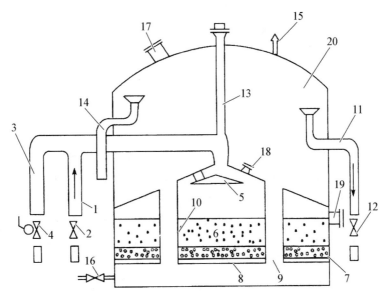

1—进水管;2—进水阀;3—反冲洗排水管;4—反冲洗电动阀;5—进水挡板;6—石英砂滤层;7—卵石垫层;8—配水筛板;9—连通管;10—阻力圈;11—出水管;12—出水阀;13—防虹吸管;14—溢流管;15—通气孔;16—排污阀;17、18、19—人孔;20—储水箱。

图 8 - 14　单阀过滤罐结构

8.4.4　旋流油水分离器

旋流油水分离器是利用油水密度差导致高速旋转的物体能产生离心力差异实现油水分离。密度大的水被甩到外围,密度小的油则留在内围,通过不同的出口分别导引出来,从而可以实现含油污水的净化。旋流油水分离器具有单位容积处理量大、分离效率高、占地面积小、操作简单、设备成本低等优点。

下面以螺旋流道-内锥型旋流分离器为例来说明旋流分离器工作原理。如图 8 - 15 所示,油水两相混合液从旋流分离器入口以一定速度进入,经过线数为 5,升角为 $20°$ 的螺旋流道进行造旋,在圆柱段形成高速、稳定的螺旋流;螺旋流进入圆锥段,由于锥度的存在,流体区域的

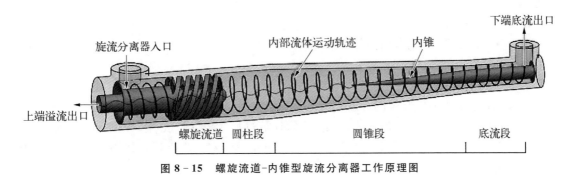

图 8 - 15　螺旋流道-内锥型旋流分离器工作原理图

内径逐渐缩小,根据角动量守恒定理,旋转加速度不断加大,形成旋流压力场。油水混合液中的重质相水在轴向方向上,逐渐向底流口方向运动,在径向方向上,逐渐向器壁方向运动,并最终运行到底流口排出。轻质相油由于旋流压力场的作用,不断向中轴线聚集,由于圆锥段中的内锥的存在,可以促进油滴在其表面凝结与输送,提高油水分离的分离效率,分离后的富油流沿旋流分离器中轴线,反向通过溢流口排出。

8.4.5 浮选设备

浮选设备是唯一不靠重力作用分离油滴的常用水处理设备,已经采用的浮选设备分为两大类,即溶解气浮设备和分散气浮设备。

1. 溶解气浮设备

溶解气浮设备的设计是取部分处理过的水,使之在接触器里溶解天然气。压力越高,水中溶解的气体越多,大多数设备采用 0.2～0.3 MPa(表压)的接触压力。通常,取 20%～50%处理过的水循环,与气体接触。

加压容器浮选装置流程图如图 8-16 所示。加压溶气浮选是用水泵将废水加压到 0.2～0.3 MPa,同时注入空气,在溶气罐中使空气溶解于废水中。废水经过减压阀进入浮选池,由于突然减到常压,这时溶解于废水中的空气便形成许多细小的气泡释放出来。

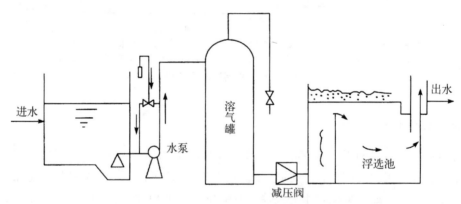

图 8-16 加压容器浮选装置流程图

溶解气浮设备在炼油厂生产中的使用已取得成功。在炼油厂用空气作为溶解气,并且可利用的场地很大。处理油田回注用的采出水时,使用不含氧的天然气比较理想,但需要排放天然气或安装油蒸气回收装置。现场使用经验表明,溶解天然气气浮设备的成功率没有分散气浮设备高。

2. 分散气浮设备

在分散气浮设备中,或者用加气装置,或者用机械转子形成旋涡,将气泡分散到全部水流之中。

1) 带加气装置的分散浮选设备

图 8-17 是采用加气装置的分散式气浮设备剖视图。用泵将干净的处理水送入循环管汇(Ⅴ)中,再引入一连串文丘里加气装置(Ⅱ)。水流流过加气装置时从蒸气空间(Ⅰ)吸入气体,气体从喷嘴(Ⅶ)喷出时形成无数小气泡。上升气泡在(Ⅲ)室里产生浮选作用,形成的泡沫用机械装置在(Ⅵ)出口撇去。

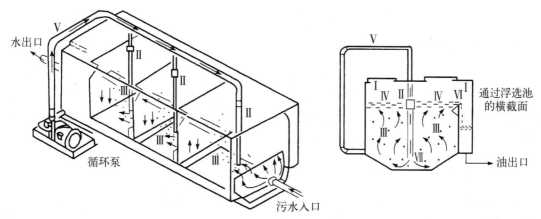

Ⅰ—蒸气空间;Ⅱ—加气装置;Ⅲ—浮选;Ⅳ—泡沫;Ⅴ—循环;Ⅵ—撇油;Ⅶ—喷嘴。

图 8-17 采用加气装置的分散式气浮设备

2）叶轮式分散气浮设备

图 8-18 是叶轮式分散气浮选设备剖视图,转子产生旋涡并在旋涡管里形成真空。蜗壳确保旋涡中的气体与水混合并掺入水中,转子和引风叶轮使水沿图示箭头方向流动,同时产生旋涡流动,由此形成的泡沫由顶部折流板引到撇油槽里。大多数分散气浮设备有 3 个或 4 个气室。主水流经由底流挡板从一个气浮室顺序流入下一个气浮室。现场试验结果表明,由于各气浮室里发生的高强度混合作用使主水流以断塞流状态从一个气浮室进入下一个气浮室。也就是说,实际上并不存在部分入口流体未经气浮室处理就直接抵达出口排水箱的短路现象。

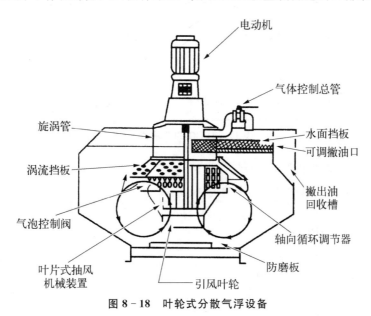

图 8-18 叶轮式分散气浮设备

8.5 开放式污水排放系统

开放式污水排放系统主要是收集平台各处敞开于大气的水、污水和污油,并进行处理。有些平台的开放式污水排放系统又可以分为非含油污水排放系统和含油污水排放系统。

8.5.1 非含油污水排放系统

非含油污水排放系统由于收集和排放的是不含油和对海洋不会造成污染的水,主要是生产流程中多余的海水,处理后的生活污水,冷却设备水、冷凝水、反冲洗水以及下雨时从各甲板和直升机坪(甲板)汇集起来的雨水,因此该系统不采用任何处理设备,只是用管子将各排放口连接,最后汇集到一根总管直接排入大海。

8.5.2 含油污水排放系统

含油污水排放系统的作用是将生产、公用系统中的含油污水进行收集和处理,达到排放标准后排入海中。该系统主要设备有开放式排放罐、污水泵等。

开放式排放罐是该系统中最重要的设备,如图 8 - 19(涠 11 - 4PUQ 的开放式排放罐)是一个典型的开放式排放罐示意图,其外部主要有各种接口管嘴,仪表、阀门,人孔及插入式加热器等,内部主要有与水平面线成45°角的一组斜板以及油水隔板和导油管等。开放式排放水从"1"口进入集装箱,经过斜板时由于油水重度不同,油滴沿着斜板面向上浮起,在水面上聚结成油层,油层通过集油管到集油箱。污水从"2"口流出排入海中或进行进一步处理,集油箱里的油通过污油泵打回油气处理系统。

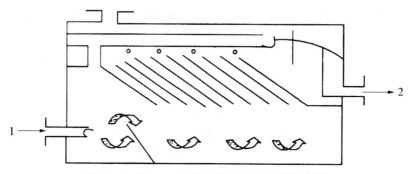

图 8 - 19 涠 11 - 4PUQ 的开放式排放罐示意图

这种开放式排放罐的主要技术参数如下。

尺寸:4 026 mm×1 439 mm×2 440 mm;

处理量:42 m³/h;

操作条件:0.103 MPa/50℃;

板组数:1组(50 片);

板片尺寸:1 200 mm×1 000 mm;

板片间隙:15 mm;

加热器功率:6.0/7.0 kW。

回收油泵则是用于将排放罐中的原油打到原油处理流程。

8.5.3 开放式排放系统的操作

开放式排放系统由于收集的是各处与大气相连的含油液,因此它是在常压下工作的,操作中主要注意控制罐内的液位和温度。正常情况下液位和温度都是自动控制,设定好报警值,将液位和温度限制在所要求的范围内,一般的开放式排放罐也提供了就地的手动控制的功能,可以就地开启或关停泵来保持罐的液位,就地关断或开启电热源(或热介质)来保持罐的温度。

思 考 题

1. 简述海上污水的水质处理的目的和要求。
2. 简述海上污水的主要处理方法。
3. 气浮法有哪些分类? 各自有什么特点?
4. 生物处理法对污水水质有哪些具体要求?
5. 简述一下波纹板除油器的工作原理。
6. 简述海上污水处理设备选用原则。
7. 简述开放式污水排放系统的作用。

第9章 油田注水及其水质处理

海上油田的注水水源有 3 个：① 海水，这对海上油田来说是最为方便的水源；② 地层水，地层水是油气伴生的产物，经过处理后可以作为注入水回注地层，这样既可以减少污水排放的污染，又能达到良好的适配性；③ 采取浅层水作为注入水，因为一些海上油田在浅层部位含有大量的浅层水，采用这些浅层水工艺简单。另外，还可根据油田的具体情况采取海水、地层水、浅层水混注的方式，无论采取哪种水源都必须充分研究注水对油层的影响以及是否适合周围环境。

9.1 油田注水方式

9.1.1 油田注水方式的分类

所谓注水方式，就是油水井在油藏中所处的部位和它们之间的排列关系。目前国内外应用的注水方式或注采系统，主要有边缘注水、边内切割注水、面积注水和点状注水 4 种方式。

1. 边缘注水

采用边缘注水方式的条件：油田面积不大，构造比较完整，油层稳定，边部和内部连通性好，流动系数较高，特别是钻注水井的边缘地区要有较好的吸水能力，能保证压力有效地传播，使油田内部收到良好的注水效果。

边缘注水根据油水过渡带的油层情况又分为以下 3 种：

1）边外注水（缘外注水）

注水井按一定方式（一般与等高线平行）分布在外油水边缘处，向边水中注水。这种注水方式要求含水区内渗透性较好，含水区与含油区之间不存在低渗透带或断层。

2）缘上注水

由于一些油田在含水外缘以外的地层渗透率显著变差，为了提高注水井的吸水能力和保证注入水的驱油作用，而将注水井布在含油外缘或在油藏以内距含油外缘不远的地方。

3）边内注水

如果地层渗透率在油水过渡带很差，或者过渡带注水根本不适宜，而应将注水井布置在内含油边界以内，以保证油井充分见效和减少注水外逸量。

2. 边内切割注水

对于面积大，储量丰富，油层性质稳定的油井，一般采用边内切割行列注水方式。在这种注水方式下，利用注水井排将油藏切割成为较小单元，每一块面积（一个切割区）可以看成是一个独立的开发单元，可分区进行开发和调整，如图 9-1 所示。

边内切割注水方式适用的条件是，油层大面积分布（油层要有一定的延伸长度），注水井排上可以形成比较完整的切割水线；保证一个切割区内布置的生产井和注水井都有较好的连通性；油层具有较高的流动系数，保证在一定的切割区和一定的井排距内，注水效果能较好地传到生产井排,以便确保在开发过程中达到所要求的采油速度。

国内外的一些油田,如美国的凯利-斯奈德(Kelly-Snyder)油田、俄罗斯的罗马什金油田和我国的大庆油田,都采取边内切割的注水方式。

采用边内切割行列注水的特点是:① 可以根据油田的地质特征来选择切割井排的最佳方向及切割区的宽度(即切割距)。② 可以根据开发期间认识到的油田详细地质构造资料,进一步修改所采用的注水方式。③ 用这种切割注水方式可优先开采高产地带,从而使产量很快达到设计水平:在油层渗透率具有方向性的条件下,采用行列井网,由于水驱方向是恒定的,只要弄清油田渗透率变化的主要方向,适当地控制注入水流动方向,就有可能获得较好的开发效果。但是这种注水方式也暴露出其局限性,主要是这种注水方式不能很好地适应油层的非均质性。④ 注水井间干扰大,井距小时干扰就更大,吸水能力比面积注水低。⑤ 注水井成行排列,在注水井排两边的

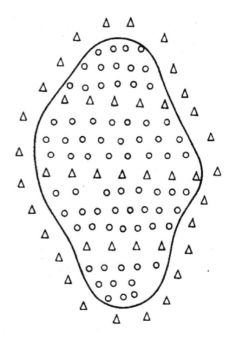

△—注水井;○—生产井。

图 9 - 1　切割注水示意图

开发区内,压力不需要总是一致,其地质条件也不相同,这样便会出现区间不平衡,内排生产能力不易发挥,而外排生产能力大、见水快。

在采用行列注水的同时,为了发挥其特长,减少其不利之处,主要采取的措施是:① 选择合理的切割宽度;② 选择最佳的切割井排位置,辅以点状注水,以发挥和强化行列注水系统;③ 提高注水线与生产井井底(或采油区)之间的压差等。

3. 面积注水

面积注水方式是将注水井按一定几何形状和一定的密度均匀地布置在整个开发区上,各种井网的特征如图 9 - 2 所示。根据采油井和注水井之间的相互位置及构成井网形状的不同,面积注水可分为四点法、五点法、七点法、九点法、歪七点法面积注水以及正对式与交错式排状注水。

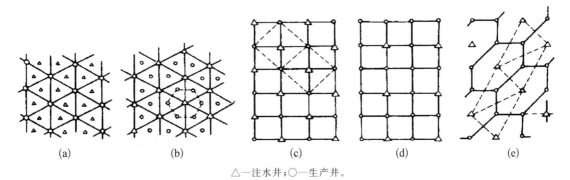

(a)　　　　　　(b)　　　　　　(c)　　　　　　(d)　　　　　　(e)

△—注水井;○—生产井。

图 9 - 2　面积注水井网示意图

(a) 四点法;(b) 七点法;(c) 五点法;(d) 九点法;(e) 歪七点法

七点井网是由一口注水井加周围六口生产井构成的。每口注水井影响六口油井,而每口油井则受三口注水井影响,这样井网的注水井与生产井数之比为1:2。不同面积井网的井网参数简要列于表9-1中。

表9-1 不同面积井网参数

井 网	七 点	歪七点	五 点	四 点	九 点
生产井与注水井比例	2:1	2:1	1:1	1:2	3:1
钻成井网要求	等边三角形	正方形	正方形	等边三角形	正方形

早期进行面积注水开发时,注水井经过适当排液,即可转入注水,并使油田全面投入开发。这种注水方式实质上是把油层分割成许多更小的单元,一口注水井控制其中一个单元,并同时影响几口油井。而每口油井又同时在几个方向上受注水井的影响。显然这种注水方式有较高的采油速度,生产井容易受到注水的充分影响。采用面积注水方式的条件如下:

(1) 油层分布不规则,延伸性差,多呈透镜状分布,用切割式注水不能控制多数油层。

(2) 油层的渗透性差,流动系数低。

(3) 油田面积大,构造不够完整,断层分布复杂。

(4) 适用于油田后期的强化开采,以提高采收率。

(5) 要求达到更高的采油速度时。

9.1.2 选择注水方式的原则

(1) 与油藏的地质特性相适应,能获得较高的水驱控制程度,一般要求达到70%以上。

(2) 波及体积大和驱替效果好,不但连通层数和厚度要大,而且多向连通的井层要多。

(3) 满足一定的采油速度要求,在所确定的注水方式下,注水量可以达到注采平衡。

(4) 建立合理的压力系统,油层压力要保持在原始压力附近且高于饱和压力。

(5) 便于后期调整。

9.1.3 影响注水方式选择的因素

1. 油层分布状况

合理的注水方式应当适应油层分布状况,以达到较大的水驱控制程度。对于分布面积大,形态比较规则的油层,采用边内行列注水或面积注水,都能达到较高的控制程度。由于注水线大体垂直砂体方向,采用边内行列注水方式,有利于扩大水淹面积。对于分布不稳定、形态不规则、小面积分布呈条带状油层,采用面积注水方式比较适用。

2. 油田构造大小与断层、裂缝的发育状况

大庆油田北部的萨尔图构造,面积大、倾角小、边水不活跃,对其主力油层从萨北直到杏北大多采用了行列注水方式;在杏四至六区东部,由于断层切割影响,采用了七点法面积注水方式;位于三肇凹陷的朝阳沟油田,由于断层裂缝发育,各断块确定为九点法面积注水。

3. 油层及流体的物理性质

对于物理性质差的低渗透油层,一般都选用井网较密的面积注水方式。因为只有这样的布置才可以达到一定的采油速度,取得较好的开发效果和经济效益。在选择注水方式时,还必

须考虑流体的物理性质,因为它是影响注水能力的重要因素。大庆油田的喇、萨、杏纯油区,虽然注水方式和井网布置多种多样,但原油性质较差的油水过渡带的注水方式却比较单一,主要是七点法面积注水。

4. 油田的注水能力及强化开采情况

注水方式是在油田开发初期确定的,因此对中低含水阶段是适应的。油田进入高含水期后,为了实现原油稳产,由自喷开采转变为机械式采油,生产压差增大了 2～3 倍,采液量大幅度增加,为了保证油层的地层压力,必须增加注水强度,改变或调整原来的注水方式,如对于行列注水方式,可以通过切割区的加密调整,转变成为面积注水方式。

在油田开发过程中,人们在深入研究油藏的地质特性的基础上,进行了多种方法的研究探讨来选择合理的注水方式:① 采用钻基础井网的做法,即通过基础井网进一步对各类油层的发育情况进行分析研究,针对不同类型的油层来选择合理的注水方式;② 开展模拟试验和数值模拟理论计算,来研究探讨不同注水方式的水驱油状况和驱替效果,找出能够增加可采水驱储量的合理注水方式;③ 开展不同的注水先导试验。

9.2　注水水质处理

9.2.1　注入水水质标准

1. 水质的基本要求

对油田注入水除要求水量稳定、取水方便、经济合理外,其水质还必须符合以下基本要求:

(1) 水质稳定与油层水相混不产生沉淀。

(2) 水注入地层后不使黏土产生水化膨胀或产生混浊。

(3) 不得携带大量悬浮物,以防注水设施和注水井渗滤端面堵塞。

(4) 对注水设施腐蚀性小。

(5) 当一种水源不足,需要第二种水源时,应首先进行室内试验,证实两种水的配伍性好,对油层无伤害。

2. 水质推荐指标

由于油层性质差异,不同油田对注入水水质的具体指标不尽相同。参照 SY/T 5329—2012《碎屑岩油藏注水水质指标及分析方法》,结合海上油田实际,在此推荐以下 7 项指标进行控制。

(1) 悬浮固体含量及颗粒直径、腐生菌(TGB)、硫酸盐还原菌(SRB)、铁细菌(IB)指标(见表 9 - 2)。

表 9 - 2　推荐海上油田注水水质指标

注入层渗透率/ μm^2	悬浮固体含量/ (mg/L)	颗粒直径中值/ μm	SRB/ (个/mL)	IB/ (个/mL)	TGB/ (个/mL)
≤0.01	≤1.0	≤1.0	≤10	$n\times10^2$	$n\times10^2$
0.01～0.05	≤2.0	≤1.5	≤10	$n\times10^2$	$n\times10^2$
0.05～0.5	≤5.0	≤3.0	≤25	$n\times10^3$	$n\times10^3$

注入层渗透率/μm^2	悬浮固体含量/（mg/L）	颗粒直径中值/μm	SRB/（个/mL）	IB/（个/mL）	TGB/（个/mL）
0.5～1.5	≤10.0	≤4.0	≤25	$n \times 10^4$	$n \times 10^4$
>1.5	≤30.0	≤5.0	≤25	$n \times 10^4$	$n \times 10^4$

注意：1. 悬浮固体含量不包括含油量；
　　　2. $1 < n < 10$。

（2）含油量指标（见表 9-3）。

表 9-3　推荐含油污水为注入水含油指标

注入层渗透率/μm^2	含油量/（mg/L）
≤0.01	≤5.0
≤0.1	≤10.0
≤0.5	≤15.0
≤1.5	≤30.0
>1.5	≤50.0

（3）总铁含量，应小于 0.5 mg/L。

（4）溶解氧含量，回注生产水溶解氧浓度小于 1.0 mg/L，其他注入水溶解氧浓度应小于 0.5 mg/L。

（5）平均腐蚀率应不大于 0.076 mm/a。

（6）游离二氧化碳含量应不大于 1.0 mg/L。

（7）在清水中不应含硫化物（指二价硫），回注生产水中硫化物浓度应小于 2.0 m/L。

9.2.2　注水水源与地层适应性的评价

当选用某种水源前，应做该水源与地层适应性评价实验，由实验确定其对地层是否适应。

1. 分析资料

分析注入水与油层水各种离子浓度的主要分析项目如下：钠、钾（或钠与钾总量）、钙、镁、钡、银、三价铁、二价铁、铝等阳离子；氯、碳酸根、重碳酸根、二价硫、硫酸根等阴离子；可溶性二氧化硅、游离二氧化碳、硫化氢；pH 值及水的总矿化度；有时需要分析油层岩样的阳离子交换容量（cation exchange capacity，CEC）值。

2. 一般储层的评价方法

（1）含钡、锶、钙离子的水与含有硫酸根离子的水混合注入时，必须考虑硫酸盐结垢问题，经试验或计算认为不能生成沉淀时才可注入，否则应进行处理。

（2）二价硫离子含量高的水与含有二价铁离子的水混注时，应考虑硫化亚铁结垢的问题，应经处理才可注入。

（3）当碳酸氢根和碳酸根离子含量较高的水与钙、镁、钡、锶、二价铁等离子含量较高的水相混合时，应考虑碳酸盐结垢的问题。

（4）若水中有游离二氧化碳逸出时往往使水的 pH 值升高,易产生碳酸盐沉淀,故用此种水源时应重视碳酸盐结垢问题。

（5）按化学溶度积理论,可初步判断各种离子在水中的稳定性。注水过程中可能涉及的易发生沉淀的化合物 $BaSO_4$、$SrSO_4$、$CaCO_3$、$CaSO_4$、FeS、$BaCO_3$、$SiCO_3$、$Fe(OH)_3$ 以及 $FeCO_3$ 等。

（6）CEC 值大于 0.09 mmol/g(按一价离子计算)时,就不能忽略黏土的水化膨胀问题。

（7）室内进行天然岩心注水试验,一般情况下,渗透率的下降值应小于 20%。

注入水水质可以先进行膜滤系数(MF)值测定。MF 值是在一定的滤膜直径、平均孔径、过滤压力和过滤水体积的条件下,水通过滤膜所需时间的反比例函数,其大小是衡量水对滤膜的细微孔道堵塞程度的综合性指标。在相同条件下测定的水的 MF 值越小,说明水质越差,越易造成渗滤端面的堵塞。

3. 低渗透储层的评价方法

对低渗透储层除进行必要的上述评价外,由于其泥质含量高,黏土矿物及其所引起的地层伤害类型也有明显的差异,还应做水敏(即某些黏土矿物遇水后产生水化膨胀、分散与颗粒运移造成塞储层孔道的现象)试验等来评价水源水与地层的适应性。

9.2.3　常用水处理措施

1. 沉淀

沉淀是让水在沉淀池或罐内停留一定时间,使其所含悬浮固体颗粒靠重力沉降下来,其过程遵守 Stokes 定律。对于细小的悬浮固体颗粒,常需要足够的时间才能沉淀下来。

在水中加入聚(絮、混)凝剂,通过中和表面电性而使水中固体悬浮物聚集,加速沉淀。常用聚凝剂为硫酸铝,它和碱性盐如 $Ca(HCO_3)_2$ 作用形成絮状沉淀物,化学反应为

$$Al_2(SO_4)_3 + 3Ca(HCO_3)_2 \rightarrow 2Al(OH)_3 + 3CaSO_4 + 6CO_2 \qquad (9-1)$$

水的 pH 值为 5~8 时,硫酸铝的聚凝效果好;pH 值为 8~9 时硫酸亚铁($FeSO_4 \cdot 7H_2O$)对形成非可溶性的氢氧化铁的聚凝效果好。常用的聚凝剂还有硫酸铁[$Fe_2(SO_4)_3$]、三氯化铁($FeCl_3$)和偏铝酸钠($NaAlO_2$)等。有时需要加碱(如石灰)来提高水的 pH 值,以便加速聚凝过程。因石灰和二氧化碳、碳酸氢钙等起化学反应生成碳酸钙($CaCO_3$),而碳酸钙可经聚凝沉淀和过滤除去。

2. 过滤

过滤是用容器(过滤设备)除去水中悬浮物和其他杂质的工艺过程。过滤法常用于除去水中含有少量细小的悬浮物和细菌。过滤罐(或池、器)自上而下装有滤料,支撑介质等。滤料一般为石英砂、大理石、无烟煤屑及硅藻土等,支撑介质常用砾石。水自上而下经过滤层、支撑层,而后从罐底部排出清水。

按过滤速度滤罐可分为慢速和快速两种。慢速滤罐一般在 0.1~0.3 m³/h,快速滤罐可达 15 m³/h;按工作压力,滤罐又可分为重力式、压力式滤罐。滤罐的水面与大气相连通,利用进出口水位差过滤的,称为重力式滤罐;滤罐完全密封,水在一定压力下通过滤罐,称为压力式滤罐。油田常用压力式滤罐。滤罐可按其中主要滤料的种类来分类。

滤罐的工作强度用在单位时间内从单位面积滤罐通过的水量(过滤速度)来表示。

近年来国内外均有使用双滤料层过滤罐的,罐内自上而下为无烟煤、石榴石,有的采用高精细滤料过滤装置,并有电脑程序控制器系统,用以控制加气、清洗剂、水进行反冲洗及正常运行。双滤料压力滤罐如图9-3所示。

对于低渗透油田可增用新型滤芯过滤器,结构如图9-4所示。滤芯内过滤介质主要有赛璐路、玻璃纤维、聚丙烯纤维等,其过滤原理主要是固定孔机械过滤。采用上述过滤介质制作滤芯,过滤后水中最小悬浮固体颗粒分别为 $7\sim10\ \mu m$、$2\ \mu m$、$0.5\ \mu m$,可满足油田使用。为保护油层有时在注水井口装过滤器,可收到一定效果。

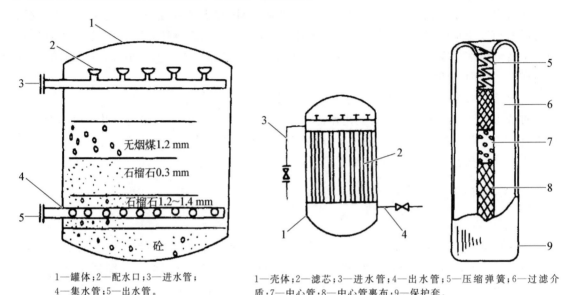

1—罐体;2—配水口;3—进水管;
4—集水管;5—出水管。

图 9-3　双滤料压力滤罐结构示意图

1—壳体;2—滤芯;3—进水管;4—出水管;5—压缩弹簧;6—过滤介质;7—中心管;8—中心管裹布;9—保护套。

图 9-4　滤芯过滤器结构示意图

3. 杀菌

地面水中多含有藻类、铁菌或硫酸盐还原菌和其他微生物等,注水时需将这些微生物除掉以防止堵塞地层和腐蚀管柱。

油田常用的杀菌剂有甲醛、氯气、次氯酸盐类、季铵盐类(TS-801、TS-802、洁尔灭)液体药剂、过氧乙酸、戊二醛等。一般交替使用两种以上的杀菌剂,以防细菌产生抗药性。

4. 脱氧

地面水源与空气接触常溶有一定量的氧,有的水源水中还含有碳酸气体和硫化氢气体,这些气体对金属和混凝土均有腐蚀性,因此注水前要用物理法或化学法去除注入水中所溶解的 O_2、CO_2、H_2S 等气体。

1) 化学法脱氧

脱氧剂 $NaSO_3$、N_2H_4 等可脱除水中的氧。常用的 $NaSO_3$ 价格低、使用方便,其原理为

$$2\,Na_2SO_3 + O_2 \longrightarrow 2\,Na_2SO_4 \qquad\qquad (9-2)$$

每去除 1 mg/L 的氧,需加 7.88 mg/L 无结晶水的亚硫酸钠,投放时应考虑一定余量。当水温低、反应慢时可加催化剂 $CaSO_4$ 促进反应进行。以 $NaSO_3$ 作为还原剂,用 $CaSO_4$ 作为催化剂;或以 SO_2 作为还原剂,用 $CoSO_4$ 作为催化剂。化学脱氧占地面积小,处理工艺较简单,

一次投资较低,但日常消耗化学药剂费用较高。

2) 物理法脱氧

物理法脱氧主要有真空脱氧和气提脱氧。

(1) 真空脱氧。国内多用射流泵,以水或蒸汽为介质实现真空塔内真空。国外用真空泵。真空脱氧要建立高 11 m 以上的脱氧塔,保证泵入口处呈正压;否则,轴封漏气使空气中的氧又重新溶于水中。当水中溶解氧含量高时,应提高真空度。此法受气温的影响,在海水真空脱氧时冬季气温低,氧含量高,要达到脱氧指标更应提高真空度。图 9-5 中的脱氧塔内装有许多小瓷环,使未脱氧水与瓷环接触以增加水中氧的分离面积,使氧更有效地分离出来。在蒸汽喷射器内蒸汽高速射出并产生低压,使水中分离出的氧被带走,达到脱氧的目的。

(2) 气提脱氧。多用天然气或氮气作为气提气对水进行逆流冲刷,可去除水中的氧,但不易达到较高的最终脱氧指标,有时要用化学脱氧来弥补。

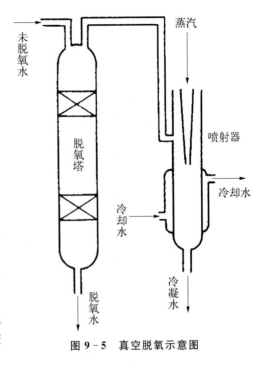

图 9-5 真空脱氧示意图

5. 暴晒

当水源水含有大量的过饱和碳酸盐,如重碳酸钙和重碳酸镁钙及重碳酸亚铁等,因其化学性质都不稳定,注入地层后因温度升高可能产生碳酸盐沉淀而堵塞孔道。因此,在注入地层前用暴晒法去除沉淀。此法常在露天的沉淀池中进行。

9.2.4 水源分类处理

1. 地面淡水处理

地面淡水主要是河流、湖泊水,常常含有少量的机械杂质、细菌等,需要沉淀、过滤与杀菌等,经处理的水沿输水管道送到注水泵站。

2. 地下水处理

由于地下水常含有铁质,主要为二价铁,常以 $Fe(HCO_3)_2$ 的形式存在,二价铁极易水解,生成 $Fe(OH)_2$,氧化后生成 $Fe(OH)_3$,易堵塞地层,对用地下水为水源的注水井,需要先除铁。除铁方法如下:自然氧化法(石英砂过滤)适用于 pH<6.8 的含重碳酸亚铁的地下水,但效率极低;接触催化法(天然锰砂过滤)适用于 pH≥6.0,水中含铁不超过 30 mg/L 的地下水,应用较普遍;人工石英砂法利用在石英砂表面人工制成的活性滤膜,可加快二价铁氧化,效果与天然锰砂相近。

来自地下水源井的水,进入锰砂除铁滤罐,在进入滤罐前加入气体加快二价铁氧化,过滤出的水进入缓冲水罐,并由输水泵沿输水管线送到注水站。

3. 含油污水处理

1) 含油污水处理方法

含油污水处理目的是去除水中的油及悬浮物,处理方法如下:

（1）自然沉降法。靠污水中原油颗粒自身的浮力实现油水分离，去除浮油及颗粒较大的分散油。

（2）絮凝分离法。含油污水中油粒小于 10 μm 时，自然沉降难以分离。通常油粒带有负电荷，若选择在水中溶解后产生正电荷的絮凝剂就能使油滴聚集上浮达到油水分离的目的。实验证明，氯化亚铁、硫酸亚铁作为絮凝剂，有较好的效果。

2）含油污水处理流程

如图 9-6 所示，由联合站或中转站靠电脱水器或其他容器的放水压力将水压送到污水沉降罐，自然沉降，部分油滴上浮聚集被回收。沉降后污水含油已很低，经污水泵加压送进（絮凝）除油罐，除油后的污水含油应低于 100 mg/L。靠除油罐与滤罐间的液位差，污水进入单阀过滤罐过滤，滤后清水进入清水罐，经外输水泵送到注水站回注。利用加药泵将加药池中药液加入除油罐，而在入清水罐前可加入杀菌剂。

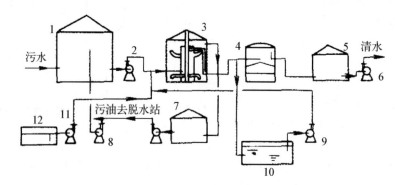

1—污水沉降罐；2—污水泵；3—除油罐；4—单阀过滤罐；5—清水罐；6—外输水；7—污油罐；8—污油回收泵；9—污水回收泵；10—地下回收水池；11—加药泵；12—加药池（或罐）。

图 9-6　含油污水处理工艺流程

4. 海水处理

海水处理可分为净化及脱氧两大部分。净化部分目前一般采用多级过滤净化处理，依次为砂滤器、硅藻土滤器和金属网状筒式过滤器三级过滤。砂滤器普遍用石英砂，也有用石榴石、活性炭、无烟煤、聚苯乙烯发泡小球作为滤料的。脱氧部分主要用真空、气提和化学脱氧。由于海上油田注水开采中采用海水注入比较普遍，9.3 节将介绍海水注入。

5. 混注

海上注水时，当一种水源不足时，其他水源来补充，这就会形成混注。混注可以采用海水、浅层地下水和污水作为水源。当混注时，确保水源之间相容和混注水以及地层之间的相容方可注水。混注之前，需对不同水源进行混注化学试验，确定混注后是否会产生物质沉淀和结垢问题。另外还需要通过地面岩心试验，确定混注水与地层岩石是否会发生岩敏、酸敏、碱敏、速敏、水敏等效应问题以及确定是否有黏土膨胀和颗粒运移等问题。

当混注时，要考虑对设备的要求。当采用多种水源混注时，需要采用多套注水处理系统，这会增加占地面积，降低平台经济性能。另外当两种水混注时，对相互之间的配比也会有一定的要求，但现场保证恒定配比有困难，这会增加混注后结垢的可能性。因此在一种水源充足的情况下，尽量不要采用混注方式注水。

9.3　海　水　注　入

9.3.1　注入海水的水质要求

海上油田常用海水作为注水水源。为防止海洋污染,油层水本应用作注水水源,但油层水量不能满足注水量的要求,需要补充海水。然而油层水与海水混注可能存在相容性问题,导致固体沉淀,促进细菌繁殖,堵塞注入系统设备、管道和地下油层孔隙。因此,油田生产水一般经处理后排放海里,而海水常作为注水水源。

对注水水质的要求主要取决于油藏条件。海水必须经过处理,符合下列要求:

(1) 限制悬浮固体的含量和颗粒尺寸,以免堵塞油层孔隙。

(2) 控制氧的含量,尽量减少对管线、设备的腐蚀。

(3) 控制海水中的大量藻类和海生物,防止其堵塞油层,影响设备运转。

(4) 应清除共种微生物和细菌,防止其在设备、管道和油层中生长,影响设备的运转和使油层受到破坏。

对于不同地域和不同油田,凡是以海水为注入水源,都应制定相应的注入海水水质标准。例如我国海上某油田注水水质标准见表 9 - 4。

表 9 - 4　某油田注海水水质标准

项　　目	水质标准	项　　目	水质标准
溶解氧气量/(mg/L)	≤0.01	悬浮固体含量/(mg/L)	≤5
硫化氢含量/(mg/L)	≤0.5	SRB 菌/(个/mL)	≤100
总铁含量/(mg/L)	≤0.5	TGB 菌/(个/mL)	≤10 000
亚铁含量/(mg/L)	≤0.5	平均腐蚀速率/(mm/a)	≤0.076
滤膜系数	>10		

9.3.2　注水量的确定

油田注水量是注水系统工程设计依据的另一个基础参数,可按式(9-3)计算

$$Q_z = B \cdot C \cdot Q_y \left(\frac{b}{\gamma_1} + \frac{\eta}{(1-\eta)\gamma_2} \right) + Q_x + Q_f \qquad (9-3)$$

式中,Q_z 为注入水量,单位为 m³/d;B 为注采比;C 为注水系数,一般 $C=1\sim1.2$;b 为原油体积系数;Q_y 为产油量,单位为 t/d;γ_1 为地面原油密度,单位为 t/m³;γ_2 为注入水密度,单位为 t/m³;η 为设定的原油含水率,%;Q_x 为洗井水量,单位为 m³/d;Q_f 为附加水量,单位为 m³/d,包括注水井溢流水量及窜至油层外围的水量。

在其他参数不变的情况下,注水量取决于设定的原油含水率。原油含水率与注水量的增长倍率如表 9-5 所示。

表 9-5　原油含水率与注水量的增长倍率关系

设定的原油含水率 $\eta/\%$	10	20	30	40	50	60	70	80	90
注水量增长倍数	1.42	1.56	1.74	1.98	2.31	2.81	3.64	5.31	10.31

由表 9-5 看出,当产油量不变时,注水量 Q_z 随设定的原油含水率的变化而变化,特别是当含水率超过 70% 以后,注水量将成倍增加。因此,设计注水系统工程的规模时,一定要考虑上述变化,以减少扩建工程量。但对海上油田,由于工程造价和经营费用太高,开采期限不可能很长,原油含水上升到一定值后且注水量超过初期注水量 2 倍时,油田可能失去继续开采的价值。因此,注水系统的规模不宜考虑过大,一般不要超过初期注水量的 2 倍,否则会造成平台一次性投资过大。油田注水系统规模的合理确定要取决于对油田的综合经济分析。

9.3.3　注水压力的确定

注水压力是决定油田合理开采和注水系统设备及管线的重要参数,通常由油田油藏工程部门确定,作为工程设计的基础数据。对于新开发的油田,应考虑以下几点:

(1) 对于小型油田,应充分进行油藏注水模拟研究,并利用已开发的类似油藏特性的注水经验,确定注水压力。

(2) 对含油面积较大的油田,如根据勘探资料和油藏工程研究尚无法确定注入压力时,可利用工程的分期建设阶段,先开辟生产试验区,选择有代表性的油水井进行试采和试注,取得实际的注水压力,作为全面开发的依据。

(3) 油藏工程研究在确定注水压力时应系统研究高、中、低渗透层系的配注要求,强化注水的需要,以及不同地段的差异,并综合考虑动用储量和工程方案的经济性,确定最佳的注入压力。

9.3.4　注水系统工艺流程和设备

注水系统包括海水提升、粗过滤、细过滤、脱氧、增压和注入,化学剂注入以及各种工艺管线和装置监控仪表。图 9-7 为整个注水系统的工艺流程图。

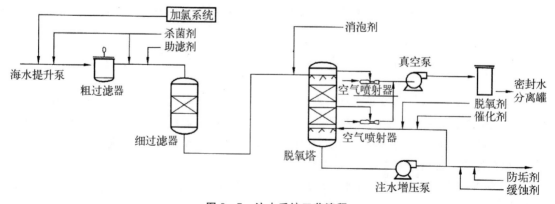

图 9-7　注水系统工艺流程

注水系统中的各组成设备一般都是制造厂商的专利产品,具体设备细节情况需要根据工艺向厂商咨询,本章只做原理性的一般介绍。

1. 海水提升泵

海水用海水提升泵取得,海水提升泵有潜水泵或立式长轴离心泵(深井泵)两种型式。海水提升泵的压力、流量和台数除考虑注水要求外,还要考虑其他用水(如设备冷却和甲板冲洗用水等)和消防用水的要求。

2. 加氯系统

为防止细菌和海生物在泵管内生成,造成堵塞,要连续向海水提升泵的吸入口注入含有次氯酸钠的海水。加氯系统由供水泵、发生器、整流器、控制面板、除氢罐等组成。

3. 粗过滤器

海水泵提升的海水首先通过粗过滤器,滤除粒径大于 $80~\mu m$ 的悬浮固体。粗过滤器使用金属网作为过滤层,它是自动反洗型的,配有一个按时间进行的自动反洗程序。在正常操作情况下,用一个定时器来调整反洗的周期和频率。定时器起动马达转动进行反洗并通过电磁阀来打开反洗水排放阀。

4. 细过滤器

经粗过滤器的海水再进入细过滤器进行第 2 级过滤。细过滤器也称介质过滤器,过滤层使用分粒径的砂、砾石、无烟煤或石榴石。滤层可以是单一介质或由粗到细的多层介质。经介质过滤器后的海水能滤除 95% 以上大于 $5~\mu m$ 粒径的悬浮固体。

细过滤器有两种型式,一种是下流过滤、上流反洗型,另一种是上流过滤、下流反洗型。下流过滤器使用较为普遍,普通的过滤器限制流率为 $10 \sim 12~m^3/(h \cdot m^2)$,反洗前总过滤固体负荷为 $2.44 \sim 7.3~kg/m^2$。具有合理分配系统设计的高流率下流过滤器可以在 $29 \sim 44~m^3/(h \cdot m^2)$ 流率下操作。高流率能迫使被过滤固体杂质深入滤层,因而在反洗前容许总固体负荷为 $5 \sim 20~kg/m^2$。在工程初步设计阶段,可用 2 个流率指标来确定细过滤器的直径:① 普通下流细过滤器 $10~m^3/(h \cdot m^2)$;② 高流率下流细过滤器 $36~m^3/(h \cdot m^2)$。我国南海某油田注水选用的下流过滤器设计流率为 $26~m^3/(h \cdot m^2)$。

上流过滤器有较大的团体负荷能力,因为向上流动的水流有助于松动滤层,能使被过滤杂质进入滤层较深,反洗前固体负荷可达 $30~kg/m^2$。上流过滤器可能存在损失滤层介质的危险,因此限制流率为 $15 \sim 20~m^3/(h \cdot m^2)$,而且要求有较长的反冲洗时间和更多的反洗水流量。

滤层介质的再生是用水反冲洗,并加入空气吹洗,空气吹洗有助滤层松动,偏于清除杂物。反冲洗用水可用粗过滤后的水,吹洗空气由鼓风机提供。反冲洗流速为 $25 \sim 44~m/h$,空气吹洗流率为 $35~m^3/(h \cdot m^2)$。

细过滤器的操作包括生产、停机、反洗,它们由一个程序控制器来控制。该控制器既可在预先设定的时间间隔促动反洗操作,又可在操作者认为需要时用手动按钮来促动反洗操作。

5. 脱氧

用于海水脱氧的方法有 3 种,即气提、真空和化学除氧。典型设计的真空和气提脱氧可将海水中溶解氧浓度降至 $0.05 \sim 0.2~mg/L$。为满足海水中残余氧含量标准,可再注入化学除氧剂。

气提脱氧的原理是:溶解在液体中气体量与气体在系统中的分压有关,向海水中通入无氧天然气后,在脱氧塔内气体中间,天然气形成一定的分压。当气体空间总压不变时(气体要从塔顶排出),氧在气体空间的分压降低,这促进了海水中氧的蒸发,意味着海水中氧含量降低。典型的气提脱氧塔是海水从上向下，而天然气从下向上对流通过塔盘或填料，使天然气和海水充分混合，达到平衡。经气提气处理后的海水含氧浓度可降低至 0.1 mg/L，气提用天然气的耗量为 $0.35 \sim 0.7 \ m^3/m^3$ 海水。气提脱氧的优点是气提用的天然气能方便取得，操作简单并无运动部件，但含有 CO_2、H_2S 等具有腐蚀性气体的天然气不能用作气提气。

真空脱氧是海上平台注水应用最普遍的方法，比气提脱氧效率更高。真空脱氧的原理是：对系统中一定的气相组成，每个组分的分压是系统总压的函数，减小系统的总压，则每个组分的分压也按比例减小。将脱氧塔抽成真空，则氧的分压也降低，使更多的氧从海水中闪蒸到气相中，从而减少海水中的含氧量。当海水向下流过填料时，填料能分散海水、提供较大的水表面积，利于氧分子逸出到气相。真空塔可能是单级或二级设计，用真空泵形成 $1.8 \sim 5 \ kPa$ 的真空。海水氧含量可降低到 $0.05 \sim 0.1 \ mg/L$。如果真空塔加入气提气，可以使海水达到较低的剩余氧浓度。脱氧塔下部存液区的容积最少要能使液体有 3 min 的停留时间，作为注水增压泵进口的缓冲体积并给化学除氧剂提供一定的反应时间，在脱氧塔底加入化学除氧剂，能使出塔海水的剩余氧含量达到规定的 0.01 mg/L 的指标。

6. 海水增压

海水增压泵以低于大气的压力从脱氧塔底吸入处理后的海水，并提供足够的正压头给注水泵，防止注水泵叶轮产生气蚀。泵的流量要与注水泵流量相匹配，泵的压力取决于注水泵对吸入水头的要求。

7. 海水注入

注水泵加压后的海水通过注水管汇分配至注水井。注水泵的流量和扬程取决于油田配注的要求。

8. 化学剂注入

为了有效地处理海水、防止注水系统管线、设备腐蚀和结垢，避免堵塞地下油层孔隙、通常都要在注水系统中适当部位注入特定的化学剂。下面介绍几种典型的化学注入剂的功能和注入要求。

絮凝剂和聚合物注入细过滤器的入口管路，用于聚集海水中悬浮固体杂物，提高过滤效率，注入量为每 1 L 海水 $2 \sim 3$ mg。

防垢剂也注入细过滤器进口，用于防止碳酸钙在设备、管线和油层中沉积结垢，注入量为每 1 L 海水 $2.5 \sim 10$ mg。

防泡剂在脱氧塔入口注入，其作用在于提高脱氧塔的效率，注入量为每 1 L 海水注入 2 mg。

除氧剂注入脱氧塔底部，以降低剩余氧在海水中的浓度，注入量为每 1 L 海水注入 $2.5 \sim 10$ mg。

杀菌剂注入增压泵出口，注入量为每 1 L 海水注入 $50 \sim 200$ mg，杀菌剂可以间断注入。

思 考 题

1. 砂岩油田的注水开发有哪些方式？分别简述这些方式的适用条件。

2. 注水水质的基本要求有哪些？

3. 注水时常见的水处理措施有哪些？并简述这些处理措施。

4. 注水水质脱氧方法有哪些？对这些脱氧方法分别进行简述。

5. 注水水源有哪些？这些水源注水时对应的水处理方法有哪些？

6. 简述海水作为注水水源时注水系统的工艺流程。

第10章 海洋原油储存和运输

海上油田原油的储存和运输通常有2种基本方式：① 储油设备放在海上，直接用油轮将原油外运；② 用海底管道把原油输送到岸上的中转储库，再用其他运输方式运往用户。无论哪种储运方式，它们对海上项目的投资和操作费用都有重大影响。如果储运系统不能与油田生产系统配套，或不能与现场条件、环境条件相适应，就会造成临时停输而支付更大的费用，甚至影响油田产量。

10.1 原 油 储 存

海上储油设施是全海式油田不可缺少的工程，它为油田连续稳定生产提供了足够的缓冲容量。海上储油设备的容量取决于油田产量和运输油轮的数量、大小、往返时间以及装油作业受海况的限制条件。如遇恶劣的海况条件，波浪高度超过一定的限度，就要停止装油作业。海上油田储油容器有浮式生产储油轮、平台储罐、海底油罐、重力式平台支腿储罐等。

10.1.1 储油设备

1. 浮式生产储油轮

浮式生产储油轮(floating production storage offloading，FPSO)不单纯是一种常用的储油设施(见图10-1)，它和单点系泊相连接形成的海上石油终端，实际上是一种具备多种功能的浮式采油生产系统，对于海上边际油田和远离陆地的海上油田的开发，都具有特别重要的意义。它不但能节约投资费用，而且机动性好，在结束一个油田的生产之后，可以立即迁移用于

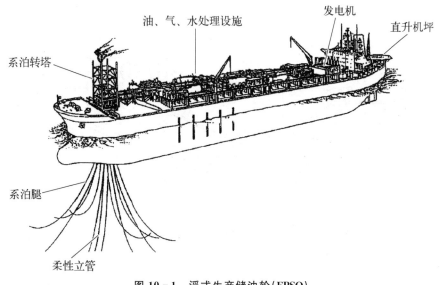

图10-1 浮式生产储油轮(FPSO)

另一个新油田的开发。

浮式生产储油轮可以专门设计建造,也可以购置旧油轮经改造而建成,它一般具备油、气、水处理功能,原油储存功能以及卸油外输功能。

有些海上油田的开发,把油、气、水处理功能放在平台上,因此有些浮式生产储油轮只有后面两种功能,简称为储油轮。

浮式生产储油轮的储油舱,其储油容量大小的确定实际上与该油轮总载重吨位的选择确定是紧密相关的,主要根据下列因素考虑:

(1) 在保证油田连续稳定生产的前提下,根据油田的产油能力和运输油轮(一般称为穿梭油轮)的数量、提油吨位大小、往返目的地时间、卸油时间以及提油作业受海况条件的限制等来考虑设计储油容量的大小,一般可以按 10~20 d 的油田高峰日产量设计。假设海上某油田高峰日产油量为 5 000 t,以 15 d 计算,则储油轮的载油量为 75 000 t。

(2) 因极端恶劣的天气以及其他延误等因素造成的安全限额储油量,按 5 d 产油量计算,为 25 000 t。

(3) 按照国际上有关油轮的规定,储油轮的压载水量大约等于夏季总载重量的 30%,即 30 000 t。

(4) 在恶劣的气候条件下,要求储油轮具有足够良好的稳定性,尤其是配备有生产处理设施的浮式生产储油轮,对稳定性的要求更高,按照一般经验,总是要求储油轮的长度比风浪波长要长一些,也就是说,储油轮吨位越大,长度越长,也越稳定。南海某海域风浪波长为 232 m,载重吨位超过 100 000 t 的储油轮长度,一般都能满足这个要求。

综合上述 4 点要求,储油轮的载重吨位应在 130 000~150 000 t 之间选择确定。

2. 平台储罐

平台储罐就是在固定式钢结构物上建造的金属储油罐。这种储油方式一般建在浅水区。由于受支撑结构的荷载限制,储油容量不可能很大;过大的储罐容量会有安全隐患。平台储罐的结构和附件与陆地油罐相同。我国渤海"埕北"油田建有一座储油平台,平台上有 6 个 2 000 m³ 储罐,渤海埕北油田的储油设备如图 10-2。

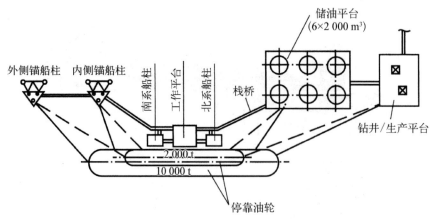

图 10-2 渤海"埕北"油田海上岛式码头与储油平台

3. 海底油罐

海底油罐的技术是从 20 世纪 60 年代发展起来的,使用在水深小于 100 m 的近海区,其容积小的为几千立方米,大的达几十万立方米。油罐使用的材料有金属、钢筋混凝土和其他非金属材料。罐的形状有圆筒形、长方形、椭圆抛物面形、球形或其他综合球体。由于长期浸泡于海水中,因此要特别注意防腐处理。

海底储油罐的优点是能避开风浪的冲击,在天气恶劣时,油井可以继续生产;油罐上面的海水能保护油罐不因失火、雷电而发生危险。

海底油罐要求海底地形平坦,海流对海床的冲刷作用不太严重。因为这种储罐通常根据油水置换原理设计,故罐底与海水连通。若海底地形倾斜,海流冲刷作用严重,当油罐接近满载时,罐内原油有溢出的可能。特别是在水深不大而风浪很大的海域内,由于海面波浪的作用传到海底,更有可能使罐内油溢出。

设计海底油罐的结构时,要考虑海流、波浪、潮汐等作用力以及水深、海底土质条件等诸多因素。因此,其形状和结构往往彼此不同。我国海上油田尚没有海底油罐。下面简要介绍两种国外采用的海底油罐。

1) 倒盘形海底油罐

图 10-3 所示为 1969 年建于波斯湾迪拜海域的海底金属油罐。它的底部是圆柱形,经过球面和圆锥面过渡,上部接 30 m 高、9 m 直径的圆筒,约有 13 m 露出水面。油罐中间有一个直径为 24 m 的内罐,内罐呈瓶状结构,为储油容器的一部分。罐四周用桩固定在海床,罐体总重为 12 700 t,储油容积为 80 000 m³。由于罐面积很大,收发油时油水界面的升降速度只有 0.3 m/h,界面没有剧烈波动。圆筒上部建有操作平台,平台上安装有输油泵和管路等生产设备。

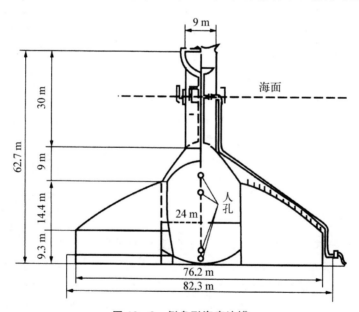

图 10-3　倒盘形海底油罐

2) 带有防波墙的混凝土海底油罐

此油罐建于北海埃科菲斯克油田。油田水深 70 m,油罐总高 90 m,罐容积为 158 000 m³。罐形状如图 10-4 所示。

油罐底板长宽均为 92 m,底面呈皱纹形以增加与海底的摩擦力,内有 9 个油罐并相互沟通,都是预应力混凝土结构。罐四周用多孔防波墙围绕。防波墙从海底起高 82 m,有 12.2 m

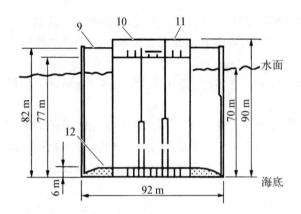

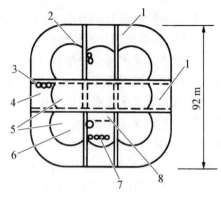

1—隔墙;2—进油孔;3—海水泵;4—过桥;5—9个有顶盖的储罐;6—吸入室;7—4台装油泵;8—控制室;9—顶部甲板;10—泵和撇油箱;11—直升机坪;12—内底板。

图 10-4　带有防波墙的混凝土海底油罐

在海面以上。防波墙的作用是保护罐体不致遭受狂暴风浪袭击而破坏。油品由 4 台装油泵经吸入室从油罐吸出装船外运。海水泵装设在油罐和防波墙之间的环形空间内,从油罐吸出的海水要经过罐顶甲板 3 个撇油箱,撇油箱每个容积为 490 m^3。

4. 重力式平台支腿油罐

该油罐巨大的混凝土和钢结构重力平台提供了能满足储油需要的空间。重力式平台需要稳定的压载物,这种结构物的压载舱可设计成储油罐。图 10-5 所示为混凝土重力式储油平台支腿油罐。混凝土平台支腿油罐可以整体拖运至现场,甲板能事先安装在下部结构上,可省去海上吊装工作量。同时,竖井可设置在混凝土结构中,使得立管和设备能够在一个干环境中进行安装和操作,并能防止由于水下环境造成的腐蚀。

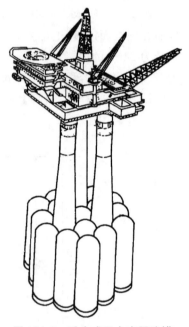

图 10-5　重力式平台支腿油罐

10.1.2　水下储油工艺

无论是用海底油罐储油还是用重力式平台支腿油罐储油,都采用油水置换原理。由于罐内始终充满液体(油和水)而无气相空间,罐外海水和罐内液体的静压差小,从而减小罐壁厚度和压载重量,大大节约建造费用。国外建造的水下储油罐均储存的是轻质原油。对于我国多数油田生产的高凝固点、高黏度原油,采用油水置换工艺能否产生大量的热损失、油水乳化和置换排出的海水污染海洋的问题,曾有过疑虑。我国一项成功的工业性试验表明:

(1) 水下油罐热原油散热主要是通过罐壁和罐顶散出,通过油水界面传给水层的热量仅占总热量的 2%～4%。而罐顶和罐壁可以通过保温层的措施来减少热量的损失。

(2) 油水界面形成"凝油层"(边界层),起到了减缓传热和传质的作用。

(3) 在正常的界面移动速度下,原油没有乳化现象,排出的海水含油量远远低于国家允许的含油污水排放标准。

　　试验结果证明,油水置换工艺应用于高凝固点、高黏度原油的水下储存是可行的。水下储油罐内原油可以通过外部循环加热系统或罐内盘管热介质加热系统来加热。

10.2　原　油　装　载

　　海上各种容器储存的原油最终都需要由油轮运出,由此发展了海上装油系统。通常外运油轮有 2 艘或更多,它们来回批量地将原油运至用户的卸油港口。因此这些外运油轮又称为穿梭油轮(shuttle tanker)。将原油装入油轮的管路系统并不复杂,比较困难的是穿梭油轮怎样能在风急浪高的海面上稳定系泊,以保证装油作业的正常进行,这就是油轮的系泊问题。油轮系泊已成为海洋石油工程中的一个重要环节。

　　系泊设施常见的有岛式码头、多点系泊(multi-buoy mooring)和单点系泊(single buoy mooring)。

10.2.1　海上岛式码头

　　海上岛式码头有混凝土式或钢平台式两种结构,都适于浅水区域。随着水深和油轮吨位增加,码头的造价显著增加。图 10 - 2 是渤海埕北油田的海上装油码头。它主要由 1 个工作平台、2 个系船柱和 2 个侧锚船柱组成,用栈桥相连。工作平台和系船柱是 1 个 8 腿的钢导管架,上面有 3 个单独的钢甲板。导管架设防撞系统。工作平台上装有 2 套装油臂,并配有一套液压装置来控制装油臂的动作。平台甲板下面安装有排放槽和回收油泵,以收集含油污水并把这些污水输送到处理平台去。系船柱和锚船柱上安装有快速脱钩装置,锚船柱上装有卷扬机。

10.2.2　多点系泊

　　多点系泊通常是一种临时性生产油轮系泊方式。穿梭油轮用缆绳或锚链系泊到几个专用浮筒上,每个浮筒用锚链固定到海床上。海上储油设施通过一条海底管线并借助一段软管与穿梭油轮的进油管汇相连。待穿梭油轮装满原油后解掉浮筒上的系缆再开走。这种系泊方式操作比较复杂费时而且不安全。

10.2.3　单点系泊

　　单点系泊是 20 世纪 50 年代后期发展起来的并迅速推广的一种海上系泊油轮的方式。最早的单点系泊是作为在中东和远东地区港口装卸油的终端来代替新的码头或原有码头的延伸部分。后来发展成为海上油田系泊穿梭油轮或储油轮的单点系泊。如系泊的是储油轮,则穿梭油轮可旁系或串系储油轮,再通过软管从储油轮向穿梭油轮装油。

　　这种方式系泊的油轮像风向标似的随海流或风向的变化围绕着单点系泊装置自由转动,油轮总是保持在最佳的抗风浪位置。通过海底管道输送来的原油经单点系泊立管和旋转接头后,再经软管进入穿梭油轮或储油轮。

　　单点系泊具有安全、可靠、经济等优点对海上边际油田和早期开发起着重要的作用。下面简单介绍几种单点系泊。

　　1.悬链锚腿系泊(CALM)

　　这是一种最普通的系泊(见图 10 - 6)。它是一个漂浮在水面上的大直径的鼓形浮筒,由

6 根悬链锚固定到海床上。浮筒上装有旋转接头、装油管汇和系泊臂。旋转接头通过浮筒下软管与海底管道相连。油轮由缆绳系泊到浮筒。1 条漂浮软管将单点与油轮相连,通过该软管向油轮装油。

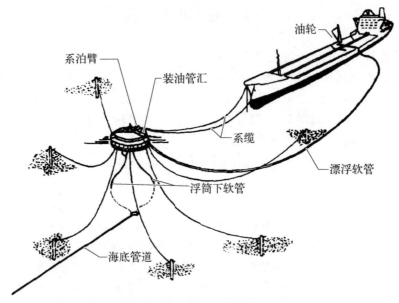

图 10 - 6 悬链锚腿系泊(CALM)

2.单锚腿系泊(SALM)

这种系泊(见图 10 - 7)是一个长圆柱形浮筒用一根粗锚链固定在海床上。浮筒可以在海面上自由转动。由于浮筒的正浮力,锚链处于张紧状态。基座用桩固定在海底。生产旋转接头固定在基座上。软管一端与旋转接头相连并漂浮在水面。当油轮开来时,用浮式系缆系住。油轮系泊好后把浮式装油软管与油轮管汇相连,即可装油。

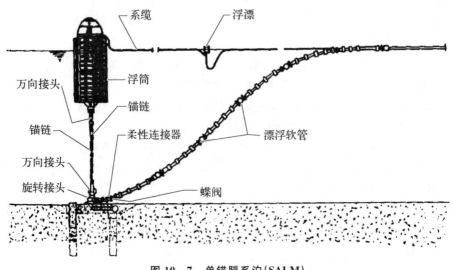

图 10 - 7 单锚腿系泊(SALM)

3. 铰接塔式系泊(ALT)

铰接塔式系泊(见图 10-8)的塔身是一个直立的钢架,下部铰接在基盘上。塔柱下部装有压载罐和辅助浮罐,上部水面下是一个主浮罐。塔顶有转动头、装油臂和生产旋转接头。由海底管道输送来的原油通过万向接头、立管到塔顶上的旋转接头,然后经软管装入接收油轮。这种铰接塔式系泊已发展为很复杂的设施。它包括了一个能转动的并装有动力、控制和仪表系统的上部结构,可以在恶劣海况中进行可靠的装油作业。

4. 固定塔式系泊

图 10-9 所示为我国南海某油田采用的一种固定塔式系泊,塔身是圆柱形的,直径为5.7 m。塔底座用钢桩锚固在海床上。塔身水面上有一防碰圈。旋转接头安装在塔顶,一端连接立管,另一端与软管相连。该系泊的设计能抗南海的台风。当台风来时,系泊的储油轮可迅速撤离,解脱后的软管靠自重沉于海底。

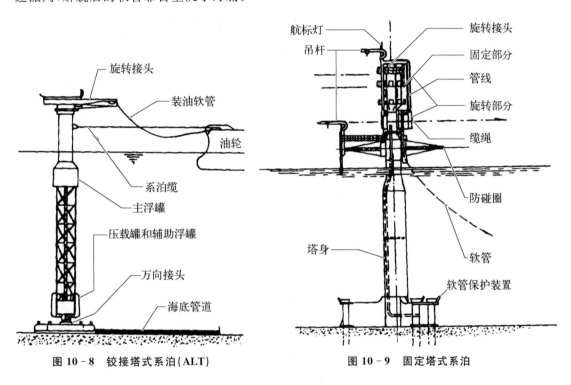

图 10-8　铰接塔式系泊(ALT)　　　　图 10-9　固定塔式系泊

5. 刚性臂系泊

刚性臂系泊系统不需要装油漂浮软管和系缆绳,而利用刚性臂将单点和油轮联结起来。这种系泊减少了被系泊油轮的自由度,使油轮更稳定。这样,油轮就可以在更恶劣的海况中永久系泊,也不会发生油轮超限运动或与单点装置相撞事件。同时单点和油轮作为一个整体一起运动时,穿梭油轮旁靠装油是比较容易和安全的。刚性臂为单点和油轮之间安装管道提供了方便,并可作为人员的维修通道。

刚性臂系泊可以是悬链锚式、铰接塔式或导管架式。图 10-10 为我国渤海某油田采用的一种刚性臂系泊示意图。

6. SPAR 平台储油系泊联合装置

这种 SPAR 平台具有海上储油和系泊功能,结构显得特别紧凑。实际上这是把系泊浮筒

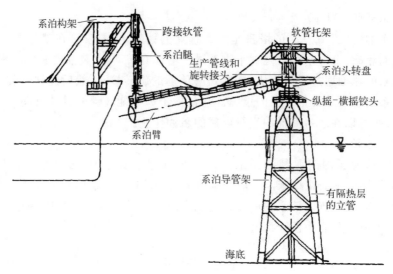

图 10 - 10　刚性臂系泊

扩大,作为储油罐,并在其上面增加了生产、公用和生活等设施。这套装置已在北海布伦特(Brent)油田使用。储油浮筒用 6 根锚链固定,每个锚重 1 000 t。浮筒高 93 m,直径 30 m,储油容积 40 000 m³。浮筒上面较小圆筒长 32 m,直径 17 m,放有泵和水处理设备。图 10 - 11 为这种 SPAR 平台储油系泊联合装置的示意图。

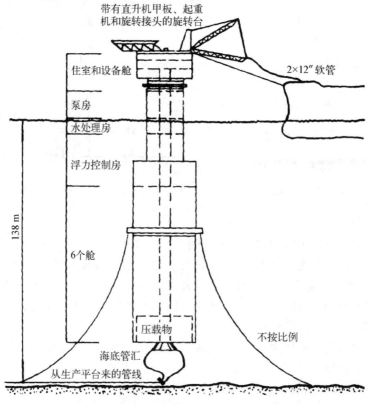

图 10 - 11　SPAR 平台储油系泊联合装置

10.2.4　海上装油系统的选择

海上装油系统有很多可供选择的方案。在进行装油和系泊方式的评价时,一定要考虑水深、海床地基和海况等条件,也要考虑系泊设施和装置的造价。

我国海上油田除渤海埕北油田采用海上码头装油方式外,近几年所开发的油田均采用单点系泊-储油轮并由储油轮向穿梭油轮装油的装油系统。这种浮式储油和装油系统既解决了原油的储存,又解决了原油的装载,对开发我国海上油田是适宜的。

对于浅水区域,如果岛式码头能建成下部储油、上部系泊油轮,也是具有吸引力和价值的。

10.3　海底油气管道工艺设计

海洋油气外输除了油轮外输以外,还可以采用海底管道外输。对离岸较近或储量较大的油田,虽然采用管道外输前期需要花费巨额的管道铺设投资,但省去了海上原油储存和外输费用,实际开发成本可能会相对较低。但对于油田离岸很远或边际油田、海底有天然障碍而不能铺设管道的海域以及长距离输送高凝点和高黏度原油的情况,是不宜采用管道外输的。

海底管道按输送介质可划分为海底输油管道、海底输气管道、海底油气混输管道和海底输水管道等;按结构可划分为三重保温管道、双重保温管道和单层管道,如图 10 - 12 所示。海底管道在输送油气时,需要计算油气管道内流体的压力和温度,并进一步根据流量计算管道尺寸。由于液体、气体流体性质差异甚大,本节将对液体、气体和气液混输管路工艺计算进行分别介绍。

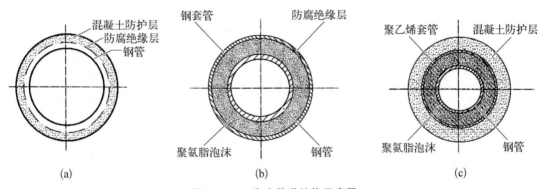

图 10 - 12　海底管道结构示意图
(a) 单层管道;(b) 双重保温管道;(c) 三重保温管道

10.3.1　液体管线的工艺计算

1. 等温输送

对于管内原油与管外介质的温差很小、热交换可以忽略不计以及沿线温降很小的输油管道,称为等温输送管道。等温输送所消耗的能量主要是压力能。

压力能包括两部分:① 克服地形高差所需的能量,对某一管路,它是不随输送量变化的固定值;② 克服流动过程中的摩擦和撞击阻力所消耗的能量,称为摩阻损失。摩阻损失随流速及原油物理性质等因素而变化。原油管路的摩阻损失包括直管段所产生的沿程摩阻损失 H_1 和各种阀件、管件所产生的局部摩阻损失 H_ξ。

（1）沿程摩阻损失 H_1 的计算为

$$H_1 = \lambda \frac{L}{d} \frac{v^2}{2g} \qquad (10-1)$$

式中,λ 为水力摩阻系数;L 为管线长度,单位为 m;v 为油流的平均流速,单位为 m/s;d 为管线内径,单位为 m;g 为重力加速度,单位为 m/s^2。

水力摩阻系数 λ 是雷诺数 Re 和管壁相对粗糙度 ε 的函数,即 $\lambda = f(Re, \varepsilon)$,其中

$$Re = \frac{vd}{\nu_o} = \frac{4Q}{\pi d \nu_o} \qquad (10-2)$$

式中,ν_o 为原油的运动黏度,单位为 m^2/s;Q 为油流在管路中的体积流量,单位为 m^3/s。

管壁相对粗糙度 ε,由管壁的绝对当量粗糙度 e 通过 $\varepsilon = 2e/d$ 换算出来。钢管壁的绝对当量粗糙度 e 是指管路内壁突起高度的平均值。由于在制管及焊接、安装过程中的种种原因,管内壁总是凹凸不平的。使用多年后,由于腐蚀不匀、结垢、磨损不匀等要增大凹凸程度,管路内壁的绝对粗糙度不仅各处程度不均,而且大小也不等,所以计算中较难以确定绝对当量粗糙度值。表 10-1 给出了各种主要管路的绝对当量粗糙度 e 的经验值。一般来说,直缝钢管 e 取 0.054 mm,无缝钢管 e 取 0.06 mm,DN250～DN350 的螺旋缝钢管 e 取 0.125 mm,DN400 以上的螺旋缝钢管 e 取 0.10 mm。在我国长距离输油管道设计中,通常取 $e=0.1$ mm,国外对大直径焊接钢管多取 $e=0.045\,7$ mm。

表 10-1　各种管路的绝对当量粗糙度

管 路 种 类		绝对当量粗糙度/mm	管 路 种 类		绝对当量粗糙度/mm
玻璃管、冷拔铜管、铅管等		0.001 5	焊接钢管	新的、清洁的	0.05
钢管、熟铁管		0.045 7		清扫过的、轻度腐蚀的	0.15
镀锌铁管		0.15			
铸铁管		0.26		中等程度锈蚀的	0.50
水泥管		0.30～3.0		旧的锈蚀管	1.0
无缝钢管	新的、清洁的	0.014		严重锈蚀或大量沉积的	3.0
	使用几年以后的	0.20			

油流在管路中的流动状态是按雷诺数来划分的,可分为 3 种流动状态:$Re \leqslant 2\,000$ 时的层流状态;$Re \geqslant 3\,000$ 时的湍流状态;Re 为 $2\,000 \sim 3\,000$ 时是处于层流和湍流之间的不稳定过渡状态。

不同流态下水力摩阻系数 λ 的计算公式可参考表 10-2。

表 10 - 2　不同流态下水力摩阻系数 λ 的计算公式

流态区域		判　　别　　式	λ 的 计 算 公 式
层流区		$Re \leqslant 2\,000$	$\lambda = \dfrac{64}{Re}$
过渡区		$2\,000 < Re < 3\,000$	$\lambda = \dfrac{0.316\,4}{Re^{0.25}}$
湍流区	水力光滑区	$3\,000 \leqslant Re < Re_1 = \dfrac{59.5}{\varepsilon^{8/7}}$	$\dfrac{1}{\sqrt{\lambda}} = 1.8\lg Re - 1.53$
			当 $Re < 10^5$ 时,$\lambda = \dfrac{0.316\,4}{Re^{0.25}}$
	混合摩擦区	$\dfrac{59.5}{\varepsilon^{8/7}} \leqslant Re < Re_2 = \dfrac{665 - 765\lg \varepsilon}{\varepsilon}$	$\dfrac{1}{\sqrt{\lambda}} = -2\lg\left(\dfrac{\varepsilon}{7.42} + \dfrac{2.51}{Re\,\sqrt{\lambda}}\right)$ 或 $\lambda = 0.11\left(\dfrac{68}{Re} + \dfrac{\varepsilon}{2}\right)^{0.25}$
	粗糙区	$Re \geqslant Re_2 = \dfrac{665 - 765\lg \varepsilon}{\varepsilon}$	$\lambda = \dfrac{1}{(1.74 - 2\lg \varepsilon)^2}$

注:Re_1 表示由水力光滑区向混合摩擦区过渡的临界雷诺数;Re_2 表示由混合摩擦区向粗糙区过渡的临界雷诺数。

　　一般来说,随着流量、黏度和管长的增大或管径的减小,沿程摩阻随之增大。但是在各流态区,各参数的影响程度是不相同的。随着 Re 的增大,流量、管径对摩阻的影响越来越大,而黏度对摩阻的影响由大变小直到没有影响,只有管路长度对摩阻的影响在各种流态时都相同。

　　热原油管道的流态大多为水力光滑区,一般在 $Re < 5 \times 10^4$ 范围内,轻油管道也多在水力光滑区。输送低黏油品的较小直径管道,其流态可能进入混合摩擦区。热重油管道的流态则以层流的情况居多。输气管道的流态大多为粗糙区。

　　(2) 局部摩阻损失的计算。

　　原油管线另一部分摩阻损失是由于油流经管路中的弯头、三通、阀门、过滤器、管径扩大或缩小等处所引起的能量损失 H_ξ,可用式(10 - 3)计算

$$H_\xi = \xi \frac{v^2}{2g} \tag{10 - 3}$$

式中,ξ 为局部摩阻系数,它随管件类型、尺寸、油流的流态以及油品黏度等的不同而变化。

　　在实际计算时,对管路中所有的局部损失,可以用管路直线段当量长度来替代,故式(10 - 3)可改写为

$$H_\xi = \lambda \frac{L_\eta}{d} \frac{v^2}{2g} \tag{10 - 4}$$

式中,L_η 为管件或阀件的当量长度;L_η/d 可从表 10 - 3 中查出。

表 10-3 各局部阻力损失的 L_η/d 和 ξ_0 值

序号	局部阻力名称	图示	L_η/d	ξ_0	序号	局部阻力名称	图示	L_η/d	ξ_0
1	油罐出口	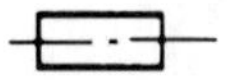	23	0.5	14	转弯三通	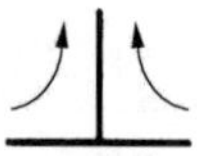	136	3.0
2	45°焊接弯头		14	0.3	15	止回阀		75	1.5
3	90°单折焊接弯头	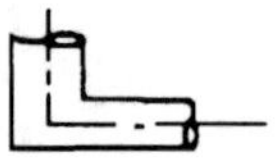	60	1.3	16	弓形补偿器	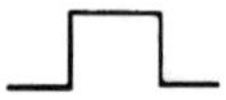	90	2
4	90°双折焊接弯头		30	0.65	17	闸门阀 3/4 开度		800～1 100	
5	弯管弯头 $R=d$	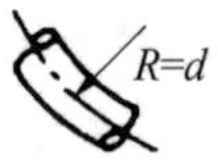	20	0.5	18	闸门阀 1/2 开度		190～290	
6	弯管弯头 $R=(2\sim8)d$	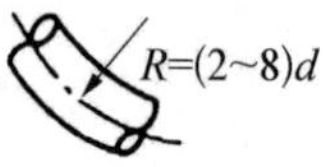	10	0.25	19	闸门阀 1/4 开度		39～56	
7	通过三通	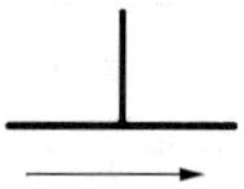	2	0.04	20	闸门阀 全开		7～10	0.5
8	通过三通	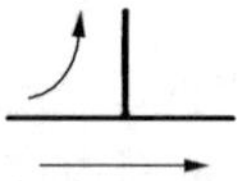	4.5	0.1	21	轻油品过滤器	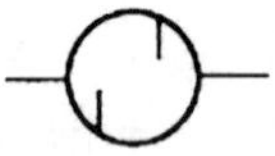	77	1.7
9	通过三通	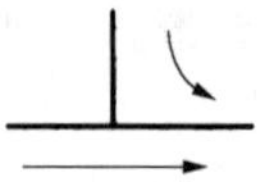	18	0.4	22	重油品过滤器		100	2.2
10	转弯三通	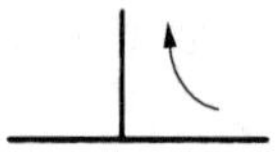	60	1.3	23	球心阀 $DN=15$		740	16
11	转弯三通		40	0.9	24	球心阀 $DN=20$		460	10
12	转弯三通	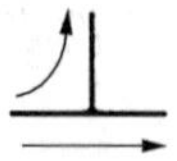	45	1.0	25	球心阀 $DN=25\sim40$		410	9
13	转弯三通	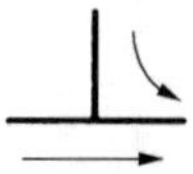	23	0.5	26	球心阀 $DN=50$		320	7

在湍流状态时，ξ 和 L_η/d 接近于常数，且不受 Re 的影响（$\xi = \xi_0$）；在层流状态时，ξ 和 L_η/d 是 Re 的函数（即 $\xi = \varphi\xi_0$），其中 φ 可以通过表 10 - 4 查得。

表 10 - 4　层流状态辅助系数 φ 值

Re	φ	Re	φ
200	4.20	1 600	2.95
400	3.81	1 800	2.90
600	3.53	2 000	2.84
800	3.37	2 200	2.48
1 000	3.22	2 400	2.26
1 200	3.12	2 600	2.12
1 400	3.01	2 800	1.98

根据求得的当量长度 L_η，加在管路直线段的计算长度 L 内，再按沿程摩阻公式计算即得整个管路的摩阻损失 H_ξ

$$H_\xi = \lambda \frac{L + L_\eta}{d} \cdot \frac{v^2}{2g} \tag{10-5}$$

（3）输油管线工艺计算的一般计算程序。

在新建管线时，通常是根据要求的输送量规定其流量。由已知的流量与大致选定的流速（一般采用经济流速或极限流速）初步确定管线的直径。这样就有了流量 Q、流速 v、管线直径 d，根据输送油品的特性即可以进行水力计算。

一般在管路中的经济流速可以参照表 10 - 5 进行预选。至于管路的极限流速，将根据特定条件决定。

表 10 - 5　管路中流体及管路的经济流速

项　　目	运动黏度/(m²/s)	平均速度 v/(m/s)	
		吸入管路	排出管路
油	1～2	1.5	3.5～2.5
	12～28	1.3	2.5～2.0
	28～72	1.2	2.0～1.5
	72～146	1.1	1.5～1.2
	146～438	1.0	1.2～1.1
	438～977	0.8	1.1～1.0
压缩性气体		8～20	
饱和蒸汽		30～40	
橡胶软管		一般 6～9，极限 13～15	

根据流速、管径和油流黏度等,可以计算出 Re。根据 Re 判别油流在管路的状态。根据各种流态,选用不同的计算公式,计算 λ 和 H。

2. 热油管路的工艺计算

对于易凝、高黏原油的管道输送,目前大多采用预先加热的方法。在热油沿管路输送过程中,既有热能损失,又有摩阻损失。其中热能损失起主导作用,因为油流黏度是影响摩阻损失大小的重要因素之一,而油流黏度的大小又随油流本身温度的高低而变化。油流的温度则取决于起点的加热温度和沿线散热后的温降情况。因此,对原油加热有 2 个目的:一是保证油流温度在输送过程中总是处于比凝点高的温度,以防止原油在管路内凝固,这对海底管道极为重要;二是降低油流在输送过程中的黏度,以减少管路的摩阻损失并便于输送。

1) 热油管路的轴向温降

热油输送沿管路长度的温度变化可按苏霍夫温降公式计算

$$\ln \frac{T_{\mathrm{B}} - T_{\mathrm{O}}}{T_{\mathrm{E}} - T_{\mathrm{O}}} = \frac{K \pi d L}{WC} \tag{10-6}$$

$$T_{\mathrm{E}} = T_{\mathrm{O}} + (T_{\mathrm{B}} - T_{\mathrm{O}}) e^{-\frac{K \pi d L}{WC}} \tag{10-7}$$

式中,T_{B} 为油流在管路入口的起始温度,单位为℃;T_{E} 为油流在管路出口的末端温度,单位为℃;T_{O} 为周围介质的温度,单位为℃;K 为管路与周围介质的总传热系数,单位为 kcal/(h·m²·℃);d 为管线内径,单位为 m;L 为管线长度,单位为 m;W 为油流的质量流量,单位为 kg/h;C 为油流的质量热容,单位为 kcal/(kg·℃)。

根据式(10-7)绘制的温降曲线如图 10-13 所示。从图中可以看出,热油输送管路沿线各处的温度梯度是不同的。管路起点油温高,油流与周围介质的温差大,温降就快;终点前的管段上,由于温差小,温降就慢得多。加热温度越高,散热越多,温降就越快。因此,过多地提高管路起点油温,以此提高管路终点油温,往往收效不大。

另外,从图 10-14 可以看出,在其他参数一定的情况下,在大输量下热油管路沿线的温度分布要比小输量时平缓得多。随着输量的减少,终点油温将急剧下降。

式(10-7)中,K 值的选定对温降的影响较大。K 值增大时,温降就显著加快。管线设计在初算时,K 值可根据周围介质条件选用,如表 10-6 所示。

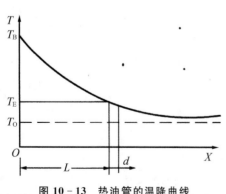

图 10-13　热油管的温降曲线

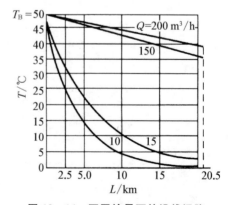

图 10-14　不同输量下的沿线温降

表 10-6　**K 值选用数据**

周围介质条件	干　砂	略湿的黏土	极湿的黏土	水中或海底
$K/[\text{kcal}/(\text{h} \cdot \text{m}^2 \cdot \text{℃})]$	1.0	1.2～1.5	3.0	10～12

根据国内外油田的实际应用结果,K 值的变化规律可以归纳如下:管径越大,K 值越小;管线埋深处的土壤含水量越大,K 值就越大;在相同条件下,管线处于地下水中与地下水以上相比较,K 值增加 30%～50%;管线埋置深度越深,K 值就越小,但一般埋深大于管径 3～4倍时,对 K 值的影响明显减小;气候条件,冻土的导热系数比不冻土要大 10%～50%,故一般 K 值在冬季要比夏季大;管内结蜡会使 K 值变小;K 值还与沿线土壤成分、相对密度、孔隙度等有关。

2) 热油管路的摩阻计算

根据实测资料,一般认为热油管线中油流的流态多数是在湍流水力光滑区。在该区的特点是黏度变化对摩阻的影响较小,用管路某一计算段的平均温度下的黏度计算摩阻损失。所引起的误差不大(通常误差不超过 5%,工程上完全允许)。因此,工程上常把热油管路分为若干段,设每段长为 L,然后按等温输油管线摩阻计算方法来计算其摩阻,具体步骤如下:

(1) 按上述温降公式,先求出各段油流的起始温度 T_B 和末端温度 T_E,再求出各段的加权平均温度 $\bar{T}$

$$\bar{T} = \frac{5 T_\text{B} + 7 T_\text{E}}{12} \tag{10-8}$$

(2)由实测的温黏曲线查出平均温度 $\bar{T}$ 时的油流运动黏度 ν。按照前述等温输油管线的公式。按照式(10-1)计算各段的摩阻损失 H_1。热油管路总的摩阻损失等于各段摩阻损失之和。

10.3.2　气体管线的工艺计算

1. 气体管线输气量的计算

气体沿管路流动时,随着压力下降,其密度逐渐变小,气体流速不断增大。计算输气量时假设气体在管内做稳定流动,即气体的质量流量在管道内任意一截面上为一常数;气体在管内做等温流动,即沿线气温保持不变;水力摩阻系数为一常数。

根据伯努利方程和达西公式,并将威莫斯(Weymouth)摩阻系数经验公式 $\left(\text{即} \lambda = \dfrac{0.009\,407}{\sqrt[3]{d}}\right)$ 代入经整理简化,可得工程上常用的输气管线体积流量公式

$$Q = 493.58\, d^{8/3} \sqrt{\frac{p_1^2 - p_2^2}{\gamma Z T L}} \tag{10-9}$$

式中,Q 为气体流量(在 $p_0 = 1$ atm 和 $T_0 = 20$℃ 的工程标准状态下),单位为 m³/d;d 为输气管内径,单位为 cm;p_1 为输气管起点的绝对压力,单位为 kgf/cm²;p_2 为输气管终点的绝对压力,单位为 kgf/cm²;γ 为气体的相对密度(对空气);T 为气体的平均绝对温度,单位为 K;L 为输气管的计算长度,一般取管线长度的 1.05～1.10 倍作为计算长度,主要是考虑管线局部

摩阻所造成的影响,单位为 km;Z 为气体在计算管段平均压力的压缩系数。

由式(10 - 9)可导出确定管径、起点和终点压力的计算公式

$$d = 9.772 \times 10^{-2} Q^{3/8} \left(\frac{\gamma ZTL}{p_1^2 - p_2^2} \right)^{3/16} \tag{10 - 10}$$

$$p_1 = \sqrt{p_2^2 + \frac{4.105 \times 10^{-6} Q^2 \gamma ZTL}{D^{16/3}}} \tag{10 - 11}$$

$$p_2 = \sqrt{p_1^2 + \frac{4.105 \times 10^{-6} Q^2 \gamma ZTL}{D^{16/3}}} \tag{10 - 12}$$

根据威莫斯经验公式,可将输气量的计算简化。假设气体的相对密度为 0.60,气体平均温度为 60℉,则输气量计算公式也可改写为

$$Q = \frac{871 \, d^{8/3} \sqrt{p_1^2 - p_2^2}}{\sqrt{L}} \tag{10 - 13}$$

式中,Q 为气体流量,单位为 ft^3/d;d 为输气管内径,单位为 in;p_1 为管线起点绝对压力,单位为 psi;p_2 为管线终点绝对压力,单位为 psi;L 为管线长度,单位为 mile。

实践表明,使用式(10 - 13)时可能会出现误差,当温度值变化 10℉ 时,结果误差约为 1%;当相对密度变化 0.01 时,结果误差为 3%～4%。

2. 输气管线的压力计算

输气管内的气流随着压力下降,体积和流速不断增大,促进了能量的消耗,故其压降曲线为一条抛物线。

$$p_x = \sqrt{p_1^2 - (p_1^2 - p_2^2) \frac{X}{L}} \tag{10 - 14}$$

式中,p_x 为距起点 X m 处的管线压力,单位为 kgf/cm^2;X 为从计算点到起点的距离,单位为 m;p_1 为起点压力,单位为 kgf/cm^2;p_2 为终点压力,单位为 kgf/cm^2;L 为管线长度,单位为 m。

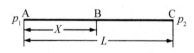

当输气管线停止输送时,管内高压端的气体逐步流向低压端,起点压力 p_1 下降,终点压力 p_2 上升,最终都达到平均压力 p_{cp},计算式为

$$p_{cp} = \frac{2}{3}\left(p_1 + \frac{p_2}{p_1 + p_2} \right) \tag{10 - 15}$$

由式(10 - 15)可看出,输气管的平均压力大于算术平均压力为

$$p_{cp} > \frac{p_1 + p_2}{2} \tag{10 - 16}$$

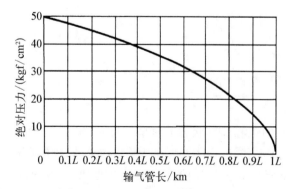

图 10 - 15　输气管中压力变化曲线

输气管平均压力公式表示了输气管内压力变化规律,如图 10 - 15 所示。前段压力下

降缓慢,距起点越远,下降越快;在前 3/4 的管段压力大约下降一半,另一半消耗在后面 1/4 的管段。由此证明:在高压下输送气体是有利的。

输气管线的压降曲线在操作过程中具有实用意义。通过该曲线可及时发现输气管的工况是否正常,例如,当管线发生局部堵塞时,如流量不变,则出站起点压力升高;而在堵塞点之后,压力会下降很快。

由输气管的平均压力和平均温度可以确定输气管的储气能力

$$V = 284 V_0 \frac{p_{cp}}{Z T_{cp}} \qquad (10-17)$$

式中,V 为气管中储气量,单位为 m^3;V_0 为气管的几何容积,单位为 m^3;p_{cp} 为气管平均压力,单位为 atm,T_{cp} 为气管平均温度,单位为 K;Z 为气体压缩系数。

3. 输气管线的温度计算

了解输气管沿线温度分布及其平均温度,可以为确定输气管的通过能力并判断输气管内是否产生水合物提供重要依据。输气管内沿管长任意一点的温度 T_x 可按苏霍夫公式计算。

$$T_x = T_0 + \frac{T_1 - T_0}{e^{aX}} \qquad (10-18)$$

当管长为 L 时,其管段的平均温度 T_{cp} 按式(10-19)计算

$$T_{cp} = T_0 + \frac{T_1 - T_0}{aL}(1 - e^{-aL}) \qquad (10-19)$$

输气管线终点 T_2 为

$$T_2 = T_0 + \frac{T_1 - T_0}{e^{-aL}} \qquad (10-20)$$

$$a = \frac{62.6KD}{Q\gamma c_p \times 10^6} \qquad (10-21)$$

式中,T_1 为输气管计算段起点温度,单位为℃;T_2 为输气管计算段终点温度,单位为℃;T_0 为输气管周围介质的温度,单位为℃;D 为管道外径,单位为 mm;K 为从管内气体至周围介质的总传热系数(查表 10-6),单位为 kcal/(h·m²·℃);c_p 为气体的比定压热容,单位为 kcal/(kg·℃);γ 为气体相对密度;Q 为气体流量,单位为 10^6 m³/d;X 为所求气体温度处与管路起点的距离,单位为 km;L 为输气管长度,单位为 km。

在 1 atm,20℃条件下的 c_p 值:甲烷 0.527,乙烷 0.410,丙烷 0.389,正丁烷 0.397,异丁烷 0.387。

10.3.3　管道尺寸的选择

管道尺寸的选择,从管路压降以及流体的最大和最小流速两方面考虑。管道中流体必须保持一定流速来防止流体波动和固体、沙粒的沉积。同时,流体的流速不能超过最大流速,以避免流体对管道管壁产生冲蚀、噪声和发生水击。

1. 液体管道的尺寸

决定管道尺寸的主要因素是管路的压降和液体的流速。管道内液体的最大流速取决于管道操作条件、管材和经济性等因素。API Spec 6D—2014 管道和管道阀门规范建议管道的最大流速不高于 4.57 m/s,对于软管最大流速应在 3.04～4.57 m/s 范围内取值。管道液体的最小流速建议为 1 m/s,可以有效地防止固体的沉积。

管道中流速可用式(10-22)计算

$$v = 0.012 \frac{Q}{d^2} \tag{10-22}$$

式中,v 为液体流速,单位为 ft/s;Q 为液体流量,单位为 bbl/d;d 为管道内径,单位为 in。

2. 气体管道的尺寸

与液体管道一样,气体管道的尺寸也取决于压降和流速两个因素。但流速起主要作用,因为流速高时,可能出现噪声并冲刷管道内壁腐蚀层问题,冲刷腐蚀层的速度越大,管线受腐蚀的速度就越快。因此,对气体管道最小流速建议在 3～4.5 m/s 范围内取值,最大流速应限制在 18～24 m/s 范围内。实验证明,在流速和冲刷腐蚀层之间有以下关系

$$v_e = \frac{C_e}{\rho^{1/2}} \tag{10-23}$$

式中,v_e 为气体冲蚀流速,单位为 ft/s;ρ 为实际条件下的气体密度,单位为 lb/ft³;C_e 为冲蚀流常数。

根据 API Spec 6D—2014 管道和管道阀门规范建议:对海上管线系统来说,连续流动的管道 C_e 取 100,不连续流动的管道 C_e 取 125。对于没有固体或用防腐剂的连续流动管道,C_e 可取 150～200,不连续管道 C_e 可取 250。气体管道直径的计算可参阅式(10-10)。

3. 管道的壁厚

在确定了海底管道的直径后,管道的壁厚按照式(10-24)计算选用

$$t = \frac{pD}{2\sigma_h} \tag{10-24}$$

式中,t 为管道的壁厚,单位为 m;σ_h 为环向应力,单位为 MPa;p 为管道内的压力,单位为 MPa;D 为管道的外径,单位为 m。

管道的环向压力不应超过所选用管材的许用应力。用上述方法计算出钢管的壁厚之后,还要进行铺管应力校核;如不能满足铺管要求,则要加大壁厚或采取施工措施。

10.3.4 油气混输管路

在某些特定环境下,油气混输管路具有单相管线无法比拟的优点。例如,在不便于安装油气分离和初加工设备地区,就必须采用混输管路直接将生产的油气输送到附近的工业区进行加工。在近海开采中,若采用混输管路直接将生产的油气送往陆上加工厂,就可以大大减小海洋平台面积,降低建造、操作和海底管路铺设的费用以及海上油气加工设备的安装与经营费用。因此,目前混输管路已从过去的小直径、短距离逐步向大直径、长距离的方向发展。

1. 水平管气液两相流的流型

外输油气混输管路主体部分可以看成是水平管路。根据气液两相在水平管管内的分布情况和结构特征，可将两相流的流型分为气泡流（bubble）、气团流（air mass）、分层流（stratified）、波浪流（wavy）、段塞流（plug）、不完全环状流（semi-annular）、环状流（annular）以及雾状流（spary），如图 10-16 所示。

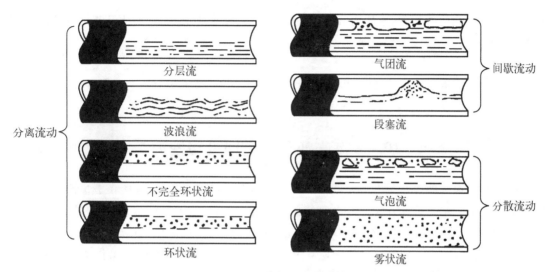

图 10-16　水平管气液两相流的流型

分层流、波浪流、不完全环状流和完全环状流均为分离流动。分层流发生在两相流量相对较低的情况下，气体在管道顶部流动，液体则主要占据了管道底部空间，气体和液体之间具有平滑的界面。当气体流速变大时，界面变成波状，形成分层的波浪流。不完全环状流和环状流主要发生在比较大的气液流量情况下，在管壁上形成液环，管子中心为夹带液滴的气流。

气团流和段塞流属于间歇流，它们会对管道流动造成冲击。气团流是由液体压力变小，气体析出，气泡变大后形成气团，分散在管道上部，管道上部空间被气团间隔。在气液流速变大时，液面会出现波动，它会使气团流进一步形成演化成段塞流。

气泡流和雾状流可以看成是分散流。在气泡流中，气体体积分数较小，气泡分散在连续的液体中，管道上部气泡较大，下部气泡较小且少。在雾状流中，液体的体积分数较小，液体呈小液滴的形式分散在气体中。

2. 水平气液两相管流的压降计算

两相管流的压力降可用同样管路中单相流时的当量压力降的倍数来描述

$$\Delta p = \Delta p_G \cdot \varphi_G^2 \ 或 \ \Delta p = \Delta p_L \cdot \varphi_L^2 \tag{10-25}$$

式中，Δp 为两相管流压力降；Δp_G、Δp_L 为同样管路中气体和液体单相流动时的当量压降；φ_G、φ_L 为气相和液相的压降系数。

影响两相流压降的重要因素是液体在管路中的聚集与气体在管路中摩阻损失的比例关系，可以表示为当量压降比系数 X

$$X = \sqrt{\frac{\Delta p_L}{\Delta p_G}} = \frac{\varphi_G}{\varphi_L} \tag{10-26}$$

当量压降比系数由当量液体压降和当量气体压降组成。

另外,根据 API RP 14E 美国海洋平台管道系统设计和安装规范中有关"海上生产管道系统的设计和安装"的规定,提出下列两相流的压降公式

$$\Delta p = \frac{3.4 \times 10^{-6} f L Q^2}{\rho_m d^3} \qquad (10-27)$$

式中,Δp 为两相流的压降,单位为 psi;L 为管道长度,单位为 ft;Q 为液体及其蒸气的流量,单位为 lb/h;ρ_m 为气液混合物的密度,单位为 lb/ft³;d 为管道内径,单位为 m;f 为摩阻损失系数。

该压降公式是有假设条件的,仅适用于以下情况:Δp 小于入口压力的 10%;气泡流或雾状流。

10.4 海底油气管道铺设与挖沟

海底油气管道是海上油气田开发生产系统的主要组成部分,是连续输送大量油气最快捷、最安全和经济可靠的运输方式。海底管道的优点是:可以连续输送,几乎不受环境条件的影响,不会因海上储油设施容量限制或穿梭油轮的接运不及时而迫使油田减产或停产,故输油效率高,运油能力强。另外,海底管道铺设具有工期短、投产快、管理方便和操作费用低的优点。但其缺点是:管道处于海底,多数又需要埋设于海底土中一定深度,检查和维修困难,而且某些处于潮差或波浪破碎带的管段(尤其是立管),受风浪、潮流、冰凌等影响较大,有时可能因海中漂浮物和船舶撞击或抛锚而遭受破坏。我国海域已经发生多起渔船的捕鱼网破坏海底管道的事故。

10.4.1 海底管道铺设

海底管道的铺设需要专用的铺管船在海况良好的时候实施完成。常见的海底管道铺设方法有 S 形铺管法、J 形铺管法、卷筒式铺管法和拖管法。下面分别介绍这几种铺管方法。

1. S 形铺管法

S 形铺管法是浅水海底管道铺设的一种常见的传统方法,其应用较为普遍,整个工艺过程已经非常成熟。如图 10-17 所示,管道通过托管架下放入水,从托管架上到海底触地点处的整个管段呈 S 形,可分为 3 个部分:上弯段、拐点段和下弯段。上弯段由托管架向上支撑入水。托管架是弯曲桁架结构,为方便管道滑入水中,在桁架上配置了多组滚轮。托管架可以控制管道的入水角,调整上弯段各处弯曲应力。拐点段为中间段,弯曲变形较小。拐点段下方到触地点之间的管段为下弯段。下弯段是一段很长的悬跨段,其受力较为复杂,特别是接近触地点处管道会受到较大的轴向力、静水压力和弯曲力矩等,其应力应变复杂,易受损,管道铺设过程中要特别注意下弯段的安全性。

S 形管道过程大致包括如下过程:

(1) 布置起始锚。铺管船在铺设地点抛锚就位,在甲板上准备好起始铺设使用的缆绳,其长度可设为水深的 6~7 倍。起始缆绳一端和起始锚连接,另一端和收放绞车钢缆相连。用辅

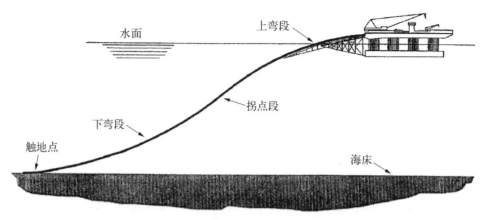

图 10 - 17 S 形铺管法

助工程船将锚抛出,抛锚点要确保在管道走向的延长线上。启动绞车,拉紧起始缆绳,保持一定的张紧力。

(2)安装应答器。在起始缆绳某一设定的长度位置处安装水下应答器。张紧起始缆绳,用 GPS 系统确定应答器位置坐标,以此为参考计算出起始缆绳长度,割除多余的起始缆绳。将起始缆绳连接到海底管道的起始处,开始铺管作业。

(3)海上管道铺设。将堆场上待铺设管道吊放就位,坡口加工后进行焊接操作,采用 RT(射线探伤检测)/UT 超声波检测管道。对于检测不合格的管道需要进行补焊,合格焊口上方可涂防腐涂层。而后管道顺着托管架下放入水。但在海况恶劣时,要及时进行弃管,待海况转好后回收弃管,继续前期铺设。

S 形铺管船的发展历程如表 10 - 7 所示。第 1 代 S 形铺管船为适合于浅水、沼泽和内陆水域的平底驳船;第 2 代也是驳船,但增加了带有 4～14 个系泊点的系泊系统;第 3 代为半潜式铺管船,其稳定性良好;第 4 代铺管船则采用了先进的动力定位技术,可对船舶位置进行精确控制,其优点包括具有较高的操纵性和强大的动力系统、起动时间短、可高速弃管和回收管、水深范围大等。一般而言,S 形铺管船的安装设备主要包括定位系统、锚机系统、张紧器、托管架、收放绞车、管道起重机、传送滚轮、焊接站、坡口机、焊接装配设备、检测站以及防腐设备等。

表 10 - 7 四代 S 形铺管船的发展历程

S 型铺管船	类 型	主 要 性 能	铺管能力	优 点	缺 点
第 1 代	旧舰船改装铺管船	稳性较差,只能承受 1 m 高的波浪	工作水深:小于 30 m 管道直径:最大 10 in	廉价	铺管速度慢且工作环境差
第 2 代	驳船	稳性一般,可承受的波浪高度为 1.5～3 m	工作水深:约 100 m 管道直径:最大 18 in	结构简单,易于建造,开始使用托管架	与第一代相比,铺管速度无改进

（续表）

S型铺管船	类 型	主 要 性 能	铺管能力	优 点	缺 点
第3代	半潜式铺管船	稳性良好,可在波浪高度大于 5 m 的情况下工作	工作水深:小于 500 m 管道直径:最大 30 in	稳性良好,使用张紧器,管道直径更大	自身无动力。需要拖船并且速度有限
第4代	动力定位铺管船	稳性极佳,可承受的最大波浪高度为 10 m	工作水深:小于 2 750 m 管道直径:最大 60 in	动力性能良好,具有灵活性,铺管速度较快	昂贵,维护成本较高

　　随着油气开发的水深越来越大,S形铺管船也在持续改进。目前 S 形铺管船的最大铺管深度已接近 3 000 m。但深水管道铺设仍有诸多问题需要解决,如管道悬跨段很长,管道本身很重,张紧器张力大,管道有大应力破坏风险;在深水应用中,托管架伸出长度较长,铺管船有失稳风险。

　　2. J 形铺管法

　　J 形铺管法(见图 10－18)是从 20 世纪 80 年代以来为了适应铺管水深的不断增加而发展起来的一种铺管方法。在这种铺管方法中,将要连接的管线的焊接、检验都在一个与铺管船甲板垂直或近似垂直的塔上进行,随后管线移动入水并到达海底,管线的线形呈 J 形。在铺设过程中借助于调节托管架的倾角和管道承受的张力来改善管道的受力状态,达到安全作业的目的。到目前为止,J 形铺管法主要有两种形式,一种是钻井船 J 形铺设法,另一种是带斜型滑道的 J 形铺管法。J 形铺管法主要应用于深水区域的管道铺设,目前已经得到了较为广泛的应用。

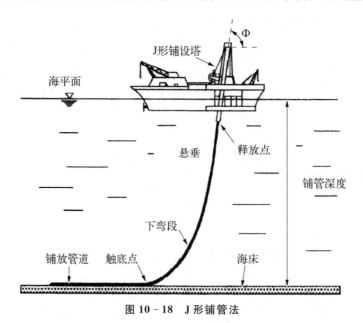

图 10－18　J 形铺管法

　　J 形铺管船法管道铺设过程主要有上管、角度调节、管道下放、管道对中、管道焊接、管道涂覆检测等。

（1）上管。上管系统是将待铺管段（或杆柱）从准备机架（水平的杆柱）转至 J 形铺设塔台（垂直的杆柱）上。实现该过程有多种方式,例如吊车夹持上管、铰链带动上管、四连杆机构上管、液压驱动四连杆机构转动臂上管等。

（2）角度调节。铺管塔的角度由铺设管径和水深共同决定,使用铺管塔角度调节器不仅能调节塔台的角度,还能对塔台起到一定的支撑作用。目前应用比较广泛的有液压缸式角度调节器和卡孔式角度调节器 2 种。

（3）管道下放。管道下放是管道由铺管塔入水和将已焊接管段下放过程。管道下放方式通常分提升机配合卡瓦基座（collar）下放和张紧器下放 2 种。

（4）管道对中。管道对中工艺是已铺设管段和待铺设管段的对中过程。这个过程主要由外部对中器和内部对中器共同作用完成。

（5）管道焊接。管道焊接是将已铺设管段和待铺设管段对中后进行焊接的过程。焊接分为自动焊接和人工焊接 2 种形式。

（6）管道涂覆检测。管道涂覆检测是对焊接完的管道进行探伤,并对管段进行涂覆作业。

J 形铺管船法的主要优点是:由于管道在接近垂直方向沉入深水海底,整体弯矩小,所需要的张力也小,并且触底点水平方向上距离铺管船比较近。但是由于焊接作业也在垂直方向上,焊接速度很慢,直接影响施工进度,同时在垂直方向完成所有操作,船体稳定性也是一个难题。

3. 卷筒式铺管法（reel-lay method）

卷筒式铺设是 20 世纪末出现的一种新型铺管方法。这种方法的优点是可在陆地上将分段管线连接长管线,然后卷绕至卷管船的卷筒上,其主要铺管设备包括盘卷卷筒、校直装置及铺管船等,典型的卷筒式铺管法如图 10-19 所示。

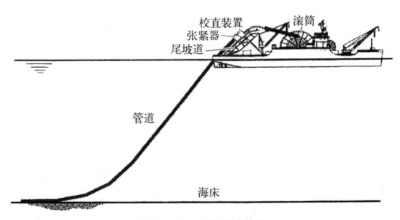

图 10-19　卷筒式铺管法

卷筒式铺管法要求铺设管道直径较小,管径尺寸最大不宜超过 18 in（取决于壁厚）。管道在岸上焊接并盘卷到卷筒式铺管船的大卷筒上,盘卷过程中管道在卷筒上会发生塑性变形,而且安装时通过特殊的直坡道将管道展开并拉直,管道会再次发生塑性变形,因此管道要能承受足够塑性变形的能力。另外由于卷筒尺寸有限,只能铺放长度较短的管道（根据管道直径一般为 3~15 km）,如果铺设更长的管道,在甲板空间允许的情况下,需要使用多个卷筒。

盘卷管道需考虑的一个重要问题是必须将管道的塑性变形限制在相关规范规定的范围之内,现有的卷管式铺管船都能满足这些规范的要求。因为需要将管道盘卷至小直径滚筒上,所以管道会发生一些塑性应变。容许应变量和管道椭圆度限制了可以采用这种方法进行安装的管道的最大直径。

尽管卷筒式铺管法存在限制,但已证实这种方法是经济可靠的,主要优点包括海上安装持续时间较短、海上延伸作业最少(无操锚船)、作业风险低(由于卷筒上的所有管段均可连续铺放)、成本低以及更为安全方便(因为所有焊接、检测、保温及防腐均在陆地上完成)。

4. 拖管铺管法(towing methods)

拖管法指管道在某较远陆地位置制造,通过拖曳运送至海上安装位置并铺放。拖管时需验证所选择和设计的管道浮力满足实施拖曳的要求。拖管可以在水面(浮拖)、水面以下某一深度处或海底进行。在水面以下拖管能减少波浪导致的疲劳损伤。拖管法大多用于较短的管道,通常小于 4 km(尽管曾铺放过 7 km)。管道一般由两艘拖船拖曳至安装位置,一艘在前一艘在后,到达目标位置后,下放管道定位安装。

拖管法可细分为以下 4 种类型,即浮拖、底拖、离底拖和中等深度离底拖,如图 10 - 20 所示。

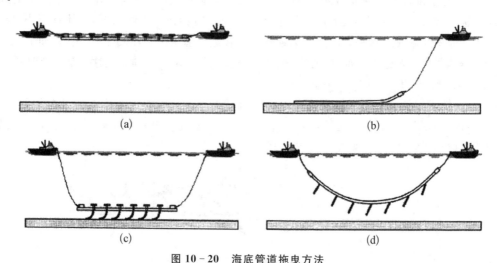

图 10 - 20　海底管道拖曳方法
(a) 浮拖法;(b) 底拖法;(c) 离底拖法;(d) 中等深度离底拖法

(1) 浮拖法。

浮拖法利用浮筒调节管道的浮力,使其漂浮在水面上,然后使用几艘拖船铸顶制管道拖曳至安装地点。该方法主要用于比较平静的海域,受诸如管道尺寸、海流速度以及拖船大小等因素的限制,铺管长度通常不超过几千米。

(2) 底拖法。

该方法将管段直接放置在海床上并由水面拖船拖曳至安装地点,因而可免受风、波浪和海流的影响,但是会受到不平整海床地形及海床土壤类型的限制,使其主要适用于相对平坦的海床。

(3) 离底拖法。

离底拖法利用浮筒和拖链将管道悬挂于海床上方一定高度处,并由水面拖船在前方进行拖曳。这样不仅能减小波浪的影响,还避开了所有的海底障碍物。因而尽管这种方法的安装程序较为复杂,但仍然应用广泛。

（4）中等深度离底拖法。

中等深度离底拖法与离底拖法类似,将管段置于一定深度进行拖曳。这种拖管法几乎不受水面风和波浪的影响,用于管道拖曳也非常安全。

5. 4 种铺管方法比较

4 种铺管方法比较如表 10-8 所示。

表 10-8　4 种铺管方法优缺点

铺 管 方 法		优 　缺 　点
S 形铺管法	优点	管道在水平方向采用单或双接头进行装配,效率高 铺设速率高,典型铺设速率为 3.5 km/d
	缺点	必须处理非常大的张力
J 形铺管法	优点	不需要船尾托管架 管道脱离角度非常接近垂直,所以张力较小
	缺点	由于只有一个焊接站,所以速度慢,效率低 所有操作都在垂直方向完成,所以稳定性是个难题 铺设速度慢,典型铺设速度为 1~1.5 km/d,只适应于深水作业
卷筒式铺管法	优点	99.5% 的焊接工作在陆地可控环境中完成 张力相对减小,效率和成本相对较低 管道可连续铺设,作业风险小
	缺点	需要岸上基地的支持 对钢材的塑性性质要求较高,管径相对较小 典型铺设速度为 600 m/h
拖管铺管法	优点	管道或立管束在岸上制造,在车间里获得很好的焊接质量 可以使用非常廉价的拖船,可以使用各种的拖曳方法
	缺点	安装长度有限 对海床的状况要求比较高 目前只在浅水区域采用该方法

10.4.2　挖沟方法

海底管线在海底处于复杂的海洋环境中,海底水流会不断冲刷管底,泥沙冲蚀管道,附着的微生物会腐蚀管壁,表层淤泥的不稳定性也会给管道带来潜在的不安全性隐患,另外外部抛锚、绳索缠绕、坠落物等很容易造成海床上管道的机械损伤。因此有必要对裸露在海床上的管道进行安全性保护,而提高海床上裸露管道安全性最有效的措施是通过挖沟将海底管线埋设到一定深度。

海底挖沟方法按照铺管和挖沟先后顺序可分为预挖沟法、同步挖沟法和后挖沟法。预挖沟法实际上是在海底管道铺设之前预先开挖出一条沟来,然后再将海底管道铺设到沟里的方法。预挖沟法多用于较浅水域的短距离管线,例如过河管线、登陆段部分等。用于预挖沟的设备主要有挖沟犁、挖泥船、水陆两用推土机等。预挖沟施工的缺点在于挖沟精度难控制,海底底流容易引起沟土回淤,使预挖沟的深度达不到要求;为了便于铺管,挖沟沟槽较宽,土方作业量大,铺管完成后,一般还需要泥土回填沟槽。

同步挖沟法是海底管道铺设与挖沟作业同步进行的一种挖沟方法。同步挖沟法使用的设备主要是挖沟犁,其具体做法是将挖沟犁安装在托管架末端,由铺管船拖曳着前进从而完成挖沟和铺管作业。铺管犁沟同步进行在时间和资金上十分有利,但它只适用于较浅的水中,且所需牵引力较大,施工难度大,极易对海底管道表层造成伤害,实际施工中使用较少。

后挖沟法就是在海底管道铺设在海床上之后再用海底挖沟机在海底管道底部进行挖沟作业。基本原理是利用挖沟机产生的大流量喷冲水流对海底管道底部的土壤进行冲刷、液化,液化土壤随水流冲走,从而形成管沟,管线在自重作用下沉入沟中。由于在较深的水域内,很难将海底管道准确地铺设到预先挖好的沟内,所以深海铺管埋设一般采用后挖沟方法。后挖沟法可选用设备有喷射式挖沟机、铰吸式挖沟机和挖沟犁。挖沟作业效率与挖沟机种类、土壤条件、挖沟深度以及海底管道在水中的总量关系很大。后挖沟方法按照已铺管线路由挖沟,适用于不同水深条件,而且能精确控制沟型、沟深等,是目前最主要的挖沟方法。

目前,常见的海底挖沟机有喷射式挖沟机、犁式挖沟机、机械式挖沟机等。

1. 喷射式挖沟机

喷射式挖沟机主要由基体 ROV、喷射系统、疏浚系统、监控系统等组成,喷射系统的高压水流液化、分解或切割海床土质,疏浚系统吸排出挖掘出来的土质而形成管线埋设所需的沟壑;监控系统提供照明、摄像、声呐扫描等功能,而基体 ROV 搭载挖沟机行进、跨管等,常称为爬行 ROV,是 ROV 类中体型、功率较大的,通过 ROV 推进系统在挖沟过程中自航行,并根据底部行走支撑方式不同,分成滑橇式与履带式喷射挖沟机,如图 10-21 所示。

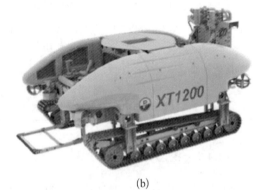

(a) (b)

图 10-21 喷射式挖沟机

(a) 滑橇式;(b) 履带式

与犁式、机械式挖沟机相比较,喷射式挖沟机主要适应于砂土、泥土等非黏性土质及低黏度的黏性土质,其挖掘速度慢;但作业水深深,可达 3 000 m,因其为自航式挖沟机,不需要海上母船提供拖曳力,对母船动力依赖较小,其可直接跨骑在管线上,就位着床对管线损害风险小,造价低,操作简易,且同时适应管线、电缆(动力、脐带、通信)的挖沟作业。但其作业效率低,不能挖掘硬质土质。

2. 犁式挖沟机

犁式挖沟机主要由主体支架、滑橇行走机构、犁刀挖掘机构、拖拉机构、脐带缆、动力系统、推进器、水下定位及监控系统等组成,图 10-22 所示是典型的犁式挖沟机,挖沟机跨在海底管线上方并抱管后,须依靠母船将其沿管线方向拖动前行,在拖动前行过程中,犁刀直接切入土壤中进行挖沟作业,能挖掘整齐的 V 形沟壑,不降低临近土壤的抗剪强度,通过控制滑橇来实现挖沟深度。因其结构简单、故障率低、挖沟速度快(喷射式与机械式挖沟一般不超过 0.5 km/h,犁式挖沟最快达 3.5 km/h)、作业费用低(为喷射式挖沟费用的 1/5~1/10)、沟壑成型稳定以及能挖掘各类土质等优势,在 1 000 m 水深中,海底管线挖沟常常是首选设备。

图 10-22 犁式挖沟机

3. 机械式挖沟机

机械式挖沟主要用于切割强度较强(如岩石)的海底土壤,通过机械切割设备(如链锯、柱状切割片等)将硬质土质切碎甚至液化,喷射系统将切碎的土质吸排出去形成管线埋设所需的沟壑,主要由主支架、铰刀系统、喷射系统、排泥系统、履带、动力系统、监控系统等组成,典型的机械式挖沟机如图 10-23 所示。机械式挖沟机结合了机械切割与喷射切割或疏浚,能适用海底任何土质,弥补了喷射式挖沟机不能切割硬质土质、犁式挖沟机需大马力母船拖曳的不足。但基于机械式挖沟机存在结构复杂、控制系统复杂、故障率高、机械切割设备损耗更换等原因,机械式挖沟机作业水深不超过 1 500 m,还待向效率高、故障率低、运维成本低及深水系列化发展。

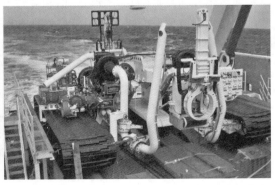

图 10-23 机械式挖沟机

10.5　海底管道的检测和维修

海底管道作为重要的海上油气田生产设施,它具有高投入和高风险特性。海底管道的造价昂贵,每千米的造价为 30 万~100 万美元;海底管道所处的海洋环境异常复杂,存在着许多不确定性因素。随着海底管道铺设距离的增加和运行时间的延长,海底管道损伤概率增大,事故也愈加频繁。而海底管道所输送的油气对人体有害,一旦海底管道发生泄漏或破坏,就会给周围环境和人员带来严重影响,轻则导致海底管道出现泄漏而浪费资源,重则会因为原油或天然气的泄漏而导致爆炸,造成人员伤亡和财产损失,并且严重破坏周边的生态环境。海底管道受到损伤的原因极具综合性和复杂性,但腐蚀、抛锚和外物撞击是引起海底管道受到损伤的主要原因。

海底管道安全性已经成为一个影响海洋油气开发和安全生产过程中的重要问题,应当引起人们的高度重视。定期检查海底管道的运行状况,及时掌握海底管道安全状态,成为海上油气生产的重要保障措施,亦是海管运营商资产完整性管理的重要内容,这样既可以防止管道腐蚀,又可以保证管道安全运行,延长管道使用寿命。

10.5.1　海底管道的检测

海底管道的检测可分为管道内检测和外检测。

1. 海底管道内检测

海底管道内检测包含清管和智能内检测,检测的仪器包括各种功能的清管器和智能内检测器。

1）清管

通常利用不同类型的清管器(见图 10 - 24)按照先后顺序清理管道内壁。管道清理顺序一般为泡沫清管球、带刷子的清管球、带刷子的钢质清管球和测量清管球等。检测前清管,可将附着在管内壁上的污垢、蜡状沉积物和水合物等清扫干净,使得检测传感器探头可以与管壁紧贴,以便获得真实数据。

2）智能内检测

目前通过智能内检测器测量管道厚度是应用最广泛的内检测技术,但检测费用较高,国内检测技术尚不成熟,市场及技术被美国和德国等公司高度垄断。常见的智能内检测器包括几何变形检测器、超声波检测器和漏磁波检测器等,如图 10 - 25 所示。几何变形检测器主要用于检测管道几何变形、断面变形、屈曲和皱褶变形等。超声波检测器利用超声波从管子内、外表面之间反射波的时间差来测定管壁腐蚀和厚度,但其检测需要液体环境,使用受到一定的限制。漏磁检测器使用磁铁将磁通引入管壁或焊缝,传感器装在两磁极之间,探测因管壁减薄或腐蚀等引起的各种漏磁现象,国际上 90% 的管道内检测均采用这一技术。

2. 海底管道外检测

海底管道外部检测的主要目的是掌握管道外部状况和管道在海床上的状态,主要内容包括海底管道地貌状况、水深,海底管道埋深、路由、走向,管道周围的冲刷情况,有无裸露悬空、有无发生位移及外力破坏、外部防腐层状况、管道外壁及其损伤情况、土壤腐蚀状况等。

外检测有两类方式:一类是工程物探方式,使用浅剖面仪、多波束水深测量系统、侧扫声呐系统及磁力探测等设备和方法进行常规海底管道外部检测;另一类是潜水检测方式,由潜水

图 10 - 24　不同类型的清管器

(a) 高密度泡沫球；(b) 直板清管器(基本型)；(c) 直板清管器(带钢刷)；(d) 直板清管器(带测径板)

图 10 - 25　不同类型的智能内检测器

(a) 几何变形检测器；(b) 超声波检测器；(c) 漏磁波检测器

员或 ROV 进行水下检测作业，主要方法包括水下目视检测、水下磁粉探伤、水下常规超声纵波探伤、常规超声横波探伤、涡流探伤、超声衍射时差法、漏磁探伤、水下交流场检测和水下射线探伤等。

下面以 Oceaneering 公司的 Magna 水下检测装置为例介绍海底管道外检测技术。

Magna 水下检测装置是美国 Oceaneering 公司的一款海底管道自动智能检测器，仅需要 ROV 为其提供电力和通信连接，技术水平高，使用范围广。

(1) 装置组成。Oceaneering Magna 水下检装置主要包含支撑架(含支撑磁轮)、检测系统

（含信号发射机、信号接收机及信号存储系统）、电力及通信电缆，以及与之配套的水上分析系统，整套装置由 ROV 提供电力及通信。

（2）检测原理。它利用电磁超声换能器（electromagnetic acoustic transducer，EMAT）技术，在不中断生产情况下深度达 3 048 m（10^4 ft），水下实现管道外部检测。它利用高速超声扫描，进行管周 360°检查，可发现管周 360°异常缺陷并提供金属结构管壁状况的实时数据，特别适合检测某些不能够进行内检测的海底管道。

（3）检测过程。Magna 水下检测装置检测过程如图 10 - 26 所示，该装置在 ROV 支持船舶上与 ROV 连接好电力及通信线缆。到达预定检测海域，由 ROV 机械手抓取并与 ROV 一起下放到海底管道顶端，由设备下端的磁轮支撑在管道上。检测设备沿着管道上端自动爬行，实现检测。整个过程由 ROV 提供视频监控，并且受水上控制系统对检测速度和检测精度等状态的控制。

图 10 - 26　Magna 水下检测装置检测过程

10.5.2　海底管道的维修

海底管道维修可分为水上维修和水下维修两大类，又可分为干式维修和湿式维修两种。

1. 水上维修

海底管道水上干式焊接维修的方法是，先把水下管道切断或切除破损段，然后把管道的 2 个管端吊出水面，焊接修复短节部分，做好 NDT 检验和涂层后，再把管道放回海底，即完成维修工作，其具体步骤如图 10 - 27 所示。

水上干式焊接维修的特点包括：① 需进行吊装计算分析（只适用于状态较好的海底管道）；② 需要专门的施工作业铺管船；③ 维修不需要特种机械设备，且维修速度快，维修质量

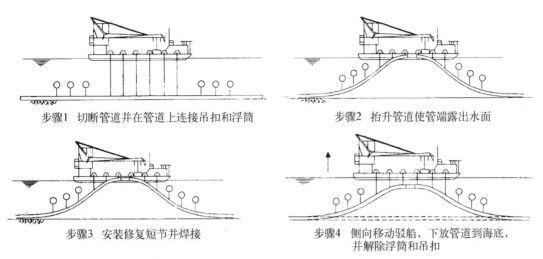

步骤1　切断管道并在管道上连接吊扣和浮筒　　步骤2　抬升管道使管端露出水面

步骤3　安装修复短节并焊接　　步骤4　侧向移动驳船,下放管道到海底,
　　　　　　　　　　　　　　　　　　　　　　　并解除浮筒和吊扣

图 10-27　海底管道水上维修示意图

较高;④ 对海管维修有较严格的限制,只适用于铺设在较浅海域的管道。

2. 水下维修

1) 水下机械维修

(1) 机械连接器维修。机械连接器维修步骤如图 10-28 所示。机械连接器包括一系列管端固定和机械密封构件,是一种可提供长度调节的水下管道修复设备,也可与各种法兰配套使用。2002 年涠洲 12-1 至涠洲 11-4 海底管道维修采取的就是组合方案。

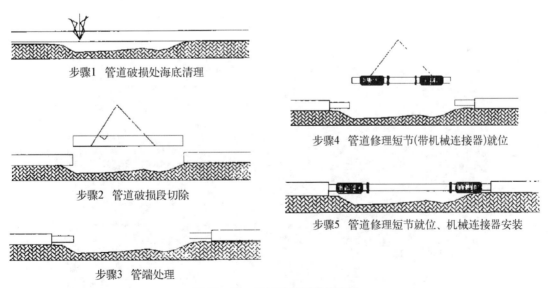

步骤1　管道破损处海底清理

步骤4　管道修理短节(带机械连接器)就位

步骤2　管道破损段切除

步骤5　管道修理短节就位、机械连接器安装

步骤3　管端处理

图 10-28　机械连接器维修步骤

机械连接器维修的特点包括:① 适合于各类海区、水深的作业要求;② 不需要第三方检验合格的焊接程序和焊工;③ 不需要特种船舶和设备;④ 维修时间短且费用低;⑤ 虽然不能保证原有管道的整体性能不改变,但可提供足够的机械强度和可靠性。

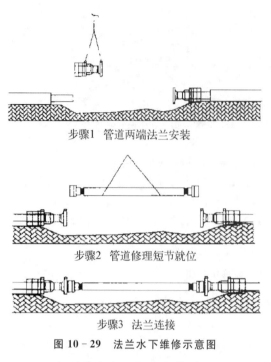

步骤1 管道两端法兰安装

步骤2 管道修理短节就位

步骤3 法兰连接

图 10-29 法兰水下维修示意图

（2）法兰维修和外卡维修。法兰分为标准法兰、旋转环法兰和球形法兰等。标准法兰主要用于水面以上的管道更换段；旋转环法兰和球形法兰为水下法兰，是海底管道破损后湿式维修的主要构件，可调节管道在水下安装的角度和方向，主要用于原有管道法兰连接处破损后的更换，也可用于平管段破损后的连接维修。绥中 36-1 油田海管和涠洲 12-1 油田至涠洲 11-4 油田海管维修就是采用了这种方法。法兰维修（见图 10-29）程序、所用设备与机械连接器维修相似，其优点是节省时间，费用低。

外卡维修主要用于破损较小（如裂纹、腐蚀穿孔等）的管道，但要求管道所上外卡段变形应在外卡的精度允许范围之内。采用这种修复方法方便快捷，所用的船舶小，费用低，但它仅适用于管道操作压力等级和安全等级较低的管道。

2）水下干式高压焊接维修

水下干式高压焊接维修的步骤为切除破损管段，在水下安装焊接工作舱，如图 10-30 所示，工作舱内配有动力电源，照明、通信、高压水喷射、起重、气源、焊接施工设备，生命支持系统等。工作舱内注入与该海域水深相同压力的高压气体，形成干式环境后，即可进行修复海管管端，安装短节，实施水下干式焊接等作业。这种方法多用于管道不能在水面焊接，但又要求保

图 10-30 水下干式高压焊接维修

证管道原有的整体性能不改变,或采用其他方法受到限制的情况,以及对管道的附属结构进行维修的情况。

水下干式高压焊接维修的特点是:维修效果较好,可保证管道原有的整体性能不改变。但该高压焊接系统比较复杂,维修费用高且需要配备特种设备,如焊机、水下切割工具、大型起重工作船等,并要配备具有干式高压焊接资质的特种潜水员(饱和潜水)。

在该焊接方法中,气室底部是开口的,通入气压稍大于工作水深压力的气体,把气室内的水从底部开口处排出,焊接是在无水的气室中进行的。一般采用焊条电弧焊或惰性气体保护电弧焊等方法进行,是当前水下焊接中质量最好的方法之一,基本上可达到陆地焊缝的水平,但仍存在以下 3 个问题:

(1)因为气室往往受到工程结构形状、尺寸和位置的限制,局限性较大,适应性较小,目前仅用于海底管线等形状简单、规则结构的焊接。

(2)必须配有一套生命维持、湿度调节、监控、照明、安全保障、通信联络等系统。辅助工作时间长,水面支持队伍庞大,施工成本较高。

(3)同样存在"压力影响"这个问题。在深水下进行焊接时,随着电弧周围气体压力的增加,焊接电弧特性、冶金特性及焊接工艺特性都要受到不同程度的影响。

3) 水下干式常压焊接维修

水下干式高压焊接的质量虽然较好,但其局限性较大,尤其是随着水深的增加,电弧周围的气压不断增加。容易破坏电弧的稳定性而产生焊接缺陷。此外在没有达到焊接全自动化的情况下,需要潜水焊工的辅助操作。如果水深超过潜水极限或者潜水成本过高,则无法实施。在技术水平还无法解决这些问题的时候,为了克服水下干式高压焊接的不足,研究人员于1977 年制造出水下干式常压焊接设备,法国 LPS 公司首先采用这种方法在北海水深 150 m 处成功地焊接了直径 426 mm 的海底管道。

这种焊接方法是在密封的压力舱中进行的,压力舱内的压力与地面的大气压相等,与压力舱外的环境水压无关。实际上这种焊接方式既不受水深的影响,又不受水的影响,焊接过程和焊接质量与陆地焊接时一样。但常压焊接系统在海洋工程中的应用很少,其主要原因是焊接舱在结构物或者管道上的密封性和焊接舱内的压力很难保证。另外干式常压焊接设备造价比水下干式高压焊接还要昂贵,需要的焊接辅助人员也更多,所以一般只用于深水和焊接重要结构。此方法的最大优点是可有效地排除水对焊接过程的影响,其施焊条件完全和陆地焊接时的条件一样,因此其焊接质量也最有保证。

4) 水下湿式焊接维修

水下湿式焊接就是不采取任何挡水或排开水的技术措施,潜水焊工在水中对于浸泡在水里的工件进行焊接,这显然比在陆地上进行焊接要困难。无论是焊接操作,还是焊接质量的保证都比陆地焊接要麻烦。较普通的湿法焊接方法是采用焊条电弧焊。由焊工潜入水中进行手工操作。这种方法的优点是设备简单、适用性强、成本较低。但是焊接质量很难达到优良的水平。该施工方法的技术关键是:采用焊条或焊丝焊接时,能放出大量气体,使之排开焊接区域的水,造成一个小局部的无水状态,形成熔池以及焊缝冷却结晶。因此,要开发水下专用的焊接材料才能满足水下焊接的要求。具体施工要注意一些细节,例如焊条应涂上防水涂料;焊工应携带防止焊条浸湿的焊条"干燥桶";设计水下焊接的专用焊钳;进行焊工的潜水能力培训以及潜水焊接技术培训等。

水下湿式焊接是潜水员在水环境中进行的焊接,水下能见度差,潜水焊工看不清焊接情况,会出现"盲焊"的现象,难以保证水下焊接质量,尤其水密性更难以保证。因此采用这类方法难以获得质量良好的焊接接头,尤其是当焊接结构将应用在较为重要的情况,焊接的质量难以令人满意。但由于水下湿式焊接具有设备简单、成本低廉、操作灵活、适应性较强等优点,所以各国也一直在对该技术进行研究,并取得了较大进展,如采用设计优良的焊条药皮和防水涂料等,加上严格的焊接工艺管理和认证。水下湿式焊接已在北海平台辅助构件和管道的水下维修中有成功应用。另外,水下湿式焊接技术也广泛用于海洋条件好的浅水区以及不要求承受高应力构件的焊接。目前,国际上应用水下湿式焊条和水下湿式焊接技术最广泛的是在墨西哥湾,如墨西哥湾核反应堆供水起泡管的修复、Amoco Trinidad 石油公司的石油平台 78 m 深的水下焊补都采用了水下湿法焊接技术。现在水下湿式焊接中最常用的方法为焊条电弧焊和药芯焊丝电弧焊。在焊接时,潜水焊工要使用带防水涂料的焊条和为水下焊接专门设计或改制的焊钳。对于质量要求较高的接头焊接,可把焊条放入充气容器,防止焊条使用前吸水。但到目前为止,应该说水深超过 100 m 的水下湿式焊接仍难以得到较好的焊接接头,因此还不能用于维修重要的海洋工程结构物。

思 考 题

1. 海上原油的储存容器有哪些?

2. 单点系泊有哪些方式?

3. 海底管道外输适用于哪些场合?它有哪些优缺点?

4. 一条长约 350 m 的输油管路,其管径为 400 mm,管道的绝对当量粗糙度为 0.05 mm,油流在管路中的体积流量为 0.251 2 m^3/s,某种原油的密度为 0.762 5 g/cm^3,其动力黏度为 0.3 cP。求在输送过程中产生的沿程摩阻损失是多少?

5. 一条油气混输管道长度为 12 000 ft,管道入口压力为 100 psi,工作温度为 15℃,油气混输管道中水流量为 220 bbl/d,油流量为 700 bbl/d,天然气流量为 $20×10^6$ ft^3/d,水的相对密度为 1.05,油的相对密度为 0.8,天然气的相对密度为 0.85,其中天然气压缩系数为 0.7。求:直径为 5 in 的油气混输管路中压降值是多少?

6. 海底管道铺设方法有哪些?各有哪些优缺点?

7. 海底挖沟方法有哪些?常用的挖沟机有哪些类型?

8. 海底管道检测方法有哪些分类?简述各种方法的工作过程。

9. 海底管道的维修方法有哪些?各有何特点?

第 11 章　海洋油气平台

海洋油气平台按照其作业位置的稳定性与移动性大致可以分为以下 3 类。

（1）固定式平台：包括人工岛、极浅水钢混结构固定平台、浅水钢结构固定平台、水力重力平台、深水钢结构固定平台、导管架式平台、顺应塔式平台等。

（2）移动式平台：包括坐底式平台、自升式平台等。

（3）浮式平台：包括张力腿平台、单柱浮筒式平台（SPAR）、半潜式平台、浮船式生产储油平台（FPSO）等。

11.1　固 定 式 平 台

固定式平台是早期近海油气开发常用的平台，平台通过下部基础直接承压并固定于海底。由于海洋开发逐步从近海浅水向深水发展，深水固定式平台也逐年增多，但迄今大量固定式平台仍然在浅水至 300 m 左右水深进行油气生产作业。

11.1.1　人工岛

人工岛（见图 11-1）是在滩海（一般水深小于 6 m）地区，用人工以土或砂石堆建成的小岛，也有用混凝土结构或混凝土结构内填土或砂石堆建而成，统称为人工岛。在人工岛上安装类似于陆地的石油钻机（1 台至多台），在钻机底部设滑移装置，以便钻丛式井，在此进行钻井、完井采油，将生产出的石油、天然气就地分离处理或以管线外输，进行分离处理。人工岛是陆地钻井采油工艺与设施的延伸，优点与陆地钻井采油类似，还特别适用于冰区、极地石油天然气的开采。

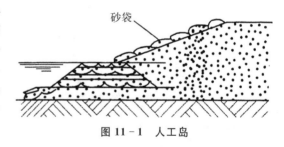

图 11-1　人工岛

11.1.2　极浅水钢混结构固定平台

极浅水钢混结构固定平台一般应用于水深小于 15 m 的油气开发，这种平台的基础通常采用钢结构与混凝土结构的结合体（见图 11-2）或外部为钢沉箱结构、内部填充黏土或砂土（见图 11-3）。为使结构与海底固定，避免风浪流的冲击造成平台位移，通常均要在其底部打桩固定。极浅水钢混结构固定平台也有在钻机底部设滑移装置，类似陆地钻丛式井和完井采油。

11.1.3　浅水钢结构固定平台

浅水钢结构固定平台的工作水深通常小于 50 m，其结构类型有多种。为减少海浪、海流的波浪力，通常建成单立柱结构，有三腿或四腿的形式，如图 11-4 和图 11-5 所示。浅水钢结构固定平台除有坐底式沉箱可以储油外，为增加坐底的稳定性，避免底部被海流掏空而产生

图 11-2 沉箱式钢混结构的固定平台

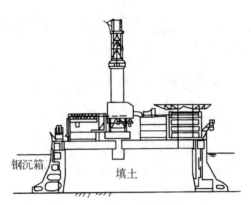

图 11-3 钢沉箱式内填土的固定平台

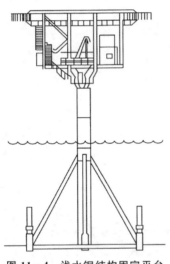

图 11-4 浅水钢结构固定平台

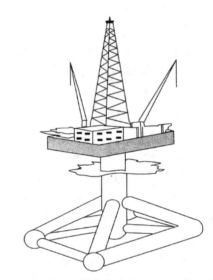

图 11-5 美国阿拉斯加水深 20.1 m 的采油平台

位移,又发展了桩基沉箱式平台,它特别适用于冰区采油和储油,如我国锦州 9-3 的桩基沉箱式平台,下部为直径 43 m×高 6.8 m,其上为直径 33 m×高 11 m 的钢罐,可储油约 15 000 m³,沉箱下部有 17 根直径 1 372 mm(54 in)的垂直钢桩支撑。

11.1.4 水力重力平台

水力重力平台又称为混凝土(内设钢筋)平台。为钢筋混凝土结构或钢筋混凝土结构与钢结构的复合体。它的主要优点:建造时不需要专用结构钢材;对焊接等建造技术要求不高;建造好后靠浮力拖运至海上,靠其自身重力(必要时灌水)在海底坐定,不需要专用打桩固定,安装迅速方便;平台还可以储存大量的原油(储存量可达 $15×10^4$ m³,甚至更多);抗低温和腐蚀;维修费用低等。该平台多见于北海(主要是英国和挪威近海)、水较深、气候严冷、海底较平坦而土质较硬,且海底石油高产量地区(北海地区达 23 座以上)。水力重力平台如图 11-6 所示,混凝土与钢结构的复合重力平台如图 11-7 所示。

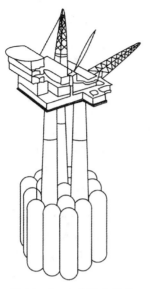

图 11 - 6　水力重力平台

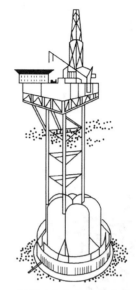

图 11 - 7　混凝土与钢结构的复合重力平台

水力重力平台目前的工作水深已超过 300 m,重量超过 80×10^4 t。水力重力平台的主要缺点是结构庞大,受风浪流的阻力很大,与导管架平台相比,同样 100 m 水深,前者重量为 40×10^4 t,后者为 7 000 t,前者投资费用高昂,故它仅适用于一些特定地区和要求储存大量原油的装置。

11.1.5　深水钢结构固定平台

深水钢结构固定平台在导管架平台未出现之前,是应用于 $50 \sim 300$ m 水深最多的平台。这类平台通常是在陆上建造完成运输到开发位置安装好后,从平台上钻井和采油。这类平台通常有桩固定的形式(见图 11 - 8)、拉索锚定的形式(见图 11 - 9)和钢重力坐底形式等多种。目前这类平台工作水深最深达 450 m。

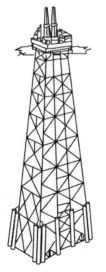

图 11 - 8　有 40 个井槽的桩固定平台
(安装于墨西哥湾水深 285 m)

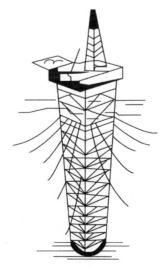

图 11 - 9　深水拉索锚定式固定平台

深水钢结构固定平台中,钢重力坐底形式的平台数量很少,这种平台形式早期出现在美国墨西哥湾、阿拉斯加和英国北海,如北海 Manreen 油田一个结构庞大的钢重力坐底式平台,其工作水深 96 m,平台下部有 3 个总储油能力达 10.3×10^4 m³ 的钢罐,其下部钢结构总质量约 4.2×10^4 t 并有约 5×10^4 t 的压载材料,以保持平台坐底的稳定。

11.1.6 导管架式平台

导管架式钻井采油平台除了具有与一般固定平台类似陆地钻井采油的优点外,还可以在边建

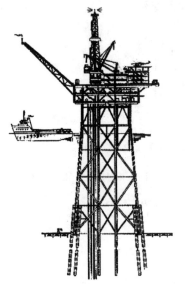

图 11 - 10 导管架式采油平台

造平台的同时进行油气田开发预钻井作业,待平台建造好后运移至海上,以预钻井的海底基盘定位安装,将海底井口回接至平台上进行完井采油。这种方法可以将油气田开发周期缩短一年以上,故导管架式采油平台是固定式平台中数量最多的,多用于 250 m 水深之内。它是目前非深水海洋油气开发的主力,具有稳定性好、技术成熟、较大的甲板载荷等优点,缺点是不能移动,重复使用困难。

导管架式采油平台与其他钢结构固定平台一样,其负荷均由打入地基的桩承担,如中国东海平湖油气田的导管架综合钻采平台,工作水深 87.5 m,导管架总质量 4 630 t,导管架的 12 根裙桩(钢桩)总质量 3 300 t,裙桩外径为 2 133.6 mm(84 in),用水下打桩机打入海底长度超过 100 m。打桩完毕后,在主导管和桩之间的环空中注入水泥,使桩与导管架形成一个整体。桩基上部设计采用了液压夹紧和机械锁紧联结的机构,确保导管架的全部负荷传递至钢桩由地基承载。导管架式采油平台如图 11 - 10(东海平湖综合钻采平台)所示。

11.2 移动式平台

移动式平台可整体移动到目标位置坐定,坐定后可类似于固定式平台不随波浪做浮式运动,平台系统可在多地重复使用,一般用于钻井作业,也可用于先期采油。移动式平台主要包括坐底式平台和自升式平台。

11.2.1 坐底式平台

坐底式采油平台如图 11 - 11 所示,该平台一般适用于河流和海湾等 30 m 以下的浅水区。坐底式平台有 2 个船体,上船体即工作甲板,安装生活舱室和设备,通过尾郡开口借助悬臂结构钻井;下船体是沉箱,主要功能是压载以及海底支撑作用。2 个船体由支撑结构相连。该平台拖航就位后可在沉箱中灌水,使其沉入水底,坐牢后实施钻井、完井、采油和油气分离处理,处理好的原油可

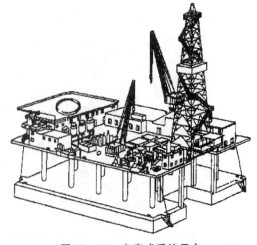

图 11 - 11 坐底式采油平台

进一步储存于坐底的沉箱内（将沉箱内的水置换出）。该区块完成钻井采油后，可将沉箱中的水排出，平台上浮，再拖航就位于新油区实施类似的钻井、完井、采油和油气分离处理等作业。在某些海区，为避免由于海流对平台反复冲刷、出现平台底部被掏空的现象，还在平台底部打定位桩，当平台需要移走时，可将定位桩丢弃。

11.2.2　自升式平台

自升式钻井平台分拖航式和自航式；桩脚（腿）的升降方式主要分为电驱动的齿轮减速-齿轮齿条驱动升降和液压（液缸或液马达）驱动升降 2 种；钻井方式大多为悬臂式钻井（便于骑在井口平台上钻生产井），早期平台无悬臂式钻井；自航自升式钻井平台出现于早期，主要便于平台自航运移，但由于海上自航半潜式运输船专门用于运送自升式、半潜式等平台的出现，自航自升式钻井平台趋于淘汰。

自升式钻井平台的主要优点是钻井作业不受气象和海况的限制，类似陆地钻井或钻丛式井，以及完井采油，确保作业人员和设备的安全；平台的造价相对低廉且可移性较好，可重复使用，特别适用于不大于 122 m（400 ft）水深钻勘探井和骑在井口平台上钻生产井。它的主要缺点是受桩腿长度的限制，其工作水深大多在 122 m（400 ft）以内，少数平台工作水深达 152 m（500 ft）、167.6 m（550 ft），目前极限水深不超过 200 m（650 ft）；甲板空间较小，可变载荷也相对较小；此外，在平台运移、插桩升平台和降平台拔桩作业也存在由于设计或操作不当的安全风险。自升式钻井平台的外貌如图 11 - 12。

图 11 - 12　自升式钻井平台

自升式钻井采油平台的结构特点、平台位移（也分拖航式和自航式两种）、定位、桩脚（腿）的升降方式和主要优缺点与自升式钻井平台完全相同，所不同的是平台上还装备了采油、油气分离处理的设备，甚至在其下部还有储油设施。自升式钻井采油平台特别适用于中小油田和边际油田的开发。它除了可以在平台上钻丛式井、完井和采油、油气分离处理外,还可以同时与周围水下完井采油的卫星井相连接,进行卫星井的采油和油气分离处理。自升式钻井采油平台的结构如图 11 - 13 所示。

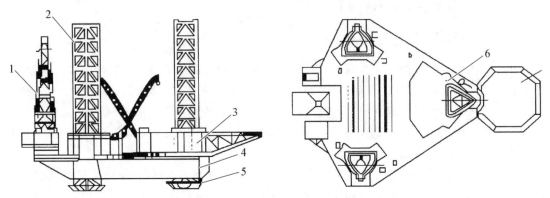

1—井架;2—桩腿;3—生活模块;4—船体(浮箱);5—桩靴;6—桩腿升降装置;7—直升机平台。

图 11 - 13　自升式钻井采油平台的结构

11.3　浮 式 平 台

浮式平台的特点是平台上部主体结构能稳定地漂浮在水面,上部主体机构通过张力缆索或锚链等柔性结构物与海床相连。常见的浮动式平台主要是张力腿平台、SPAR 平台、半潜式平台或 FPSO 船平台。

11.3.1　张力腿平台

张力腿平台(tension leg platform,TLP)适用于较深水域(300~2 000 m)且油气可采储量较大的油田。TLP 一般由上部组块、甲板、船体(下沉箱)、张力钢索及锚系、底基等几部分组成(见图 11 - 14)。其船体(下沉箱)可以是 3、4 或 6 组沉箱,下设 3~6 组乃至更多的张力钢索,垂直与海底锚定。平台及其下部沉箱受海水浮力,使张力钢索始终处于张紧状态,故在钻井或采油作业时,TLP 几乎没有升沉运动和平移运动。其微小的升沉和平移运动(平移运动仅为水深的 1.5%~2%),在钻井和完井时大部分由水中钢索和井内相对细长的钻具自行补偿。

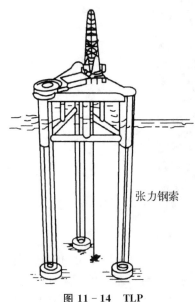

张力钢索

图 11 - 14　TLP

　　TLP 最早于 1984 年出现在英国北海的 Hutton 油田,水深 148 m;第 2 座平台于 1987 年出现在美国墨西哥湾,水深 536 m;1993 年,TLP 在美国墨西哥湾的花园礁(Garden Reefs) 426 区块,水深 858 m 处建立;2004 年在墨西哥湾,TLP 工作水深最深达 1 425 m。

　　TLP 具有很好的稳性及运动性能,下部沉箱具有大的储油空间,适用于较深水域且可采油气储量较大的油田。

TLP 上部模块包括钻井模块、水面采油设施模块、油气水分离处理模块、动力模块、公用设施模块、火炬臂、吊机、直升机甲板、生活模块等；船体（下沉箱）内有储油设施、张力钢索、锚系的张力升沉补偿装置等。

11.3.2　Spar 平台

Spar 平台也称为悬腿式平台或单柱浮体平台，它是在柱形浮标和张力腿平台概念的基础上研制出的一种用于深水的生产平台。这种平台的上部由一座单柱直径数十米，长约 100 m，甚至更长的圆筒形柱体结构支撑，柱体下方用垂向或斜向向外圆周辐射状张力钢索系泊定位。它与 TLP 相似，具有很好的稳性及运动性能。它的特点是结构简单，建造费用较低，作业时类似 TLP 的特性，适用于深水和超深水的采油作业。其悬腿中心主干是由钢管焊接成的空间框架式结构或大型空心钢管，顶部为甲板及上部钻采模块，系泊拉索则沿中心主干辐射布置：系泊拉索尾端由重力锚或大抓力锚固定或用吸力锚固定；其下部还可以用其底部的圆筒体储油。

Spar 平台已经发展出 3 代类型平台：标准型 Spar 平台、桁架型 Spar 平台和多柱体型 Spar 平台。3 代 Spar 平台如图 11-15 所示（从左至右为第 1～3 代）。

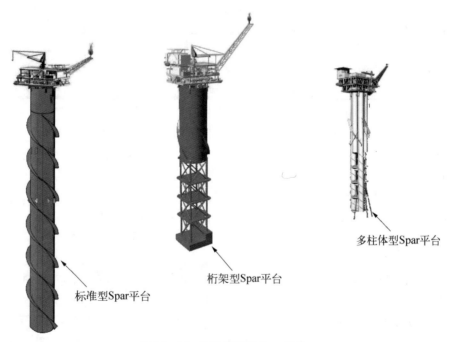

多柱体型Spar平台

桁架型Spar平台

标准型Spar平台

图 11-15　3 种类型的 Spar 平台

第 1 代标准型 Spar 是最早出现的 Spar 深海采油平台，该型 Spar 平台最主要的特征就是主体为大直径、大吃水的封闭式单柱圆筒结构，体形比较巨大，主体长度一般有 215 m，直径都在 22 m 以上。单柱圆筒水线以下部分为密封空心体，以提供浮力，称为浮力舱，舱底部一般装压载水或用以储油；中部有锚链呈悬链线状锚泊于海底。主体中有 4 种形式的舱：硬舱，位于壳体的上部，提供平台的浮力；中间部分是储存舱；底部为平衡/稳定舱，系泊完成后用来降低重心；还有压载舱，用于吃水控制。

第 2 代是桁架型 Spar 平台。它与第 1 代最大的不同在于它的主体分为 3 个部分,上部和标准型 Spar 一样为封闭式圆柱体,中部为开放式构架结构,下部是底部压载舱。封闭式主体主要负责提供浮力,浮舱、可变压载舱以及储油舱都位于其中;开放式主体为构架结构,并采用垂荡板(heave plate),分为数层;底部压载舱则主要负责提供压载,稳定性就由垂荡板和底部压载舱提供。

桁架型 Spar 平台的运动性能比较优良,这主要是由其结构特点所决定的:① 由于采取了开放式构架结构,使得桁架型 Spar 的主体受力面积大大减少,从而减小了平台在相应方向上的运动响应;② 开放式主体上水平设置的垂荡板结构也大大提高了平台的稳定性,它不但能够提供一定的压载重量,而且当平台发生垂荡运动的时候,垂荡板与上下面的海水作用产生很大的阻力,抵消了大部分由于波浪和海流产生的垂荡力,从而限制了平台的垂荡运动。上述的结构特点,使得桁架型 Spar 平台对于低频波浪的响应不及标准型 Spar 平台那么剧烈,因此允许减少主体的吃水量,缩小主体的长度,再加上开放式主体比原先的封闭式主体重量轻,从而使得耗用的钢材量也大大减少,降低了造价。

多年来,Spar 平台以其结构上的优势在世界深海油气开发领域得到了应用和发展,创造了良好的经济效益,但是不管是标准型 Spar 还是桁架型 Spar,它们都有一个共同的缺点,那就是体形庞大,尽管桁架型 Spar 采用了构架式主体结构,大大地降低了钢材耗用量,增大了平台的有效载荷,但标准型 Spar 和桁架型 Spar 庞大的主体对建造船坞的要求很高,因此,这些 Spar 平台的主体都是在欧洲和亚洲制造,然后千里迢迢地用特种船舶运输到墨西哥湾进行组装,运费昂贵且不易安装。为了解决 Spar 平台这些缺点,Spar 平台的设计者 Edward E. Horton 设计了新一代的多柱型 Spar 平台,从而将 Spar 技术又向前推进了一大步。

多柱体型 Spar 在结构上最大的不同就是其主体不再是单柱式结构,而是分为若干个小型的、直径相同的圆柱形主体分别建造,然后以一个圆柱形主体为中心,其他圆柱形主体环绕着该中央主体并捆绑在其上,构成封闭式主体,在主体下部,仍然采用了构架结构,以减少钢材耗用量。多柱体型 Spar 比标准型 Spar 和桁架型 Spar 拥有更小更轻的主体结构,进一步降低了 Spar 平台的造价和安装运输费用。由于多柱体型 Spar 平台的主体是分为多个部分各自建造,每一个圆柱式主体的体积都不是过于庞大,对建造场地要求不是太高,这就使选择 Spar 平台主体建造地点时具有了更大的灵活性,可以大大降低平台的整体造价。

11.3.3　半潜式平台

半潜式平台又称为立柱稳定式平台,主要由上部平台、下浮体(沉垫浮箱)和中间立柱 3 部分组成,如图 11-16 和图 11-17 所示。在下浮体与下浮体、立柱与立柱、立柱与上部平台之间还有一些水平支撑和斜撑连接。下浮体之间的连接支撑,一般都设在下浮体的上方,当平台移位时,可使它位于水线之上,以减小阻力。平台主体高出水面一定高度,以避免波浪冲击。下浮体提供主要浮力,沉没于水下以减小波浪的作用力。平台主体与下浮体之间的立柱具有小水线面,并且立柱与立柱之间相隔适当距离,以保证平台的稳性。利用排水和注水可以使平台上浮或下沉,以适应使用要求。

上部平台任何时候都处在海面以上一定高度。下部浮体在航行状态下浮在海面上,浮体的浮力支撑着整个装置的重力。在钻井作业期间,下部浮体潜入海面以下一定的深度,躲开海面上最强烈的风浪作用,只留部分立柱和上部平台在海面以上。正是因为在工作期间半潜入海面以下这种特点,其被命名为半潜式平台,它适宜在 150～3 000 m 水深的海域钻井作业,是

图 11-16 海洋石油 981 平台

图 11-17 海洋石油 982 平台

发展前景很大的一种石油钻井平台。半潜式平台也可用于海洋油气生产,半潜式生产平台需要在半潜式钻井平台基础上增加平台的油、气、水生产处理装置以及相适应的立管系统、动力系统、辅助生产系统及生产控制中心等。

1. 结构组成

上部平台一般也分成两层,上层为主甲板,下层为机舱。上甲板是设备存放及人员居住、工作的主要场所,其上堆放着主要的钻井器材和材料,甲板中间开有月池,方便平台钻井采油。上甲板主要有格框型和箱型两种结构型式。格框型甲板由主要承载甲板及其余甲板组成,以前建造的平台多采用这种类型。箱型甲板则主要包括具有双层底的下甲板、一层或多层中间甲板和一层主甲板。下层甲板(即机舱)内部主要有机泵组、固井设备、泥浆循环系统及各种材料库罐等。平台的尺寸都相当大,所以有很高的自持能力。上部平台的形状以矩形最为常见,此外还有二角形、五角形、八角形,甚至还有"十"字形和"中"字形。

立柱连接下浮体和上部甲板,工作时,下浮体和部分立柱沉入水下,大大减小了水线面积及波浪作用在船体上的载荷,它巨大的水线面惯性矩提供平台工作时所需的稳性。立柱的数目一般为 4 个或 6 个,内设舱室,可装压载水和工作设备。截面一般为圆形或矩形,近年来新造的半潜式平台多采用方形截面,使得建造更加简便,排水和舱容增大。立柱的布置应尽量使平台具有相近的横稳性和纵稳性。

浮体(下船体)为整个平台提供浮力,整个装置的重力以及各种外力载荷都要靠此浮力支撑。浮体又称为浮箱,制成船形沉没于水下,有许多各自独立的舱室,每个舱室内有进水泵和排水泵。它通过充水排气及排水充气来实现平台的升降,其外形有矩形、鱼雷形、潜艇形及上下平坦、左右两侧为椭圆等多种形式,内有供升降用的压载舱。

平台除由立柱支撑外,还有许多撑杆支撑,使上层平台、立柱与下浮体形成整体空间结构。撑杆把各种载荷传递到平台各主要结构上,并可以对风浪或其他不平衡载荷进行有效合理的分布。撑杆是半潜式平台的重要构件,特别是三角形或五角形半潜式平台,其撑杆作用更加重要。

锚泊系统用于给平台定位,通过锚和锚链来控制平台的水平位置,将它限定在一定范围内,以满足钻井工作的要求。半潜式钻井平台自航或拖航到井位时,先锚泊住,然后向下船体和立柱内灌水,待平台下沉到一定设计深度呈半潜状态后,就可进行钻井作业。钻井时,由于平台在风浪作用下产生升沉、摇摆、飘移等运动,影响钻井作业,因此半潜式钻井平台在钻井作业前需要先下水、下器具,并采用升沉补偿装置、减摇设施和动力定位系统等多种措施来保持平台在海面上的位置,方可进行钻井作业。

2. 分类

半潜式平台按移动方式分为自航式和非自航式;按定位方式分为锚泊定位(适应 30～1 500 m 的水深或更深)、锚泊和动力定位组合(适应 400～2 500 m 乃至 4 000 m 的水深)以及动力定位(适应 1 000～3 000 m 乃至 4 000 m 的水深)等几种。

1) 锚泊定位的半潜式平台

锚泊定位的半潜式平台多用于水深不大于 1 500 m 的情况,它具有上述可移动性好、抗风浪能力强、作业舒适、稳定性佳、工作水深范围广、甲板空间大、储存能力大、可变载荷高等相同优点。此类半潜式平台的锚泊定位多用 8～12 点锚泊系统(矩形平台 4 个角上各两个),锚多为大抓力锚,采用三用工作船进行非自抛锚作业。早期的锚泊定位半潜式平台也有自航式的。国内第一艘半潜式平台"勘探 3 号"为典型锚泊定位的半潜式平台。

2) 锚泊和动力定位组合的半潜式平台

锚泊和动力定位组合的半潜式平台主要适用于 400～2 500 m 乃至更深的深水和超深水(ultra-depth water)钻井。通常水深不大于 1 500 m 时采用锚泊定位(锚链与锚缆组合);水深 1 500 m 以上的超深水采用动力定位。该平台装有动力定位系统的均为自航式。在具有锚泊和动力定位组合的半潜式平台上除装备上述锚泊系统外,还装有动力定位系统,在水深不大于 1 500 m 时采用锚泊定位可明显节约采用动力定位消耗的巨额燃料费用。锚泊和动力定位组合的半潜式平台的结构、优点与锚泊定位或动力定位的半潜式平台相同。

3) 动力定位半潜式平台

动力定位半潜式平台主要适用于 1 000 m～3 000 m 及 3 000 m 以上的深水和超深水钻井,并多用 2 000 m～3 000 m 及 3 000 m 以上的超深水钻井。动力定位半潜式平台集中了锚泊定位半潜式平台的相同优点及 3 000 m 以上的深水钻井和 10 000 m 以上的超深水钻井的工作能力。

半潜式平台长期以来用于钻井和采油中,是一种比较成熟的技术。在巴西近海、挪威北海和墨西哥湾应用较多,我国南海流花 11-1 油田就采用了 1 座半潜式生产平台结合海底管线及 FPSO 进行油气开发。

11.3.4　浮式生产储油装置

浮式生产储油装置(FPSO)分为船型和其他形式,船型最为常见,如图 11-18 所示。船型FPSO 主要包括以下几个部分:

(1) 船体部分。FPSO 是漂浮在海面上的一个浮体,具有船舶的安全特性,如浮性、稳性、刚性及强度要求等。船体部分既可以按特定要求新建,又可以用油船或驳船改装系泊系统。

(2) 系泊系统。这种系统可以有一个或多个锚点,一根或多根立管,一个浮式或固定式系泊浮筒,一座转塔或骨架,主要用于将 FPSO 系泊于作业油田。

(3) 甲板设施。FPSO 一般作为一个油田的生产指挥中心,因此 FPSO 甲板上布置有高度自动化的甲板设施,主要包括油气水处理、动力、自控、通信、生活等设施。

图 11 - 18　船型浮式生产储油装置(海洋石油 118)

（4）卸油系统。该系统包括卷缆绞车、软管绞车等，用于连接和固定穿梭油船，并将 FPSO 储存的原油卸入穿梭油轮。

FPSO 作为一种浮式生产装置，通常与其他井口平台或海底采油系统组成一个完整的采油、原油处理、储油和卸油系统，如图 11 - 19。其作业原理是：通过输油管线将采集的原油汇聚到 FPSO 船上，在 FPSO 船上进行油气水处理，转化为稳定的合格商用原油后储存在 FPSO 货油舱内，再通过卸载系统定期输往穿梭油船外输。

图 11 - 19　浮式生产储油装置(海洋石油 118)系统示意

FPSO 可以新造，也可以由驳船、油船改装生产而成。FPSO 系泊方式主要有 3 种：单点系泊、多点系泊、动力定位系泊。单点系泊是指锚泊系统与船体只有一个接触点；多点系泊是指锚泊系统与船体有多个接触点；动力定位系泊是借助于螺旋桨和侧推器等实现浮体的海上定位系泊。动力定位系泊特别适用于频繁往返于工作场地与基地之间的 FPSO、深水起重船和深水钻井船等。

浮船式 FPSO 机动性和运移性好,可以被重复利用,还省去了下游终端设施、码头和外输管网等费用。浮船式 FPSO 对水深不敏感,在深水域中有较大的抗风浪能力,能承载较大的有效荷载,可装载大的生产工艺流程,并可提供较大的储油能力,在海上可连续生产,省去了远距离的外输管道铺设施工。采用浮船式 FPSO,可使以往用传统技术、经济手段无法开采的离岸较远的油田也能够得到开发。但浮船式 FPSO 在工作时摇摆、升沉较大,这也导致了一些问题:作业人员舒适感较差;一般不能用来钻井,油田开发时需要用其他钻修井设施进行钻修井作业;不能在水面平台上采用干式采油树采油。另外浮船式 FPSO 也会出现一般海上船舶出现的甲板上浪问题。冲上甲板的海浪对控制阀、火灾探测系统和电缆桥架等造成冲击,引发事故,因此需要在船舷设置防护结构、在船侧建造防浪墙以及将有关结构重新进行调整和布置等。FPSO 一般用于油田,不用于开发气田。

FPSO 始于 20 世纪 70 年代,90 年代得到大规模发展,至 2008 年,全世界约有 180 艘 FPSO 在服役或在建,它们主要分布在北海(26 艘)、巴西(31 艘)、西非沿海(40 艘)、东南亚沿海(20 艘)、澳大利亚(14 艘)和中国(17 艘)等。据 2020 年 11 月的资料显示,运营中(175 艘)、已下单(20 艘)以及可用(25 艘)的 FPSO 共 220 艘,占浮式油气生产设施总库存的 68%。FPSO 的吨位已从发展初期的几千吨级,发展到现在的几十万吨级,目前在役最大 FPSO 吨位已接近 40×10^4 t。由于 FPSO 具有海域适应性、经济性好,可靠性高和可重复再利用的特点,它已被石油界广泛地用于海上油气开发。即使在海况非常恶劣的北海和南中国海海域,FPSO 的应用也非常普遍。现在 FPSO 的设计寿命都为 20～30 年,可在较长一段时期内做到连续生产且解脱进坞维护。FPSO 是技术成熟且安全可靠的海上油气生产的重要设施之一,随着深水油气田的开发利用,FPSO 将更加显现出其优越性,也将成为海洋石油开发的一个新兴产业。

11.4　浮式生产平台运动对油气生产工艺设备的影响

与固定式平台不同,浮式生产平台由于在海洋环境中会产生一定自由度的运动,而这些运动对工艺设备的性能要产生影响。了解它们的运动特性及其对工艺设备的影响,才能合理地设计工艺设备。

11.4.1　浮式生产系统的运动特性

安装在浮式平台上的生产设备随着浮体的运动或多或少会产生如图 11-20 所示出的 6 种形式的运动:纵荡(surge)、横荡(sway)、垂荡(heave)、横摇(roll)、纵摇(pitch)和首摇(yaw)。前 3 种属于线性运动,而后 3 种属于角度运动。

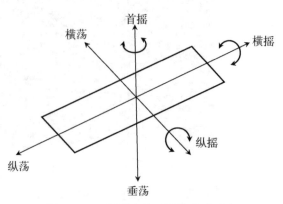

图 11-20　浮式生产系统的运动形式

这些运动有的对工艺设备设计有重大的影响,在表 11-1 中用"＊"表示;有的对工艺设备设计有次要的影响,在表 11-1 中"0"表示;有的对工艺设备的设计影响很小或没有影响,在表中为空白。

表 11 - 1　浮式生产系统的运动特性

平 台 系 统	线 性 运 动			角 度 运 动		
	纵荡	横荡	垂荡	横摇	纵摇	首摇
单点系泊的油轮或驳船			*	*	*	
多点系泊的油轮或驳船	0	0	*	*	*	
半潜式平台	*	0	*	0		*
张力腿平台	0	0				

应当注意的是：上述运动形式术语是相对工艺设备的纵轴来说的，即半潜式平台的纵荡方向被认为是与卧式工艺容器的纵轴相一致。

从表 11 - 1 看出，在正常条件下，首摇和横荡对工艺设备设计没有大的影响，其余的运动方式都会对工艺设备有重大的影响。

11.4.2　运动对工艺设备的影响

浮式生产系统的运动对工艺设备的操作有下列 5 种影响。

1）容器水准面倾斜

当容器产生纵摇运动时，容器的纵轴方向会发生水平倾斜（见图 11 - 21），其结果是气相空间气流通过的有效截面积减小，从而导致气体流速的增加。高气体流速可能增加油气分离器中液滴的

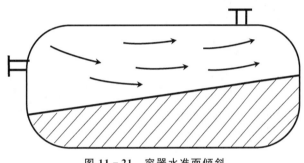

图 11 - 21　容器水准面倾斜

携带量并产生泡沫，从而恶化了设备的操作性能。图 11 - 22 表示出容器横截面积减少和气体流速增加与纵摇运动角度的关系曲线。图中不同的曲线表示容器的有效长度 L 和直径 D 的比值不同。

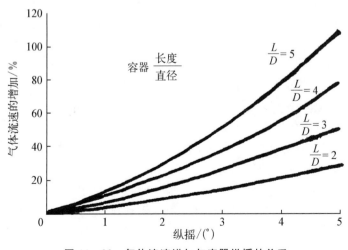

图 11 - 22　气体流速增加与容器纵摇的关系

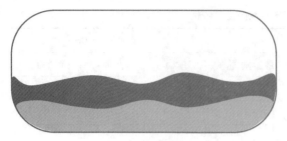

图 11 - 23　共振波

2）共振波

共振波（resonant waves）是由于容器内液体的自然频率接近于浮式船体的运动频率而引起的。这种现象常常会发生。因为容器内液体的自然纵向波频率典型的范围是 6～12 s，非常接近于浮式船体的纵摇和纵荡频率（10～16 s），如图 11 - 23 所示。

虽然船体的垂荡运动不会单独引起显著的液面共振波，但它会加强由纵摇和纵荡引起的共振波，即纵摇和纵荡使系统丧失平衡，然后在垂荡力的作用下加剧了工艺容器内液体的运动。

容器内液面共振的产生，像容器倾斜一样，会造成部分区域气体流速增加，并引起油水两相混合，从而降低工艺设备的操作性能。

3）初级液体挠动（primary liquid turbulence）

由于容器倾斜、共振波和其他运动使得容器内液体产生运动。这些液体吸收了运动的能量而产生初级挠动（见图 11 - 24）。挠动的结果减慢了油中气泡的析出，并使油水混合，从而降低了分离性能。

4）次级液体挠动（secondary liquid turbulence）

为了消除共振波和降低初级液体挠动，在容器中安装了部分带孔的堰板。当液体通过堰板孔时便产生次级挠动，如图 11 - 25 所示。次级挠动降低了油水两相的分离效率。

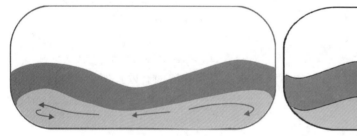

图 11 - 24　初级液体挠动

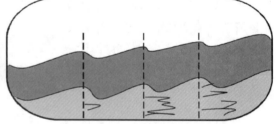

图 11 - 25　次级液体挠动

5）对工艺控制的影响

容器内液体出现上述运动引起了下列若干工艺控制问题：

（1）由于垂荡产生的加速度使得液面计浮子的表观重量（apparent weight）发生变化。

（2）运动引起的液面变化导致高低液位报警和停产信号。

（3）纵摇和横摇运动使液面计浮子挂在浮筒壁上造成控制读数失灵。

上述 5 种因浮式生产系统的运动对工艺设备的影响并不都是来自每种运动形式；事实上，正如表 11 - 2 所示，只有纵摇才会同时产生不利的影响（表中用"×"表示）。

油田工艺系统中的大多数处理器，无论是油气水分离器或净化器都依靠重力分离原理。重力分离要求被处理液体处于较平稳的状态，而浮式生产系统破坏了这种平稳状态。上述分析是对油气水分离器的一个例子。

表 11 - 2　容器运动的影响

对工艺不利的影响	运　动			
	纵　摇	横　摇	垂　荡	纵　荡
容器倾斜	×			
共振波	×		×	×
初级挠动	×	×	×	×
次级挠动	×			×
工艺控制问题	×	×	×	

图 11 - 26 所示是运动对静电脱水器影响的一个例子,其具体的影响如下:

(1) 容器倾斜和油水界面的共振波使局部水面上升,可能造成电极短路。

(2) 容器倾斜降低了乳状液的分散效率。

(3) 液体的挠动降低了油水分离的效率。

(4) 油水界面控制问题。

其他的工艺设备如含油污水处理装置、涤气器、气体吸收塔和原油缓冲罐等都会受到运动的影响而降低操作性能。

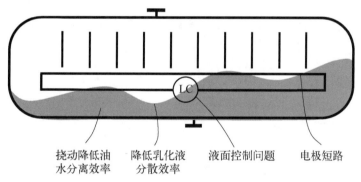

图 11 - 26　浮式生产平台运动对静电脱水器的影响

11.4.3　减少运动对工艺设备性能影响的措施

为了减少浮式生产系统运动对工艺设备性能的影响,其主要措施是减少设备运动的振幅,其次是改进设备的设计。

1) 设备运动振幅的减小

浮式生产系统最有害的运动是纵摇,因此工艺容器的轴向应当布置成沿最小的纵摇方向。通常船体的纵摇角度要小于船体的横摇角度,因而容器的纵摇方向应当与船体的纵摇方向相一致。海上容器的角度运动与船体运动一样是固定的,而线性垂荡运动的幅度随距船体重心的距离增加而增加。因此,工艺容器布置应尽可能靠近船体的重心,使得垂荡运动保持最小值。

2) 合理设计容器的尺寸和内件

对容器的尺寸和内件需要进行合理的设计,使其在规定的运动条件下能保证它的操作性能。然而由于运动和内件的复杂性,目前尚无有效的分析方法,因而合理的设计在很大程度上要依靠实验的方法,即对运动进行模拟试验。

一般的考虑是,任何挠动对油气水分离工艺都是有害的。正如前面所述,容器内增加堰板可以降低液体波动产生的初级挠动,然而由于堰板的存在又导致了次级挠动或涡流。增加堰板的数目,初级挠动会降低,而次级挠动要增加。为使总的挠动达到最小值,存在着堰板数量的优化问题。另外,堰板的形状应是弯月形的,以保持在不同的横摇角度时液体通过有固定的流率,以减少横摇运动的影响。

有些外国公司(如 SBM 和 C-E Natco)的室内和现场试验表明,经特殊内件设计的卧式容器能经受 6°的横摇和 3°的纵摇,并能保证满意的操作。对于更加严峻的运动,则需要更复杂的内件。

此外,增加卧式容器的直径,减少长度,对减少浮式生产系统运动的影响也是有效果的。

思 考 题

1. 海洋油气平台有哪些种类? 各种类有哪些类型平台?
2. Spar 平台先后经过哪些类型的发展? 各有何特点?
3. 简述半潜式平台的结构组成。
4. 船型 FPSO 有哪些优缺点?
5. 浮式生产平台的运动对工艺设备的操作有哪些影响? 如何减少其影响?

第 12 章　平台工艺管路

平台工艺管路是连接各工艺设备并使流体能在其中流动的纽带。在管路中流动的介质有液体、气体和气-液两相物质。流体在管路中流动时由于与管壁的摩擦而产生摩阻损失，热力管路由于散热而引起管路沿轴向产生温降。平台工艺管路的设计在于合理地确定管线的尺寸，正确选择管线的材质及阀门等管路附件，以满足平台生产系统的工艺要求。平台工艺管路与长距离的输送管道不同，它的特点是：长度一般不超过 200 m；拐弯和流线发生方向变化较多；在短距离内安装有较多的阀门和附件，在总摩阻损失中，局部摩阻占有较大的比例。

12.1　液体管路的水力计算

由于平台上管路较短，输送液体的温度沿轴向的变化可以忽略，通常按等温管路对待，不考虑因温度变化对流体性质和输送阻力的影响。液体沿等温管路流动时所消耗的能量主要是压力能。压力能的消耗包括 3 部分：① 用于克服设备高程差所需的位能，对于某一管段，它是不随输量变化的固定值；② 克服液体沿管路流动过程中的摩擦及撞击阻力，通常称为沿程摩阻损失，它随流速和流体性质等因素而变化；③ 克服液体通过阀门、管件所产生的局部摩阻损失，它也随流速和流体性质而变化。

确定液体管线直径时，应当考虑流速和压降两个因素。最大允许流速取决于管道材料、流体性质系统寿命和使用频率；而压降则要满足泵的吸入头，泵的经济动力消耗以及工艺设备操作条件的要求。

12.1.1　液体输送管流速和压降

液体输送管流速可用式(12-1)表示

$$V = \frac{1.273Q}{d^2} \tag{12-1}$$

式中，V 为液体在管内平均流速，单位为 m/s；Q 为液体流量，单位为 m³/s；d 为管内径，单位为 m。

平台上各容器设备之间管路中的液体流速应控制为 1～5 m/s。流速小于 1 m/s，液体中的砂或其他固体可能沉积下来。流速大于 5 m/s，可能对一些部位，如控制阀门等处产生喷射冲刷。在此流速范围之内，管内因摩擦阻力造成的压降通常是小的。两个压力容器之间的液体管路的压降将大部分发生在降压阀和节流阀中。表 12-1 给出了推荐的碳钢管中的液体流速和压降。

对于铜镍合金管，最大流速不应超过下列限制：管径≤2 in，最大流速取 1.6 m/s；4 in 管径，最大流速＜2.2 m/s；6 in 管径，最大流速＜2.5 m/s；管径≥8 in，最大流速取 3.0 m/s。

表 12-1 钢管中液体流速和压降

液体种类	流速/(m/s)			压降/(10^5 Pa/100 m)
	<2 in	3~10 in	10~20 in	
烃类泵进口,重力流	0.45~0.76	0.6~1.2	0.9~1.8	0.07~0.2
烃类泵进口,压力流	1.2~2.1	1.5~3.0	2.4~4.6	0.2~0.9
烃类排放管	0.9~1.2	0.9~1.5		
水泵进口	0.3~0.9	0.6~1.2	0.9~1.8	
水泵出口	1.2~2.7	1.5~3.6	2.4~4.2	<0.45
排放水管	0.9~1.2	0.9~1.5		

12.1.2 摩阻损失计算

液体通过管路的摩阻损失包括液体通过管段的沿程摩阻损失和通过阀门、管件所产生的局部摩阻损失,具体计算参照 10.3 节。管路阀门或管件的当量长度是指与液体通过阀门或管件所产生的摩阻损失相同的同径直管段长度。各种阀门或管件的当量长度可查阅有关书籍或手册。在工程设计中进行初步计算时,往往不知道阀门和管件的数量。可以从平面图上计算出直管段的长度,然后乘以表 12-2 中给出的经验系数,则可求得包括局部摩阻在内的管路计算长度。

表 12-2 管路计算长度系数

管路直径/in	直管长度/m		
	30	60	150
<3	1.9	1.6	1.2
4	2.2	1.8	1.3
6	2.7	2.1	1.4
>8	3.4	2.4	1.6

12.1.3 泵的吸入管线计算

如果泵的吸入管线有气体,在进入泵内突然升压的情况下气泡破裂,即产生气蚀作用,会对泵体产生严重破坏,因此必须进行校核计算。往复泵、旋涡泵和离心泵的吸入管线系统应该设计成在泵进口法兰处的有效净正吸入水头超过泵所要求的净正吸入水头(NPSH)。另外,应采取措施使往复泵吸入管路的脉动减到最低程度。要使泵工作良好就要在液体进入泵壳体或泵缸时无汽化,泵所要求的净正吸入水头是用于克服泵体内产生的压降并保持泵内液体压力在汽化压力之上。不同类型和特性的泵有不同的 NPSH 值。通常泵铭牌上标明的 NPSH 是常温下用清水测得的,用于输油时应根据黏度进行换算。

超过泵送液体汽化压力所必需的有效压差可以定义为有效净正吸入水头(NPSHa),这是在吸入法兰处的绝对总水头,有效净正吸入水头应大于或等于泵所需要的净正吸入水头,即

NPSHa≥NPSH,对于大多数泵,可以使用下面公式计算有效净正吸入水头

$$NPSHa = h_p + h_{at} - h_v - h_f - h_r - h_a \qquad (12-2)$$

式中,h_p 为绝对压头,即作用在泵进口容器内液面上的绝对压力,单位为 m;h_{at} 为静水头(可为正或负),即容器内液面和泵中心线的高程差,单位为 m;h_v 为进口温度下液体的蒸气压,单位为 m;h_f 为泵吸入管路的摩阻损失,单位为 m;h_r 为速度头,$h_r = \dfrac{v^2}{2g}$,单位为 m;h_a 为加速度头,单位为 m,离合泵和旋涡泵加速度,加速度头是 0。v 为吸入管路中液体流速,单位为 m/s;g 为重力加速度,单位为 m/s^2;

设计泵吸入管路时注意管路尽可能短,并尽量少用弯头和管件。另外,吸入管路一般应大于泵入口接头一个或两个管子规格,即如果泵入口管接头是 2 in 的,吸入管路往往采用 2.5 或 3 in 的管子。

12.2　气体管路的水力计算

平台工艺气体流可以分成两种类型,即不可压缩流和可压缩流。当流体加速度产生的动能损失可以忽略不计时,这种气体流可认为是不可压缩的。属于这种情况则必须满足下面两个条件:① 气体流速小于 60 m/s;② 总压降小于起点压力的 10%。

通常,平台工艺和公用系统的气体流属于等温不可压缩流。在确定管路直径时,应考虑流速和压降两个因素。图 12-1 表示出气体管路推荐的压降和容许压降。

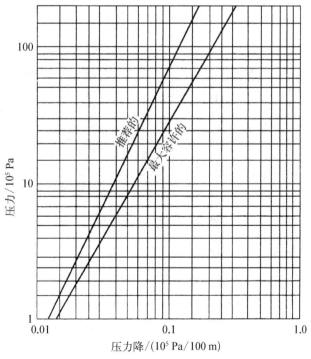

图 12-1　气体管路推荐和容许压降

对压缩机进出口管路,国外推荐采用表 12-3 中的压降。

表 12-3　压缩机进出口管路压降推荐值

进/出口	压力/10^5 Pa	压降/(10^5 Pa/100 m)
进　口	0～0.7	0.011～0.028
	0.7～3.1	0.028
	3.4～6.8	0.056
	>13.8	0.113
出　口	<3.4	0.028～0.056
	3.4～6.8	0.056～0.113
	>13.8	0.113～0.226

根据推荐的压降计算出管径,然后求得气体流速。检查气体流速是否满足图 12-2 所推荐的数值。如果计算出的气体流速太高,则要重新计算。

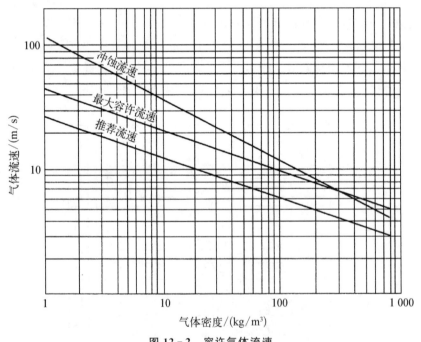

图 12-2　容许气体流速

对压降为起点压力的 10%～40% 的管路,气体密度采用上游和下游条件的平均密度,不可压缩流的计算方法仍具有一定的精度。当管路压降超过起点压力的 40% 时,采用不可压缩流的计算方法就不适宜了。因为气体沿管路流动时,随着压力下降,密度逐渐变小,气体的流速不断增大,这种情况属于长距离输气管路的范畴,应该采用 Weymouth 或 Panhandle 公式计算出摩阻系数 λ,根据伯努利方程、达西公式和实际气体状态方程做进一步的计算。常见的计算摩阻系数的 Weymouth 或 Panhandle 公式分别为

$$\lambda = \frac{0.009\,407}{\sqrt[3]{d}} \tag{12-3}$$

式中, d 为管内径, 单位为 m。

水力光滑区的 Panhandle 公式为

$$\lambda = \frac{4}{(6.872\,Re^{0.073\,05})^2} = 0.084\,7\,Re^{-0.146\,1} \tag{12-4}$$

水力粗糙区的 Panhandle 公式为

$$\lambda = \frac{4}{(16.49\,Re^{0.019\,61})^2} = 0.014\,7\,Re^{-0.039\,2} \tag{12-5}$$

12.3　油气混输管路

在平台上, 油气分离器之前的工艺配管是气液两相混输管路。与单相流体不同, 平台两相混输管路具有下列特点:

(1) 流体处于不稳定状态。在气液两相流动中, 由于各相的速度不同, 流速较高的气体常常把一部分液体拖带到气体中去。当拖带的液体量较多时, 甚至达到管顶, 液体占有整个管路截面, 高速流动的气体继而会冲散阻碍它流动的液塞。又如, 在两相管路内, 液体剧烈地起伏, 使气体流道面积忽小忽大, 气体忽而膨胀忽而压缩。因此, 即使起点气液输出量保持不变, 管路各截面上的压力和气液输出量亦常有激烈波动, 进而导致管路的振动和压降的波动。

(2) 流型变化多。气液混合物在管路中流动时, 由于气液两相流量的不同以及压力的变化, 流动状态是不同的。根据气液两相在管路内的分布情况和结构特征的观察, 流型分为气泡流、气团流、分层流、波浪流、段塞流、环状流和雾状流等。

(3) 管路中有气液滑脱和积液现象, 特别是高程变化大的管段中。

12.3.1　确定气液两相流管路直径的准则

1. 冲蚀速度

冲蚀速度是这样一种速度: 当超过它时, 由于流体对管壁的撞击而产生冲蚀, 其结果会对弯头、三通等造成损害。产生这一现象的机理目前尚不清楚, 然而此现象确实存在。冲蚀速度通常不用作单相管路的定尺标准, 这是因为该速度大大超过了允许的推荐速度。由于在井流中可能存在着砂粒, 像磨料一样作用于管壁, 冲蚀问题会更加复杂。因此, 减少冲蚀作用, 就要限定流体在管内的速度。按照 API RP 14E 标准, 下面经验公式可用于确定气液两相的冲蚀流速:

$$V_e = C\,(\rho_m)^{-0.5} \tag{12-6}$$

式中, V_e 为冲蚀流速, 单位为 m/s; ρ_m 为在操作状态下气液混合物密度, 单位为 kg/m³; C 为经验常数, $C=152$(用于间断作业), $C=122$(用于连续作业)。

如果预计会出现固体(砂), 则流速应该相应减小。

2. 最小速度

如果可能, 气液两相流管路中的最小速度应该是大约 3 m/s, 以减少在分离设备中的段塞流,这对于有标高变化的长管路尤其重要。

12.3.2　压降

在油气混输管路内,油气的比例可能有很大的差别,并且随着压力的降低,溶解于原油中的天然气会逐渐释放出来,气体质量流量和流速都会增加,管路流态(或流型)、油气物性等一系列参数均会改变并且极为复杂。迄今为止,还没有为大家公认的、适应各种条件且精度较高的方法,具体计算方法参照 10.3 节。作为平台混输管路的初步估算,习惯上采用粗糙区的计算公式,并按经验选取一个合理的摩阻系数值。

12.4　平台管路的设计考虑

12.4.1　管线材质

为保证平台安全作业,对管线材料的选择应给予足够的重视。应用于平台管路系统的钢材,在某些工艺条件下可能发生腐蚀。油气混合物中的水、盐水、二氧化碳、硫化氢、氧或其他化合物可能对系统中使用的金属产生腐蚀。腐蚀的方式(金属均匀的损失、起麻点、腐蚀、锈蚀等)以及腐蚀速度,在同一系统和同一时间内都可能不一样。工艺系统的腐蚀是一种复杂的、多变化的作用过程,对系统各部分腐蚀的预测仅仅是定性的,而且带有特殊性。在特殊腐蚀作业条件下,管线材料应当有专门的配管/材料工程师来确认。

减轻腐蚀的措施:① 化学处理;② 采用抗腐蚀合金材料;③ 内保护涂层。

对管路中流体进行化学处理,即添加某种防腐蚀剂是最常用的做法。

按照海洋油气生产的经验,下面给出管路材料选择的常用指南。

1. 油气管路

(1) 无腐蚀性烃类作业:常温和高温下,两种最常用的管材型号是 ASTM A106 B 级和 API 5L B 级无缝管。如果作业温度低于−29℃,可选择低温碳钢 ASTM A333.6 级管材。

(2) 腐蚀性烃类作业:使用耐腐蚀材料如不锈材,或用普通碳钢并加入防腐蚀剂。

2. 生产水管

ASTM A 106 B 级无缝管通常用作生产水管线,如介质具有严重的腐蚀性,可用镍铬高合金材料。

3. 海水管路

输送海水作业可用铜镍合金、非金属材料或内表面有保护涂层的碳钢材料。

4. 公用系统管路

(1) 热介质和柴油:可使用同无腐蚀性烃类作业所用的管材。

(2) 空气和饮用水:可用 ASTM A53 镀锌管材。

(3) 化学注入剂:一般具有腐蚀性,常用 ASTM A‐312 TP 3I6 镍铬合金管。

12.4.2　设计压力和温度

平台工艺每段管路的设计压力和温度条件应当与它所连接的设备的设计压力和温度条件相一致。工艺管路的设计条件还应当与其连接的阀门和法兰等管件的压力-温度等级相匹配。

按国际通用标准(ANSI B 31.3 石油炼厂配管)。阀门、法兰压力温度等级有 150 lb、300 lb、600 lb、900 lb、1 500 lb、2 500 lb 六级。每个压力-温度等级都是根据不同的材料在某温度下的最大操作压力确定的。对于碳钢材料,150 lb 的阀门和法兰是在 500℉(260℃)温度下允许使用的最大操作压力为 150 lbf/in²;其他磅级的阀门和法兰都是在 850℉(454.45℃)温度下允许使用的最大操作压力(数值)分别对应其磅级数。对不同成分的合金钢和不锈钢的阀门和法兰,其磅级数与允许使用的最大操作压力(lbf/in²)数值相等时的温度条件是不相同的,它们分别为 500℉(260℃)、950℉(510℃)、975℉(523.9℃)、1 000℉(537.78℃)、1 075℉(579.4℃)和1 125℉(607.2℃)。

一定材料和定磅级的阀门、法兰的允许使用的最大操作压力随使用温度而变化。使用温度愈高,允许使用的最大操作压力愈低。表 12-4 列出了碳钢材料的阀门、法兰各压力-温度级别的最大允许操作压力值。

表 12-4 最大允许操作压力

温 度		最大允许操作压力/10⁵Pa					
℉	℃	150 lb	300 lb	600 lb	900 lb	1 500 lb	2 500 lb
−20~100	−29~3.78	19.0	49.6	99.3	148.9	248.2	413.7
150	65.6	17.5	49.0	97.9	146.8	244.8	407.8
200	93.3	16.6	48.3	96.0	144.8	241.3	402.0
250	121.0	15.5	47.6	95.2	142.7	237.9	396.5
300	148.9	14.5	47.0	94.1	141.3	235.5	392.3
350	176.7	13.4	46.6	93.1	139.6	232.7	388.5
400	204.4	12.4	45.9	91.7	137.9	229.6	382.7
450	232.2	11.4	44.8	90.0	134.8	224.4	374.4
500	260.0	10.3	43.1	86.2	129.3	215.5	359.2
550	287.8	9.7	40.7	81.4	122.4	203.7	339.6
600	315.6	9.0	38.3	76.5	114.5	191.0	318.5
650	343.4	8.3	35.6	71.0	106.9	177.9	296.5
700	371.1	7.6	32.4	64.8	91.2	162.0	270.3
750	398.9	6.9	29.3	58.6	81.9	146.5	244.8
800	426.7	6.3	25.8	50.3	75.8	126.2	210.3
850	454.4	5.6	20.7	41.4	62.0	103.4	172.4

平台工艺管路的设计压力通常按以下原则考虑:

(1) 设计压力为操作压力的 1.1 倍或操作压力加上 350 kPa,取其中较大者。但最高设计压力不能大于可能出现的最高操作压力以上 700 kPa。

(2) 连接常压设备的管段最低设计压力不能低于 150 lb 的压力-温度级别。

(3) 井口出油管线和管汇的设计压力应等于或大于油气井的关井压力。如果低于油气井的关井压力,应有紧急切断与流体源切断,并装有压力安全阀加以保护。

(4) 平台工艺管路可按系统设计压力分段确定其压力-温度级别,每段系统(包括容器、阀门、法兰、管子或附件)都应有相应的超压切断原料源和压力安全释放措施加以保护。

平台工艺管路的设计温度通常按以下原则考虑:

(1) 当输送介质温度高于环境温度时,最高设计温度至少要高于可能出现的最高工艺操作温度以上 30℃。

(2) 当输送介质温度低于环境温度时,最低设计温度至少要低于可能出现的最低操作温度 7℃。

12.4.3 管壁厚度

某一特定管线所需的管壁厚度基本上是内部操作压力和温度的函数。制造 ASTM A 106 和 API 5L 无缝管所遵照的标准,允许壁厚有低于标称壁厚 12.5% 的变化,对于碳素钢管,要求腐蚀/机械强度余量最少是 0.05 in(0.127 mm)。如果能预测腐蚀速率,应该使用一个合理的腐蚀余量。

管壁厚度计算式为

$$t_m = \frac{PD}{2(SE + PY)} + C \tag{12-7}$$

式中,t_m 为计算的理论最小壁厚,单位为 mm;P 为设计内压,单位为 10^5 Pa;D 为管子外径,单位为 mm;E 为纵向焊缝系数(见 ANSI B 31.3),用于无缝管,$E=1.00$;用于电阻焊接管,$E=0.85$;Y 为温度系数,用于 482℃ 以下的铁基材料,$Y=0.4$;S 为遵循 ANSI B 31.3 的许用应用(见表 12-5),单位为 10^5 Pa;C 为腐蚀余量,单位为 mm。

表 12-5　用于 ASTM A106B 级无缝管的许用应力

金属温度/℃	$S/10^5$ Pa
−29～204	1 379
205～260	1 303
261～315	1 193
316～433	1 172

考虑制造公差调整后的管子壁厚 t 为

$$t = \frac{t_m}{100\% - 12.5\%} \tag{12-8}$$

根据 t,查阅有关管道手册得到相应规格的管道壁厚。

12.4.4 热力管路的应力问题

海上平台配管除热介质管路和发电动力机的排烟管道外,通常的工作温度均在 100℃ 以下,而且管路的拐弯和方向变化较多,形成自然补偿。因此,一般不考虑热膨胀伸长造成管路内应力超过管道强度的问题。

思　考　题

1. 平台工艺管路中的阀门和附件造成的局部摩阻损失是如何计算的？

2. 为什么要对泵的吸入管线进行校核计算？

3. 如何对气体管线进行水力计算？

4. 确定气液两相流管路内径的准则是什么？

5. 在平台管路的设计中应考虑哪些问题？

第13章 海洋环境保护

13.1 保护海洋环境的意义

海洋石油勘探开发是近几十年迅速发展起来的新兴海洋产业。海洋石油工业的迅速发展，使得海洋中的石油、天然气生产日益增多。这些日益增多的海洋石油、天然气生产对海洋环境保护构成了严重的威胁。凡是在石油开采频繁或运输繁忙的海域，通常海洋环境污染也会较为严重。

13.1.1 海洋环境对人类的重要意义

海洋环境是指海洋水体、海底和海水表层上方的大气空间以及同海洋密切相关、并受到海洋影响的沿岸区域和河口区域。海洋环境是人类赖以生存和发展的自然环境的一个重要组成部分。海洋环境对人类来讲，有着极为重要的意义。

海洋占地球表面积的71%，海洋中的水量占地球上总储水量的97%，全部海水体积达 137×10^8 km³，相当于高出海平面的陆地体积的14倍。海洋是孕育人类生命的源地。地球上最早的生物就是在海水中产生和发展起来的，经过十亿万年的演变，逐步进化成为现在的人类。

海洋资源极其丰富。据估计，全球海洋矿产资源可达 6×10^{11} t。海洋每年可提供 $20 \times 10^8 \sim 30 \times 10^8$ t食物，其中包括 $1.2 \times 10^8 \sim 1.5 \times 10^8$ t鱼类。目前，虽然人类仅利用了海洋生物的1%，但已经为我们提供了25%的蛋白质。

海洋在世界经济的交流中也起着非常重要的作用。海运是地球上交通运输的重要手段，全世界经海洋运输的货物达数十亿吨，占全世界产品的12%~16%，外贸商品的80%。

海洋还直接影响着地球上的气候，调节着温度和湿度。海洋中的藻类每年产生3.6×10^{10} t氧气，占大气含氧量的3/4。同时，海洋吸收的二氧化碳占大气中二氧化碳总量的2/3，可以说，海洋保持着大气中的气体组分平衡，维持着地球上的生命。

海洋不仅给人类提供资源和食物，还以其特有的自净能力提供了广阔的"廉价处理"各种废弃物的场所。

因此，海洋为人类提供了生存和发展所必需的重要资源和空间，是人类开发利用的一个广阔领域，对人类社会发展起着至关重要的作用。人类离不开海洋，海洋环境必须得到人类应有的保护。这是人类生存的需要，也是人类社会发展的需要。

13.1.2 海洋环境中的石油污染源

长期以来，随着海洋资源的开发，海上交通运输业的发展，陆地河流携带各种污染物入海，沿海工业迅猛扩大和发展，人类已在不同程度上污染了海洋环境。

仅就海洋中石油污染的情况而言，海洋中石油污染的来源很多，有天然因素，亦有人类活动造成的因素。

天然因素包括大气中的碳氢化合物组分,通过雨水进入海洋;海底下部地层中的石油,沿地层缝隙渗漏到海底而进入海洋等。

人为因素也有很多,如河流把陆地上的污油携入大海,沿海工业和炼油厂的含油污水的排放,输油终端的输油作业(包括油轮压舱水的排放),海上油轮和各种船污水的排放,各种海洋石油作业过程中(包括勘探钻井、开发和生产作业)都有可能将石油排入海中或泄漏流入海中,输油管线的意外泄漏,油轮的各种事故,以及其他的海洋石油作业事故,特别是钻井、修井作业过程中发生的井喷事故,更可能造成海上大量油污污染。对海上石油生产平台来讲,在正常作业情况下,排放入海的油类主要来自采出水、井喷水、平台污水以及平台使用油基泥浆的含油钻屑等。平台上的火炬系统、电站发电产生的废气以及空气冷却通风口等也会使污油通过大气散落入海。

一般来说,陆源排放入海的油量最大,对海洋环境造成的影响和危害也最大。近几十年来,随着海上石油勘探开发作业的发展,海上各种作业平台日益增多,运输各种油料的游轮也日益繁忙地航行在大海之中,因此,海上石油活动对海洋环境造成石油污染的危险也在日益增加。

13.1.3　海洋环境保护法规简介

海洋中的石油污染对海洋的自然环境、生态环境和人类工程的环境都具有极大的危害性,这种海洋污染和其危害性日益引起世界各国政府和公众的注视和重视。为了保护海洋环境,防止和减少污染损害,各国通常都采用行政、法律、经济、工程技术等手段,并且特别重视运用法律手段,制定并实施保护海洋环境的法律和法规。此外,全球海洋是一个统一的整体,各沿海国除在本国范围内采取必要的措施外,还必须在区域和全球范围内进行广泛的合作,制定和实施有关海洋环境保护的国际公约、双边和多边的条约。

目前,国际上制定并通过的海洋环境保护公约和条约主要如下:1973 年 11 月 2 日在伦敦通过的《国际防止船舶造成污染公约》;1969 年 11 月 29 日在布鲁塞尔通过的《国际油污损害民事责任公约》;1972 年 12 月 29 日在伦敦通过的《防止倾倒废物及其他物质污染海洋公约》;1974 年 6 月 4 日在巴黎通过的《防止陆源物质污染海洋的公约》;1974 年 3 月在赫尔辛基签订的《保护波罗的海区域海洋环境公约》;1976 年 2 月 16 日在巴塞罗那签订的《保护地中海免受污染的公约》。全面、系统地阐明国际海洋环境保护政策的法律规定是 1982 年 4 月 30 日第三次联合国海洋法会议通过的《联合国海洋法公约》,其中第十二部分是关于海洋环境保护问题。它概括了目前国与国之间,国际海域中环境保护的所有法律问题,是较完整、全面、系统的国际海洋环境保护法规。

我国的海洋环境保护工作是从 1972 年开始的,1979 年颁布了《中华人民共和国环境保护法(试行)》,1974 年颁布了《防止沿岸水域污染的暂行规定》,1982 年 8 月 23 日颁布了《中华人民共和国海洋环境保护法》。根据此法,之后又相继颁布了《中华人民共和国海洋石油勘探开发环境保护管理条例》《防止船舶污染海域管理条例》以及《海洋倾废管理条例》等法规。1985 年国家环保局正式颁布了《中华人民共和国海洋石油开发工业含油污水排放标准》,这是第一个关于海上油气田开采工业含油污水排放的国家标准。1989 年 12 月 26 日颁公布了《中华人民共和国环境保护法》,取代了 1979 年的《中华人民共和国环境保护法(试行)》。

海洋环境影响评价报告书的内容主要包括以下各项：① 海上油(气)田的名称、地理位置和概况；② 海上油(气)田开发工程方案；③ 评价目的、范围、依据及评价采用的规范标准；④ 油(气)田所处海域的环境条件，环境现状的调查，海洋生物资源状况及石油敏感区情况；⑤ 油(气)田开发工程各阶段需要排放的废弃物种类成分、数量及处理方式；⑥ 油(气)田开发工程对海洋环境影响的评价，包括对海洋自然环境、海洋生物资源、渔业、航运及其他海上活动可能产生的影响的评价；⑦ 可能产生的溢油事故及其防治措施，包括发生溢油事故后，对溢油漂移的预测或建立溢油漂移模式，做出必要的溢油漂移轨迹及登岸情况的分析；⑧ 溢油应急计划的编制原则和必要的内容，包括应急反应的组织机构和处理溢油的队伍、事故报告程序、事故处理程序、溢油设备配置及调用情况、通讯联络等内容。

海洋环境影响评价报告书的申报程序是油(气)田的作业者在编制海上油(气)田总体开发方案的同时，委托具有甲级环境影响评价证书的单位编制海洋环境影响评价报告书。承担环境影响评价的单位首先编写"海洋环境影响评价大纲"；国家生态环境、自然资源相关管理部门，中国海洋石油集团有限公司，当地环保局及其他有关单位的专家对"评价大纲"进行评审；该"评价大纲"经国家环保局批准同意后，评价单位开展评价工作，编写环境影响评价报告书；该环境影响评价报告书经中国海洋石油集团有限公司组织预审通过，报国家相关部门审批通过。

海上油(气)田在生产阶段的含油污水的排放要严格遵守含油污水排放的标准，国家规定3种排放标准。

(1) 在渤海的辽东湾(湾口以大清河口和老铁山连线为界)、渤海湾(湾口以大清河口和黄河口连线为界)、莱州湾(湾口以黄河口和龙口屺山母岛高角连线为界)和北部湾(湾口以海南岛锦母角和越南昏果岛连线为界)海域以及距岸 10 n mile(18.52 km)以内海域，采油工业含油污水排放标准：月平均浓度值为 30 mg/L，最高容许浓度值为 45 mg/L。

(2) 在距岸 10 n mile 以外的其他海域，采油工业含油污水排放标准：月平均浓度值为50 mg/L，最高容许浓度值为 75 mg/L。

(3) 在潮间带(平均低潮面与平均高潮面之间的地带)区域内，采油工业含油污水最高容许排放浓度值为 10 mg/L。

13.2 溢油对海洋环境的污染损害

海洋中石油污染的日益严重势必造成对海洋环境的影响。溢油事件，特别是规模较大的溢油事件，在短时间内比较集中地造成石油污染，会对人类社会经济活动、海洋生态环境、海水水质及海洋生物造成极大的影响和危害。

13.2.1 溢油对海岸线生产活动的影响

溢油可以对沿海活动和从事海洋资源开发的人们产生严重的经济影响。在多数情况下，这类损害是暂时的，因为它主要是由油的物理特性产生的有害物质和危险状况所造成的。

海洋中发生溢油后，在风、浪、潮或流的作用下，尤其是在风的作用下，油被吹向或漂移到海岸，对海滨、海边的娱乐活动场所带来极大的损害，使正常的活动不能进行，引起公众的抱怨，以至造成旅游业极大的经济损失；对海边发电厂来说，大量的冷却水受到石油污染，因而也污染了冷却管,要清除油污,则将减少发电量,甚至会全部停止供电,使电厂和用户都蒙受损失;对海水淡化厂来说,就会影响供应淡水,影响用户的用水;对船厂的船台、干船坞,港口的码头等建筑都会造成污染,带来损失;对沿海的海洋养殖业也会造成极大的损害,养殖工具受到石油污染,要清除就需要花费人力和时间,受到污染的海带、紫菜等养殖的海产品则不能食用,这些都会造成极大的经济损失。如果溢油是轻质油,挥发性强,则还有发生火灾的危险。

有时,大规模的石油污染事件发生后,成片的油膜覆盖在广阔的海面上,影响风对海面的作用,阻碍海水的蒸发及大气与海洋之间正常的热量交换和气体交换,改变海面的反射率和进入海洋表层的日光辐射量,从而对局部地区的水文气象,甚至对气候产生不利的影响。

1969 年,美国加利福尼亚州圣巴巴拉湾油井发生严重井喷事故,溢油漂泊绵延几百千米。该事件发生后,美国加利福尼亚大学一位鱼类学家测出该海区海面温度比十年来的平均温度降低了 2℃。除其他因素外,估计与这次油污事件关系较大。

13.2.2　溢油对海洋生物的影响

溢油的物理特性和化学成分的毒性对海洋生物的影响极大。海上溢油的物理特性对海洋生物的影响,包括直接接触污染和覆盖作用两种形式。直接接触油污,如海兽和海鸟沾上了油污,使其皮毛、羽毛被油污粘住,会影响它们的游泳、运动或飞行的能力,也会影响它们身体的保温能力,以至于在水中饿死或淹死。两栖动物,海洋哺乳动物,以鱼类为食物的鸟类、潮间带动物和植物,近岸人工养殖的动植物等都会因食物、运动和呼吸受到限制而死亡。

自然覆盖作用是由于溢油发生后,在水面上形成油膜,严重时会影响大气与海水的交换,影响到海洋生物的呼吸,造成缺氧窒息而死亡。油膜还影响了太阳辐射进入海水的能量,也会影响海洋植物的光合作用。

海上溢油的化学特性对海洋生物的影响,包括石油化学成分的毒性和由于在体内累积而发生的腐坏作用。

石油的毒性,根据油品的性质不同而不同。一般来说,原油对海洋生物的毒性比蒸发性强、可溶性强的石油炼制品要小。在大多数情况下,石油产品的毒性与其中含有的可溶性芳烃衍生物(如苯、茶及它们的烷基衍生物)的含量呈正比关系。

石油对生物的毒性可分为两类。一类是大量的石油造成的急性中毒(如海上溢油),另一类是长期低浓度石油的毒性效应。决定海上溢油是否造成急性严重的或长期累积性影响的因素很多,这些因素主要有地理位置、溢油量、影响面积、海洋条件、气象条件、季节变化、油的类型及生物的种类等。在广阔的海面上,由于毒性能达到致死浓度而造成生物大面积死亡的事件是极少的。在范围较小,溢油多是轻质油或新原油,水中交换条件差,或存在某些特殊条件,如沉积条件稳定,重复被新溢出的油污染或毒性浓度很高、持续时间较长的情况下,生物受到的毒害威胁较大。即使是非致命的影响,长时间生活、生长在这种环境下的生物,其生长、发育、繁殖和其他生存能力也会受到影响。

石油对不同地理位置的海洋生物的损害一般没什么差别,但不同地理位置的海水温度是有差别的,这就影响了烃类在水体中的溶解度以及细菌对溢油的生物降解速度。

在小而封闭的海域中发生溢油,要比在开阔的海域中发生同样的溢油的危害性更大。海流、海浪、潮汐、海岸地形等综合条件对溢油的危害性也有影响。在盐碱滩地、潟湖、河口、海湾中,烃类可长期滞留,故对生物会造成长期影响。

当溢油发生在海鸟索饵和繁殖季节,可造成海鸟大量死亡,而在一年中的其他时期发生时,则死亡率会相对降低一些。

在生物不同的生命阶段,石油污染对生物的危害性也有区别。通常情况下,生物在卵、幼虫和雏鸟阶段比成熟的阶段更容易受到污染损害。

受到污染的海洋生物被人类捕获而食用,又会间接地对人体造成危害。污染过的海产品,它们的味道和气味令人反感、作呕,影响人们的食欲。它们体内积存的有毒物质又会部分地转移到食用者体中,危害其健康。

从生态环境方面来看,海洋中各种生物之间在每一特定环境下,各自的数量都保持着一种平衡。由于服从食物链关系,一种生物数量上的减少,很可能导致另外一种或多种生物数量上的很大变化。由此看来,生存在一个局部地区的生物,无论是其种群组成,还是种群结构,都并非固定不变的,而是处于一种动平衡状态。如果石油污染损害了某种生物种群,也会影响到这一区域的生态平衡。

13.2.3　典型的环境污染案例

1. 美国墨西哥湾原油漏油事故

2010 年 4 月 20 日,美国墨西哥湾 Deepwater Horizon 号钻井平台发生爆炸、沉没,其防喷阀并未正常启动,海底油井两天后开始向外泄漏石油。此次平台起火爆炸造成 7 人重伤、至少 11 人失踪。墨西哥湾溢油事故是美国自 1989 Exxon Valdez 号油轮溢油事故以来最严重的灾难性事故。

据美国国家海洋和大气管理局估计,在墨西哥湾沉没的海上钻井平台 Deepwater Horizon 底部油井每天漏油量大约为 5 000 bbl,是先前估计数量的 5 倍。油井后续继续漏油,工程人员又发现一处新漏油点。为避免浮油漂至美国海岸,美国救灾部门"圈油"焚烧,烧掉数千升原油。海岸警卫队和救灾部门提供的图表显示,浮油覆盖面积长 160 km,最宽处 72 km。从空中看,浮油稠密区像一只只触手,伸向海岸线。救灾人员把数千升泄漏原油圈在栏栅内,移至距离海岸更远海域,以"可控方式"点燃。路易斯安那州、密西西比州、佛罗里达州和亚拉巴马州已在海岸附近设置数万米充气式栏栅,围成一道防线,防御浮油"进犯"。

美国政府与英国石油公司先后试过火攻法、化学分解、围栏沙坝、人工岛、引流法、干草吸附法、虹吸法、灭顶法、"小金钟罩"等各种方法来应对这次漏油危机。2010 年 5 月 29 日,被认为能够在 2010 年 8 月以前控制墨西哥湾漏油局面的"灭顶法"也宣告失败。该事故于 2010 年 6 月 23 日再次恶化,原本用来控制漏油点的水下装置因发生故障而被拆下修理,滚滚原油在被部分压制了数周后,重新喷涌而出,继续污染墨西哥湾广大海域。直到 2010 年 7 月 15 日,在漏油油井装上新的控油装置后,监控墨西哥湾海底漏油油井的摄像头拍摄的视频截图显示无原油漏出的迹象。在墨西哥湾漏油事件发生近 3 个月后,英国石油公司宣布,新的控油装置已成功罩住水下漏油点,"再无原油流入墨西哥湾"。

从生态保护的角度来看,向南是濒危的大西洋蓝鳍金枪鱼和抹香鲸产卵和繁衍生息的地方。向东、向西是美国佛罗里达州、亚拉巴马州、密西西比州和得克萨斯州的珊瑚礁和渔场,向北是路易斯安那州的海岸沼泽地。墨西哥湾沿岸生态环境遭遇了"灭顶之灾",据当时的相关专家指出,污染可能导致墨西哥湾沿岸 1 000 英里长的湿地和海滩被毁,渔业受损,脆弱的物种灭绝。

在受害最严重的路易斯安那州,超过 125 英里的海岸线被浮油侵袭,污染毁灭沿岸生态。飓风季的来临也会使原油污染进一步恶化。美国飓风季自 2010 年 6 月 1 日开始,至 11 月结束。热带气旋经过墨西哥湾时能将泄漏原油裹挟其中,成为“黑色风暴”,在登陆后可将原油洒向更广阔的范围,对墨西哥湾沿岸沼泽湿地生态环境造成长期难以恢复的破坏。

2015 年 10 月 5 日,美国联邦法院新奥尔良地方法院判决,认定英国石油公司在 2010 年的墨西哥湾深水地平线钻井平台爆炸及原油泄漏事故中有重大疏忽,并最终处以 208 亿美元的罚款,其中包括《清洁水法案》的 55 亿美元罚金以及向亚拉巴马州、佛罗里达州、路易斯安那州、密西西比州和得克萨斯州支付 50 亿美元罚款。

2. 渤海蓬莱油田溢油事故

渤海蓬莱油田溢油事故也称蓬莱 19-3 油田溢油事故或 2011 年渤海湾油田溢油事故,是指中海油与美国康菲公司合作开发的渤海蓬莱 19-3 油田自 2011 年 6 月中上旬以来发生油田溢油事件,这也是近年来我国沿海第一起大规模海底油井溢油事件。据康菲石油中国有限公司(简称“康菲公司”)统计,共有约 700 桶原油渗漏至渤海海面,另有约 2 500 桶矿物油油基泥浆渗漏并沉积到海床。这次事故造成了 5 500 平方千米海水受污染,大致相当于渤海面积的 7%。

蓬莱 19-3 油田溢油事故联合调查组在勘查溢油事故现场、质询相关责任方、调阅大量原始数据资料等工作基础上,对事故原因、性质及责任进行了深入细致的调查分析,初步认为造成此次溢油的原因:从油田地质方面来说,由于作业者(康菲公司)回注增压作业不正确,注采比失调,破坏了地层和断层的稳定性,形成窜流通道,因此发生海底溢油。B 平台没有执行总体开发方案规定的分层注水开发要求,B23 井长期笼统注水,无法发现和控制与采油井不连通的注水层产生的超压,造成与之接触的断层失稳,发生沿断层的向上窜流,这是 B 平台附近海域溢油事故的直接原因。此外,B23 井注水出现异常,理应立即停注排查,却未果断停注,造成溢油量增加。C 平台未进行安全性论证,擅自将注入层上提至接近油层底部,造成 C20 井钻井过程中接近该层位时遇到高压发生井涌。同时,违反经核准的环境影响报告书要求,C20 井表层套管过浅,发生井涌时表层套管下部地层承压过高,造成原油及钻井泥浆混合物侧漏到海底泥沙层,导致 C 平台附近海底溢油。

根据国家有关部门对蓬莱 19-3 油田溢油事故的全面调查认定,康菲公司在蓬莱 19-3 油田长期油气生产开发中破坏了该采区断层的稳定性,而且截至事故调查结束时仍没有完成封堵。如果维持现有开发方式可能产生新的地层破坏和新的溢油风险。鉴于这种情况,国家海洋局责令康菲公司执行以下 5 项决定:

(1) 责令蓬莱 19-3 全油田停止回注、停止钻井、停止油气生产作业。

(2) 责令康菲公司必须采取有力有效的措施,继续排查溢油风险点、封堵溢油源,并及时清除溢油事故油污。

(3) 重新编制蓬莱 19-3 油田开发海洋环境影响报告书,经核准后逐步恢复生产作业。

(4) 在实施“三停”期间,康菲公司为开展溢油处置的一切作业应在确保安全、确保不再产生新的污染损害的前提下进行。为保证安全、保护油藏和减轻地层压力而必须实施的泄压作业或为封堵溢油源实施的钻井作业,应抓紧制订可行有效的方案并经合作方中国海洋石油总公司认可,主动接受中国海洋石油总公司的严格监管,确认作业确有必要并保证不再发生新的溢油和其他环境风险。同时将泄压作业等有关处置的方案向社会及时公布,接受公众的监督。

（5）有关事故处置工作进展的信息，应当在第一时间向国家海洋行政主管部门报告，同时及时向社会公布，接受公众监督。

针对蓬莱 19-3 油田溢油事故造成的海洋生态环境损害，国家海洋局根据《海洋环境保护法》关于海洋生态索赔的规定代表国家对康菲提出生态索赔。2011 年 8 月 24 日，康菲公司就渤海湾漏油事件在北京召开媒体发布会，康菲公司总裁在发布会上向公众道歉，表示将对溢油事件负责。2012 年 4 月下旬，康菲公司和中海油总计支付 16.83 亿元用以赔偿溢油事故。

13.3　海底井喷溢油的应对控制技术

近些年来，海上溢油事故时有发生。当油井泄露后，对于非自喷生产油井，由于井内压力不大，可直接关井或下注水泥实现封井。但因海洋油气开采成本较高，一般都会采用自喷采油的方式开采，即自喷生产油井通常井内压力很大，一旦井口设备或者立管破裂，高压油气就会从井口喷出，会持续对海洋环境造成极大的破坏。因此必须及时确定井喷溢油应对策略，设计和落实各项井喷应对控制技术方案，尽可能地减少油气溢出泄漏量，并最终实现封井，彻底封死井内油流通路。

海底井喷溢油应对处理技术大致可分为：① 暂时井喷控制技术，包括采用防喷器封井技术和高密度钻井液压井技术；② 井喷危害减轻技术，包括管中管技术和顶罩技术；③ 救援井技术。

13.3.1　暂时井喷控制技术

1. 防喷器封井技术

在发生井喷时，如果安装有防喷器而且防喷器能发挥效能时，应优先采用防喷器封井以减少在水中的油气泄漏量。在防喷器自主封井失败的情况下可采用 ROV 介入自动动作模式（automatic mode function，AMF）、自动剪切、热插入（hot stab）等。利用 ROV 关闭原全封闭剪切闸板和变径闸板，或激发 AMF 和自动剪切功能，或利用 ROV 触发海底蓄能器关闭闸板和环形防喷器。

在现有防喷器完全失效，但井口完整的情况下，可以在现有井口或防喷器的上方建立简易防喷器以暂时控制井喷。简易防喷器的原理是建立新的井控设备（一般为含有 1～3 个全封闸板防喷器组），关闭闸板防喷器以控制井喷，同时注入防冻剂以防天然气水合物产生。简易防喷器由闸板防喷器、井口连接器、法兰转换短管和挠性接头法兰等组成，如图 13-1 所示。

简易防喷器的安装过程：ROV 首先将隔水管残端与防喷器组之间的螺栓解开，利用液压剪和金刚石钢丝钳平整井口并安装法兰转换短管；然后用隔水管或绳索将简易防喷器下至短管顶部，用螺栓拧紧，安装完成后关闭简易防喷器，即可测试井身完整性，如图 13-2 所示。

2. 顶部压井技术

压井是对井内压力失去平衡的井进行重建和恢复压力平衡的作业。顶部压井是通过防喷器节流和压井管汇泵入高密度钻井液，利用钻井液流的高速和高压迫使漏油回到井内和储层。

闸板防喷器

井口连接器

法兰转换短管

挠性接头法兰

图 13 - 1　简易防喷器结构

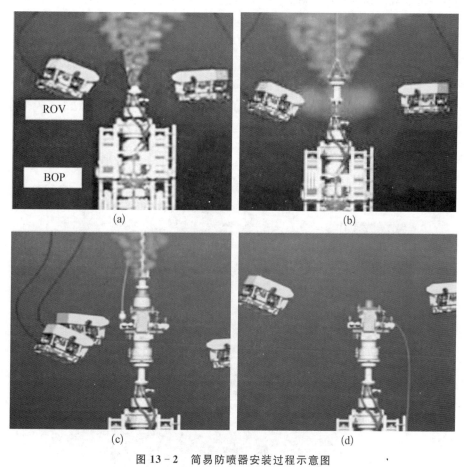

ROV

BOP

(a)

(b)

(c)

(d)

图 13 - 2　简易防喷器安装过程示意图

（a）平整井口；（b）安装法兰转换短管；（c）安装简易防喷器；（d）关井

除泵入高密度钻井液外,还可注入废料为补充,如将橡胶等碎片通过节流压井管汇注入防喷器底部,以减缓或阻止井喷。顶部压井适用于油气喷出量较小、井内未下钻杆时的井喷,其成功的关键是泵入的高密度钻井液不被油气携带出井口,使高密度钻井液在井筒聚集,逐渐达到井内压力平衡。

顶部压井技术需合理设计现场作业参数,技术难度较大,目前尚不成熟。在遇浅层流且未安装井口的情况下,可采用动力压井法压井。处理深水井涌时,宜采用工程师法压井。

3. 静态压井

静态压井的原理与顶部压井类似,由于关井后井筒油气处于静止状态,此时的压井作业称为静态压井。静态压井通过压井管汇向井内注入高密度钻井液,随后注入水泥浆封井。静态压井适用于简易防喷器等成功关井后的情况,宜采用低流速、低泵压,以保护封堵设备。静态压井相对于顶部压井技术难度较小,技术较为成熟。

13.3.2　井喷危害减轻技术

1. 管中管技术

管中管(riser insertion tube tool,RITT)技术是将直径较小的一根细管插入隔水管以收集漏油。安装过程如图 13 - 3 所示,首先通过钻井船、底部隔水管总成(lower marine riser package,LMRP)和浮力模块将插入管下至海床,插入管带有注甲醇管线,可以预防水合物形成;然后将细管插入隔水管,细管周围橡胶模可有效密封隔水管;最后利用氮气诱导方式,将隔水管内的油气引至水面钻井船收油。作为 2010 年"Deepwater Horizon"事故中的第一种有效收油方式,RITT 在 9 天内共收集原油 2 580 m³。RITT 适用于平台沉没、海况天气恶劣等造成隔水管折断落海的情形,使用 RITT 可减轻井喷危害。但 RITT 技术目前尚不成熟,收油量较少。由于隔水管在下部挠性接头处和隔水管与海底接触处产生褶皱漏油点,RITT 只能

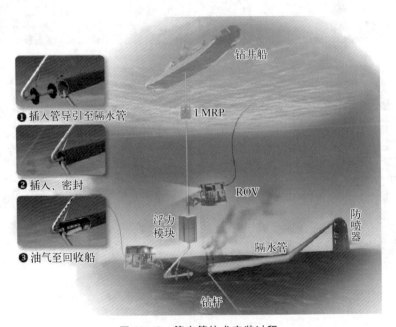

图 13 - 3　管中管技术安装过程

收集部分漏油,如果改善插入管与隔水管之间的连接、密封效果以及高效诱导吸油,可提高收油量。进行技术研究时需关注插入管与隔水管动态定位对接、褶皱点修补技术、浮力模块设计、橡胶模密封形状设计和材质选型、氮气诱导收油机理,以及甲醇管线注入方式、不同工况下甲烷注入量的确定等,以提高 RITT 收油能力。

2. 集油罩技术

集油罩技术按照安装的位置可分为 LMRP 集油罩和隔水管集油罩。LMRP 集油罩技术的原理是通过 ROV 将漏油处受损隔水管剪断,罩上防堵装置,把泄漏油气引至立管,再将油气送至海面油轮。LMRP 集油罩安装过程如图 13-4 所示。2010 年 Deepwater Horizon 事故中,LMRP 集油罩每天可收集原油 2 390 m³,之后因为发生 ROV 撞击盖帽事故而拆卸。

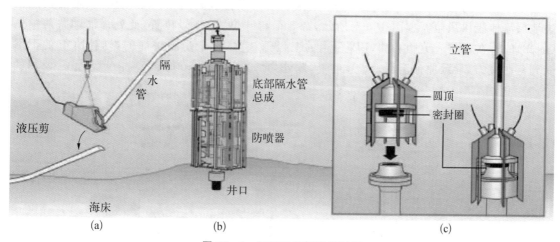

图 13-4　LMRP 盖帽安装过程
(a) 液压剪除隔水管;(b) 清理 LMRP 上部;(c) 安装 LMRP 盖帽

LMRP 集油罩适用于现场作业天气、海况良好且原防喷器未发生倾斜的情形。LMRP 集油罩相对于 RITT 收油量大,技术较为成熟。研究该技术可关注集油罩形状设计及流体仿真优化、液压剪选型、海底高压低温环境下的甲烷注入方式、循环热水方式、平整井口技术、密封圈设计选型、海流以及钻井船运动作用下立管对于密封效果、防喷器、井口与导管的影响等。该技术受海况影响较大,可设置浮式立管及临时水面(或水下)储油罐,以应对恶劣天气。

隔水管集油罩原理是将集油罩置于海床隔水管漏油点处,泄漏油气通过集油罩上端管道流向水面油轮收集。集油罩的大小可以根据实际情况来确定,整体框架采用焊接工艺制作。隔水管集油罩适用于隔水管折断落海的情形。使用时为预防天然气水合物的生成,需设计水合物抑制剂装置或控油罩内海水加热装置,以降低天然气水合物堵塞管路的风险。另外设计集油罩下部固定方法(且不能陷入软地层),以降低油气进入罩内使其浮至海面引发次生灾害的风险。

13.3.3　救援井技术

在海底油井发生溢油后,一般先通过应急处理,将井喷的油井控制住,使溢出油气的危害和经济损失尽量降低。但应急处理只是临时、非长期有效的处理方案。在应急处理之后,井喷的油井仍会有油气溢出且有再次发生事故的可能性,需钻探救援井与井喷井连通,将井喷的油井危险性降至最低。

　　救援井通常是为抢救某一口井喷、着火的油井而设计施工的定向井,救援井与失控井具有一定距离,在设计连通点处救援井和失控井井眼相交,可从救援井内注入高密度泥浆压井或水泥封井,以实现油(气)井灭火或制服井喷的目的。第一口救援井是1934年在得克萨斯康罗油田钻成的。

　　救援井作业时,由下部钻具后端的信号发射器发出电流信号,探测事故井套管磁场,探测结果由钻头处的信号接收器接收,指引钻头向事故井方向钻进。最终救援井和事故井连通,由救援井向事故井注入高密度泥浆压井或水泥浆彻底封井。

　　救援井方案作为彻底解决井喷失控最有效的方案,在多次海上井喷事故处理中得到成功应用。墨西哥湾的"Deepwater Horizon"深水钻井平台事故共钻2口救援井,最终彻底解决地层流体溢出风险。如图13-5所示,有3个特殊位置:1号位置,此处为泄油井防喷器(BOP)的所在部位。英国石油(BP)公司的工程师认为,由于受到爆炸的影响,BOP的下部受到弯曲应力,导致原油泄漏。2号位置,此处为海床下约1 500 m深度的地层,BP公司的

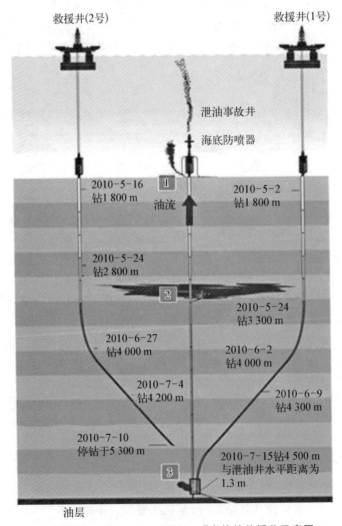

图13-5　"Deepwater Horizon"事故的救援井示意图

工程师怀疑,此位置由于多层套管受到外力作用使得套管断裂,原油漏失到地层中,以至于形成泄油井海床周围方圆若干英里的"泄油孔"区域。3 号位置,此处为泄油井的套管最底部,当救援井钻进完成之后,通过救援井的井眼,将水泥注入此部位,以彻底封堵泄油事故井的出油通道。

BP 公司的救援井计划方案主要包括以下几点:① 在救援井底使用信号发射器与信号接收器,将信号发射器安装在下部钻具的后端,而信号接收器安装在钻头部位;② 由信号发射器发出电流信号,探测泄油事故井的套管磁场,探测结果由信号接收器接收,以指引钻头向泄油事故井的井眼方向钻进;③ 最终救援井和泄油事故井连通,从救援井中向泄油事故井注入重泥浆,彻底封固泄油事故井的井下通道,从而根除泄油事故源头。

救援井在海底溢油事故发生后,应尽快布置施工。考虑到虽然救援井技术成熟且成功率高,但耗费时间长,因此有必要先尝试其他应急技术,尽可能地减少油气在海中的溢出量,减轻海底油气井喷对海洋环境的破坏。在条件允许的情况下采用防喷器封闭井口,或用高压泥浆压井并逐步注水泥封井,暂时控制井喷。暂时控制井喷条件不具备的情况下,要采用井喷危害减轻技术,使得泄漏原油尽可能减少。即使其他技术可暂时控制井喷,仍应继续完成救援井作业。救援井技术的关键是采用高效的定向井工艺,选择有利海域和钻井平台,合理设计井眼轨道,以尽可能少的新开井去连通泄油事故井,尽快地完成压井或封井,彻底根除隐患。

13.4　海面溢油清除与回收技术

海底井喷溢油因油气的密度小于水而上浮,从而形成海面溢油。为清除海面溢油,海面溢油清除与回收技术显得日益重要起来。人们在与溢油不断斗争的过程中,逐渐认识了海面溢油的特性,通过研究和实践,不断摸索和总结,现在已经具备了在海面以及海岸带清除和回收溢油的各种技术、设备和经验。这些清除和回收海面溢油的技术和设备也在实践中不断地发展和提高。

在讨论海面溢油清除和回收技术与设备之前,首先了解一下与这些技术和设备有关的海面溢油的特性。

13.4.1　海面溢油的特性

1. 溢油的扩散和漂移

海面上的油的最明显特性是在重力和表面张力的作用下,趋向水平扩散。比较简单的溢油将在水面形成一层很薄的透镜状的油膜,其中间部分比边缘厚。对实际溢油事件的观测发现,在溢油发生的最初数小时里,扩散作用占支配地位,这种支配地位显然随时间而逐渐减弱。当然,也有极少的高黏度、高凝固点的原油和重质燃料油,几乎不扩散,而保留许多圆形油块。溢油一旦扩散开来会形成五彩缤纷的颜色或银色光泽。

海面上的油在风和潮流的影响下移动。这种表面运动的机理比较复杂,但是从经验上已经知道,这种漂浮油大致以 3% 风速的速度顺风而动。由于风、浪等的作用,油膜常破碎成许多条状,大体上平行于风向而伸展。在有表面流的时候,则还有一种正比于表面流强度的运动叠加在被风驱动的任何方向的运动上。

2. 溢油的蒸发和溶解

溢油在海面上扩散和漂移的同时,由于油本身的物理、化学变化,形成蒸发和溶解两个基本降解过程。

溢油的蒸发速度主要与油的成分,油的表面积和物理特性;风速,大气温度,海水温度,海面状况以及太阳辐射强度等因素有关。溢油中比较易挥发的组分在几小时内就散失到大气中,留在海面上的残余物,其密度和黏度都比最初的溢油高。大多数原油溢出后,在最初 24 小时内其体积要蒸发掉 50%。各种轻质石油炼制产品(如汽油、煤油和柴油),几小时内几乎完全蒸发掉。在封闭的区域(如码头和港区),将会增加火灾的危险。对于几乎不含挥发性化合物的重质燃料油,甚至在溢到海面后几天,也没有多少蒸发量。

溶解是漂浮于海面或悬浮于海水中的油类物质中的烃类成分部分进入水体中。溶解的速度取决于溢油的成分和物理特性;扩散范围、水温、海水湍动程度及分散作用等。最易挥发的油组分也趋向于易溶解性,因此,溶解只是一个有限的过程。实际上,溶解只是蒸发量的百分之几,与蒸发相比,溶解是次要的作用。

3. 溢油的分散和乳化

分散是影响溢油自然归宿的另一重要机理。在正常海况下,一旦发生溢油,油在海面上就会出现分散现象,薄油层会很快地分散成微小的颗粒。在开阔的海域,水体的涡动在分散过程中起着重要的作用。分散作用的结果是增加了油的表面积,从而加速了溶解和降解速度。这种分散作用可能导致短时间内在水体中高浓度碳氢化合物的分布。

乳化过程与分散过程(形成水包油乳状液)相反,是微小水珠进入油体中形成油包水乳状液的过程。某些原油和重质燃料油易形成这种乳状液。这种乳化作用是在蒸发、分散作用之后形成的。海况能影响乳化作用的速度,但不影响最终形成乳化作用的强度,这与溢油中乳化剂的含量有关。当乳状液颗粒与水体中的碎屑或生物残骸结合而变重时,则将沉降到海底。乳状液一旦到达陆地上,在发热的阳光下则趋向于破裂成为游离的水和油。

4. 溢油的生物降解

除以上各种过程外,溢油在海中仍有很多残留物,一些有害物质仅仅是被稀释,而未被去除。这些保留下来的石油渣、沥青质和不挥发的烃类给海洋中的某些微生物提供了条件。海洋中有些微生物通过对石油的吸收、同化来获取油中的碳元素,从而形成复杂的生物降解过程。这种降解速度取决于温度、营养和氧的利用率以及油的种类。这个生物降解过程并不是溢油一发生就存在的,而是大约在一个星期之后,该过程才开始出现。

上面讲述了溢油的几个特性。实际上溢油不只这几个过程,而且这些过程可能同时发生,也可能有些过程时间很短,但都在影响着海面溢油的归宿。当然,海面溢油的归宿还受到各种环境参数(温度、盐度、风、波浪、悬浮物、地理位置等)及油的化学组分的影响。

据分析,海面溢油的 1/3~2/3 通过蒸发进入大气中。其余的或溶解,或降解,或沉到海底,或形成油包水乳状液。

13.4.2 溢油的清除与回收技术

1. 影响海面溢油清除和回收的因素

在选择清除和回收海面溢油的技术和设备之前,要考虑影响海面溢油清除和回收的各种因素。这些因素除包括海面溢油的特性外,还包括以下的各种因素:溢油的数量或规模、油品的种类和性质、环境条件、海况和气象条件、经济因素、地理位置、社会因素及清除设备和人力的情况。有时,还要考虑当地政府的有关规定,例如对使用分散剂的规定等。

2. 海面溢油的清除和回收技术

目前,清除和回收海面溢油的方式、方法很多,归纳起来,一般有以下几种方法:

(1) 围栏和回收。

(2) 自然分散和降解。

(3) 化学分散。

(4) 溢油沉淀。

(5) 燃烧溢油。

对每一起海面溢油事件,只能根据其具体情况来综合分析影响溢油的清除与回收的诸多因素,既要考虑适用性,又要考虑经济性,这也是选择清除和回收溢油方法的原则。目前,方法(4)和(5)应用较少,这里不做介绍。在溢油量极少的情况下,可凭借自然消失和海洋的净化能力来处理溢油,这里也不做讨论。我们将对第(1)和(3)中的具体做法进行概述和讨论,这两种方法在实际情况下应用较普遍,可单独应用也可综合应用。

3. 海面溢油的围栏

由于海面溢油的扩散和漂移特性,发生溢油事件之后首先考虑的是防止溢油进一步扩散、漂移,或阻止溢油往陆地方向漂移,保护某些重要的环境保护区域、敏感地区及工业区。要达到这个目的,就要将海面溢油围在某一区域,或迫使溢油转向。更重要的是将溢油围在狭小区域内,便于集中回收。这都要使用通常所说的围油栏或围油栅(boom)。

围油栏的设计多种多样,但通常都包含以下特征:

(1) 超出水面一定高度,防止或减少溢油溅过围油栏。

(2) 水下裙体,防止或减少围油栏下方溢油的流泄。

(3) 用某种漂浮材料或充有空气而制成的浮体支撑围油栏的重力,使其漂浮在水中。

(4) 径向连接部件(链或绳),将各节围油栏连接在一起,并能承受风、浪和潮流等外力对围油栏的作用。

围油栏设计有许多类型,基本有两种形状:一种为屏障式围油栏,它具有不间断的水下裙体,由圆管状的漂移腔室支持的柔性屏障,如图 13-6 所示;另一种为栅栏式围油栏,具有较扁平的截面,由完整的浮体使其之立在水中,如图 13-7 所示。

围油栏最重要的特征是它的围油或使溢油转向的能力,这是由与水的运动有关的性能决定的。它应当是灵活的,能随波浪起伏运动,还要有足够的刚性,这样才可以围住尽可能多的溢油。围油栏受水速、风速和浪的影响较大。一般当水流速度超过 1 kn(0.51 m/s),围油栏与水流方向成直角时,围油栏则失去围油能力。实际上大多数围油栏可在水流速度为 0.7 kn(0.3 m/s)左右的情况下使用,与裙体深度无关。可见引起水流速度的风速和海浪在影响围油栏的使用方面起着很重要的作用。另外,沿围油栏而形成的涡流也影响其围油能力,会造成溢油的流泄。所以,围油栏应有均匀的外形。

围油栏各节的大小和长短,应考虑到作业过程中易于布放、回收和保存。围油栏水上部分的高度,应选择能防止溢油溅过围油栏水面以上部分的最小高度;裙体的深度也应如此考虑选择。用连接器的围油栏,其设计应考虑在布放时能迅速地连接、紧固;在收起时易于拆卸。

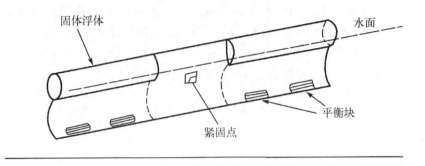

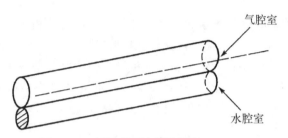

图 13-6　屏障式围油栏示意图

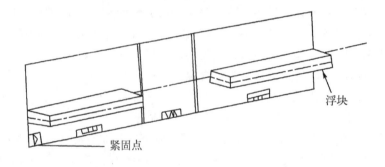

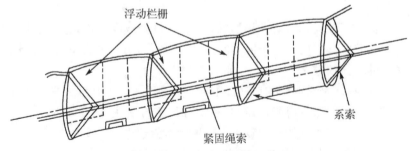

图 13-7　栅栏式围油栏示意图

　　围油栏的其他重要特性还有强度、轻便、布放迅速、可靠性、重量及价格等,这些也是要考虑的重要因素。当围油栏被牵引或系泊时,其强度要能承受拉力以及水流和风浪对它的作用力。实际作业时,需要布放速度和可靠性,人员易于操作,当然要最有经济性。

　　布设在海水中的围油栏同时要受到风和水流的作用力,要估计围油栏受风和水流的作用力,计算式为

$$F = 254.8A\,V^2 \tag{13-1}$$

式中,F 为作用在围油栏水下部分的力,单位为 N;A 为围油栏水下部分面积,单位为 m^2;V 为水流速度,单位为 kn。

例如,作用在 100 m 长、0.6 m 宽裙体的围油栏上的力 F,在水流为 0.5 kn 时应为

$$F = 254.8 \times 0.6 \times 100 \times 0.5^2 = 3\ 822\ N$$

风直接作用在围油栏超出水面部分的力也要计算在内。为了对风的作用力进行计算,可以在由水流和比水流速度大 40 倍的风产生大致相同压力的基础上采用上面的公式计算。如在 100 m 长,水面以上围油栏的高度为 0.5 m,风速为 15 kn 的情况下,则水面以上部分受风的作用力为

$$F_{风} = 254.8 \times 0.5 \times 100 \times \left(\frac{15}{40}\right)^2 = 1\ 793\ N$$

$$(13-2)$$

在上述例子中,如果潮流和风以同一方向作用在围油栏上,则其合力为 5 615 N。

一般在布放围油栏时,为便于溢油的回收,按照实际情况,由 2 艘工作船以 U、V 或 J 形牵引围油栏,示意图如图 13-8、图 13-9、图 13-10 所示。

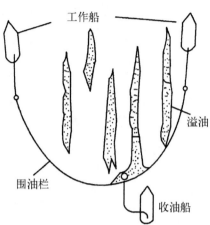

图 13-8　工作船以 U 形牵引围油栏

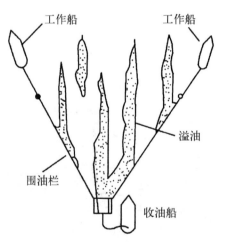

图 13-9　工作船以 V 形牵引围油栏

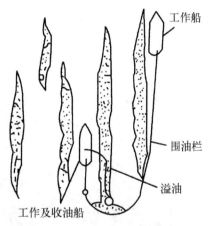

图 13-10　工作船以 J 形牵引围油栏

4. 海面溢油的回收

我们的最终目的并不是围住海面的溢油,而是尽可能地回收溢油,以减少对环境和生态的影响。因此,溢油回收技术对清除海面或海岸的溢油是很重要的。对不同的油品、不同的海况、海岸条件,应选用不同的回收方法,以达到最大的回收效果。

目前,较多使用的有 3 种类型的方法:机械装置回收、吸附物和人工回收。人工回收主要用于海岸溢油的回收,这里不做讨论,本节主要介绍海面溢油机械装置回收方法。

在与海面溢油斗争的过程中,人们创造了许多有效的溢油回收装置,统称为撇油器(skimmer),如图 13-11 所示。撇油器的主要结构包括油水吸附回收元件、贮油水槽、泵油系

统及动力装置等。也有较简单的撇油器,利用抽汲的原理,用真空泵通过一个扁平的管口和传输管直接在水面上抽汲溢油。一般这种简单的撇油器用于稠油或靠陆岸的海湾、港口使用。在海面使用的撇油器大致有以下几种类型。

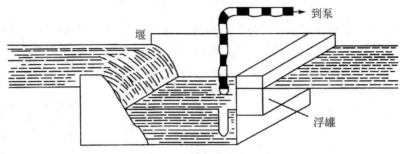

图 13 - 11　撇油器结构示意

1) 堰式撇油器(weir skimmer)

这种撇油器结构比较简单,有一个在水中可自由浮动的罐,在其一侧有一开口,这一开口的水平面正好位于漂浮在水面的溢油油膜处。溢油可自然流入罐内,在罐内有抽汲管,用泵将流到罐内的油水混合液抽到较大的储油罐中(见图 13 - 12)。

这种撇油器使用经济、简单、调用方便,但适用的海况有限,如海流速度超过 0.3 m/s,则不易使用,对稠油的回收效果也不理想。

2) 旋流撇油器(vortex skimmer)

这种撇油器的一侧有一开口,大量油水混合液通过这一开口流入撇油器内。撇油器内的涡较高速旋转,产生的离心力使油水分离,浮在上面的油的浓度逐渐加大,然后用泵将上面的油抽走,分离出的水则从下面排出(见图 13 - 13)。

图 13 - 12　堰式撇油器收油示意图

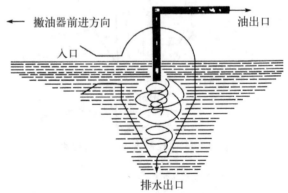

图 13 - 13　旋流撇油器作用示意图

3) 亲油黏附撇油器(oleophilic skimmer)

这种撇油器利用亲油材料制成皮带(见图 13 - 14)、圆筒(见图 13 - 15)、圆盘(见图 13 - 16)或合成纤维绳(见图 13 - 17)等转动装置,当这些皮带、圆筒、圆盘或合成纤维绳在旋转、转动或传动时,将水中的溢油黏附在亲油材料的表面上,然后在将黏附的油挤压或刮擦下来,集中在油池中,用泵将油抽到专用储油罐中。

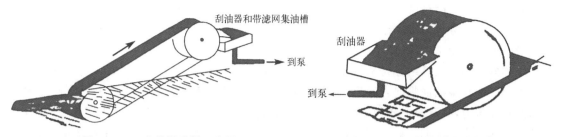

图 13 - 14　皮带撇油器示意图　　　　图 13 - 15　圆筒撇油器示意图

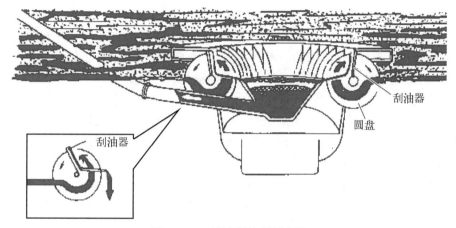

图 13 - 16　圆盘撇油器示意图

图 13 - 17　合成纤维绳撇油器示意图

　　这些撇油器往往能获得相对于水的较高的溢油回收效率。它们对黏度在 0.1～2 Pa·s 的中等黏度的油品回收效果最好。而煤油、柴油等低黏性油,因不能以足够的厚油层聚集黏附在亲油材料表面,因而得不到较高的油回收率。而高黏度的油黏附在亲油材料表面又难以除去,所以,效果也并不理想。对油包水乳状液,又几乎不黏附,所以效果更不好。

　　4）网式撇油器(net skimmer)

　　这种撇油器是一个像袜筒形状的网,位于两段围油栏的中间。在拖带围油栏行走时,这个网将集中在围油栏中间的溢油收集在网袋内。一个网袋收满之后,再换一个新的网袋。这种撇油器是用来回收高黏度溢油的。

5．溢油的化学处理方法——化学分散剂(dispersants)的使用

1）化学分散剂的作用机理

化学分散剂的关键组分是表面活性物质,其分子结构特征为分子的一端亲油,另一端亲水。当分散剂与溢油油膜混合以后,排列在油水界面上的表面活性物质能够大大降低油和水之间的界面张力,有利于形成稳定、分散的微小油滴。这些微滴越小,其上浮速度越慢,则越有可能悬浮在水中。我们前面讲过溢油的分散性能,这种天然的分散过程往往是缓慢的过程。而化学分散剂的使用则会大大加速溢油的分散过程,还将溢油油膜层破碎成体积极小的油微滴,大多数平均直径为 0.2 mm,除了很平静的海面情况外,已不可能重新浮到海面上。这样就消除了溢油油膜层对环境的影响作用,增加了生物降解的机会,有利于生物降解和化学降解的作用,从而在更大程度上消除了溢油的影响。

2）化学分散剂的种类

目前使用的化学分散剂主要有两种类型:

(1) 烃类或常规型化学分散剂　这种分散剂以烃类溶剂为主要成分并含有 15％～25％表面活性剂。使用时,直接将分散剂喷洒到海面溢油上。不能用海水稀释喷洒,如用海水预先稀释,则会使其失去效用。典型的使用比例为 1：5 至 1：3(分散剂：溢油)之间。

(2) 浓缩型或自混合化学分散剂　这种分散剂以乙醇或乙二醇为溶剂,并含较多的表面活性剂。使用时,可以直接将分散剂喷洒到海面溢油上,也可以预先用海水稀释后喷洒。典型的使用比例为 1：5 至 1：30(纯分散剂：溢油)。

3）化学分散剂的应用

化学分散剂在海面的应用要考虑许多因素,如溢油的总量和范围,溢油的油品种类,喷洒化学分散剂的设备、船只,当地政府的规定等。目前,有许多喷洒分散剂的专用设备,这种设备就是安装在工作船的两舷向外伸展的喷洒臂,喷洒臂上装有许多喷嘴。利用泵将分散剂或稀释过的分散剂溶液泵入喷洒臂,通过喷嘴比较均匀地喷射到海面溢油上,效果很好。如果一时找不到这种喷射设备,也可用消防泵和消防水龙带代替。但由于水流速度较高,或分散剂被稀释过分,会影响分散剂的使用效果。同时,在喷洒时,不均匀或重复喷洒会造成分散剂的浪费。

从实际应用和实验结果来看,溢油的黏度也是影响化学分散剂使用效能的因素之一。大多数化学分散剂能有效地分散黏度小于 2 Pa·s 的油品,而不适用于处理凝固点接近于或略高于环境温度的黏性乳状液和油品。

化学分散剂含有一定的毒性,在使用过程中,可在不同程度上造成海洋的"二次污染"。因此,许多国家对使用化学分散剂都有严格的规定。我国也有明确的规定,限制使用化学分散剂。《中华人民共和国海洋石油勘探开发环境保护管理条例》就规定了使用分散剂的以下几项要求:

(1) 在发生油污染事故时,首先应该采取机械装置回收的方法,将海面漂油回收。对少量确实无法回收的浮油,可以不经过批准,使用少量的化学消油剂。

(2) 国家海洋局应根据各海域的地理、水文、生物资源等不同情况,具体规定一次性的使用量。

(3) 在中国海域必须使用低毒的乳化分散型的消油剂。

(4) 当溢油发生在渔业资源生育环境中,使用消油剂对生物环境有重大影响时,不得使用

化学消油剂。

（5）所使用的国内外化学消油剂必须经过国家海洋局核准。

处理较大规模溢油时,还可使用飞机来喷洒化学分散剂。飞机喷洒具备许多优点:快速反应,处理速度高,分散剂使用效果最好,还可监测喷洒情况和效果。

海面溢油的规模、油品、所在海域的地理位置等因素不同,其相应的处理溢油的方式、方法也不同。可以根据溢油事件的具体情况来选用一种或数种清除和回收溢油的方法。对一特定区域来讲,为快速反应,立即定出处理溢油方案和措施,以最快的速度调动人力、设备,达到最佳的处理效果,这就必须事先制订一个快速反应的计划,称为"溢油应急计划"(oil spill contingency plan)。

根据溢油应急计划,适用的区域范围可分好几类,包括全国性、地区性、某个作业海域以及某个海上油气田或生产作业平台。一般情况下,溢油应急计划的主要内容应该包括:应急指挥机构;应急反应行动中各有关人员的职责;分析可能发生的溢油事故、溢油漂移模式及相应的各种溢油事故情况的处理措施和程序;环境敏感区如渔业区、生物栖息地、旅游风景区、工业区等的分布;重要保护区域或保护次序;通信系统;处理溢油的各种设备、材料和人员等有关资料情况;应急演习及人员培训等。

制订溢油应急计划需要调查和收集大量的水文、气象、地质资料及长期观察测试数据,绘制必要的地理位置、敏感区地图,进行溢油漂移的数值模拟计算,确定溢油漂移模式,整理溢油处理设备的有关数据,如设备种类、型号、性能、存放地点、价格及可调用性等,与有关的部门、机构的协商和协调等工作。溢油应急计划还要根据情况的变化,及时进行修改,以符合实际情况,减少决策和采取行动的失误。

思　考　题

1. 简述海洋环境对人类生存的重要意义。
2. 海上油气在生产阶段的含油污水排放的国家标准有哪些?
3. 溢油对海洋生物的影响有哪些?
4. 海底井喷溢油应对控制技术有哪些? 请分析简述。
5. 海面溢油的清除回收技术有哪些?
6. 用于海面溢油回收的撇油器有哪些类型?
7. 简述用于海面溢油清除的化学分散剂的作用机理与分类。

参 考 文 献

[1] 肖祖骐,李长春.海上油气集输[M].上海:上海交通大学出版社,1993.

[2] 张振国,王长进,李银朋.海洋石油概论[M].北京:中国石化出版社,2018.

[3] 陈涛平,胡靖邦.石油工程[M].北京:石油工业出版社,2011.

[4] 肖祖骐,罗建勋.海上油田油气集输工程[M].北京:石油工业出版社出版,1994.

[5] 孙艾茵,刘蜀知,刘绘新.石油工程概论[M].北京:石油工业出版社,2008.

[6] 陈建明,李淑民,韩志勇.海洋石油工程[M].北京:石油工业出版社出版,2015.

[7] 张红玲.海洋油气开采原理与技术[M].北京:石油工业出版社出版,2013.

[8] 田冷.海洋石油开采工程[M].北京:中国石油大学出版社,2015.

[9] 廖谟圣.海洋石油钻采工程技术与装备[M].北京:中国石化出版社,2010.

[10] 白勇,龚顺风,白强,等.水下生产系统手册[M].哈尔滨:哈尔滨工程大学出版社,2012.

[11] 穆剑,王铁刚,刘欢,等.海上油气田安全技术与管理[M].北京:石油工业出版社出版,2015.

[12] 张凤久.海上油田开发中后期增产挖潜技术[M].北京:石油工业出版社出版,2015.

[13] 朱伟林,张功成,张喜林.深海油气的奥妙[M].北京:石油工业出版社出版,2013.

[14] 李学富,潘斌.海上油气开发——埕岛油田技术集萃[M].上海:上海交通大学出版社,2009.

[15] 谭家翔,吕立功.海上油气浮式生产装置[M].北京:石油工业出版社,2014.

[16] 张煜,冯永训.海洋油气田开发工程概论[M].北京:中国石化出版社,2011.

[17] 廖谟圣.海洋石油开发[M].北京:石中国石化出版社,2012.

[18] 熊友明,唐海雄.海洋油气工程概论[M].北京:石油工业出版社,2013.

[19] 余建星.深海油气工程[M].天津:天津大学出版社,2010.

[20] 戴静君,毛炳生,张联盟.海上油、气、水处理工艺及设备[M].武汉:武汉理工大学出版社,2000.

[21] 安国亭,卢佩琼.海洋石油开发工艺与设备[M].天津:天津大学出版社,2001.

[22] 李志刚,姜瑛,王立权.水下油气生产系统基础[M].北京:科学出版社,2018.

[23] 邓雄,刘音颂,李睿.海洋油气集输工程[M].北京:石油工业出版社,2016.

[24] 李振泰.油气集输工艺技术[M].北京:石油工业出版社,2007.

[25] 顾安忠,鲁雪生.液化天然气技术手册[M].北京:机械工业出版社,2010.

[26] 熊友明,刘理明.海洋完井工程[M].北京:石油工业出版社,2015.

[27] 方华灿.海洋石油工程[M].北京:石油工业出版社,2010.

[28] Dhanak M R, Xiros N I. Handbook of ocean engineering[M]. Springer, 2016.

[29] 魏跃峰,单铁兵,牟蕾频.海洋油气开发装备[M].上海:上海科学技术出版社,2019.

[30] 河南石油勘探局勘察设计研究院.原油稳定设计规范[M].北京:国家发展和改革委员会,2008.

[31] 中国石油天然气管道工程有限公司.输油管道工程设计规范[M].北京:中国计划出版社出版,2015.

[32] 大庆石油工程有限公司.油田油气集输设计规范[M].北京:中国计划出版社出版,2016.

[33] 中国石油集团工程设计有限责任公司西南分公司.气田集输设计规范[M].北京:中国计划出版社出版,2016.

[34] 中国石化股份胜利油田分公司地质科学研究院.碎屑岩油藏注水水质推荐指标及分析方法(中华人民共和国石油天然气行业标准 SY/T 5329—2012).北京:中国国家能源局,2012.

[35] 曹喜承.简谐激励振动下油水两相旋流分离器流场特性研究[D].东北石油大学,2019.

[36] 孟会行.深水井喷快速应急技术与救援风险分析研究[D].中国石油大学(华东),2014.

[37] 江剑.双羽流积分模型及其在海底溢油模拟中的应用[D].北京:清华大学,2017.

[38] 杨宝君.天然气经过油嘴的流动规律研究[J].油田地面工程,1992,11(6):19-22.

[39] 高永海,孙宝江,王志远.深水井涌压井方法及其适应性分析[J].石油钻探技术,2011,39(2):45-49.

[40] 蒋仕章,雍歧卫,蒋明,等.管输水力摩阻不分区计算与实验研究[J].后勤工程学院学报,2005,21(4):53-56.

[41] 韩熠,黄曙光,方堃,杜娟.FPSO 发展现状及趋势分析[J].化学工程与装备,2019,04:241-245.

[42] 黄维平,曹静,张恩勇.国外深水铺管方法与铺管船研究现状及发展趋势[J].海洋工程,2011,29(1):135-142.

[43] 何宁,徐崇崴,段梦兰,等.J 型铺管法研究进展[J].石油矿场机械,2011,40(3):63-67.

[44] 李志刚,王琼,何宁,等.深水海底管道铺设技术研究进展[C].中国造船工程学会.中国造船工程学会 2009 年优秀学术论文集,2010:139-147.

[45] 王金龙,何仁洋,张海彬,等.海底管道检测最新技术及发展方向[J].石油机械,2016,44(10):112-118.

[46] 杜喜军,赵杰,王艳涛,等.海底管道挖沟方法的选择[J].管道技术与设备,2015,5:52-54.

[47] 刘春厚,潘东民,吴谊山.海底管道维修方法综述[J].中国海上油气,2004,16(1):59-62.

[48] 蒋泽勇,葛彤,李长春.海底管线维修干式舱作业控制与监测[J].石油机械,2006,34(6):38-42.

[49] 张新明,梁富浩,田帅.深水海底管线挖沟机的发展现状[C].中国科学技术协会.中国海洋工程装备技术论坛论文集,2015:1-7.

[50] 刘占户,曾鹏飞,李晓娜.水下管道焊接技术的研究现状及发展趋势[J].电焊机,2006,36(7):1-3.

[51] 周利,刘一搏,郭宁,等.水下焊接技术的研究发展现状[J].2012,42(11):6-10.

[52] 孟会行,陈国明,朱渊,等.深水井喷应急技术分类及研究方向探讨[J].石油钻探技术,2012,40(6):27-32.

[53] 郭永峰,纪少君,唐长全.救援井墨西哥湾泄油事件的终结者[J].国外油田工程,2010,26(9):64-65.